Oracle 11g 数据库应用简明教程

杨少敏　王红敏　编著

清华大学出版社

北　京

内容简介

Oracle 数据库作为世界范围内性能最优异的数据库系统之一，它在国内数据库市场的占有率远远超过其竞争对手，始终在数据库领域中处于领先地位。2007 年，Oracle 公司又推出了代表数据库领域最新技术的网格数据库系统——Oracle Database 11g。

本书以 Oracle 11g for Windows XP 为平台，介绍了 Oracle Database 11g 系统的使用方法和基本管理。主要包括关系数据库、Oracle 数据库的基本体系结构、使用 SQL*Plus 工具、管理表空间和模式对象、管理控制文件和日志文件、SQL 语言基础、SQL 查询、PL/SQL 程序设计、用户权限与安全、备份与恢复和 Oracle 闪回技术等内容，最后以两个应用实例结合 JSP 技术来讲述 Oracle 的实际应用。

本书针对的是初学者，适合作为高等院校数据库技术专业、信息管理与信息系统专业的教材。

图书在版编目(CIP)数据

Oracle 11g 数据库应用简明教程/杨少敏，王红敏编著. —北京：清华大学出版社，2010.4(2020.12重印)
ISBN 978-7-302-22066-4

Ⅰ. ①O… Ⅱ. ①杨… ②王… Ⅲ. ①关系数据库—数据库管理系统，Oracle 11g—教材 Ⅳ. ①TP311.138

中国版本图书馆 CIP 数据核字(2010)第 023807 号

责任编辑： 张 瑜 宋延清
封面设计： 杨玉兰
责任校对： 周剑云
责任印制： 吴佳雯
出版发行： 清华大学出版社
网 址：http://www.tup.com.cn, http://www.wqbook.com
地 址：北京清华大学学研大厦 A 座　　邮 编：100084
社 总 机：010-62770175　　邮 购：010-62786544
投稿与读者服务：010-62776969, c-service@tup.tsinghua.edu.cn
质量反馈：010-62772015, zhiliang@tup.tsinghua.edu.cn

印 装 者：大厂回族自治县彩虹印刷有限公司
经 销：全国新华书店
开 本：185mm×260mm　　印 张：26.25　　字 数：632 千字
版 次：2010 年 4 月第 1 版　　印 次：2020 年12月第 15 次印刷
定 价：49.80 元

产品编号：035136-02

前　言

数据库在如今的各行各业中都有着举足轻重的地位，而 Oracle 数据库则是数据库系统中的佼佼者，其安全性、完整性、一致性等优点深受广大企业的青睐，因此其在数据库市场上占有的份额也远远超过其他数据库。所以，学好 Oracle 数据库也就成为众多程序开发人员的首选。

Oracle(甲骨文)公司于 1989 年正式进入中国市场，成为第一家进入中国的世界软件巨头，并创建了 Oracle 中国公司。为了帮助中国用户及时、充分地利用世界最先进的计算机软件技术与产品，Oracle 中国公司在产品汉化方面投入了大量的资源，目前，Oracle 的大部分产品已实现了全面中文化，这无疑给中国的程序人员带来了极大的方便。

2007 年 7 月 12 日，Oracle 公司宣布推出 Oracle 最新版本——Oracle Database 11g，它在 Oracle Database 10g 的基础上新增加了 400 多项特性，使 Oracle 数据库变得更可靠、性能更好、更容易使用和更安全。

本书针对 Oracle Database 11g 编写，以 Oracle 数据库的常用知识点作为主要的介绍对象，并对生僻的知识采取简略甚至省略的态度，目的就是为了让读者轻松地叩开 Oracle 数据库的大门，为以后更深入的学习打下良好的基础。

本书共分为 18 章，主要内容如下。

- 第 1 章：Oracle 关系数据库。简单介绍数据库关系理论，以及如何在 Windows 环境下正确安装 Oracle Database 11g。
- 第 2 章：Oracle 数据库体系结构。概要地介绍 Oracle 数据库的体系结构，包括物理存储结构、逻辑存储结构、Oracle 进程结构，并对 Oracle 中的数据字典做简单的介绍，目的是为了帮助读者理解 Oracle 数据库，为后面的学习做好铺垫。
- 第 3 章：使用 SQL*Plus 工具。介绍 Oracle 自带的 SQL*Plus 开发工具的使用，主要是对 SQL*Plus 中的一些常用命令进行讲解。
- 第 4 章：管理表空间。介绍如何管理 Oracle 数据库中最大的逻辑存储结构——表空间。表空间的类型有很多种，如基本表空间、临时表空间、撤销表空间等。
- 第 5 章：模式对象。介绍表、表的完整性约束、索引、视图、序列和同义词使用。
- 第 6 章：管理控制文件与日志文件。介绍如何管理 Oracle 数据库系统的控制文件与日志文件，并介绍如何管理归档日志。
- 第 7 章：SQL 语言基础。介绍 Oracle 数据库的 SQL 语言基础，包括 DML 语句的使用和函数的使用，并在最后简单地介绍 Oracle 事务的处理。
- 第 8 章：子查询与高级查询。深入介绍 SQL 查询，包括子查询与高级查询。
- 第 9 章：PL/SQL 基础。介绍 PL/SQL 程序块的构成、常量与变量的使用、条件循环语句的使用、游标的使用以及异常的处理等。
- 第 10 章：存储过程、函数、触发器和包。介绍 PL/SQL 命名程序块，主要包括存储过程、函数、触发器和程序包。

- 第 11 章：其他表类型。Oracle 中除了基本的堆表以外，还有其他类型的表。该章介绍 Oracle 中的临时表、外部表和分区表。
- 第 12 章：用户权限与安全。就 Oracle 数据库的安全管理方面进行讲解，主要内容包括数据库用户的创建与管理、Oracle 中的权限与角色的授予和撤销。
- 第 13 章：SQL 语句优化。为了提高应用程序的效率，用户应该对 SQL 语句进行优化，其所需要的成本最低，而往往影响又最大。该章将介绍部分 SQL 语句优化方式。
- 第 14 章：数据加载与传输。介绍如何使用 Oracle 中的数据泵技术对数据进行加载与传输。
- 第 15 章：使用 RMAN 工具。介绍如何使用恢复管理器(RMAN)实现数据库的备份与恢复。
- 第 16 章：Oracle Database 11g 闪回技术。为了让用户可以及时地获取误操作之前的数据，Oracle 提供了各种闪回技术。本章重点介绍 Oracle Database 11g 中的 6 种闪回技术。
- 第 17 章：宠物商店管理系统。以管理宠物商店的形式，从实际应用的角度出发，将 Oracle 数据库与 JSP 技术结合起来，为读者介绍 Oracle 数据库在 Web 程序中的应用效果。
- 第 18 章：通讯录。将实现 Web 通讯录，同样是结合 Oracle 数据库与 JSP 技术，目的是帮助读者巩固 Oracle 数据库的实际应用。

本书采取简明易懂的编写风格，并以实验指导的形式向读者介绍数据库的实际应用，帮助读者掌握一定的应用技巧。另外，为了帮助初学者培养良好的编程习惯，本书在编写代码时严格遵循代码规范，希望读者在自己的学习过程中也有良好的代码规范意识。

本书针对的是初学者，适合作为高等院校数据库技术专业、信息管理与信息系统专业的教材。

由于作者水平有限，书中难免会有不足之处，恳请广大读者批评指正。

编 者

目 录

第 1 章　Oracle 关系数据库

数据库系统建立在数据模型的基础上。数据模型是对现实世界的抽象，是用来表示实体与实体之间联系的模型。

数据模型的种类有很多，例如层次模型、网状模型、关系数据模型和面向对象模型等。目前理论最成熟、使用最普及的是关系数据模型。本书所介绍的 Oracle Database 11g 就是一个关系数据库系统。

为了帮助读者理解本书，本章将简单介绍关系数据模型，以及关系数据库规范理论。最后介绍在 Windows 平台上安装 Oracle Database 11g 系统和数据库的步骤，以及如何对 Oracle 账户进行解锁。

本章要点：

- 理解关系模型与关系数据库。
- 理解数据库的规范化理论。
- 掌握 Oracle Database 11g 在 Windows 平台上的安装过程。
- 熟练掌握数据库的创建。
- 掌握 Oracle 账户解锁。

1.1　关系数据模型

关系数据库系统是目前应用最为广泛的数据库系统，它采用关系数据模型作为数据的组织方式。本节将介绍什么是关系数据模型，以及关系的完整性约束等。

1.1.1　关系数据模型的基本概念

关系数据模型是由若干个关系模式组成的集合，关系模式的实例称为关系，每个关系可以看成由行和列交叉组成的二维表格，表中的一行称为一个元组，可以用来标识实体集中的一个实体。

表中的列称为属性，列名即属性名，表中的属性名不能相同。列的取值范围称为域，同列具有相同的域，不同的列也可以有相同的域。

表中任意两行(元组)不能相同。

尽管关系与传统的二维表格数据文件具有类似之处，但是它们也有区别，可以将关系看成是一种规范化的二维表格，具有如下性质：

- 属性值具有原子性，不可分解。
- 没有重复的元组。
- 理论上没有行序，但是有时使用时可以有行序。

例如，表 1-1 所示的二维表是学生信息表，记录了学生的详细信息。

表 1-1　学生信息表

编　号	姓　名	性　别	年　龄	班级编号
1	杨小起	男	24	1
2	王小静	女	23	1
3	李云	女	24	1
4	赵子鹏	男	25	2
…	…	…	…	…

表 1-1 中，每一行标识一个学生(实体)；每一列标识学生的某一个属性(如姓名)。

任意两行都不能完全相同，也就是不能有信息完全一样的两个或多个学生，否则该表失去意义。

在关系数据库中，关键码(简称键)是关系模型的一个重要概念，用来标识行(元组)的一个或几个列(属性)。

由一个属性组成的键，称为唯一键；反之，由多个属性组成的键，则称为复合键。能唯一标识表中不同行的属性或属性组称为主键。

提示： 关系数据模型用键导航数据，其表格简单，用户只需用简单的查询语句就可以对数据库进行操作，并不涉及存储结构、访问技术等细节。

键的主要类型如下。

- 超键：在一个关系中，能唯一标识元组的属性或属性集称为关系的超键。
- 候选键：如果一个属性集能唯一标识元组，并且不含多余的属性，那么这个属性集称为关系的候选键。
- 主键：如果一个关系中有多个候选键，则选择其中的一个键为关系的主键。用主键可以实现关系定义中“表中任意两行(元组)不能相同”的约束。
- 外键：如果一个关系 R 中包含另一个关系 S 的主键所对应的属性组 F，则称此属性组 F 为关系 R 的外键，并称关系 S 为参照关系，关系 R 是依赖关系。为了表示关联，可以将一个关系的主键作为属性放入另外一个关系中，第二个关系中的那些属性就称为外键。

例如表 1-1 中，姓名、性别、年龄和班级编号这 4 列都有可能出现相同的值，甚至会出现 4 列的值同时相同的情况。

为了达到“表中任意两行不能相同”的约束，学生信息表中有一列与学生实际信息并没有关系的列——编号。通常情况下，表的设计者会为每个表设计一个值唯一的列，例如这里的编号列，通过编号列可以唯一确定一名学生，所以学生信息表中编号列是作为主键的最佳选择。

而外键则像一个指针，从一个表指向另一个表。例如学生信息表中的班级编号列，它并没有对班级进行描述，而只是记录了班级的一个编号，具体的班级信息则存放在班级信息表中。

班级信息表如表 1-2 所示。

表 1-2　班级信息表

编　号	名　称
1	Java 班
2	Oracle 班
…	…

1.1.2　关系的完整性

关系模型的完整性规则是对数据的约束。关系模型提供了 3 类完整性规则——实体完整性规则、参照完整性规则和用户定义的完整性规则。其中实体完整性规则和参照完整性规则是关系模型必须满足的完整性的约束条件，称为关系完整性规则。而用户定义的完整性则是应用领域需要遵循的约束条件，体现了具体领域中的语义约束。

(1)　实体完整性(Entity Integrity)

这是指关系的主属性(主键的组成部分)不能是空值(null)。空值就是指不知道或是不能使用的值，并不是指空字符串。

(2)　参照完整性(Referential Integrity)

如果关系的外键 R1 与关系 R2 中的主键相符，那么外键的每个值必须在关系 R2 中主键的值中找到或者是空值。

(3)　用户定义完整性(User-defined Integrity)

针对某一具体的实际数据库的约束条件。它由应用环境所决定，反映某一具体应用所涉及的数据必须满足的要求。关系模型提供定义和检验这类完整性的机制，以便用统一的、系统的方法处理，而不必由应用程序承担这一功能。

1.1.3　关系与关系模式

在数据库中需要区分型和值。其中，型也称为关系数据库模式，是对关系数据库结构的描述，包括若干域的定义以及这些域上定义的若干关系模式；值则是这些关系模式在某一时刻对应的关系的集合，通常称为关系数据库。

提示： 概括地说，在关系数据库中，关系模式是型，是对关系的描述，它是静态的、稳定的；关系是值，是动态的，会随着时间的不同而发生改变。

关系模式可以形式化地表示为 R(U, D, dom, F)。

其中，R 表示关系名；U 表示组成该关系的属性名的集体；D 表示属性的域；dom 表示属性向域的映射集合；F 表示属性之间数据的依赖关系集合。

通常可以将关系模式简化成 R(U)或 R(A1, A2, …, An)。

其中，A1 到 An 都表示属性名或域名。属性向域的映射常常直接说明属性的类型和长度。通常在关系模式的主属性下加下划线表示该属性是主键属性。

【例 1.1】有一个图书信息表 book，该表中有字段 bookid(图书 ID)、bookname(图书名称)、bookpress(出版社)、bookprice(价格)。其中，bookid 是主属性。因此，描述图书信息表可以使用如下的关系模式：

B(<u>bookid</u>, bookname, bookpress, bookprice)

其中，B 是图书信息的关系模式名称；bookid 下添加下划线表示该属性是图书信息中的主属性。

1.2 关系数据库规范化理论

数据库的使用在实际应用中相当普遍，也相当重要，对数据库加以规范，将会让数据库的设计更合理、更可靠，也就让数据库能在实际应用中发挥更好的作用。关于数据库理论与设计，长期以来已经形成了关系数据库设计理论，也称为关系数据库的规范化理论。

1.2.1 函数依赖

假设有关系模式 R(U)，X 和 Y 都是 U 的子集，如果 R(U)中任一可能的关系 r 中，不存在两行记录在 X 上的值相同而在 Y 上的值不同，则称属性子集 X 函数决定属性子集 Y，或者称 Y 函数依赖于 X，记为 X→Y。

【例 1.2】前面提到如下关系模式：

B(<u>bookid</u>, bookname, bookpress, bookprice)

其中，图书 ID 是主属性，当图书 ID 被确定时，图书名称、图书出版社和图书价格也将被确定，不存在同一个图书 ID 对应不同的图书名称等，这就表示图书 ID 函数决定图书名称等，或者称图书名称等函数依赖于图书 ID。

事实上，在关系模式中，某个值唯一的属性都由函数决定其他属性。如果关系模式中有两个属性都是值唯一的，则它们将互为函数决定对方，也就是 X→Y 并且 Y→X，此时可以记为 X←→Y。

函数依赖可以分为如下 3 种情况。

(1) 平凡函数依赖与非平凡函数依赖。

在关系模式 R(U)中，对于 U 的子集 X 和 Y，如果 X→Y，但 Y 不是 X 的子集，则称 X→Y 是非平凡函数依赖。若 Y 是 X 的子集，则称 X→Y 是平凡函数依赖。

提示： 对于任一关系模式，平凡函数依赖都是必然成立的。

(2) 完全函数依赖与部分函数依赖。

在关系模式 R(U)中，如果 X→Y，并且对于 X 的任何一个真子集 X'，都有 X'$\nrightarrow$Y，则称 Y 完全函数依赖于 X，记作 $X \xrightarrow{F} Y$。

若 X→Y，但 Y 不完全函数依赖于 X，则称 Y 部分函数依赖于 X，记作 $X \xrightarrow{P} Y$。

提示： 如果 Y 对 X 部分函数依赖，X 中的“部分”就可以确定对 Y 的关联，从数据依赖的观点来看，X 中存在“冗余”属性。实际上，部分依赖与传递依赖是产生冗余和异常的两个重要原因。

(3) 传递函数依赖

在关系模式 R(U)中，如果 X→Y，Y→Z，且 Y↛X(Y 不决定 X)，Z⊄X(Z 不属于 X)，则称 Z 传递函数依赖于 X，记作 $X \xrightarrow{T} Z$。

提示： 传递函数依赖定义中之所以要加上条件 Y↛X，是因为如果 Y→X，则 X⟷Y，这实际上是 Z 直接依赖于 X，也就是直接函数依赖，而不是传递函数依赖了。

1.2.2　范式理论

范式是设计数据库时所遵循的规则，主要用于消除数据库表中的冗余数据，改进数据库整体组织，增强数据的一致性，增加数据库设计的灵活性。

目前，数据库的范式主要可以分为 6 种：第一范式、第二范式、第三范式、BC 范式(对第三范式的扩充)、第四范式和第五范式。其中最常见的是第一范式、第二范式和第三范式，一般情况下，数据库满足第三范式即可，下面主要介绍这 3 种范式。

1. 第一范式(1NF)

如果关系模式 R 的每个关系 r 的属性都是不可分的数据项，那么就称 R 是第一范式的模式。第一范式是设计数据库表的最低要求，其最主要的特点就是实体的属性不能再分，映射到表中，就是列(或字段)不能再分。

【例 1.3】假设有如表 1-3 所示的学生表 student。

表 1-3　student 表

学　号	姓　名	性　别	联系方式
1001	李云	女	电话：11112222；邮箱：liyun@163.com
1002	王小静	女	电话：22223333；邮箱：wangxiaojing@163.com

表 1-3 中，学生的联系方式字段包含的内容较为复杂，它可以再分为电话与邮箱两个字段，所以该表不符合第一范式。

提示： 表中的字段用于表示实体的不同属性，如果字段表示的属性较为复杂，则应该将该字段再进行细分。

按第一范式对上述 student 表进行改进，改进后的 student 表如表 1-4 所示。

表 1-4　改进后的 student 表

学　号	姓　名	性　别	电　话	邮　箱
1001	李云	女	11112222	liyun@163.com
1002	王小静	女	22223333	wangxiaojing@163.com

2．第二范式(2NF)

如果关系模式 R 是 1NF，且每个非主属性完全函数依赖于候选键，那么就称 R 是第二范式的模式。

【例 1.4】假设有如表 1-5 所示的选课表 elective。

表 1-5　elective 表

姓　名	选修课程	教　材
李云	Struts 2	《Struts 2 完全学习手册》
李云	Oracle	《Oracle 完全学习手册》
王小静	Oracle	《Oracle 完全学习手册》

上述 elective 表中的“姓名”与“选修课程”可以唯一标识一行选课记录，所以可以称(姓名、选修课程)为 elective 表的候选键。而对于“教材”字段，由于知道了“选修课程”，也就知道了学生所使用的“教材”，因此“教材”并不完全依赖于候选键(姓名、选修课程)，而只需要依赖于“选修课程”，也就是说“教材”只是部分依赖于候选键，所以上述 elective 表不符合第二范式。

如果按第二范式对 elective 表进行改进，则应该将产生部分依赖的非主属性(教材)与它所依赖的主属性(选修课程)单独存放在一个表(例如 course 表)中，如表 1-6 和 1-7 所示。

表 1-6　elective 表

姓　名	选修课程
李云	Struts 2
李云	Oracle
王小静	Oracle

表 1-7　course 表

课　程	教　材
Struts 2	《Struts 2 完全学习手册》
Oracle	《Oracle 完全学习手册》

3．第三范式(3NF)

如果关系模式 R 是 2NF，且关系模式 R(U, F)中的所有非主属性对任何候选键都不存在传递依赖，则称关系 R 是属于第三范式的模式。

【例 1.5】假设有如表 1-8 所示的 student 表。

表 1-8　student 表

学　号	姓　名	班　级	系　别
1001	李云	Java 1 班	计算机系
1002	张和	英语 1 班	外语系

上述 student 表中的“学号”唯一标识一列，所以“学号”是该表的候选键。对于非主属性“班级”来说，它完全依赖于“学号”，所以有“学号”→“班级”。而对于“系别”来说，当确定了班级后，也就确定了“系别”，所以有“班级”→“系别”。从这可以看出，非主属性“系别”传递依赖于“学号”，因此上述 student 表不符合第三范式。

如果按第三范式对 student 表进行改进，则应该将产生传递依赖的非主属性与其所依赖的非主属性单独存放到一个表(例如 class 表)中。如表 1-9 和 1-10 所示。

表 1-9　student 表

学　号	姓　名	班　级
1001	李云	Java 1 班
1002	张和	英语 1 班

表 1-10　class 表

班　级	系　别
Java 1 班	计算机系
英语 1 班	外语系

1.3　安装 Oracle Database 11g

Oracle Database 11g 是一个大型数据库，在安装 Oracle Database 11g 前应该检查计算机的配置是否已达到要求，同时也应该为将来数据库的扩展预留存储空间。这里主要讲解 Oracle Database 11g 在 Windows 环境下的安装过程。

1.3.1　在 Windows 环境下的安装过程

Oracle Database 11g 在 Windows 环境下的安装过程如下。

(1)　找到安装文件中的 setup.exe 文件，双击该文件，打开“选择安装方法”界面，开始 Oracle Database 11g 的安装，如图 1-1 所示。

提示： 在“选择安装方法”界面中提供了两种安装方法：基本安装、高级安装。其中，基本安装比较简单，也是默认的安装方法，这里不详细介绍。

(2)　启用“高级安装”选项，单击“下一步”按钮，进入“选择安装类型”界面，如图 1-2 所示。

提示： 在“选择安装类型”界面中提供了 4 种安装类型：企业版、标准版、个人版和定制，并对这 4 种安装类型做了简单说明，用户可以根据需要选择相应的类型进行安装。本书介绍企业版的安装。

(3)　选中“企业版”选项，单击“下一步”按钮，进入“安装位置”界面，如图 1-3

所示。在该界面中对 Oracle Database 11g 的安装目录等进行设置。一般，Oracle 会自动搜索计算机中剩余空间较大的磁盘。

(4) 单击“下一步”按钮，进入“产品特定的先决条件检查”界面，如图 1-4 所示。这一步 Oracle 安装程序将检查当前环境是否满足 Oracle 的安装要求。

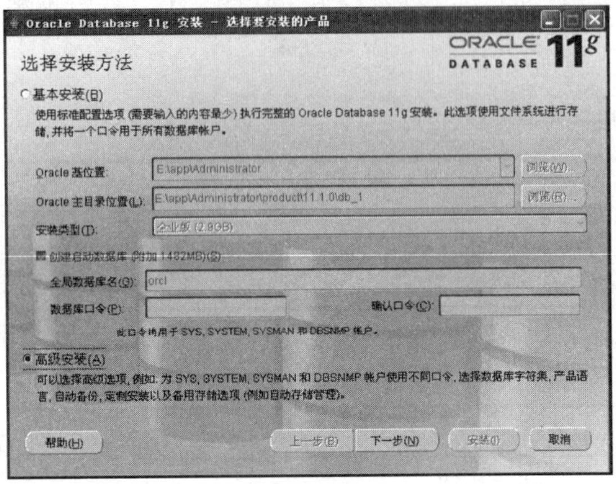

图 1-1 “选择安装方法”界面

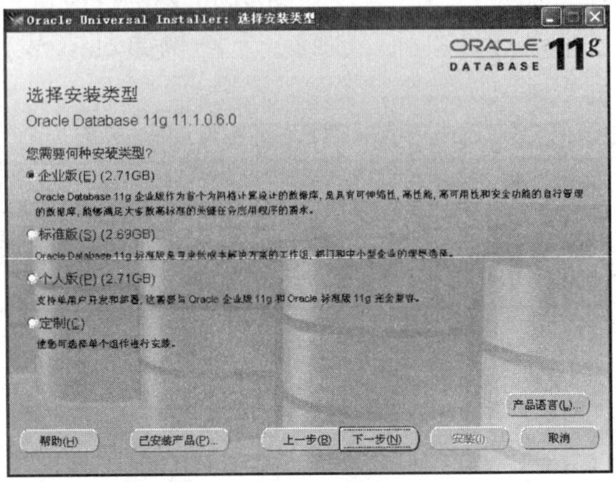

图 1-2 “选择安装类型”界面

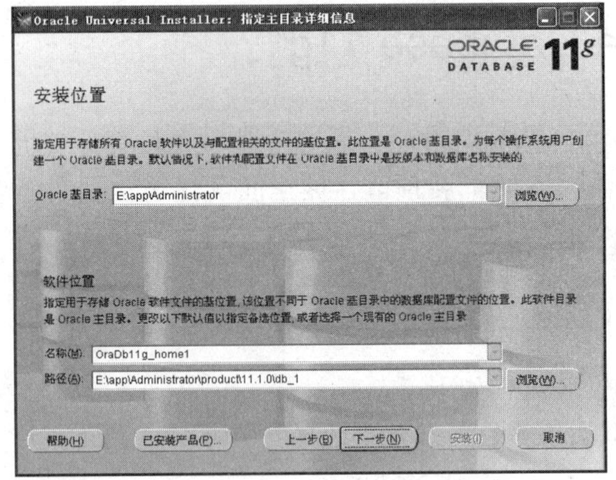

图 1-3 “安装位置”界面

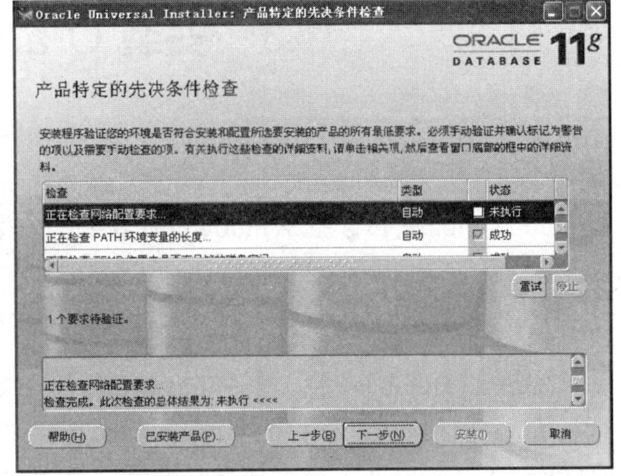

图 1-4 “产品特定的先决条件检查”界面

提示： 一般会出现“正在检查网络配置要求”的状态为“未执行”，同时该界面中提示“1 个要求待验证”，此时用户可以手动启用“未执行”复选框，然后该状态将变为“用户已验证”。

(5) 在满足要求的情况下，单击“下一步”按钮，打开“选择配置选项”界面，如图 1-5 所示。

提示： 其中，选择“创建数据库”选项可以创建数据库；选项“配置自动存储管理(ASM)”选项可以在单独的 Oracle 主目录中安装自动存储管理；选择“仅安装软件”选项可以只安装 Oracle 数据库软件，用户可以在以后再配置数据库。

(6) 启用“创建数据库”选项，单击“下一步”按钮，进入“选择数据库配置”界面，如图 1-6 所示。

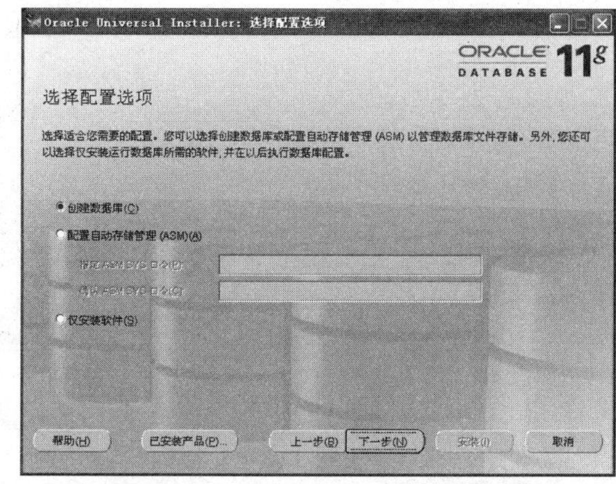

图 1-5 “选择配置选项”界面

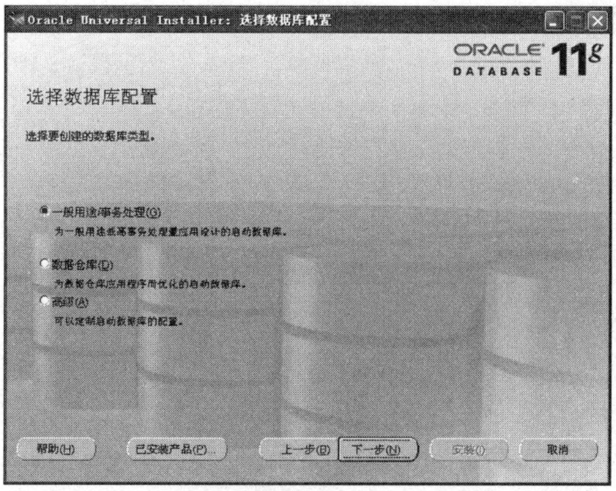

图 1-6 “选择数据库配置”界面

(7) 启用“一般用途/事务处理”，单击“下一步”按钮，进入“指定数据库配置选项”界面，如图 1-7 所示。在该界面中设置全局数据库名与数据库实例名(SID)。默认情况下，当安装单个 Oracle 系统时，SID 与全局数据库名相同。这里采用默认配置。

(8) 单击“下一步”按钮，打开“指定数据库配置详细资料”界面，如图 1-8 所示。在该界面中可以对内存、字符集、安全性和示例方案进行设置。这里采用默认配置。

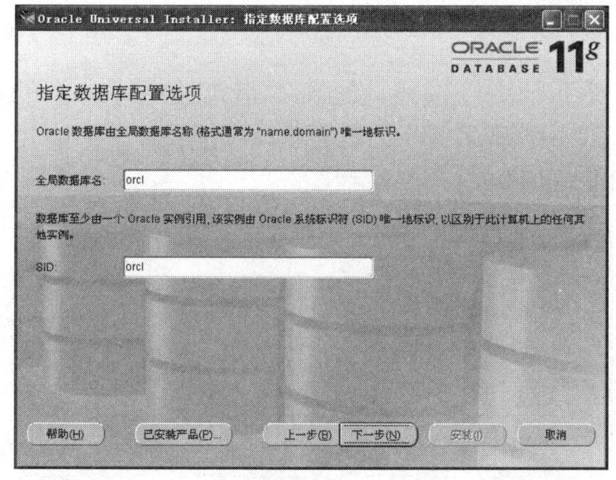

图 1-7 “指定数据库配置选项”界面

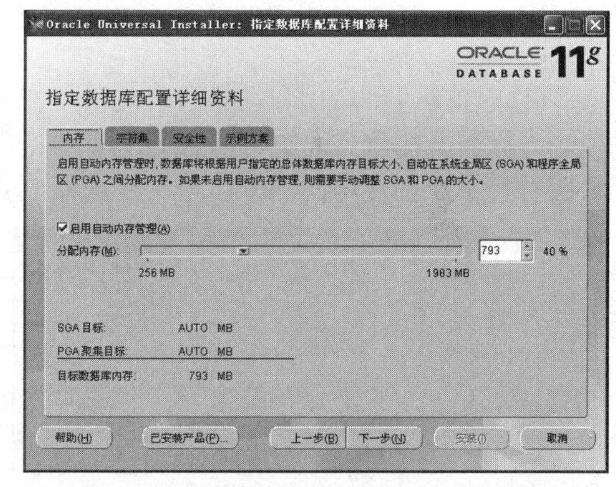

图 1-8 “指定数据库配置详细资料”界面

(9) 单击“下一步”按钮，进入“选择数据库管理选项”界面，如图 1-9 所示。

提示： Oracle Database 11g 支持网格运算，因此除了使用 Oracle Enterprise Manager Database Control 来管理数据库外，用户还可以选择使用 Oracle Enterprise Manager Grid Control。无论使用 Grid Control 还是使用 Database Control，用户都可以执行相同的数据库管理任务，但使用 Database Control 只能管理一个数据库。

(10) 采用默认配置，单击“下一步”按钮，进入“指定数据库存储选项”界面，如图1-10所示。

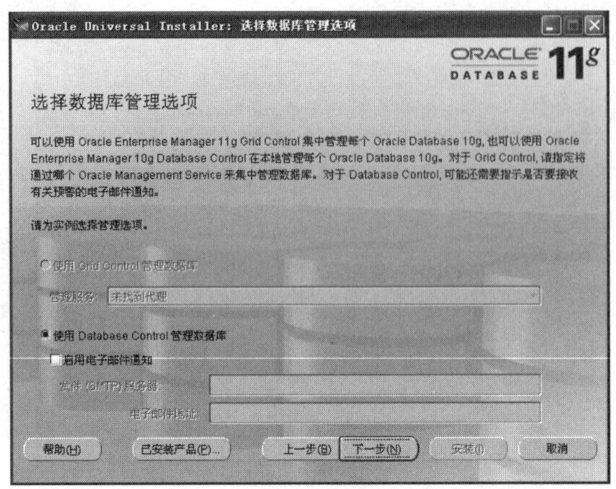

图 1-9 “选择数据库管理选项”界面

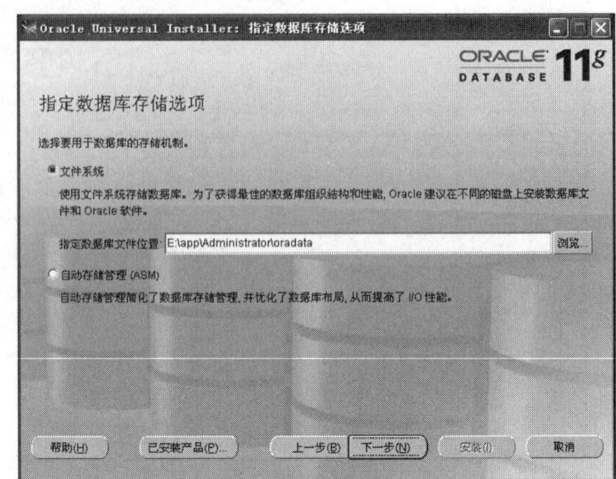

图 1-10 “指定数据库存储选项”界面

(11) 启用“文件系统”选项，设置好文件的位置，单击“下一步”按钮，进入“指定备份与恢复选项”界面，如图1-11所示。该界面中提供两种选项——不启用自动备份、启用自动备份。

提示： 如果启用自动备份，则默认情况下，Oracle Enterprise Manager会在每天的凌晨2:00对数据库进行备份。

(12) 选择“不启用自动备份”选项，单击“下一步”按钮，进入“指定数据库方案的口令”界面。在该界面中可以为Oracle中的默认账户设置口令，如图1-12所示，这里启用“所有的账户都使用同一个口令”复选框，并设置口令为“admin”。

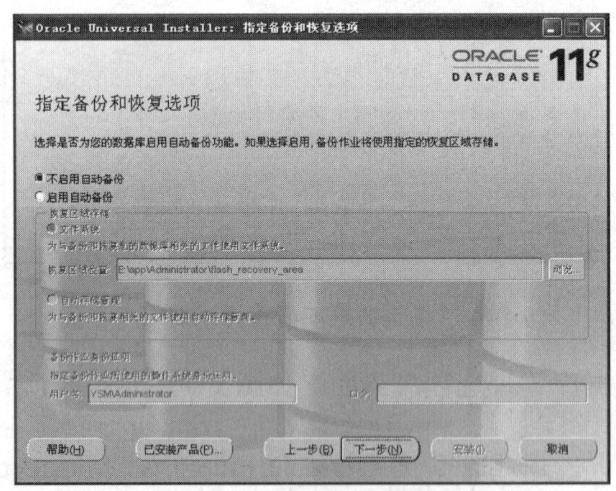

图 1-11 “指定备份与恢复选项”界面

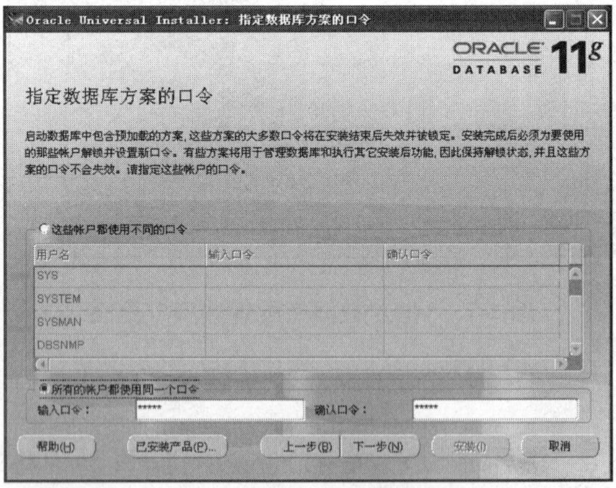

图 1-12 “指定数据库方案的口令”界面

(13) 单击“下一步”按钮，进入“Oracle Configuration Manager注册”界面，采用默认配置，即不启用Oracle Configuration Manager，单击“下一步”按钮，进入“概要”界面，

如图 1-13 所示。

提示： 在“概要”界面中对 Oracle 的安装配置做了大概说明，给用户一个检查安装配置的机会，如果发现有不妥当的地方，还可以通过单击“上一步”按钮，返回修改。

(14) 确认安装配置没有问题后，单击“安装”按钮，进入“安装”界面，如图 1-14 所示。Oracle Database 11g 开始正式安装。

图 1-13 “概要”界面

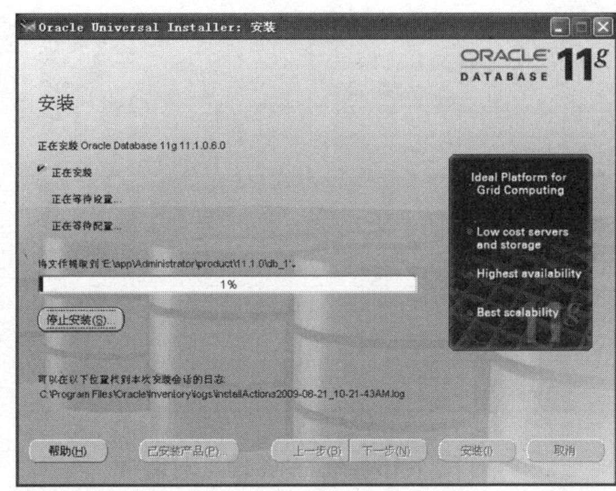

图 1-14 “安装”界面

(15) Oracle Database 11g 安装完毕后，弹出如图 1-15 所示的 Database Configuration Assistant 对话框，该对话框中显示 Oracle Database 11g 数据库的信息。

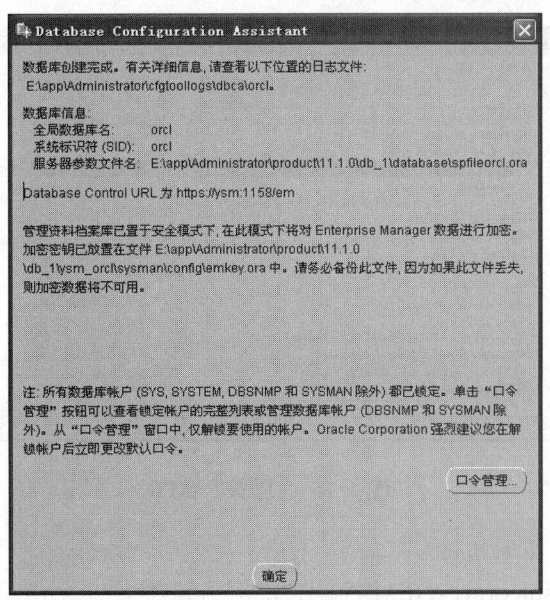

图 1-15 Database Configuration Assistant 对话框

(16) 在 Database Configuration Assistant 对话框中单击“口令管理”按钮，可以打开“口令管理”对话框，如图 1-16 所示。在该对话框中可以对 Oracle 中的账户进行锁定或者解锁操作。

(17) 在 Database Configuration Assistant 对话框中单击“确定”按钮，进入“安装结束”界面，如图 1-17 所示。在该界面中单击“退出”按钮，然后在弹出的对话框中单击“确定”按钮，即可完成 Oracle Database 11g 的安装。

图 1-16 “口令管理”对话框

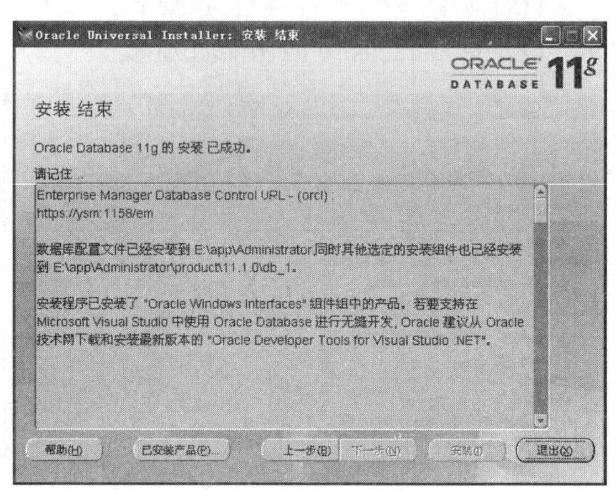

图 1-17 “安装结束”界面

1.3.2 Oracle 服务管理

Oracle Database 11g 安装完成后，可以执行“控制面板”→“管理工具”→“服务”菜单命令，打开“服务”窗口，在该窗口中可以查看 Oracle 服务信息。如图 1-18 所示。

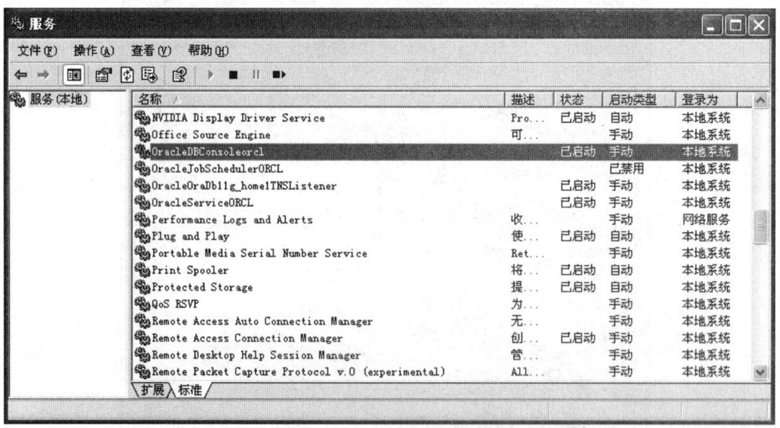

图 1-18 “服务”窗口

Oracle 服务主要有如下几种。

- OracleDBConsoleorcl：OEM 控制台的服务进程。
- OracleJobScheduler<SID>：定时器的服务进程。其中<SID>为创建该数据库实例时为其配置的实例名。

- Oracle<ORACLE_HOME_NAME>TNSListener：监听器，监听程序的服务进程。其中<ORACLE_HOME_NAME>表示 Oracle 的主目录。
- OracleService<SID>：Oracle 数据库实例的服务进程。

如果要对 Oracle 服务进行管理，可以右击服务选项，在弹出的快捷菜单中选择“属性”命令，打开如图 1-19 所示的 OracleDBConsoleorcl 服务的属性对话框，在该对话框中可以设置该服务的启动类型为——自动、手动或已禁用。还可以更改服务的状态等。

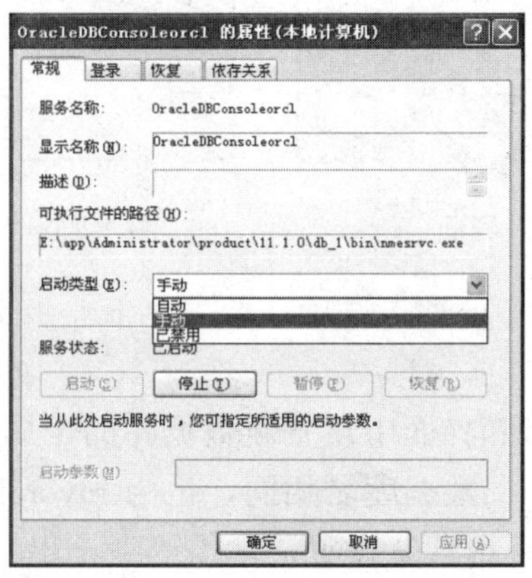

图 1-19 “OracleDBConsoleorcl 的属性”对话框

1.4 实验指导——创建数据库

本章在介绍 Oracle Database 11g 数据库的安装时，已经通过“创建数据库”选项创建了一个数据库 orcl。如果在安装 Oracle 时没有创建数据库，或者需要另外创建新的数据库，也可以通过 Database Configuration Assistant 图形化界面工具创建数据库。

实验指导 1-1：创建数据库

下面介绍使用 Database Configuration Assistant 图形化界面工具创建数据库的步骤。

(1) 从 Windows 桌面执行“开始”→“程序”→“Oracle - <ORACLE_HOME_NAME>”→“配置和移置工具”→“Database Configuration Assistant”命令，打开 Database Configuration Assistant 对话框的欢迎界面，单击该界面中的“下一步”按钮，进入“步骤 1：操作”界面，如图 1-20 所示。

提示： 在“步骤 1”窗口中共有 5 个选项，其中，“创建数据库”用于创建一个新的数据库；“配置数据库选项”用于对已存在的数据库进行配置；“删除数据库”用于删除某个数据库；“管理模板”用于创建或删除数据库模板；“配置自动存储管理”用于创建和管理 ASM(Automated Storage Management，自动存储管理系统)及其相关的磁盘组。

(2) 启用“创建数据库”选项，单击“下一步”按钮，进入“步骤 2：数据库模板”界面，如图 1-21 所示。

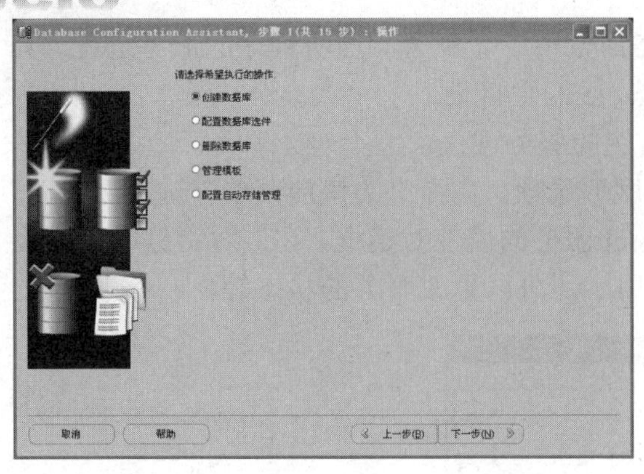

图 1-20 “步骤 1：操作”界面

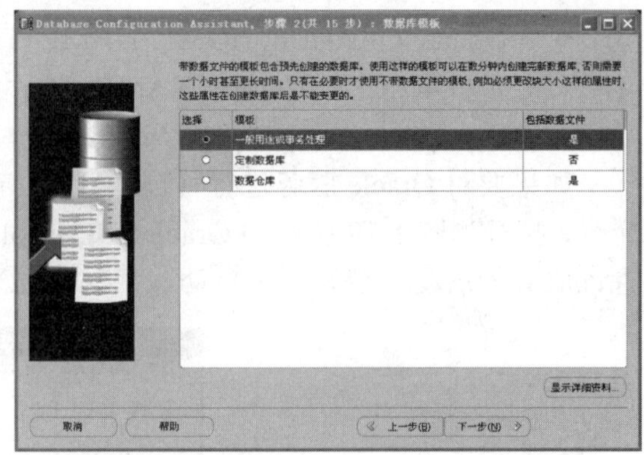

图 1-21 “步骤 2：数据库模板”界面

(3) 启用“一般用途或事务处理”选项，单击“下一步”按钮，进入“步骤 3：数据库标识”界面，如图 1-22 所示。

(4) 在“步骤 3：数据库标识”界面中设置新数据库的全局数据库名，这里设置为 myorcl，而数据库实例名(SID)默认与全局数据库名相同，也为 myorcl。单击“下一步”按钮，进入“步骤 4：管理选项”界面，采用默认设置，单击“下一步”按钮，进入“步骤 5：数据库身份证明”界面，如图 1-23 所示。该界面用于设置 Oracle 默认账户的口令。

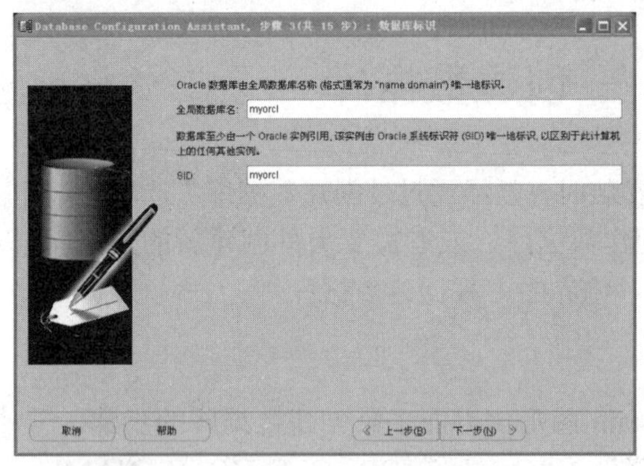

图 1-22 “步骤 3：数据库标识”界面

图 1-23 “步骤 5：数据库身份证明”界面

(5) 设置好口令后，单击“下一步”按钮，进入“步骤 6：存储选项”界面，在该界面中启用“文件系统”选项，如图 1-24 所示。

(6) 单击“下一步”按钮，进入“步骤 7：数据库文件所在位置”界面，如图 1-25 所示。在该界面中设置数据库文件的存储位置。

提示： 为了提高 Oracle 的性能，建议将数据库的数据文件与控制文件、日志文件存放在不同的路径中。

(7) 设置好存储位置后，单击“下一步”按钮，进入“步骤 8：恢复配置”界面，如图 1-26 所示。

提示： 恢复选项有两种，其中，“指定快速恢复区”用于为数据库配置数据恢复区，以免系统发生故障时丢失数据；“启用归档”用于将数据库运行模式设置为归档模式，在归档模式下，数据库将会对日志文件进行归档。

(8) 采用默认设置，单击“下一步”按钮，进入“步骤 9：数据库内容”界面，该界面中可以对示例方案及定制脚本进行配置。

(9) 采用默认设置，单击“下一步”按钮，进入“步骤 10：初始化参数”界面，该界面中可以对内存、调整大小、字符集和连接模式进行配置。

(10) 采用默认设置，单击“下一步”按钮，进入“步骤 11：安全设置”界面，在该界面中采用默认设置，即启用“保留增强的 11g 默认安全设置”选项。

(11) 单击“下一步”按钮，进入“步骤 12：自动维护任务”界面，在该界面中选择“启用自动维护任务”选项。

(12) 单击“下一步”按钮，进入“步骤 13：数据库存储”界面，在该界面中可以指定数据库的存储参数，如图 1-27 所示。

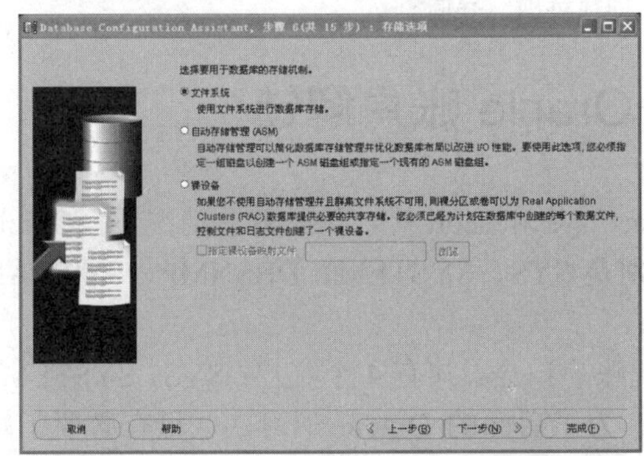

图 1-24 “步骤 6：存储选项”界面

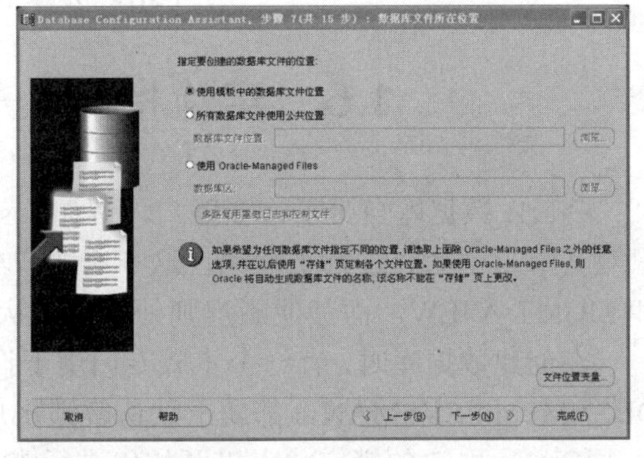

图 1-25 “步骤 7：数据库文件所在位置”界面

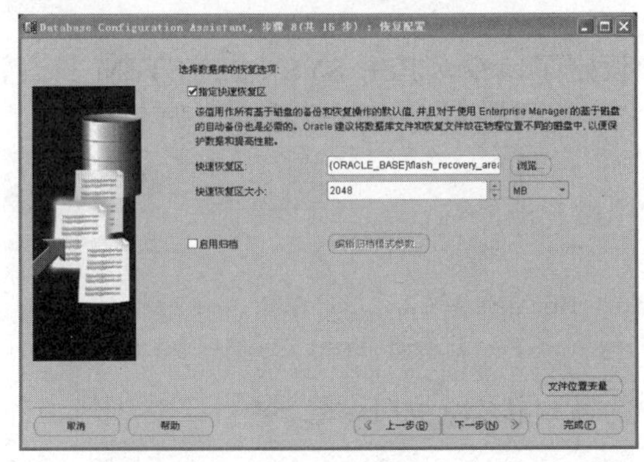

图 1-26 “步骤 8：恢复配置”界面

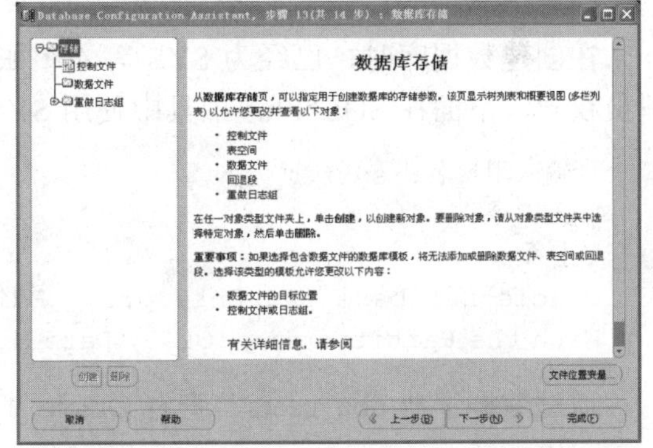

图 1-27 “步骤 13：数据库存储”界面

(13) 单击“下一步”按钮，进入“步骤 14：创建选项”界面，如图 1-28 所示。

提示： 创建选项有 3 种，其中，“创建数据库”用于按配置创建数据库；“另存为数据库模板”用于将创建数据库的配置另存为模板；“生成数据库创建脚本”用于将创建数据库的配置以脚本的形式保存起来。

(14) 单击“完成”按钮，在弹出的“确认”对话框中单击“确定”按钮，即可开始新数据库的创建。

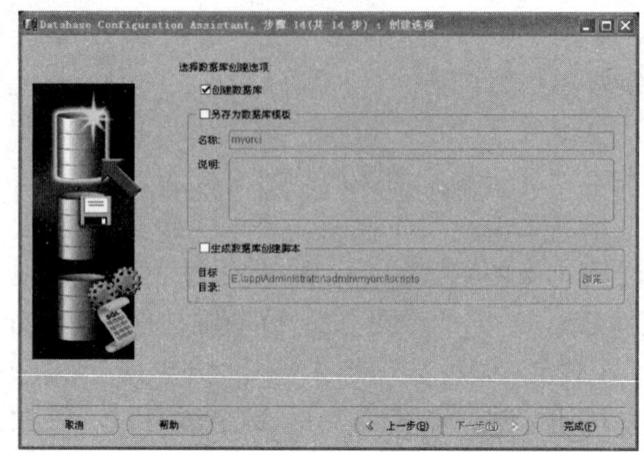

图 1-28 “步骤 14：创建选项”界面

1.5 实验指导——Oracle 账户解锁

Oracle 数据库自带了许多账户，例如 system、sys 和 scott 等，但是默认情况下，Oracle 只对其中 5 个账户进行了解锁，这 5 个账户分别是 SYS、SYSTEM、DBSNMP、SYSMAN 和 MGMT_VIEW，而其他账户则处于锁定状态。

在创建数据库时，有一个步骤专门用于设置账户口令。共有 4 个账户：SYS、SYSTEM、DBSNMP 和 SYSMAN，都属于默认解锁账户。为了后面的 Oracle 学习，这里有必要了解一下 Oracle 账户的锁定状态以及如何进行账户解锁。

实验指导 1-2：Oracle 账户解锁

在创建数据库时，已经为 SYS 等 4 个账户设定了口令，其中 SYS 与 SYSTEM 具有管理员权限，下面在 SQL*Plus 工具中使用 SYSTEM 账户登录 Oracle 数据库，如下：

```
请输入用户名: system
输入口令:
连接到:
Oracle Database 11g Enterprise Edition Release 11.1.0.6.0 - Production
With the Partitioning, OLAP, Data Mining and Real Application Testing options
```

通过数据字典 dba_users，查看 Oracle 账户的锁定状态，如下：

```
SQL> SELECT username, account_status FROM dba_users;

USERNAME                         ACCOUNT_STATUS
-------------------------------- --------------------------------
MGMT_VIEW                        OPEN
SYS                              OPEN
SYSTEM                           OPEN
DBSNMP                           OPEN
SYSMAN                           OPEN
SCOTT                            EXPIRED & LOCKED
```

```
FLOWS_FILES                    EXPIRED & LOCKED
MDSYS                          EXPIRED & LOCKED
ORDSYS                         EXPIRED & LOCKED
...
```

其中，OPEN 表示账户为解锁状态；EXPIRED 表示账户为过期状态(需要设置口令才能解除此状态)；LOCKED 表示账户为锁定状态。

下面使用 ALTER USER 语句为 scott 账户解锁：

```
SQL> ALTER USER scott ACCOUNT UNLOCK;
用户已更改。
```

再使用 ALTER USER 语句为 scott 账户设置口令，如下：

```
SQL> ALTER USER scott IDENTIFIED BY tiger;
用户已更改。
```

通过数据字典 dba_users 查看现在 scott 账户的状态，如下：

```
SQL> SELECT username, account_status FROM dba_users
  2  WHERE username = 'SCOTT';

USERNAME                       ACCOUNT_STATUS
------------------------------ --------------------------------
SCOTT                          OPEN
```

通过查询结果可以看出，scott 账户已经被成功解锁。在使用数据字典 dba_users 时，需要注意其字段的值是区分大小的。

提示： SQL*Plus 工具以及 SQL 语句的具体使用将在后面的章节中详细介绍。

第2章　Oracle 数据库的体系结构

Oracle 数据库的体系结构，可以用来分析数据库的组成和工作过程，以及数据库是如何管理和组织数据的。

Oracle 数据库从存储结构上可以分为物理存储结构与逻辑存储结构，从实例结构上可以分为内存结构与进程结构。

本章将介绍这几种结构，并简单介绍 Oracle 中的数据字典。通过本章的学习，可以对 Oracle 数据库有一个大概的认识。

本章要点：

- 了解 Oracle 的物理存储结构。
- 了解 Oracle 的逻辑存储结构。
- 了解 Oracle 进程结构。
- 了解 Oracle 内存结构。
- 熟悉 Oracle 中的数据字典。
- 理解数据字典的作用。

2.1　物理存储结构

Oracle 的物理存储结构是由存储在磁盘中的操作系统文件所组成的，Oracle 在运行时需要使用这些文件。一般 Oracle 数据库在物理上主要由 3 种类型的文件组成，分别是数据文件(*.dbf)、控制文件(*.ctl)和重做日志文件(*.log)。

2.1.1　数据文件

数据文件(Data File)是指存储数据库数据的文件。数据库中的所有数据最终都保存在数据文件中，例如，表中的记录和索引等。如果数据文件中的某些数据被频繁访问，则这些数据会被存储在内存的缓冲区中。

读取数据时，Oracle 系统会首先从内存的数据缓冲区中查找相关数据信息，如果找不到，则从数据库文件中把数据读取出来，存放到内存的数据缓冲区中，供查询使用；存储数据时，修改后的数据信息，也是先存放在内存的数据缓冲区中，在满足写入条件(例如执行提交操作)时，由 Oracle 的后台进程 DBWn 将数据写入数据文件。

提示： 通过这种数据存取方式，可以减少磁盘的 I/O 操作，提高系统的响应性能。

数据文件一般有以下几个特点。

(1)　一个表空间由一个或多个数据文件组成。

提示： 表空间是数据库存储的逻辑单位。数据文件如果离开了表空间将失去意义，而表空间如果离开了数据文件将失去物理基础。

(2) 一个数据文件只对应一个数据库。而一个数据库通常包含多个数据文件。

(3) 数据文件可以通过设置其自动扩展参数，实现其自动扩展的功能。

如果想要了解数据文件的信息，可以查询数据字典 dba_data_files 和 v$datafile。其中，dba_data_files 主要有如下字段。

- file_name：数据文件的名称以及存放路径。
- file_id：数据文件在数据库中的 ID 号。
- tablespace_name：数据文件对应的表空间名。
- bytes：数据文件的大小。
- blocks：数据文件所占用的数据块数。
- status：数据文件的状态。
- autoextensible：数据文件是否可扩展。

【例 2.1】 使用数据字典 dba_data_files 查看表空间 system 所对应的数据文件的部分信息，如下：

```
SQL> COLUMN file_name FORMAT A50;
SQL> COLUMN tablespace_name FORMAT A15;
SQL> SELECT file_name , tablespace_name , autoextensible
  2  FROM dba_data_files WHERE tablespace_name = 'SYSTEM';

FILE_NAME                                          TABLESPACE_NAME AUT
------------------------------------------------------------------------
E:\APP\ADMINISTRATOR\ORADATA\ORCL\SYSTEM01.DBF SYSTEM          YES
```

提示： 有关数据库字典的详细内容，将在本章最后一节介绍。

另一个数据字典 v$datafile 则记录了数据文件的动态信息，它主要有如下字段。

- file#：存放数据文件的编号。
- status：数据文件的状态。
- checkpoint_change#：数据文件的同步号，随着系统的运行自动修改，以维持所有数据文件的同步。
- bytes：数据文件的大小。
- blocks：数据文件所占用的数据块数。
- name：数据文件的名称以及存放路径。

【例 2.2】 使用数据字典 v$datafile，查看当前数据库的数据库文件动态信息，如下：

```
SQL> COLUMN name FORMAT A50;
SQL> SELECT file# , name , checkpoint_change#
  2  FROM v$datafile;
```

```
FILE#  NAME                                              CHECKPOINT_CHANGE#
------ ------------------------------------------------ ------------------
1      E:\APP\ADMINISTRATOR\ORADATA\ORCL\SYSTEM01.DBF      987560
2      E:\APP\ADMINISTRATOR\ORADATA\ORCL\SYSAUX01.DBF      987560
3      E:\APP\ADMINISTRATOR\ORADATA\ORCL\UNDOTBS01.DBF     987560
4      E:\APP\ADMINISTRATOR\ORADATA\ORCL\USERS01.DBF       987560
```

提示： 使用数据字典之前，最好先使用 DESCRIBE 命令查看其结构，例如 DESCRIBE v$datafile，这样就可以了解该数据字典的字段名，从而也可以了解通过该数据字典可以查看哪些信息。为了避免繁冗，后面使用数据字典时不再一一介绍其结构。

2.1.2 控制文件

控制文件(Control File)是一个很小的二进制文件，用于描述和维护数据库的物理结构。在 Oracle 数据库中，控制文件相当重要，它存放有数据库中数据文件和日志文件的信息。Oracle 数据库在启动时需要访问控制文件，在数据库的使用过程中，数据库需要不断更新控制文件，由此可见，一旦控制文件受损，那么数据库将无法正常工作。

提示： 在安装 Oracle 系统时，会自动创建控制文件。

如果想要了解当前数据库的控制文件信息，可以查询数据字典 v$controlfile。

【例 2.3】使用数据字典 v$controlfile，查看当前数据库的控制文件的名称与路径，具体如下：

```
SQL> COLUMN name FORMAT A50;
SQL> SELECT name FROM v$controlfile;

NAME
--------------------------------------------------
E:\APP\ADMINISTRATOR\ORADATA\ORCL\CONTROL01.CTL
E:\APP\ADMINISTRATOR\ORADATA\ORCL\CONTROL02.CTL
E:\APP\ADMINISTRATOR\ORADATA\ORCL\CONTROL03.CTL
```

提示： Oracle 一般会默认地创建 3 个包含相同信息的控制文件，目的是为了当其中一个受损时，数据库可以调用其他控制文件继续工作。

2.1.3 重做日志文件

重做日志文件(Redo Log File)是记录数据库中所有修改信息的文件，简称日志文件。其中，修改信息包括数据库中数据的修改信息和数据库结构的修改信息等，例如删除表中的一行数据或删除表中的一个列。如果只是进行了查询操作，则该操作不会被记录到日志文件中。日志文件是数据库系统的最重要的文件之一，它可以保证数据库安全，是进行数据库备份与恢复的重要手段。如果日志文件受损，数据库同样可能会无法正常运行。

当数据库中出现修改信息时，修改后的数据信息会首先存储在内存的日志缓冲区中，而对应的日志信息则被存储在日志缓冲区中，在达到一定日志数量时，由 Oracle 的后台进程 LGWR 将日志写入到日志文件中。

提示： 提交修改信息后，数据文件中只保留修改后的数据，而日志文件中则既保留修改后的数据，又保留修改前的数据，为日后的数据恢复提供数据。

既然日志文件这么重要，就需要保证日志文件的安全，所以日志文件不应该唯一存在。换句话说，同一批日志信息不应该只存在于一个日志文件中，否则一旦发生意外，这些日志信息将全部丢失。

为了确保日志文件的安全，在实际应用中，允许对日志文件进行镜像，日志文件与其镜像文件记录同样的日志信息，它们构成一个日志文件组，同一个组中的日志文件可以(也最好是)存放在不同的磁盘中，这样可以保证一个日志文件受损时，还有其他日志文件提供日志信息。

技巧： 在一个日志文件组中，日志文件的镜像个数受参数 maxlogmembers 限制，最多可以有 5 个。

Oracle 中的日志文件组是循环使用的，当所有日志文件组的空间都被填满后，系统将重新切换到第一个日志文件组。发生日志切换时，日志文件组中已有的日志信息是否被覆盖，取决于数据库的运行模式。

提示： 数据库的运行模式分为归档模式与非归档模式两种，如果是归档模式，则发生日志切换时，日志文件组中的日志信息会先被 Oracle 系统的后台进程 ARCn 写入到归档日志文件中，然后再被新内容覆盖；如果是非归档模式，则日志文件组中的日志信息将被直接覆盖。

2.1.4　其他文件

在 Oracle 中，除了前面介绍的数据文件、控制文件和重做日志文件以外，还有参数文件、备份文件、归档重做日志文件，以及警告、跟踪日志文件等。

1. 参数文件

参数文件用于记录 Oracle 数据库的基本参数信息，主要包括数据库名和控制文件所在路径等。参数文件分为文本参数文件(Parameter File，简称 PFILE)和服务器参数文件(Server Parameter File，简称 SPFILE)。

提示： 文本参数文件为 init<SID>.ora，服务器参数文件为 spfile<SID>.ora 或 spfile.ora。

当数据库启动时，将打开上述两种参数文件中的一种，数据库实例首先在操作系统中查找服务器参数文件 SPFILE，如果找不到，则查找文本参数文件 PFILE。

2. 备份文件

文件受损时，可以借助于备份文件对受损文件进行恢复。对文件进行还原的过程，就是用备份文件替换该文件的过程。

3. 归档重做日志文件

归档重做日志文件用于对写满的日志文件进行复制并保存，具体功能由归档进程 ARCn 实现，该进程负责将写满的重做日志文件复制到归档日志目标中。

4. 警告、跟踪日志文件

当一个进程发现了一个内部错误时，它可以将关于错误的信息存储到它的跟踪文件中。而警告文件则是一种特殊的跟踪文件，它包含错误事件的说明，而随之产生的跟踪文件则记录该错误的详细信息。

2.2 逻辑存储结构

Oracle 数据库从逻辑存储结构上来讲，主要包括表空间、段、区和数据块。它们之间的关系为：一个数据库由一个或多个表空间组成；一个表空间由一个或多个段组成；一个段由一个或多个区组成；一个区由一个或多个数据块组成。

Oracle 数据库的逻辑存储结构如图 2-1 所示。

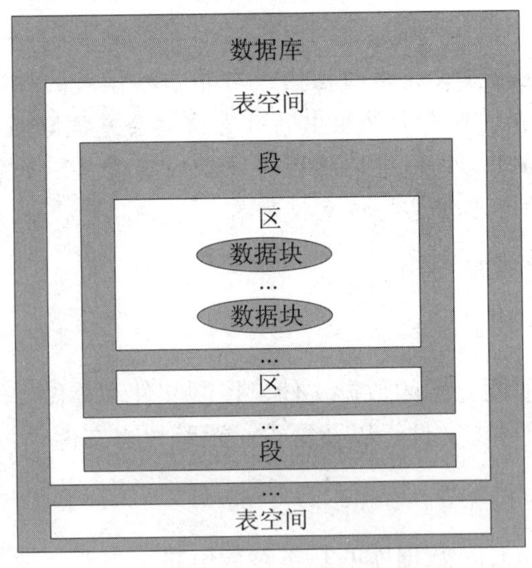

图 2-1 Oracle 数据库的逻辑结构

2.2.1 表空间(Tablespace)

表空间是 Oracle 中最大的逻辑存储结构，它与物理上的一个或多个数据文件相对应，每个 Oracle 数据库都至少拥有一个表空间，表空间的大小等于构成该表空间的所有数据文件大小的总和。表空间用于存储用户在数据库中创建的所有内容，例如用户在创建表时，可以指定一个表空间存储该表，如果用户没有指定表空间，则 Oracle 系统会将用户创建的内容存储到默认的表空间中。

技巧： 可以通过增加、删除表空间对应的数据文件，或修改其数据文件的大小来改变表空间的大小。

在安装 Oracle 时，Oracle 数据库系统一般会自动创建一系列表空间(如 system)。可以通过数据字典 dba_tablespaces 查看表空间的信息。

【例 2.4】通过数据字典 dba_tablespaces，查看当前数据库的所有表空间的名称，如下：

```
SQL> SELECT tablespace_name FROM dba_tablespaces;
TABLESPACE_NAME
------------------------------
SYSTEM
SYSAUX
UNDOTBS1
TEMP
USERS
已选择 5 行。
```

上述查询结果中显示的 5 个表空间，就是 Oracle 数据库自动创建的表空间，对它们的说明如表 2-1 所示。

表 2-1　Oracle 数据库自动创建的表空间

表 空 间	说　明
sysaux	辅助系统表空间。用于减少系统表空间的负荷，提高系统的作业效率。该表空间由 Oracle 系统内部自动维护，一般不用于存储用户数据
system	系统表空间，用于存储系统的数据字典、系统的管理信息和用户数据表等
temp	临时表空间。用于存储临时的数据，例如存储排序时产生的临时数据。一般情况下，数据库中的所有用户都使用 temp 作为默认的临时表空间。临时表空间本身不是临时存在的，而是永久存在的，只是保存在临时表空间中的段是临时的。临时表空间的存在，可以减少临时段与存储在其他表空间中的永久段之间的磁盘 I/O 争用
undotbs1	撤消表空间。用于在自动撤消管理方式下存储撤消信息。在撤消表空间中，除了回退段以外，不能建立任何其他类型的段。所以，用户不可以在撤消表空间中创建任何数据库对象
users	用户表空间。用于存储永久性用户对象和私有信息

2.2.2　段(Segment)

段是一组盘区，这组盘区组成了被 Oracle 视为一个单位的数据库对象，例如表或索引。因此，段一般是数据库终端用户将处理的最小存储单位。

提示： Oracle 为段分配的空间是以数据区为单位的，当段的数据区已满时，Oracle 为其分配另一个数据区，段的数据区在磁盘上可以是不连续的。

按照段中所存储数据的特征，可以将段分为 4 种类型：数据段、索引段、临时段和回退段。

1．数据段

数据段用于存储表中的数据。如果用户在表空间中创建一个表，那么系统会自动在该表空间中创建一个数据段，而且数据段的名称与表的名称相同。如果创建的是分区表，则系统为每个分区分配一个数据段。

数据段包含用于存储表中的大型数据对象的 LOB 段，大型数据对象类型主要有 CLOB 和 BLOB。

2．索引段

索引段用于存储表中的所有索引信息。如果用户创建一个索引，则系统会为该索引创建一个索引段，而且索引段的名称与索引的名称相同。如果创建的是分区索引，则系统为每个分区索引创建一个索引段。

3．临时段

临时段用于存储临时数据。排序或者汇总时所产生的临时数据都存储在临时段中，该段由系统在用户的临时表空间中自动创建，并在排序或汇总结束时自动消除。

4．回退段

回退段用于存储用户数据被修改之前的值。如果需要对用户的数据进行回退操作，也就是恢复操作，就需要使用回退段。每个 Oracle 数据库都应该至少拥有一个回退段，在数据恢复时使用。

提示： 回退段只存在于 system 表空间中，一般情况下，系统管理员不需要维护回退段。

2.2.3 区(Extent)

在 Oracle 数据库中，区是磁盘空间分配的最小单位，由一个或多个数据块组成。当一个段中的所有空间被使用完后，系统将自动为该段分配一个新的区。

一个或多个区组成一个段，所以段的大小由区的个数决定。不过，一个数据段可以包含的区的个数并不是无限制的，它由如下两个参数决定。

- minextents：定义段初始分配的区的个数，也就是段最少可分配的区的个数。
- maxextents：定义一个段最多可以分配的区的个数。

2.2.4 数据块(Block)

在 Oracle 数据库中，数据块(也可以简称为块)是用来管理存储空间的最基本单位，也是最小的逻辑存储单位。Oracle 数据库在进行输入输出操作时，都是以块为单位进行逻辑读写操作的。

数据块都具有相同的结构，其结构如图 2-2 所示。

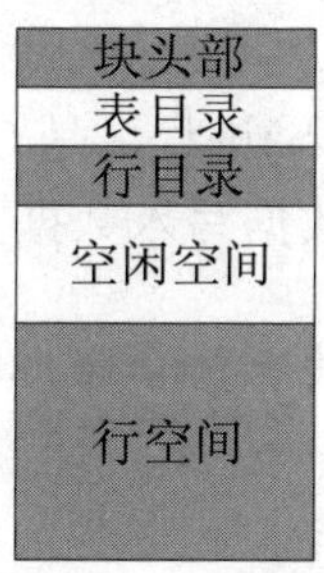

图 2-2 数据块的结构

对数据块的结构说明如下。

- 块头部：包含数据块中一般的属性信息，例如数据块的物理地址、所属段的类型等。
- 表目录：如果数据块中存储的数据是某个表的数据(表中一行或多行记录)，则关于该表的信息将存放在表目录中。
- 行目录：用来存储数据块中有效的行信息。
- 空闲空间：数据块中还没有使用的存储空间。
- 行空间：表或者索引的数据存储在行空间中，所以行空间是数据块中已经使用的存储空间。

其中，块头部、表目录和行目录共同组成数据块的头部信息区。块头部信息区中并没有存储实际的数据库数据，它只是用来引导 Oracle 系统读取数据。而如果头部信息区受损，则该数据块将失效，块中所存储的数据也将丢失。

提示： 由于头部信息区并不存储实际数据，所以一个数据块的容量实际上是空闲空间与行空间容量的总和。

块的默认大小，由初始化参数 db_block_size 指定，数据库创建完成之后，该参数值无法再修改。通过 SHOW PARAMETER 语句可以查看该参数的信息，如下：

```
SQL> SHOW PARAMETER db_block_size;
NAME                             TYPE        VALUE
-------------------------------- ----------- ------------------------------
db_block_size                    integer     8192
```

2.3 Oracle 进程结构

Oracle 数据库启动时，会启动多个 Oracle 后台进程，后台进程是用于执行特定任务的可执行代码块，在系统启动后异步地为所有数据库用户执行不同的任务。通过查询数据字典 v$bgprocess，可以了解数据库中启动的后台进程信息。本节将会介绍 Oracle 中的部分重要进程。

2.3.1 DBWn 进程

DBWn(Database Writer，数据库写入)进程，是 Oracle 中采用 LRU(Least Recently Used，最近最少使用)算法将数据缓冲区中的数据写入数据文件的进程。

提示： LRU 算法是数据缓冲区的一种管理机制，只保留最近数据，不保留旧数据。

DBWn 进程主要有如下几个作用：

- 管理数据缓冲区，以便用户进程总能找到空闲的缓冲区。
- 将所有修改后的缓冲区数据写入数据文件。
- 使用 LRU 算法将最近使用过的块保留在内存中。
- 通过延迟写来优化磁盘 I/O 读写。

其工作过程如下。

(1) 当一个用户进程产生后，服务器进程查找内存缓冲区中是否存在用户进程所需要的数据。

(2) 如果内存中没有需要的数据，则服务器进程从数据文件中读取数据。这时，服务器进程会首先从 LRU 中查找是否有存放数据的空闲块。

(3) 如果 LRU 中没有空闲块，则将 LRU 中的 DIRTY 数据块移入 DIRTY LIST(弄脏表)。

提示： DIRTY 表示“脏列”或者叫“弄脏了的数据”，实际上就是指被修改但还没有被写入数据文件的数据。

(4) 如果 DIRTY LIST 超长，服务器进程将会通知 DBWn 进程将数据写入磁盘，刷新缓冲区。

(5) 当 LRU 中有空闲块后，服务器进程从磁盘的数据文件中读取数据并存放到数据缓冲区中。

在一个数据库实例中，DBWn 进程可以启动多个。允许启动的 DBWn 进程个数由参数 db_writer_processes 决定，可以使用 SHOW PARAMETER 语句查看该参数的信息，如下：

```
SQL> SHOW PARAMETER db_writer_processes;
NAME                                 TYPE        VALUE
------------------------------------ ----------- ---------------
db_writer_processes                  integer     1
```

提示： DBWn 进程最多可以启动 20 个，进程名称分别为 DBW0、DBW1、DBW2、…、DBW9，以及 DBWa、DBWb、…、DBWj。

2.3.2 LGWR 进程

LGWR(Log Writer，日志写入)进程，是负责管理日志缓冲区的一个后台进程，用于将日志缓冲区中的日志数据写入磁盘的日志文件中。

提示：日志缓冲区是一个循环缓冲区，当 LGWR 进程将日志缓冲区中的日志数据写入磁盘日志文件中后，服务器进程又可以将新的日志数据保存到日志缓冲区中。

LGWR 进程将日志信息同步地写入在线日志文件组的多个日志成员文件中，如果日志文件组中的某个成员文件被删除或者不可使用，则 LGWR 进程可以将日志信息写入该组的其他文件中，从而不影响数据库正常运行，但会在警告日志文件中记录错误。如果整个日志文件组都无法正常使用，则 LGWR 进程会失败，并且整个数据库实例将挂起，直到问题被解决。

2.3.3 CKPT 进程

CKPT(Check Point，检查点或检验点)进程，一般在发生日志切换时自动产生，用于缩短实例恢复所需的时间。在检查点期间，CKPT 进程更新控制文件与数据文件的标题，从而反映最近成功的 SCN(System Change Number，系统更改号)。

在 Oracle 数据库中，控制检查点产生的参数有如下两种。

- log_checkpoint_timeout：用于设置检查点产生的时间间隔，默认值为 1800 秒。
- log_checkpoint_interval：用于设置一个检查点需要填充的日志文件块的数目，也就是指每当产生多少个日志数据时自动产生一个检查点，默认值为 0。

通过 SHOW PARAMETER 语句可以查看上述两个参数的信息，如下：

```
SQL> SHOW PARAMETER log_checkpoint_timeout;
NAME                                 TYPE        VALUE
------------------------------       ---------   ----------------
log_checkpoint_timeout               integer     1800
SQL> SHOW PARAMETER log_checkpoint_interval;
NAME                                 TYPE        VALUE
-------------------------------      ----------  -----------------
log_checkpoint_interval              integer     0
```

2.3.4 SMON 进程

SMON(System Monitor，系统监控)进程，用于数据库实例出现故障或系统崩溃时，通过将联机重做日志文件中的条目应用于数据文件，执行崩溃恢复。SMON 进程一般用于定期合并字典管理的表空间中的空闲空间，此外，它还用于在系统重新启动期间清理所有表空间中的临时段。

2.3.5 PMON 进程

PMON(Process Monitor，进程监控)进程，用于在用户进程出现故障时执行进程恢复操作，负责清理内存存储区和释放该进程所使用的资源。

PMON 进程周期性检查调度进程和服务器进程的状态，如果发现进程已死，则重新启动它。PMON 进程被有规律地唤醒，检查是否需要使用，或者其他进程发现需要时也可以调用此进程。

2.3.6 ARCn 进程

ARCn(Archive Process，归档)进程，用于将写满的日志文件复制到归档日志文件中，防止日志文件组中的日志信息由于日志文件组的循环使用而被覆盖。只有当 Oracle 数据库运行在归档模式下时才会产生 ARCn 进程。

提示：当 ARCn 进程在对一个日志文件进行归档操作时，其他任何进程都不可以访问这个日志文件。

一个 Oracle 数据库实例中，允许启动的 ARCn 进程的个数由参数 log_archive_max_processes 决定。可以通过 SHOW PARAMETER 语句查看该参数的信息，如下：

```
SQL> SHOW PARAMETER log_archive_max_processes;

NAME                                 TYPE        VALUE
------------------------------------ ----------- ---------------
log_archive_max_processes            integer     4
```

提示：在一个数据库实例中，ARCn 进程最多可启动 10 个，进程名称分别为 ARC0、ARC1、…、ARC9。

2.3.7 RECO 进程

RECO(Recovery，恢复)进程存在于分布式数据库系统中，用于自动解决在分布式数据库中出现的事务故障。

例如在分布式数据库系统中有两个数据库 A 和 B，现在需要同时修改 A 和 B 的表中的数据，当 A 数据库中的表的数据被修改后，网络连接失败，B 中的表的数据无法进行修改，这就出现了分布式数据库中的事务故障。此时 RECO 进程将进行事务回滚。

提示：RECO 进程自动维持分布式环境中的数据的一致性，任何在当前已经处理的事务，而在其他数据库中还未处理的行将从每一个数据库的事务表中删除。

当一个数据库服务器的 RECO 进程试图与一个远程服务器建立通信时，如果远程服务器不可用或者无法建立网络连接，则 RECO 进程将自动在一个时间间隔之后再次连接。

2.4 Oracle 内存结构

Oracle 内存结构是 Oracle 体系结构中一个非常重要的组成部分，它使用服务器的物理内存来保存 Oracle 实例中的内容，例如当前数据库实例的会话信息、数据缓存信息、Oracle 进程之间的共享信息和 Oracle 可执行的程序代码等。Oracle 内存结构是影响数据库性能的主要因素之一，其结构如图 2-3 所示。

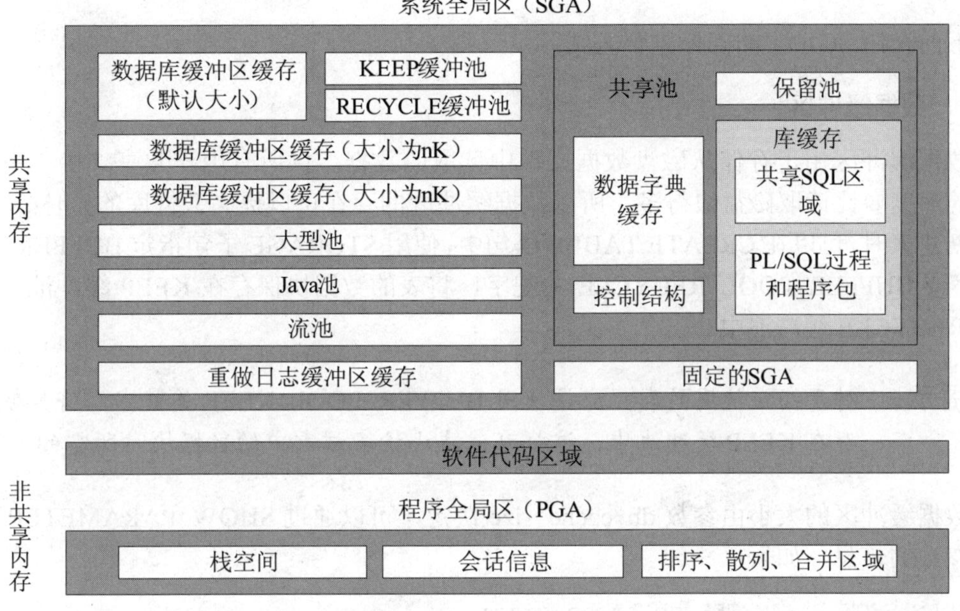

图 2-3 Oracle 内存结构

在 Oracle 内存结构中，软件代码区域用于存储作为 Oracle 实例的一部分运行的 Oracle 可执行文件，这些代码区域实际上是静态的，只有在安装新的软件版本时才会改变。本节主要介绍 Oracle 内存结构中的系统全局区与程序全局区。

2.4.1 系统全局区(SGA)

系统全局区(System Global Area，SGA)是 Oracle 为系统分配的一组共享的内存结构，可以包含一个数据库实例的数据或控制信息。在一个数据库实例中，可以有多个用户进程，这些用户进程可以共享系统全局区中的数据，所以系统全局区又称为共享全局区。

当数据库实例启动时，SGA 的内存被自动分配；当数据库实例关闭时，SGA 被回收。从图 2-3 可以看出，SGA 由许多不同的区域组成，在为 SGA 分配内存时，控制 SGA 不同区域的许多参数都是动态的。不过， SGA 区域的总内存大小由参数 sga_max_size 决定，可以使用 SHOW PARAMETER 语句查看该参数的信息，如下：

```
SQL> SHOW PARAMETER sga_max_size;

NAME                                 TYPE        VALUE
------------------------------------ ----------- ---------------
sga_max_size                         big integer 512M
```

如果没有指定 sga_max_size 参数，而是指定了参数 sga_target，则 Oracle 会自动调整 SGA 各区域的内存大小，并使内存的总量等于参数 sga_target 指定的值。

提示：SGA 中的内存以区组(Granule)为单位进行分配。如果 SGA 的总内存小于或等于 128MB，则区组的大小为 4MB；如果大于 128MB，则区组的大小为 16MB。

下面介绍 SGA 中的部分重要区域。

1. 数据缓冲区

数据缓冲区用于存储从磁盘数据文件中读取的数据，供所有用户共享。由于系统读取内存的速度要比读取磁盘快得多，所以数据缓冲区的存在可以提高数据库的整体效率。

创建表时，可以在 CREATE TABLE 语句中，使用 STORAGE 子句指定 BUFFER_POOL_KEEP 或 BUFFER_POOL_RECYCLE 关键字，将表的数据块保存在 KEEP 缓冲池，或者保存在 RECYCLE 缓冲池中。

提示：对于经常使用的表，应该使用 BUFFER_POOL_KEEP 关键字，将其数据块保存在 KEEP 缓冲池中，这样可以减小检索该表中的数据块时所需的 I/O。

数据缓冲区的大小由参数 db_cache_size 决定，可以通过 SHOW PARAMETER 语句查看该参数的信息，如下：

```
SQL> SHOW PARAMETER db_cache_size;

NAME                                 TYPE           VALUE
------------------------------------ -----------    ----------------
db_cache_size                        big integer    20M
```

2. 日志缓冲区

日志缓冲区用于存储数据库的修改操作信息。当日志缓冲区中的日志量达到总容量的 1/3，或每隔 3 秒，或日志量达到 1MB 时，日志写入进程 LGWR 就会将日志缓冲区中的日志信息写入日志文件中。

日志缓冲区的大小由参数 log_buffer 决定，可以通过 SHOW PARAMETER 语句查看该参数的信息，如下：

```
SQL> SHOW PARAMETER log_buffer;

NAME                                 TYPE        VALUE
------------------------------------ --------    ---------------
log_buffer                           integer     5654016
```

3. 共享池

共享池用于保存最近执行的 SQL 语句、PL/SQL 程序的数据字典信息，它是对 SQL 语句和 PL/SQL 程序进行语法分析、编译和执行的内存区域。共享池主要包括如下两种子缓存。

- 库缓存(Library Cache)：库缓存保存数据库运行的 SQL 和 PL/SQL 语句的有关信息。在库缓冲区中，不同的数据库用户可以共享相同的 SQL 语句。
- 数据字典缓存(Data Dictionary Cache)：数据字典是数据库表的集合，其中包含有关数据库、数据库结构以及数据库用户的权限和角色的元数据。

共享池的大小由参数 shared_pool_size 决定，可以通过 SHOW PARAMETER 语句查看该参数的信息，如下：

```
SQL> SHOW PARAMETER shared_pool_size;

NAME                                 TYPE          VALUE
------------------------------------ -----------   ---------
shared_pool_size                     big integer   20M
```

4. 大型池

大型池，用于提供一个大的缓冲区供数据库的备份与恢复操作使用，它是 SGA 的可选区域。

大型池的大小由参数 large_pool_size 决定，可以通过 SHOW PARAMETER 语句查看该参数的信息，如下：

```
SQL> SHOW PARAMETER large_pool_size;

NAME                            TYPE          VALUE
------------------------------- -----------   -------------
large_pool_size                 big integer   15728640
```

5. Java 池

Java 池，用于在数据库中支持 Java 的运行。例如用 Java 编写一个存储过程，这时 Oracle 的 Java 虚拟机(Java Virtual Machine，JVM)就会使用 Java 池来处理用户会话中的 Java 存储过程。

Java 池的大小由参数 java_pool_size 决定，可以通过 SHOW PARAMETER 语句查看该参数的信息，如下：

```
SQL> SHOW PARAMETER java_pool_size;

NAME                            TYPE          VALUE
------------------------------- -----------   -----------------
java_pool_size                  big integer   20M
```

2.4.2　程序全局区(PGA)

程序全局区(Program Global Area，PGA)是 Oracle 系统分配给一个进程的私有内存区域。

注意： PGA 不是共享区，只有服务器进程本身才能访问自己的 PGA，它主要用来保存用户在编程时使用的变量和数组等。

程序全局区的大小由参数 pga_aggregate_target 决定，可以通过 SHOW PARAMETER 语句查看该参数的信息，如下：

```
SQL> SHOW PARAMETER pga_aggregate_target;

NAME                                 TYPE          VALUE
------------------------------------ ------------- ----------
pga_aggregate_target                 big integer   20M
```

2.5 数 据 字 典

数据字典是由 Oracle 自动创建并更新的一组表，它是 Oracle 数据库的重要组成部分，提供了数据库结构、数据库对象空间分配和数据库用户等有关的信息。数据字典的所有者为 sys 用户，而数据字典表和数据字典视图都被保存在 system 表空间中。

2.5.1 Oracle 数据字典介绍

Oracle 数据字典(Data Dictionary)是存储在数据库中的所有对象信息的知识库，Oracle 数据库管理系统使用数据字典获取对象信息和安全信息，而用户和数据库系统管理员则用数据字典来查询数据库信息。

Oracle 数据字典保存有数据库中对象和段的信息，例如表、视图、索引、包、存储过程以及与用户、权限、角色、审计和约束等相关的信息。

注意： 数据字典是只读的，用户不可以手动更改其数据信息和结构。

在前面的内容中，已经多次使用过数据字典。Oracle 数据字典主要有如表 2-2 所示的几种视图形式。

表 2-2 Oracle 数据字典的视图类型

视图类型	说　明
USER 视图	USER 视图的名称以 user_为前缀，用来记录用户对象的信息。 例如 user_tables 视图，它记录用户的表信息
ALL 视图	ALL 视图的名称以 all_为前缀，用来记录用户对象的信息以及被授权访问的对象信息。 例如 all_synonyms 视图，它记录用户可以存取的所有同义词信息
DBA 视图	DBA 视图的名称以 dba_为前缀，用来记录数据库实例的所有对象的信息。 例如 dba_tables 视图，通过它可以访问所有用户的表信息
V$视图	V$视图的名称以 v$为前缀，用来记录与数据库活动相关的性能统计动态信息。 例如 v$datafile 视图，它记录有关数据文件的统计信息
GV$视图	GV$视图的名称以 gv$为前缀，用来记录分布式环境下所有实例的动态信息。 例如 gv$lock 视图，它记录出现锁的数据库实例的信息

2.5.2　Oracle 常用数据字典

为了方便后面的学习，本节介绍 Oracle 中一些常用的数据字典，主要包括基本的数据字典、与数据库组件相关的数据字典以及 Oracle 中常用的动态性能视图。

1. 基本的数据字典

Oracle 中基本的数据字典如表 2-3 所示。

表 2-3　基本的数据字典

字典名称	说　明
dba_tables	所有用户的所有表的信息
dba_tab_columns	所有用户的表的字段信息
dba_views	所有用户的所有视图信息
dba_synonyms	所有用户的同义词信息
dba_sequences	所有用户的序列信息
dba_constraints	所有用户的表的约束信息
dba_indexes	所有用户的表的索引简要信息
dba_ind_columns	所有用户的索引的字段信息
dba_triggers	所有用户的触发器信息
dba_sources	所有用户的存储过程信息
dba_segments	所有用户的段的使用空间信息
dba_extents	所有用户的段的扩展信息
dba_objects	所有用户对象的基本信息
cat	当前用户可以访问的所有基表
tab	当前用户创建的所有基表、视图和同义词等
dict	构成数据字典的所有表的信息

【例 2.5】通过 dba_tables 视图，了解 scott 用户的所有表的信息，如下：

```
SQL> SELECT table_name , tablespace_name , owner
  2  FROM dba_tables
  3  WHERE owner = 'SCOTT';
TABLE_NAME                   TABLESPACE_NAME     OWNER
---------------------------  ---------------     ---------------------
DEPT                         USERS               SCOTT
EMP                          USERS               SCOTT
BONUS                        USERS               SCOTT
SALGRADE                     USERS               SCOTT
```

其中，table_name 表示表名；tablespace_name 表示表所在的表空间名；owner 表示表的拥有者。

2. 与数据库组件相关的数据字典

Oracle 中与数据库组件相关的数据字典如表 2-4 所示。

表 2-4　与数据库组件相关的数据字典

数据库组件	数据字典中的表或视图	说　明
数据库	v$datafile	记录系统的运行情况
表空间	dba_tablespaces	记录系统表空间的基本信息
	dba_free_space	记录系统表空间的空闲空间的信息
控制文件	v$controlfile	记录系统控制文件的基本信息
	v$controlfile_record_section	记录系统控制文件中记录文档段的信息
	v$parameter	记录系统各参数的基本信息
数据文件	dba_data_files	记录系统数据文件以及表空间的基本信息
	v$filestat	记录来自控制文件的数据文件信息
	v$datafile_header	记录数据文件头部分的基本信息
段	dba_segments	记录段的基本信息
数据区	dba_extents	记录数据区的基本信息
日志	v$thread	记录日志线程的基本信息
	v$log	记录日志文件的基本信息
	v$logfile	记录日志文件的概要信息
归档	v$archived_log	记录归档日志文件的基本信息
	v$archive_dest	记录归档日志文件的路径信息
数据库实例	v$instance	记录实例的基本信息
	v$system_parameter	记录实例当前有效的参数信息
内存结构	v$sga	记录 SGA 区的大小信息
	v$sgastat	记录 SGA 的使用统计信息
	v$db_object_cache	记录对象缓存的大小信息
	v$sql	记录 SQL 语句的详细信息
	v$sqltext	记录 SQL 语句的语句信息
	v$sqlarea	记录 SQL 区的 SQL 基本信息
后台进程	v$bgprocess	显示后台进程信息
	v$session	显示当前会话信息

【例 2.6】通过 v$session 视图，了解当前的用户会话信息，如下：

```
SQL> SELECT username , terminal FROM v$session WHERE username IS NOT NULL;

USERNAME                        TERMINAL
------------------------------- ----------------
SYS                             YSM
```

其中，username 表示当前会话用户的名称；terminal 表示当前会话用户的主机名。

3. 常用动态性能视图

Oracle 中常用的动态性能视图如表 2-5 所示。

表 2-5　常用动态性能视图

视图名称	说　明
v$fixed_table	显示当前发行的固定对象的说明
v$instance	显示当前实例的信息
v$latch	显示锁存器的统计数据
v$librarycache	显示有关库缓存性能的统计数据
v$rollstat	显示联机的回滚段的名字
v$rowcache	显示活动数据字典的统计
v$sga	显示有关系统全局区的总结信息
v$sgastat	显示有关系统全局区的详细信息
v$sort_usage	显示临时段的大小及会话
v$sqlarea	显示 SQL 区的 SQL 信息
v$sqltext	显示在 SGA 中属于共享游标的 SQL 语句内容
v$stsstat	显示基本的实例统计数据
v$system_event	显示一个事件的总计等待时间
v$waitstat	显示块竞争统计数据

【例 2.7】通过 v$instance 视图，了解当前数据库实例的信息，如下：

```
SQL> COLUMN host_name FORMAT A20;
SQL> SELECT instance_name , host_name , status
  2  FROM v$instance;

INSTANCE_NAME      HOST_NAME           STATUS
----------------   -----------------   ---------
orcl               YSM                 OPEN
```

其中，instance_name 表示当前运行的 Oracle 数据库实例名；host_name 表示运行该数据库实例的计算机的名称；status 表示数据库实例的状态。

2.6 习　　题

一、填空题

1. Oracle 数据库从存储结构上可以分为__________和__________。

2. 在 Oracle 数据库中，__________是指存储数据库数据的文件。数据库中的所有数据最终都保存在__________中。

3. Oracle 数据库从逻辑存储结构的角度可以分为表空间、__________、区、__________。一个数据库实例由多个表空间组成，一个表空间由多个__________组成，一个__________由多个区组成，一个区由多个__________组成。

4. 将日志缓冲区中的日志信息写入日志文件的后台进程是__________。如果数据库实例运行在归档模式下，则日志文件中的内容将会被__________进程写入归档日志文件。

5. Oracle 数据库的物理存储结构主要由数据文件、__________和__________这 3 种类型的文件组成。

6. 如果一个服务器进程非正常终止，由 Oracle 系统会使用__________进程来释放它所占用的资源。

7. Oracle 数据库中，段主要可以分为数据段、__________、__________和__________。

二、选择题

1. 下面对数据文件的叙述中，正确的是__________
   A. 一个表空间只能对应一个数据文件
   B. 一个数据文件可以对应多个表空间
   C. 一个表空间可以对应多个数据文件
   D. 数据文件存储了数据库中的所有日志信息
2. 下面对 Oracle 的逻辑存储结构叙述中，正确的是__________
   A. 一个数据库实例由多个表空间组成
   B. 一个段由多个区组成
   C. 一个区由多个段组成
   D. 一个块由多个区组成
3. 下面哪种后台进程用于将数据缓冲区中的数据写入数据文件？__________
   A. LGWR
   B. DBWn
   C. CKPT
   D. ARCn
4. 系统全局区包括下面哪些区域？__________
   A. Java 池
   B. 软件代码区域
   C. 数据缓冲区
   D. 日志缓冲区
5. 解析后的 SQL 语句会缓存在 SGA 的哪个区域中？__________
   A. Java 池
   B. 大型池
   C. 共享池
   D. 数据缓冲区

三、简答题

1. 简述 Oracle 物理存储结构中数据文件、控制文件与重做日志文件的作用。
2. 简述 Oracle 逻辑存储结构中表空间、段、区和块之间的关系。
3. 简单介绍 LGWR 进程与 ARCn 进程的作用。
4. 如果想要了解数据库中所有表的信息，应该使用哪种数据字典？
5. DBWn 进程所采用的 LRU 算法应该怎样理解？

第 3 章　使用 SQL*Plus 工具

在 Oracle 数据库系统中，可以使用两种方式执行命令。一种方式是通过图形化工具(例如 OEM)，另一种方式是直接在 SQL*Plus 工具中使用各种命令。图形化工具的特点是直观、简单、容易操作；而直接使用命令则需要记忆具体的语法形式。但是，图形工具的灵活性比较差，不利于用户对命令和其选项的理解；使用命令则非常灵活，也有利于加深用户对复杂命令选项的理解，并且可以完成某些图形工具无法完成的任务。本章将讲述 SQL*Plus 工具的使用，以及一些常用的 SQL*Plus 操作命令。

本章要点：

- 了解 SQL*Plus 工具的功能。
- 掌握 SQL*Plus 连接与断开数据库的多种方式。
- 熟练掌握 DESCRIBE 命令的使用。
- 熟练掌握各种编辑命令。
- 掌握临时变量和已定义变量的使用。
- 掌握格式化查询结果的设置。
- 掌握简单报表的创建。

3.1　SQL*Plus 概述

本节将对 SQL*Plus 工具的主要功能进行简单的介绍，另外介绍如何使用 SQL*Plus 连接和断开数据库。

3.1.1　SQL*Plus 的主要功能

SQL*Plus 工具主要用于数据查询和数据处理。利用 SQL*Plus 可以将 SQL 与 Oracle 专有的 PL/SQL 结合起来进行数据查询和处理。

SQL*Plus 工具具备以下功能：

- 对数据表可以执行插入、修改、删除、查询操作，以及执行 SQL、PL/SQL 块。
- 查询结果的格式化、运算处理、保存、打印以及输出 Web 格式。
- 显示任何一个表的字段定义，并与终端用户交互。
- 连接数据库，定义变量。
- 完成数据库管理。
- 运行存储在数据库中的子程序或包。
- 启动/停止数据库实例。

在 SQL*Plus 中可以执行如表 3-1 所示的 3 种命令。

表 3-1　SQL*Plus 中可以执行的 3 种命令

命　令	说　明
SQL 语句	SQL 语句是以数据库对象为操作对象的语言，主要包括 DDL、DML 和 DCL
PL/SQL 语句	PL/SQL 语句同样是以数据库对象为操作对象，但所有 PL/SQL 语句的解释均由 PL/SQL 引擎来完成。使用 PL/SQL 语句可以编写过程、触发器和包等数据库永久对象
SQL*Plus 内部命令	SQL*Plus 命令主要用来格式化查询结果，设置选择、编辑以及存储 SQL 命令，设置查询结果的显示格式，并且可以设置环境选项，还可以编辑交互语句，可以与数据库进行“对话”

提示：本章主要介绍 SQL*Plus 内部命令的使用，而有关 SQL 语句和 PL/SQL 语句的内容将在本书后面章节中具体介绍。

3.1.2　SQL*Plus 连接与断开数据库

SQL*Plus 主要对数据库进行操作，通过 SQL*Plus 工具可以很方便地连接与断开数据库。使用 SQL*Plus 连接数据库有两种方式，下面将介绍这两种连接数据库的方式，以及如何断开数据库连接。

1. 启动 SQL*Plus，连接到默认数据库

(1) 执行“开始”→“程序”→“Oracle – OraDb11g_home1”→“应用程序开发”→“SQL Plus”命令，打开 SQL Plus 窗口，显示登录界面。

(2) 在登录界面中将提示输入用户名，根据提示输入相应的用户名和口令(例如 system 和 admin)后按 Enter 键，SQL*Plus 将连接到默认数据库。

(3) 连接到数据库之后，显示 SQL>提示符，可以输入相应的 SQL 命令。例如执行 SELECT name FROM V$DATABASE 语句，查看当前数据库名称。如图 3-1 所示。

图 3-1　连接到默认数据库

提示：图 3-1 中输入的口令信息被隐藏。也可以在“请输入用户名：”后一次性输入用户名与口令，格式为：用户名/口令，例如 system/admin，只是这种方式会显示出口令信息。

2．从命令行连接数据库

要从命令行启动 SQL*Plus，可以使用 sqlplus 命令。sqlplus 命令的一般使用形式如下：

```
sqlplus [ user_name[ / password ][ @connect_identifier ] ]
    [AS { SYSOPER | SYSDBA | SYSASM } ] | / NOLOG ]
```

语法说明如下。

- user_name：指定数据库的用户名。
- password：指定该数据库用户的口令。
- @connect_identifier：指定要连接的数据库。
- AS：用来指定管理权限，权限的可选值有 SYSDBA、SYSOPER 和 SYSASM。
- SYSDBA：具有 SYSOPER 权限的管理员可以启动和关闭数据库，执行联机和脱机备份，归档当前重做日志文件，连接数据库。
- SYSOPER：SYSDBA 权限包含 SYSOPER 的所有权限，另外还能够创建数据库，并且授权 SYSDBA 或 SYSOPER 权限给其他数据库用户。
- SYSASM：SYSASM 权限是 Oracle Database 11g 的新增特性，是 ASM 实例所特有的，用来管理数据库存储。
- NOLOG：表示不记录日志文件。

下面以 system 用户连接数据库，在 DOS 窗口中输入 sqlplus system/admin@orcl 命令，按 Enter 键后提示连接到 orcl 数据库，如图 3-2 所示。

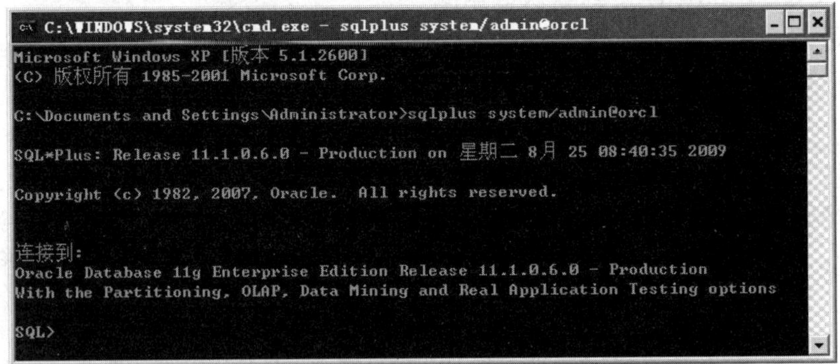

图 3-2　从命令行连接数据库

3．使用 SQL*Plus 命令连接与断开数据库

在 SQL*Plus 中连接数据库时，可以使用 CONNECT 命令指定不同的登录用户，连接数据库后，SQL*Plus 维持数据库会话。

CONNECT 命令的一般语法形式如下：

```
CONN[ECT] [ { user_name [ / password ][ @connect_identifier ] }
    [ AS { SYSOPER | SYSDBA | SYSASM } ] ]
```

如果需要断开与数据库的连接，可以使用 DISCONNECT(可以简写为 DISCONN)命令，该命令可以结束当前会话，但是保持 SQL*Plus 运行。

【例 3.1】使用 CONNECT 命令通过 scott 用户连接数据库，然后使用 DISCONN 命令断开数据库。在执行对表的查询时，提示未连接。具体如下：

```
SQL> CONNECT scott/tiger ;
已连接。
SQL> DISCONN ;
从 Oracle Database 11g Enterprise Edition Release 11.1.0.6.0 - Production
With the Partitioning, OLAP, Data Mining and Real Application Testing options
断开
SQL> SELECT * FROM scott.emp ;
SP2-0640: 未连接
```

再使用 sys 用户以 DBA 的身份连接数据库，连接命令如下：

```
SQL> CONN sys/admin as sysdba ;
已连接。
```

技巧： 要退出 SQL*Plus，关闭 SQL*Plus 窗口，可以执行 EXIT 或者 QUIT 命令。

3.2　使用 SQL*Plus 命令

Oracle 的 SQL*Plus 是与 Oracle 进行交互的客户端工具。在 SQL*Plus 中，可以运行 SQL*Plus 命令和 SQL*Plus 语句。通常所说的 DML、DDL 和 DCL 语句都是 SQL*Plus 语句，执行这些语句后，都可以保存在一个被称为 SQL BUFFER 的内存区域中，但是只能保存一条最近执行的 SQL 语句。除了 SQL*Plus 语句，在 SQL*Plus 中执行的其他语句称之为 SQL*Plus 命令。SQL*Plus 命令执行后，不保存在 SQL BUFFER 内存区域中，一般用来对输出的结果进行格式化显示，以便于制作报表。

3.2.1　使用 DESCRIBE 命令查看表结构

在 Oracle 数据库系统中，SQL*Plus 提供了许多可以操作的命令，例如 HELP、DESCRIBE 以及 SHOW 命令等，使用这些命令主要是查看数据库信息，以及数据库中已经存在的对象的信息，并不对查看的信息执行修改等操作。如表 3-2 所示。

在 SQL*Plus 的许多命令中，用户使用最频繁的命令可能就是 DESCRIBE 命令。DESCRIBE 命令可以返回数据库中所存储的对象的描述。对于表和视图等对象来说，DESCRIBE 命令可以列出各个列以及各个列的属性，除此之外，该命令还可以输出过程、函数和程序包的规范。DESCRIBE 命令的语法如下：

```
DESC[RIBE] { [ schema. ] object [ @connect_identifier ] }
```

语法说明如下。

- DESC[RIBE]：DESCRIBE 可以简写为 DESC。
- schema：指定对象所属的用户名，或者所属的用户模式名称。
- object：表示对象的名称，如表名或视图名等。
- @connect_identifier：表示数据库连接字符串。

表 3-2　SQL*Plus 命令

命　令	说　明
HELP [topic]	查看命令的使用方法，topic 表示需要查看的命令名称。例如 HELP DESC，查看 DESC 命令的使用格式；HELP CONNECT，查看连接数据库的 CONNECT 命令的使用格式
HOST	使用该命令可以从 SQL*Plus 环境切换到操作系统环境，以便执行操作系统命令。使用 EXIT 命令可以重新回到 SQL*Plus 状态
HOST 操作系统命令	执行操作系统命令，例如 HOST notepad.exe，将打开一个记事本文件
CLEAR SCR[EEN]	清除屏幕内容
SHOW ALL	查看 SQL*Plus 的所有系统变量值信息
SHOW USER	查看当前是哪个用户在使用 SQL*Plus
SHOW SGA	显示 SGA 大小
SHOW REL[EASE]	显示数据库版本信息
SHOW ERRORS	查看详细的错误信息
SHOW PARAMETERS	查看系统初始化参数信息
DESC[RIBE]	查看对象的结构，这里的对象可以是表、视图、存储过程、函数和包等。例如 DESC dual，可以查看表 dual 的结构

使用 DESCRIBE 命令查看表的结构时，如果存在指定的表，则显示该表的结构。在显示表结构时，将按照“名称”、“是否为空？”和“类型”这 3 列进行显示。其中——

- 名称：表示列的名称。
- 是否为空？：表示对应列的值是否可以为空。如果不可以为空，则显示 NOT NULL；否则不显示任何内容。
- 类型：表示列的数据类型，并且显示其精度。

【例 3.2】使用 DESCRIBE 命令，查看 scott 用户的 emp 表的结构，如下：

```
SQL> DESCRIBE scott.emp ;

 名称                                  是否为空?   类型
 ------------------------------        --------    -------------
 EMPNO                                 NOT NULL    NUMBER(4)
 ENAME                                             VARCHAR2(10)
 JOB                                               VARCHAR2(9)
 MGR                                               NUMBER(4)
 HIREDATE                                          DATE
 SAL                                               NUMBER(7,2)
 COMM                                              NUMBER(7,2)
 DEPTNO                                            NUMBER(2)
```

由上述输出结果可知，scott 用户的 emp 表中包含 empno、ename、job、…、deptno 等字段；对应的数据类型分别为 NUMBER(4)、VARCHAR2(10)、VARCHAR2(9)、…、NUMBER(2)等；其中，只有列 empno 的值不可以为空，其他各列的值都允许为空。

3.2.2　使用 SQL*Plus 语句快速编辑 SQL 语句

在 SQL*Plus 中输入 SQL 语句时，一旦执行该语句，则 SQL*Plus 会将该语句保存到缓冲区中，该语句不再获得焦点，也就不能再接受编辑操作。如果还需要对缓冲区中的语句进行编辑操作，则可以使用 SQL*Plus 语句来实现。

Oracle 数据库提供了一些 SQL*Plus 语句，这些语句由相应的命令来实现，例如 APPEND(可以简写为 A)命令，如表 3-3 所示。

表 3-3　SQL*Plus 语句

命　令	说　明
A[PPEND] text	将 text 附加到当前行之后
C[HANGE] /old/new	将当前行中的 old 替换为 new
C[HANGE] /text/	删除当前行中指定的 text 文本
CL[EAR] BUFF[ER]	清除缓存区中的所有行
I[NPUT]	插入不定数量的命令行
I[NPUT] text	插入指定的文本 text
DEL	删除当前行
DEL n	删除第 n 行(行号从 1 开始)
DEL m n	删除从第 m 行到第 n 行之间的命令行
L[IST]	列出缓冲区中所有的行
L[IST] n	列出第 n 行
R[UN]或 /	显示缓冲区中保存的语句，并运行这些语句
n	将第 n 行作为当前行
n text	使用 text 文本替代第 n 行信息
0 text	在第一行之前插入 text 文本

【例 3.3】查看 scott 用户的 emp 表，查询条件为 empno 的值大于 7800 且小于 7900，在查询结果中显示数据的 empno、job、mgr、sal 列的信息，如下：

```
SQL> SELECT empno , job , mgr , sal
  2 FROM scott.emp
  3 where empno > 7800
  4 and empno < 7900 ;
```

提示： 使用 SQL*Plus 编辑命令时，如果输入超过一行的 SQL 语句，SQL*Plus 会自动增加行号，并在屏幕上显示行号。根据行号，就可以对指定的行使用编辑命令进行操作。

如果在 SQL>后输入行号，将显示对应行的信息。输入行号 1，表示对第一行的 SELECT 语句进行操作。如下所示：

```
SQL> 1
  1* SELECT empno , job , mgr , sal
```

使用 APPEND 命令追加一列，例如 dempno 列，如下：

```
SQL> APPEND , dempno
  1* SELECT empno , job , mgr , sal , dempno
```

使用 CHANGE 命令对列执行修改操作，将 dempno 列修改为 deptno 列，如下：

```
SQL> CHANGE /dempno/deptno
  1* SELECT empno , job , mgr , sal , deptno
```

使用 DEL 命令删除第 4 行语句，即删除“and empno < 7900”语句，如下：

```
SQL> DEL 4
```

使用 LIST 命令列出缓冲区中的所有行，可以发现这些语句仅剩 3 行，其中在 SELECT 子句中添加了 deptno 列。如下所示：

```
SQL> LIST
  1 SELECT empno , job , mgr , sal , deptno
  2 FROM scott.emp
  3* where empno > 7800
```

如果行信息无误，那么可以使用 RUN 命令执行这些语句。如下所示：

```
SQL> RUN
  1 SELECT empno , job , mgr , sal , deptno
  2 FROM scott.emp
  3* where empno > 7800

     EMPNO  JOB              MGR          SAL     DEPTNO
----------  ---------------  ---------    ------  ----------
      7839  PRESIDENT                     5000    10
      7844  SALESMAN         7898         1500    30
      7876  CLERK            7988         1100    20
      7900  CLERK            7898         950     30
      7902  ANALYST          7766         3000    20
      7934  CLERK            7982         1300    10
已选择 6 行。
```

技巧： 可以使用斜扛(/)代替 R[UN]命令，来运行缓冲区中保存的 SQL 语句。

3.2.3 使用 SAVE 命令将缓冲区内容保存到文件

在 SQL*Plus 中执行一条或若干条 SQL 语句，Oracle 就会把这些刚执行过的语句存放到一个称为“缓冲区”的地方。每执行一次 SQL 语句，该语句就会存入缓冲区而且会把以前存放的语句覆盖。也就是说，缓冲区中存放的是刚才执行过的 SQL 语句。

使用 SAVE 命令可以将当前缓冲区的内容保存到文件中，这样，即使缓冲区中的内容被覆盖，也保留有前面的执行语句。SAVE 命令的语法如下所示：

```
SAV[E] [ FILE ] file_name [ CRE[ATE] | REP[LACE] | APP[END] ]
```

语法说明如下。

- file_name：表示将 SQL*Plus 缓冲区的内容保存到由 file_name 指定的文件中。
- CREATE：表示创建一个 file_name 文件，并将缓冲区中的内容保存到该文件。该选项为默认值。
- APPEND：如果 file_name 文件已经存在，则将缓冲区中的内容追加到 file_name 文件的内容之后；如果该文件不存在，则创建该文件。
- REPLACE：如果 file_name 文件已经存在，则覆盖 file_name 文件的内容；如果该文件不存在，则创建该文件。

【例 3.4】将缓冲区中的 SQL 语句保存到文件 scott_emp_query.sql 中。如果该文件不存在，则可以不指定 CREATE 选项。如下所示：

```
SQL> SAVE scott_emp_query.sql
已创建 file scott_emp_query.sql
```

如果该文件已经存在，若不指定 APPEND 或 REPLACE 选项，将会显示错误提示信息。如下：

```
SQL> SAVE scott_emp_query.sql
SP2-0540: 文件 "scott_emp_query.sql" 已经存在。
使用 "SAVE filename REPLACE"。
```

指定 APPEND 或 REPLACE 选项，则再次保存数据成功。如下所示：

```
SQL> SAVE scott_emp_query.sql APPEND
已将 file 附加到 scott_emp_query.sql
```

scott_emp_query.sql 文件的内容以该文件所在的目录位置如图 3-3 所示。

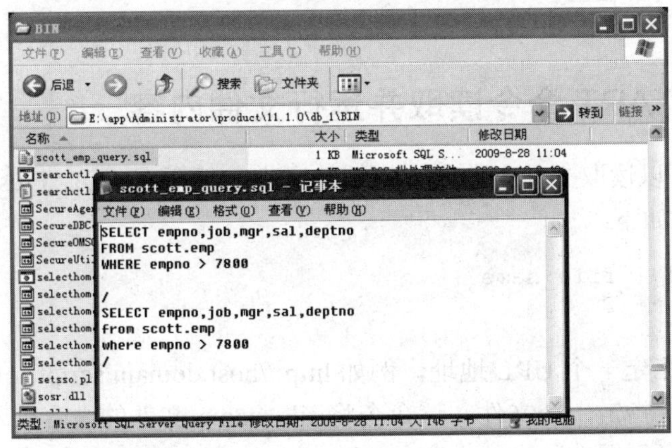

图 3-3　scott_emp_query.sql 文件

提示： 在 SAVE 命令中，file_name 的默认后缀名为.sql；默认保存路径为 Oracle 安装路径的 Administrator\product\11.1.0\db_1\BIN 目录下。

3.2.4 使用 GET 命令读取文件内容到缓冲区

前面使用 SAVE 命令将缓冲区的内容保存到文件中，如果将文件中的内容读取到缓冲区，那么，就可以使用 GET 命令。

因此，可以使用编辑器(例如记事本)写好需要执行的语句，然后用 GET 命令将这些语句读取到缓冲区。

使用 GET 命令的语法如下：

```
GET [ FILE ] file_name [ LIST | NOLIST ]
```

语法说明如下。

- file_name：表示一个指定文件，将该文件的内容读入 SQL*Plus 缓冲区中。
- LIST：列出缓冲区中的语句。
- NOLIST：不列出缓冲区中的语句。

【例 3.5】将 scott_emp_query.sql 文件的内容读入到缓冲区中，并且输出和显示这些内容，如下：

```
SQL> GET scott_emp_query.sql LIST
  1  SELECT empno , job , mgr , sal , deptno
  2  FROM scott.emp
  3* where empno > 7800
```

将文件的内容读入到缓冲区后，就可以使用编辑命令对这些内容进行操作了。

注意：使用 GET 命令时，如果 file_name 指定的文件在 Administrator\product\11.1.0\db_1\BIN 目录下，则只需要指出文件名；如果不在这个目录下，则必须指定完整的路径名。

3.2.5 使用 START 命令读取并运行文件内容

START 命令可以读取文件中的内容到缓冲区中，然后在 SQL*Plus 中运行这些内容。START 命令的语法如下：

```
STA[RT] { url | file_name }
```

语法说明如下。

- url：用来指定一个 URL 地址，例如 http://host.domain/script.sql。
- file_name：指定一个文件。该命令将 file_name 文件的内容读入 SQL*Plus 缓冲区中，然后运行缓冲区中的内容。

【例 3.6】使用 START 命令读取并运行 scott_emp_query.sql 文件，如下：

```
SQL> START scott_emp_query.sql
    EMPNO  JOB                MGR         SAL     DEPTNO
---------  --------------  ----------  -------  -------
     7839  PRESIDENT                     5000   10
```

```
    7844    SALESMAN        7698        1500    30
    7876    CLERK           7788        1100    20
    7900    CLERK           7698        950     30
    7902    ANALYST         7566        3000    20
    7934    CLERK           7782        1300    10
已选择 6 行。
```

上述输出结果表示执行 START 命令后，运行了保存在 scott_emp_query.sql 文件之中的内容。

提示： START 命令等同于@命令，例如 START d:\a.sql 等同于@d:\a.sql。

3.2.6　使用 EDIT 命令编辑缓冲区内容或文件内容

使用 EDIT 命令，可以将 SQL*Plus 缓冲区的内容复制到一个名为 afiedt.buf 的文件中，然后启动操作系统中默认的编辑器打开这个文件，并且对于文件内容能够进行编辑。在 Windows 操作系统中，默认的编辑器是 Notepad(记事本)。语法形式如下：

```
ED[IT] [ file_name ]
```

其中，file_name 默认为 afiedt.buf，也可以指定一个其他的文件。

【例 3.7】在 SQL*Plus 中执行 EDIT 命令，如下：

```
SQL> EDIT
已写入 file afiedt.buf
```

这时，将打开一个记事本文件 afiedt.buf，在该文件中显示缓冲区中的内容，文件的内容以斜杠(/)结束，如图 3-4 所示。

图 3-4　使用 EDIT 命令编辑缓冲区的内容

对上述记事本中的内容可以执行编辑操作，在退出编辑器时，所编辑的文件将被复制到 SQL*Plus 缓冲区中。

3.2.7　使用 SPOOL 命令复制输出结果到文件

使用 SPOOL 命令实现将 SQL*Plus 中的输出结果复制到一个指定的文件中，或者把查询结果发送到打印机中，直到使用 SPOOL OFF 命令为止。SPOOL 命令的语法如下：

```
SPO[OL] [ file_name [ CRE[ATE] | REP[LACE] | APP[END]] | OFF | OUT ]
```

语法说明如下。

- file_name：指定一个操作系统文件。

- CREATE：创建一个指定的 file_name 文件。
- REPLACE：如果指定的文件已经存在，则替换该文件。
- APPEND：将内容附加到一个已经存在的文件中。
- OFF：停止将 SQL*Plus 中的输出结果复制到 file_name 文件中，并关闭该文件。
- OUT：启动该功能，将 SQL*Plus 中的输出结果复制到 file_name 指定的文件中。

【例 3.8】 使用 SPOOL 命令，指定文件 scott_emp_outcome.txt。并且指定 APPEND 选项，表示如果指定的文件已经存在，则向该文件中追加输出结果。如下：

```
SQL> SPOOL scott_emp_outcome.txt APPEND
```

然后执行缓冲区中的语句，输出结果将保存到 scott_emp_outcome.txt 文件中。执行命令如下：

```
SQL> /
```

执行 SPOOL OFF 命令，在该命令之后所操作的任何语句，将不再保存其输出结果。SPOOL OFF 命令如下：

```
SQL> SPOOL OFF
```

这时在 Oracle 安装路径的 Administrator\product\11.1.0\db_1\BIN 目录下，找到 scott_emp_outcome.txt 文件，文件内容如图 3-5 所示。

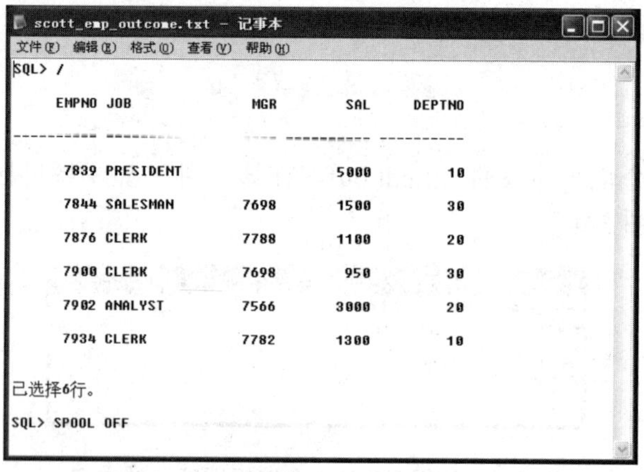

```
scott_emp_outcome.txt - 记事本
文件(F) 编辑(E) 格式(O) 查看(V) 帮助(H)
SQL> /

     EMPNO JOB              MGR        SAL     DEPTNO
---------- --------- ---------- ---------- ----------
      7839 PRESIDENT                  5000         10
      7844 SALESMAN        7698       1500         30
      7876 CLERK           7788       1100         20
      7900 CLERK           7698        950         30
      7902 ANALYST         7566       3000         20
      7934 CLERK           7782       1300         10

已选择6行。

SQL> SPOOL OFF
```

图 3-5 scott_emp_outcome.txt 文件

3.2.8 使用临时变量

在 Oracle 数据库中，可以使用变量来编写通用的 SQL 语句，在运行 SQL 语句时，为变量输入值，就会在 SQL 语句中将变量替换成这些值。

Oracle Database 11g 系统提供了两种类型的变量，即临时变量和已定义变量。本小节将介绍临时变量，在下一个小节中介绍已定义变量。

1. 使用&符号表示临时变量

临时变量只在使用它的 SQL 语句中有效，变量值不能保留。临时变量也被称为替换变量。在 SQL 语句中，如果在某个变量前面使用了&符号，那么就表示该变量是一个临时变量。执行 SQL 语句时，系统会提示用户为该变量提供一个具体的数据。

提示： 临时变量可以使用在 WHERE 子句、ORDER BY 子句、列表达式或表名中，甚至可以表示整个 SELECT 语句。

【例 3.9】使用 SELECT 语句对 scott 用户的表 emp 执行查询操作，在 WHERE 子句中，定义一个临时变量 temp。在执行该 SELECT 语句时，SQL*Plus 提示输入 temp 的值，输入一个数值后，系统输出从旧值向新值的转变，如下：

```
SQL> SELECT empno , ename , mgr , sal , deptno
  2  FROM scott.emp
  3  WHERE empno >= &temp;
输入 temp 的值:  7850
原值    3: where empno >= &temp
新值    3: where empno >= 7850

    EMPNO  JOB              MGR         SAL     DEPTNO
---------  -------------  ---------  ------  -------
     7876  CLERK            7788        1100    20
     7900  CLERK            7698        950     30
     7902  ANALYST          7566        3000    20
     7934  CLERK            7782        1300    10

已选择 4 行。
```

从上述查询结果可以看出，输入的值 7850 被赋值在 WHERE 子句的&temp 位置。

【例 3.10】在 SELECT 语句中，指定临时变量 column_name，并且两次使用该变量。执行该语句时，系统两次提示用户输入 column_name 变量的值，如下：

```
SQL> SELECT  &column_name , deptno
  2  FROM scott.emp
  3  WHERE &column_name >= 7850;
输入 column_name 的值:  empno
原值    1: select &column_name , deptno
新值    1: select empno , deptno
输入 column_name 的值:  empno
原值    3: where &column_name >= 7850
新值    3: where empno >= 7850

    EMPNO      DEPTNO
----------  ----------
     7876       20
     7900       30
     7902       20
     7934       10
```

2. 使用&&符号表示临时变量

在SQL语句中，如果希望重新使用某个变量并且不希望重新提示输入值，那么可以使用&&符号来定义临时变量。

【例3.11】 在SELECT语句中，指定临时变量column_name，并且两次使用该变量。这时，使用&&符号定义该变量，在执行SELECT语句时，系统只提示一次输入变量的值。具体如下：

```
SQL> SELECT &&column_name , deptno
  2  FROM scott.emp
  3  WHERE &&column_name >= 7850;
输入 column_name 的值:  empno
原值    1: select &&column_name , deptno
新值    1: select empno , deptno
原值    3: where &&column_name >= 7850
新值    3: where empno >= 7850

     EMPNO        DEPTNO
----------    ----------
      7876          20
      7900          30
      7902          20
      7934          10
```

技巧： 使用“&&”符号替代“&”符号，可以避免为同一个变量提供两个不同的值，而且使得系统为同一个变量值只提示一次信息。

3. 使用SET VERIFY和SET DEFINE命令

在使用临时变量时，还可以使用SET VERIFY命令和SET DEFINE命令，其中——

- SET VERIFY [ON | OFF]：用来指定是否输出原值和新值信息。
- SET DEF[INE]：用于指定一个除字符&之外的字符，作为定义变量的字符。

【例3.12】 执行SET VERIFY OFF命令，禁止显示原值和新值。然后使用斜杠(/)再次运行上面的查询，如下：

```
SQL> SET VERIFY OFF ;
SQL> /
输入 column_name 的值:  empno

     EMPNO        DEPTNO
----------    ----------
      7876          20
      7900          30
      7902          20
      7934          10
```

从输出结果可以看出，在输入变量的值后，系统不再显示原值和新值信息。

【例 3.13】使用 SET DEFINE 命令将变量定义字符设置为@字符，并执行一个新的查询，如下：

```
SQL> SET DEFINE '@'
SQL> SELECT empno , deptno FROM scott.emp
  2  WHERE empno = @temp;
输入 temp 的值:  7900

     EMPNO        DEPTNO
----------    ----------
      7900        30
```

4. 在脚本文件中使用临时变量

在创建的脚本文件中也可以使用临时变量。在运行该脚本文件时，需要为临时变量传递相应的变量值。

【例 3.14】在 E:\TEMP 目录下创建一个脚本文件 temp.sql，在该脚本文件中定义上述 SELECT 语句，该语句中包含一个变量 temp，如下：

```
SELECT empno , deptno FROM scott.emp
WHERE empno = @temp;
```

执行 temq.sql 时，将提示用户输入变量的值，SQL*Plus 接收输入的数据后，执行查询操作。如下：

```
SQL> @ E:\TEMP\temp.sql
输入 temp 的值:  7900

     EMPNO        DEPTNO
----------    ----------
      7900        30
```

注意： 如果建立的文件夹名称中有空格(例如 Oracle TEMP)，则需要用引号将@命令之后的内容包围起来。例如@ "E:\Oracle TEMP\temp.sql"。

3.2.9　使用已定义变量

已定义变量是指具有明确定义的变量，该变量的值会一直保留到被显式地删除、重定义或退出 SQL*Plus 为止。

在 SQL 语句中，可以在使用变量之前对变量进行定义，然后在同一个 SQL 语句中可以多次使用这个变量。定义变量时，可以使用 DEFINE 或 ACCEPT 命令；删除变量时，可以使用 UNDEFINE 命令。

1. 使用 DEFINE 命令

DEFINE 命令用来创建一个数据类型为 CHAR 的变量，该命令的语法形式如表 3-4 所示。

表 3-4　DEFINE 命令的语法形式

命　令	说　明
DEF[INE]	显示所有的已定义变量
DEF[INE] variable	显示指定变量的名称、值和其数据类型
DEF[INE] variable = value	创建一个 CHAR 类型的用户变量，并且为该变量赋初始值

【例 3.15】Oracle 系统提供了一些已定义变量。可以使用 DEFINE 命令，查看系统中所有的已定义变量，如下：

```
SQL> DEFINE ;
DEFINE _DATE                  = "19-8 月 -09" (CHAR)
DEFINE _CONNECT_IDENTIFIER    = "orcl" (CHAR)
DEFINE _USER                  = "SYS" (CHAR)
DEFINE _PRIVILEGE             = "AS SYSDBA" (CHAR)
DEFINE _SQLPLUS_RELEASE       = "1101000600" (CHAR)
DEFINE _EDITOR                = "Notepad" (CHAR)
DEFINE _O_VERSION             = "Oracle Database 11g Enterprise Edition
Release 11.1.0.6.0 - Production With the Partitioning, OLAP, Data Mining and
Real Application Testing options" (CHAR)
DEFINE _O_RELEASE             = "1101000600" (CHAR)
DEFINE COLUMN_NAME            = "7850" (CHAR)
DEFINE COLUMN_NAME1           = "empno" (CHAR)
```

技巧： 从 Oracle Database 10g 开始，SQL*Plus 新增了 3 个已定义变量：_date、_privilege 和_user。其中，_date 用来提供基于当前 nls_date_format 设置的日期；_privilege 包含了当前用户的权限； _user 包含了连接到当前数据库的用户名称。

【例 3.16】使用 DEFINE 命令，定义一个变量 temp，为该变量赋值为 7850；使用 DEFINE temp 命令查看该变量的信息；然后在 SELECT 语句的 WHERE 子句中使用该变量。执行语句时，系统不再提示用户输入变量的值，如下：

```
SQL> DEFINE temp = 7850
SQL> DEFINE temp
DEFINE TEMP            = "7850" (CHAR)
SQL> SELECT empno , deptno FROM scott.emp
  2  WHERE empno >= &temp;
原值    2: WHERE empno >= &temp
新值    2: WHERE empno >= 7850
     EMPNO        DEPTNO
----------    ----------
      7876        20
      7900        30
      7902        20
      7934        10
```

提示：使用 UNDEFINE 命令可以删除一个变量，例如执行 UNDEFINE temp，则定义的 temp 变量不再起作用。

2. 使用 ACCEPT 命令

使用 ACCEPT 命令也可以定义变量，并且定制一个用户提示，用于提示用户输入指定变量的数据。在定义变量时，可以明确地指定该变量是 NUMBER 还是 DATE 等数据类型。为了安全性的原因，还可以将用户输入的信息隐藏起来。

ACCEPT 命令的语法如下：

```
ACC[EPT] variable [ data_type ] [ FOR[MAT] format ] [ DEF[AULT] default ]
[ PROMPT text | NOPR[OMPT] ] [ HIDE ]
```

语法说明如下。

- variable：用于一个指定接收值的变量。如果该名称的变量不存在，那么 SQL*Plus 自动创建该变量。
- data_type：指定变量的数据类型，可以使用的类型有 CHAR、NUM[BER]、DATE、BINARY_FLOAT 和 BINARY_DOUBLE。默认的数据类型为 CHAR。而 DATE 类型的变量实际上也是以 CHAR 变量存储的。
- FORMAT：指定变量的格式，包括 A15(15 个字符)、9999(一个 4 位数字)和 DD-MON-YYYY(日期)。
- DEFAULT：用来为变量指定一个默认值。
- PROMPT：用于表示在用户输入数据之前显示的文本消息。
- HIDE：表示隐藏用户为变量输入的值。

【例 3.17】使用 ACCEPT 命令定义 temp 变量，并且指定相应的选项设置，然后在 SELECT 语句中使用变量 temp。具体如下：

```
SQL> ACCEPT temp NUMBER FORMAT 9999 PROMPT '你好，输入一个 EMPNO 值：' HIDE
你好，输入一个 EMPNO 值：
SQL> SELECT empno , deptno FROM scott.emp
  2 WHERE empno = &temp;
原值    2: WHERE empno = &temp
新值    2: WHERE empno =       7900
     EMPNO            DEPTNO
----------        ----------
      7900            30
```

3.3 格式化查询结果

SQL*Plus 提供了大量用来格式化结构集的命令。这些命令包括 COLUMN、PAGESIZE、LINESIZE、TTITLE 和 BTITLE 等。本节将详细地介绍如何使用这些命令对查询结果进行格式化，并使用这些命令创建报表。

在使用格式化命令时，应该遵循下面一些规则：

- 格式化命令设置之后，该命令一直起作用，直到会话结束或者下一个格式化命令的设置。
- 每一次报表结束后，重新设置 SQL*Plus 默认值。
- 如果为某个列指定了别名，那么必须引用该别名，而不能使用列名。

3.3.1 格式化列的显示效果

COLUMN 命令可对列的显示效果(包括列标题和列数据)进行格式化。命令语法如下：

```
COL[UMN] [ { column_name | ALI[AS] alias } [ options ] ]
```

语法说明如下。

- column_name：指定列名。
- ALIAS alias：指定要格式化的列的别名。
- Options：指定用于格式化列或别名的一个或者多个选项。可用选项如表 3-5 所示。

表 3-5　COLUMN 命令选项

选　项	说　明
FOR[MAT] format	将列或列名的显示格式设置为由 format 字符串指定的格式，format 可以使用的格式见表 3-6
HEA[DING] text	设置由 text 字符串指定的列标题
JUS[TIFY] [{ LEFT | CENTER | RIGHT }]	将列的输出信息设置为左对齐、居中对齐或右对齐
WRA[PPED]	在输出结果中将一个字符串的末尾换行显示。该选项可能导致单个单词跨越多行
WOR[D_WRAPPED]	与 WRAPPED 选项类似，不同之处在于单个单词不会跨越多行
CLE[AR]	清除列的格式化(将该列的格式设置为其默认值)
TRUNCATED	删除第一行的字符串
NULL text	指定列为空值时显示的内容
PRINT	显示列标题
NOPRINT	隐藏列标题

表 3-6　format 格式元素

元　素	说　明	举　例
An	为[VAR]CHAR 类型的列内容设置宽度。如果内容超过指定的宽度，则内容自动换行	A5
9	设置 NUMBER 列的显示格式	999 999
$	浮动的货币符号	$9999
L	本地货币符号	L9999
.	小数点位置	9999.99
,	千位分隔符	9,999

【例 3.18】使用 COLUMN 命令，对 scott 用户的 emp 表的输出进行格式设置。empno 列设置标题为“员工编号”和 NUMBER 格式为 9999；hiredate 列设置标题居中显示；sal 列设置显示格式为$999,999.99 等。具体如下：

```
SQL> COLUMN empno HEADING '员工编号' FORMAT 9999
SQL> COLUMN ename HEADING '员工姓名' FORMAT A10
SQL> COLUMN mgr HEADING '上级编号' FORMAT 9999
SQL> COLUMN hiredate HEADING '受雇日期' JUSTIFY CENTER
SQL> COLUMN sal HEADING '员工工资' FORMAT $999,999.99
SQL> SELECT empno , ename , mgr , hiredate , sal
  2  FROM scott.emp ;

员工编号   员工姓名     上级编号      受雇日期        员工工资
--------  ----------  ---------  -------------  ------------
    7369  SMITH       7902       17-12 月-80     $800.00
...
    7876  ADAMS       7788       23-5 月 -87     $1,100.00

员工编号   员工姓名     上级编号      受雇日期        员工工资
--------  ----------  ---------  -------------  ------------
    7900  JAMES       7698       03-12 月-81     $950.00
    7902  FORD        7566       03-12 月-81     $3,000.00
    7934  MILLER      7782       23-1 月 -82     $1,300.00

已选择 14 行。
```

注意： 在 COLUMN 命令中使用 JUSTIFY 子句设置对齐方式，该方式只对列标题起作用，对该列的数据不会起作用，如果不满足显示的格式，就会把数据显示为“#”。而 FORMAT 子句将对列的数据进行格式化。

在上述输出结果中，由于所要输出的数据行比较多，所以 SQL*Plus 按页进行输出显示，每页将重新显示列名等信息。如果将数据行在一页中进行显示，可以通过设置一页显示的行数实现，也就是下一节将要讲述的内容。

3.3.2　设置一页显示多少行数据

使用 PAGESIZE 命令，可以设置每一页的大小，从而控制每一页显示的数据量。PAGESIZE 命令的语法如下：

```
SET PAGESIZE n
```

其中，参数 n 表示每一页大小的正整数，最大值可以为 50000，默认值为 14。

提示： 页并不是仅仅由输出的数据行构成的，而是由 SQL*Plus 显示到屏幕上的所有输出结果构成，包括标题和空行等。

【例 3.19】使用 PAGESIZE 命令，设置一页显示 20 行信息。然后再执行前面的

SELECT 语句，如下：

```
SQL> SET PAGESIZE 20
SQL> /
员工编号      员工姓名       上级编号       受雇日期         员工工资
--------      -----------   ---------      -------------    ------------
    7369      SMITH          7902          17-12 月-80      $800.00
    7499      ALLEN          7698          20-2 月 -81      $1,600.00
...
    7902      FORD           7566          03-12 月-81      $3,000.00
    7934      MILLER         7782          23-1 月 -82      $1,300.00

已选择 14 行。
```

从输出结果可以看出，所有的数据在一页内进行显示。

3.3.3 设置一行显示多少个字符

使用 LINESIZE 命令可以设置一行数据可以容纳的字符数量，默认数量为 80。如果 LINESIZE 的值比较小，那么表中一行数据，有可能在屏幕上需要分多行显示；如果 LINESIZE 的值设置大一些，一行数据就可以在屏幕的一行中进行显示了。

LINESIZE 命令的语法如下：

```
SET LINESIZE n
```

其中，n 表示屏幕上一行数据可以容纳的字符数量，有效范围是 1~32767。

【例 3.20】 对 scott 用户的表 emp 执行查询操作时，使用 LINESIZE 命令之前和之后的输出结果如图 3-6 所示。

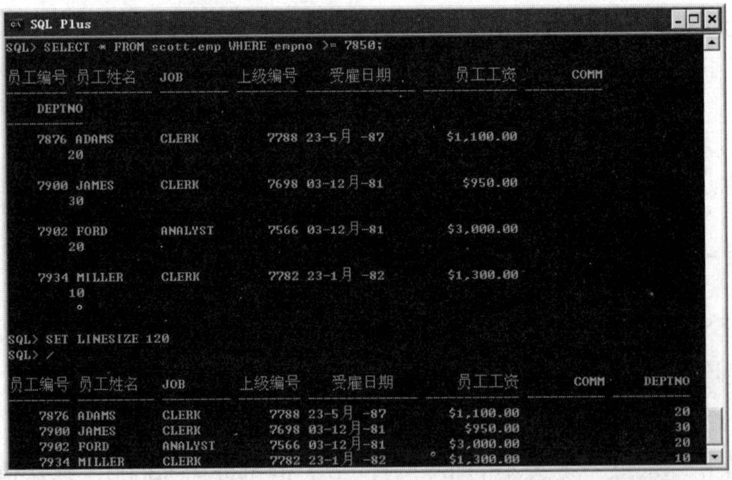

```
SQL Plus
SQL> SELECT * FROM scott.emp WHERE empno >= 7850;
员工编号 员工姓名 JOB        上级编号  受雇日期      员工工资      COMM
   DEPTNO
   7876 ADAMS    CLERK          7788 23-5月 -87    $1,100.00
     20
   7900 JAMES    CLERK          7698 03-12月-81      $950.00
     30
   7902 FORD     ANALYST        7566 03-12月-81    $3,000.00
     20
   7934 MILLER   CLERK          7782 23-1月 -82    $1,300.00
     10

SQL> SET LINESIZE 120
SQL> /
员工编号 员工姓名 JOB        上级编号  受雇日期      员工工资      COMM   DEPTNO
   7876 ADAMS    CLERK          7788 23-5月 -87    $1,100.00              20
   7900 JAMES    CLERK          7698 03-12月-81      $950.00              30
   7902 FORD     ANALYST        7566 03-12月-81    $3,000.00              20
   7934 MILLER   CLERK          7782 23-1月 -82    $1,300.00              10
```

图 3-6 使用 LINESIZE 命令

从图 3-6 的输出结果可以看出，执行 SELECT 语句后的输出结果中，应该一行显示的数据分成两行进行显示。使用 SET LINESIZE 150 语句后，重新运行前面的 SELECT 语句，应该一行显示的数据在一行中进行显示。

技巧： 执行 LINESIZE 命令后，如果设置的 LINESIZE 值足够大，但是应该一行显示的数据仍然分行显示，这时，就需要在 SQL*Plus 窗口的“属性”→“布局”中，将窗口的大小(表示屏幕宽度)和屏幕缓冲区的大小(表示内容宽度)设置得大一些。

3.3.4　创建简单报表

所谓报表就是用表格、图表等格式来动态地显示数据。计算机上的报表的主要特点是数据动态化，格式多样化，并且实现报表数据和报表格式的完全分离，用户可以只修改数据，或者只修改格式。

1. 为报表设置页眉和页脚

使用 TTITLE 和 BTITLE 命令，分别为报表设置页眉和页脚信息。这两个命令的使用方法如表 3-7 所示。

表 3-7　TTITLE 和 BTITLE 命令

命　令	说　明
TTI[TLE] [printspec [text|variable] ...] | [OFF | ON]	指定出现在报表中每一个页面顶端的页眉。其中 printspec 的可选值有 LEFT、CENTER、RIGHT、BOLD、FORMAT text、COL n、S[KIP] [n]和 TAB n。ON 选项表示启用设置；OFF 选项表示取消设置。还可以带有用户变量(内容由系统来维护)，如 SQL.PNO 页号、SQL.LNO 行号等
BTI[TLE] [printspec [text|variable] ...] | [OFF | ON]	指定出现在报表中每一个页面底端的页脚

【例 3.21】 查询 scott 用户的 emp 表时，使用 TTITLE 和 BTITLE 命令设置页眉和页脚信息。由于需要使用 PAGESIZE 和 LINESIZE 等多条命令设置输出格式，所以，将所有的设置命令定义在一个文本文件 report.sql 中，如图 3-7 所示。

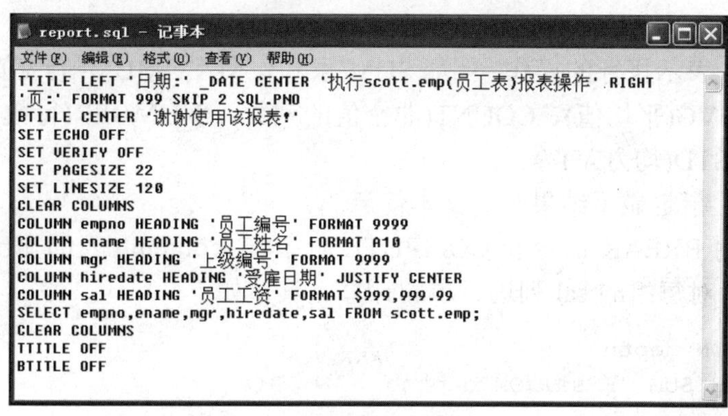
report.sql - 记事本
文件(F)　编辑(E)　格式(O)　查看(V)　帮助(H)

```
TTITLE LEFT '日期:' _DATE CENTER '执行scott.emp(员工表)报表操作' RIGHT
'页:' FORMAT 999 SKIP 2 SQL.PNO
BTITLE CENTER '谢谢使用该报表!'
SET ECHO OFF
SET VERIFY OFF
SET PAGESIZE 22
SET LINESIZE 120
CLEAR COLUMNS
COLUMN empno HEADING '员工编号' FORMAT 9999
COLUMN ename HEADING '员工姓名' FORMAT A10
COLUMN mgr HEADING '上级编号' FORMAT 9999
COLUMN hiredate HEADING '受雇日期' JUSTIFY CENTER
COLUMN sal HEADING '员工工资' FORMAT $999,999.99
SELECT empno,ename,mgr,hiredate,sal FROM scott.emp;
CLEAR COLUMNS
TTITLE OFF
BTITLE OFF
```

图 3-7　设置报表的 SQL 文件

执行上述文件，如下：

```
SQL> @ e:\report.sql

日期:20-8 月 -09            执行 scott.emp(员工表)报表操作           页:1
员工编号     员工姓名      上级编号       受雇日期        员工工资
--------  ----------  ---------  -------------  ------------
    7369  SMITH       7902       17-12 月-80     $800.00
    7499  ALLEN       7698       20-2 月 -81     $1,600.00

...

    7902  FORD        7566       03-12 月-81     $3,000.00
    7934  MILLER      7782       23-1 月 -82     $1,300.00
                             谢谢使用该报表!
已选择 14 行。
```

技巧： 页眉和页脚的设置在本次会话中一直起作用。如果希望在本次回话中中止页眉和页脚的输出，可以使用 TTITLE OFF 和 BTITLE OFF 命令，分别关闭页眉和页脚。

2. 计算小计

在执行查询操作或创建报表时，可以使用 BREAK 和 COMPUTE 命令，用来对输出的结果进行统计计算。其中使用 BREAK 命令，可以让 SQL*Plus 根据列值的范围分隔输出结果，可以使得重复的列值不进行显示；COMPUTE 子句可以让 SQL*Plus 计算一列的值，并在最后输出显示。

BRENK 和 COMPUTE 的一般用法如下：

```
BRE[AK] [ ON column_name ] SKIP n
COMP[UTE] function LABEL label OF column_name ON break_column_name
```

语法说明如下。

- column_name：表示对哪一列执行操作。
- SKIP n：表示在指定列的值变化之前插入 n 个空行。
- function：表示执行的操作，例如 SUM(求和)、MAXIMUM(最大值)、MINIMUM(最小值)、AVG(平均值)、COUNT(非空值的列数)、NUMBER(行数)、VARIANCE(方差)以及 STD(均方差)等。
- LABEL：指定显示结果时的文本信息。

【例 3.22】用 BREAK 命令和 COMPUTE 命令将 scott.emp 表的输出结果根据 deptno 列进行分组，然后对每组的 sal 列进行求和计算。具体如下：

```
SQL> BREAK ON deptno
SQL> COMPUTE SUM OF sal ON deptno
SQL> SELECT empno , ename , mgr , sal , deptno
  2  FROM scott.emp ORDER BY deptno ;
```

```
   EMPNO   ENAME        MGR          SAL          DEPTNO
---------  ---------  ---------  ---------   -------
     7782  CLARK        7839         2450         10
     7839  KING                      5000
     7934  MILLER       7782         1300
       ---------- **********                                 8750     sum
     7566  JONES        7839         2975         20
     7902  FORD         7566         3000
     7876  ADAMS        7788         1100
     7369  SMITH        7902         800
     7788  SCOTT        7566         3000
           ---------- **********                             10875    sum
...
已选择 14 行。
```

注意：没有 BREAK 语句，只执行 COMPUTE 命令将没有任何效果。要取消这两个命令的设置，可以使用 CLEAR BRE[AK]和 CLEAR COMP[UTE]语句。

3.3.5 清除列格式

清除某个列的格式设置，可以在 COLUMN 命令中使用 CLEAR 选项。如果清除所有列的格式，可以使用 CLEAR COLUMNS 语句。清除单个列的格式的语法如下：

```
COLUMN column_name CLEAR
```

其中，column_name 是需要清除格式的列名称，该列名称必须在 SQL*Plus 缓冲区中存在，否则将找不到指定的对象。

【例 3.23】将 scott 用户的 emp 表放入到缓冲区，然后设置 ename 列和 job 列的格式，再使用 COLUMN ename CLEAR 语句清除 ename 列的格式。如下所示：

```
SQL> SELECT * FROM scott.emp ;
SQL> COLUMN ename FORMAT a10
SQL> COLUMN job FORMAT a10
SQL> COLUMN ename CLEAR
```

可以使用 CLEAR COLUMNS 语句清除所有列的格式。如下所示：

```
SQL> CLEAR COLUMNS
columns 已清除
```

一旦清除列的格式后，查询输出的结果就使用该列的默认格式。

3.4 实验指导——使用报表统计各部门人数

创建一个报表，使用前面所介绍的各种命令对输出结果进行格式化，实现对 scott 用户的 emp 表进行统计，显示各个部门的员工人数。

实验指导 3-1：使用报表统计各部门人数

在 E:\下创建报表文件 test.sql，其中，/*和*/中的内容表示注释。文件的内容如下：

```
/*  使用 TTITLE 和 BTITLE 命令可以设置报表的页眉和页脚信息  */
TTITLE LEFT '日期:' _DATE CENTER '使用报表统计各部门人数'
BTITLE CENTER '谢谢使用该报表!' RIGHT '页:' FORMAT 999 SKIP 2 SQL.PNO
SET ECHO OFF
SET VERIFY OFF
/*  使用 SET PAGESIZE 语句设置每页显示的行数  */
SET PAGESIZE 40
/*  使用 SET LINESIZE 语句设置每行的字符数  */
SET LINESIZE 100
/*  清除列的格式化  */
CLEAR COLUMNS
/*  使用 COLUMN 命令格式化列的显示  */
COLUMN empno HEADING '员工编号' FORMAT 9999
COLUMN ename HEADING '员工姓名' FORMAT A10
COLUMN hiredate HEADING '受雇日期' JUSTIFY CENTER
COLUMN sal HEADING '员工工资' FORMAT $999,999.99
COLUMN deptno HEADING '部门编号' FORMAT 9999
/*  使用 BREAK 命令，根据 deptno 列值的不同分隔输出，重复的列值不进行显示  */
BREAK ON deptno
/*  使用 COMPUTE 命令，根据 deptno 列统计 empno 的数量，显示为"部门人数"  */
COMPUTE COUNT LABEL '部门人数:' OF empno ON deptno
/*  定义 SELECT 语句，检索 scott 用户的 emp 表，将该表的记录按照 deptno 列进行  */
SELECT empno , ename , mgr , hiredate , sal , deptno
FROM scott.emp
ORDER BY deptno ;
/*  清除列的格式  */
CLEAR COLUMNS
/*  关闭页眉和页脚  */
TTITLE OFF
BTITLE OFF
```

创建报表文件后，在 SQL*Plus 中使用 START 命令运行该文件，如下：

```
SQL> START E:\test.sql

日期:27-8 月 -09                    使用报表统计各部门人数
员工编号 员工姓名     受雇日期        员工工资          部门编号
-------- ---------   ---------      ---------        --------
    7782 CLARK       09-6 月 -81    $2,450.00        10
    7839 KING        17-11 月-81    $5,000.00
    7934 MILLER      23-1 月 -82    $1,300.00
--------              ********      3                    部门人数
    7566 JONES       02-4 月 -81    $2,975.00        20
    7902 FORD        03-12 月-81    $3,000.00
    7876 ADAMS       23-5 月 -87    $1,100.00
    7369 SMITH       17-12 月-80    $800.00
```

```
    7788 SCOTT       19-4 月 -87       $3,000.00
--------             ********         5                  部门人数
    7521 WARD        22-2 月 -81       $1,250.00     30
    7844 TURNER      08-9 月 -81       $1,500.00
    7499 ALLEN       20-2 月 -81       $1,600.00
    7900 JAMES       03-12 月-81       $950.00
    7698 BLAKE       01-5 月 -81       $2,850.00
    7654 MARTIN      28-9 月 -81       $1,250.00
--------             ********         6                  部门人数

                    谢谢使用该报表!                       页:  1
```

上述输出结果中，输出页眉和页脚信息；每个数据列的内容按照指定格式进行显示；并且按照员工所在的部门进行分组，并且只显示一次部门编号；在每个部门的员工信息输出完后，对该部门的员工人数进行统计，例如，部门编号为 10 的部门，其部门人数为 3；部门编号为 20 的部门，其部门人数为 5。

3.5 习　题

一、填空题

1. 查看表结构时，所使用的命令是__________，该命令可以简写为__________。

2. 使用 SQL*Plus 语句快速编辑 SQL 语句时，可以使用的命令有 APPEND(可以简写为 A)命令、__________(可以简写为 C)命令、__________(可以简写为 I)、__________(可以简写为 L)命令，以及 RUN(可以简写为 R)命令。

3. 在 SQL*Plus 工具中，可以使用 SAVE 命令将缓冲区内容保存到文件；可以使用__________命令读取并运行文件内容；可以使用__________命令编辑缓冲区内容或文件内容；还可以使用 SPOOL 命令复制输出结果到文件。

4. 在 SQL 语句中，如果在某个变量前面使用了&符号，那么就表示该变量是一个临时变量。定义变量，可以使用__________或 ACCEPT 命令；删除变量，可以使用 UNDEFINE 命令。

5. 在 SQL*Plus 中格式化查询结果时，COLUMN 命令可以格式化对列的显示效果，PAGESIZE 命令可以__________，LINESIZE 命令可以__________。

6. 创建简单报表时，使用__________命令和__________命令，分别为报表设置页眉和页脚信息。

二、选择题

1. 在 SQL*Plus 中连接数据库时，可以使用 CONNECT 命令。下面的 4 个选项中，哪几个命令是正确的？其中，用户名为 scott，密码为 tiger，数据库名为 orcl。__________

   A. CONNECT scott/tiger ;

   B. CONNECT tiger/scott ;

   C. CONN scott/tiger as sysdba ;

   D. CONN scott/tiger@orcl as sysdba ;

2. 执行语句 SAVE scott_emp_query.sql APPEND，执行结果表示__________。
   A. 如果 scott_emp_query.sql 文件不存在，则出现错误
   B. 如果 scott_emp_query.sql 文件已经存在，则出现错误
   C. 将缓冲区中的内容追加到 scott_emp_query.sql 文件中。如果该文件不存在，会创建该文件
   D. 将缓冲区中的内容替换掉 scott_emp_query.sql 文件的内容。如果该文件不存在，会创建该文件
3. 使用 SQL*Plus 中的__________，可以将文件中的内容检索到缓冲区，并且不执行。
   A. SAVE 命令
   B. GET 命令
   C. START 命令
   D. SPOOL 命令
4. 下面是有关变量的描述，请问哪些描述是正确的？__________
   A. 临时变量是指仅在某个 SQL 语句中有效的变量
   B. 临时变量是在某个会话期间有效的变量
   C. 已定义变量是指明确定义，其生命期至显式地删除、重新定义或退出 SQL*Plus 为止
   D. 已定义的变量是不能被删除的
5. 如果希望控制列的显式格式，那么可以使用下面的__________命令
   A. SHOW
   B. DEFINE
   C. SPOOL
   D. COLUMN

三、简答题

1. 使用 DESCRIBE 命令，查看 scott 用户的 dept 表的结构信息。
2. 使用 SAVE 命令将缓冲区内容写入到 e:\test.sql 文件中；然后使用 START 命令将文件中的内容读入到缓冲区，并且进行执行。
3. 执行下列语句，观察输出结果：

```
DEFINE temp = 5000

SELECT empno , ename , mgr
FROM scott.emp
WHERE sal >= &temp ;
```

4. 对 scott 用户的 emp 表的输出信息进行格式设置。其中，empno 列设置标题为“员工编号”，NUMBER 格式为 9999；ename 列设置标题为“员工名称”，格式设置为 25 个字符；hiredate 列设置标题为“受雇日期”，并且标题居中显示。
5. 设置一页显示 30 行数据，并且设置一行显示 130 个字符，然后输出 scott 用户的 emp 表的全部信息。

第 4 章　管理表空间

表空间是 Oracle 数据库中最大的逻辑存储结构，它与操作系统中的数据文件相对应，用于存储数据库中用户创建的所有内容。在 Oracle 中，除了基本表空间以外，还有临时表空间、大文件表空间、非标准数据块表空间和撤消表空间。基本表空间一般指用户使用的永久性表空间，用于存储用户的永久性数据；临时表空间用于存储排序或汇总过程中产生的临时数据；大文件表空间用于存储大型数据(例如 LOB)；非标准数据块表空间用于在一个数据库实例中创建数据块大小不同的表空间；撤消表空间用于存储事务的撤消数据，在数据恢复时使用。本章主要介绍基本表空间的创建与管理，并简单介绍其他几种表空间类型。

本章要点：

- 熟练掌握创建表空间的方法。
- 掌握如何设置表空间的状态。
- 了解如何重命名表空间。
- 掌握表空间中数据文件的管理。
- 了解临时表空间。
- 了解大文件表空间。
- 了解非标准数据块表空间。
- 理解撤消表空间的作用。
- 掌握创建与管理撤消表空间的方法。
- 了解与表空间和数据文件相关的数据字典。

4.1　基本表空间

在创建数据库时，Oracle 会自动地创建一系列表空间，例如 system 表空间。用户可以使用这些表空间进行数据操作。但是，在实际应用中，如果所有用户都使用系统自动创建的这几个表空间，将会严重影响 I/O 性能。因此，需要根据实际情况创建不同的表空间，这样既可以减轻系统表空间的负担，又可以使得数据库中的数据分布更清晰。

4.1.1　创建表空间

创建表空间需要使用 CREATE TABLESPACE 语句。其基本语法如下：

```
CREATE [ TEMPORARY | UNDO ] TABLESPACE tablespace_name
[
    DATAFILE | TEMPFILE 'file_name' SIZE size K | M [ REUSE ]
    [
        AUTOEXTEND OFF | ON
```

```
            [ NEXT number K | M MAXSIZE UNLIMITED | number K | M ]
        ]
        [ , ...]
    ]
    [ MININUM EXTENT number K | M ]
    [ BLOCKSIZE number K]
    [ ONLINE | OFFLINE ]
    [ LOGGING | NOLOGGING ]
    [ FORCE LOGGING ]
    [ DEFAULT STORAGE storage ]
    [ COMPRESS | NOCOMPRESS ]
    [ PERMANENT | TEMPORARY ]
    [
        EXTENT MANAGEMENT DICTIONARY | LOCAL
        [ AUTOALLOCATE | UNIFORM SIZE number K | M ]
    ]
    [ SEGMENT SPACE MANAGEMENT AUTO | MANUAL ];
```

语法说明如下。

(1) TEMPORARY | UNDO

指定表空间的类型。TEMPORARY 表示创建临时表空间；UNDO 表示创建撤消表空间；不指定类型，则表示创建的表空间为永久性表空间。

(2) tablespace_name

指定新表空间的名称。

(3) DATAFILE | TEMPFILE 'file_name'

指定与表空间相关联的数据文件。一般使用 DATAFILE，如果是创建临时表空间，则需要使用 TEMPFILE；filename 指定文件名与路径。可以为一个表空间指定多个数据文件。

(4) SIZE size

指定数据文件的大小。

(5) REUSE

如果指定的数据文件已经存在，则使用REUSE关键字可以清除并重新创建该数据文件。如果文件已存在，但是又没有指定 REUSE 关键字，则创建表空间时会报错。

(6) AUTOEXTEND OFF | ON

指定数据文件是否自动扩展。OFF 表示不自动扩展；ON 表示自动扩展。默认情况下为 OFF。

(7) NEXT number

如果指定数据文件为自动扩展，则 NEXT 子句用于指定数据文件每次扩展的大小。

(8) MAXSIZE UNLIMITED | number

如果指定数据文件为自动扩展，则 MAXSIZE 子句用于指定数据文件的最大大小。如果指定 UNLIMITED，则表示大小无限制，默认为此选项。

(9) MININUM EXTENT number

指定表空间中的盘区可以分配到的最小的尺寸。

(10) BLOCKSIZE number

如果创建的表空间需要另外设置其数据块大小，而不是采用初始化参数 db_block_size 指定的数据块大小，则可以使用此子句进行设置。此子句仅适用于永久性表空间。

(11) ONLINE | OFFLINE

指定表空间的状态为在线(ONLINE)或离线(OFFLINE)。如果为 ONLINE，则表空间可以使用；如果为 OFFLINE，则表空间不可使用。默认为 ONLINE。

(12) LOGGING | NOLOGGING

指定存储在表空间中的数据库对象的任何操作是否产生日志。LOGGING 表示产生；NOLOGGING 表示不产生。默认为 LOGGING。

(13) FORCE LOGGING

此选项用于强制表空间中的数据库对象的任何操作都产生日志，将忽略 LOGGING 或 NOLOGGING 子句。

(14) DEFAULT STORAGE storage

指定保存在表空间中的数据库对象的默认存储参数。当然，数据库对象也可以指定自己的存储参数。

提示： 此子句所设置的存储参数仅适用于数据字典管理的表空间。Oracle 的管理形式主要分为数据字典管理形式与本地化管理形式。不过，Oracle 11g 已经不再支持数据字典的管理形式。所以这里不展开介绍该子句。

(15) COMPRESS | NOCOMPRESS

指定是否压缩数据段中的数据。COMPRESS 表示压缩；NOCOMPRESS 表示不压缩。数据压缩发生在数据块层次中，以便压缩数据块内的行，消除列中的重复值。默认为 COMPRESS。

提示： 对数据段中的数据进行压缩后，在检索数据时，Oracle 会自动对数据进行解压缩。这个过程不会影响数据的检索，但是会影响数据的更新和删除。

(16) PERMANENT | TEMPORARY

指定表空间中数据对象的保存形式。PERMANENT 表示持久保存；TEMPORARY 表示临时保存。

(17) EXTENT MANAGEMENT DICTIONARY | LOCAL

指定表空间的管理方式。DICTIONARY 表示采用数据字典的形式管理；LOCAL 表示采用本地化管理形式管理。默认为 LOCAL。

(18) AUTOALLOCATE | UNIFORM SIZE number

指定表空间中的盘区大小。AUTOALLOCATE 表示盘区大小由 Oracle 自动分配，此时不能指定大小；UNIFORM SIZE number 表示表空间中的所有盘区大小相同，都为指定值。默认为 AUTOALLOCATE。

(19) SEGMENT SPACE MANAGEMENT AUTO | MANUAL

指定表空间中段的管理方式。AUTO 表示自动管理方式；MANUAL 表示手动管理方式。默认为 AUTO。

【例 4.1】创建一个永久性表空间 myspace，如下：

```
SQL> CREATE TABLESPACE myspace
  DATAFILE 'E:\app\Administrator\oradata\orcl\myspace.dbf'
  SIZE 20M
  AUTOEXTEND ON NEXT 5M
  MAXSIZE 100M;

表空间已创建。
```

上述创建表空间 myspace 的语句中，指定了其对应的数据文件的名称及路径，数据文件初始大小为 20MB，自动增长，每次增长大小为 5MB，最大可为 100MB。

【例 4.2】通过数据字典 dba_tablespaces 查看表空间 myspace 的部分属性，如下：

```
SQL> SELECT tablespace_name , logging , allocation_type ,
  extent_management , segment_space_management
  FROM dba_tablespaces
  WHERE tablespace_name = 'MYSPACE';

TABLESPACE_NAME            LOGGING    ALLOCATIO  EXTENT_MAN  SEGMEN
-------------------------  ---------  ---------  ----------  ------
MYSPACE                    LOGGING    SYSTEM     LOCAL       AUTO
```

在创建 myspace 表空间时，忽略了许多属性的设置，也就是采用了许多默认设置。通过上述结果可以对表空间的默认属性值有一定的了解。其中——

- logging 字段：表示是否为表空间创建日志记录。
- allocation_type 字段：表示表空间的盘区大小的分配方式。字段值为 system，则表示由 Oracle 系统自动分配，即为 AUTOALLOCATE。
- extent_management 字段：表示表空间盘区的管理方式。
- segment_space_management 字段：表示表空间中段的管理方式。

4.1.2 表空间状态属性

表空间的状态属性主要有在线(ONLINE)、离线(OFFLINE)、只读(READ ONLY)和读写(READ WRITE)这 4 种。通过设置表空间的状态属性，可以对表空间的使用进行管理。

1. 在线(ONLINE)

当表空间的状态为 ONLINE 时，才允许访问该表空间中的数据。

如果表空间不是 ONLINE 状态的，可以使用 ALTER TABLESPACE 语句将其状态修改为 ONLINE，语句形式如下：

```
ALTER TABLESPACE tablespace_name ONLINE;
```

2. 离线(OFFLINE)

当表空间的状态为 OFFLINE 时，不允许访问该表空间中的数据。例如向表空间中创建表或者读取表空间中的表的数据等操作都将无法进行。

如果表空间不是 OFFLINE 状态的，可以使用 ALTER TABLESPACE 语句将其状态修改为 OFFLINE，语句形式如下：

```
ALTER TABLESPACE tablespace_name OFFLINE parameter;
```

其中，parameter 表示将表空间切换为 OFFLINE 状态时可以使用的参数。主要可以应用如下几个参数。

(1) NORMAL

指定表空间以正常方式切换到 OFFLINE 状态。如果以这种方式切换，Oracle 会执行一次检查点，将 SGA 区中与该表空间相关的脏缓存块全部写入数据文件中，最后关闭与该表空间相关联的所有数据文件。默认情况下使用此方式。

(2) TEMPORARY

指定表空间以临时方式切换到 OFFLINE 状态。如果以这种方式切换，Oracle 在执行检查点时不会检查数据文件是否可用，这会使得将该表空间的状态切换为 ONLINE 状态时，可能需要对数据库进行恢复。

(3) IMMEDIATE

指定表空间以立即方式切换到 OFFLINE 状态。如果以这种方式切换，Oracle 不会执行检查点，而是直接将表空间设置为 OFFLINE 状态，这会使得将该表空间的状态切换为 ONLINE 状态时，必须对数据库进行恢复。

(4) FOR RECOVER

指定表空间以恢复方式切换到 OFFLINE 状态。如果以这种方式切换，数据库管理员可以使用备份的数据文件覆盖原有的数据文件，然后再根据归档重做日志将表空间恢复到某个时间点的状态。

所以，此方式经常用于对表空间进行基于时间的恢复。

3．只读(READ ONLY)

当表空间的状态为 READ ONLY 时，虽然可以访问表空间中的数据，但访问仅仅限于阅读，而不能进行任何更新或删除操作。

如果表空间不是 READ ONLY 状态的，可以使用 ALTER TABLESPACE 语句将其状态修改为 READ ONLY，语句形式如下：

```
ALTER TABLESPACE tablespace_name READ ONLY;
```

不过，将表空间的状态修改为 READ ONLY 之前，需要注意如下事项：

- 表空间必须处于 ONLINE 状态。
- 表空间不能包含任何事务的回退段。
- 表空间不能正处于在线数据库备份期间。

4．读写(READ WRITE)

当表空间的状态为 READ WRITE 时，可以对表空间进行正常访问，包括对表空间中的数据进行查询、更新和删除等操作。

如果表空间不是 READ WRITE 状态的，可以使用 ALTER TABLESPACE 语句将其状态修改为 READ WRITE，语句形式如下：

```
ALTER TABLESPACE tablespace_name READ WRITE;
```

修改表空间的状态为 READ WRITE，也需要保证表空间处于 ONLINE 状态。

注意： 无法将 Oracle 系统自定义的 system 等表空间的状态设置为 OFFLINE 或 READ ONLY。

【例 4.3】修改 myspace 表空间的状态为 READ ONLY，然后通过数据字典 dba_tablespaces，查看当前数据库中的表空间的状态，如下：

```
SQL> ALTER TABLESPACE myspace READ ONLY;

表空间已更改。
SQL> SELECT tablespace_name , status FROM dba_tablespaces;
TABLESPACE_NAME                STATUS
------------------------------ ---------
SYSTEM                         ONLINE
SYSAUX                         ONLINE
UNDOTBS1                       ONLINE
TEMP                           ONLINE
USERS                          ONLINE
MYSPACE                        READ ONLY

已选择 6 行。
```

提示： 其中，status 列的显示值可以有 3 种：ONLINE、OFFLINE 和 READ ONLY。ONLINE 表示在线且处于读写状态；OFFLINE 表示处于离线状态；READ ONLY 表示在线且处于只读状态。

4.1.3 重命名表空间

在需要的情况下，可以对表空间的名称进行修改。修改表空间的名称时，不会影响到表空间中的数据。但不能修改系统表空间 system 与 sysaux 的名称。

重命名表空间的语法如下：

```
ALTER TABLESPACE tablespace_name RENAME TO new_tablespace_name;
```

【例 4.4】修改 myspace 表空间的名称为 myspace2，语句如下：

```
ALTER TABLESPACE myspace RENAME TO myspace2;
```

注意： 如果表空间的状态为 OFFLINE，则无法重命名该表空间。

4.1.4 修改表空间中数据文件的大小

创建表空间时，需要为表空间对应的数据文件指定大小，这个大小是基于预算而设置的，在后期的应用中，实际需要存储的数据量可能会超出这个预算值。如果表空间所对应的数据文件都被写满，则无法再向该表空间中添加数据。如果想要了解表空间的空闲空间信息，可以查询数据字典 dba_free_space。

【例 4.5】 通过数据字典 dba_free_space 查看 myspace 表空间的空闲空间信息，如下：

```
SQL> SELECT tablespace_name , bytes , blocks
  2  FROM dba_free_space
  3  WHERE tablespace_name = 'MYSPACE';

TABLESPACE_NAME                  BYTES      BLOCKS
------------------------------   ---------- ----------
MYSPACE                          20905984   2552
```

其中，bytes 字段以字节的形式表示表空间的空闲空间大小；blocks 字段则以数据块数目的形式表示表空间空闲空间的大小。

如果想要修改表空间的大小，可以通过修改其对应的数据文件的大小来实现。在修改之前，需要先了解该表空间所对应的数据文件的信息，主要是指数据文件的存储路径、名称和大小等。

【例 4.6】 通过数据字典 dba_data_files 查看 myspace 表空间的数据文件信息，如下：

```
SQL> COLUMN file_name FORMAT A35;
SQL> COLUMN tablespace_name FORMAT A15;
SQL> SELECT tablespace_name , file_name , bytes
  2  FROM dba_data_files
  3  WHERE tablespace_name = 'MYSPACE';

TABLESPACE_NAME   FILE_NAME                                BYTES
---------------   -----------------------------------      ----------
MYSPACE           E:\APP\ADMINISTRATOR\ORADATA\ORCL\       20971520
                  MYSPACE.DBF
```

其中，file_name 字段表示数据文件的名称与路径；bytes 字段表示数据文件的大小。

在了解了数据文件的信息后，就可以对该文件进行修改了。修改数据文件需要使用 ALTER DATABASE 语句，其语法如下：

```
ALTER DATABASE DATAFILE file_name RESIZE newsize K | M;
```

语法说明如下。

- file_name：数据文件的名称与路径。
- RESIZE newsize：修改数据文件的大小为 newsize。

【例 4.7】 修改 myspace 表空间对应的数据文件的大小，如下：

```
SQL> ALTER DATABASE
  2  DATAFILE 'E:\APP\ADMINISTRATOR\ORADATA\ORCL\MYSPACE.DBF'
```

```
  3 RESIZE 40M;
数据库已更改。
```

上述语句将数据文件 E:\APP\ADMINISTRATOR\ORADATA\ORCL\MYSPACE.DBF 的大小修改为 40MB。

4.1.5 增加表空间的数据文件

增加表空间的大小，除了可以修改其对应的数据文件的大小以外，还可以选择为其增加新的数据文件。

增加新的数据文件需要使用 ALTER TABLESPACE 语句，其语法如下：

```
ALTER TABLESPACE tablespace_name
ADD DATAFILE
file_name SIZE number K | M
    [
        AUTOEXTEND OFF | ON
        [ NEXT number K | M MAXSIZE UNLIMITED | number K | M ]
    ]
[ , ...];
```

【例 4.8】为 myspace 表空间增加两个新的数据文件，如下：

```
SQL> ALTER TABLESPACE myspace
  2 ADD DATAFILE
  3 'E:\app\Administrator\oradata\orcl\myspace02.dbf'
  4 SIZE 10M
  5 AUTOEXTEND ON NEXT 5M MAXSIZE 40M,
  6 'E:\app\Administrator\oradata\orcl\myspace03.dbf'
  7 SIZE 10M
  8 AUTOEXTEND ON NEXT 5M MAXSIZE 40M;
表空间已更改。
```

上述语句为 myspace 表空间在 E:\app\Administrator\oradata\orcl\目录下增加了两个数据文件，名称分别为 myspace02.dbf 和 myspace03.dbf。

4.1.6 删除表空间的数据文件

在需要时，也可以删除表空间的数据文件，但是该数据文件中不能包含数据。删除表空间的数据文件的语法如下：

```
ALTER TABLESPACE tablespace_name
DROP DATAFILE file_name;
```

【例 4.9】删除 myspace 表空间数据文件 E:\app\Administrator\oradata\orcl\myspace03.dbf，如下：

```
SQL> ALTER TABLESPACE myspace
  2 DROP DATAFILE 'E:\app\Administrator\oradata\orcl\myspace03.dbf';
表空间已更改。
```

4.1.7　修改表空间中数据文件的自动扩展性

将表空间的数据文件设置为自动扩展，目的是为了在表空间被填满后，Oracle 能自动为表空间扩展存储空间，而不需要管理员手动修改。

提示：如果为数据文件设置了自动扩展属性，则最好同时为该文件设置最大大小限制。否则，数据文件的体积将会无限增大。

在创建表空间时，可以设置数据文件的自动扩展性。在为表空间增加新的数据文件时，也可以设置新数据文件的自动扩展性。而对于已创建的表空间中的已有数据文件，则可以使用 ALTER DATABASE 语句修改其自动扩展性。语法如下：

```
ALTER DATABASE
DATAFILE file_name
AUTOEXTEND OFF | ON
[ NEXT number K | M MAXSIZE UNLIMITED | number K | M ]
```

【例 4.10】修改 myspace 表空间中数据文件的自动扩展性，如下：

```
SQL> ALTER DATABASE
  2  DATAFILE 'E:\app\Administrator\oradata\orcl\myspace02.dbf'
  3  AUTOEXTEND OFF;
数据库已更改。
SQL> ALTER DATABASE
  2  DATAFILE 'E:\app\Administrator\oradata\orcl\myspace02.dbf'
  3  AUTOEXTEND ON
  4  NEXT 5M MAXSIZE 40M;
数据库已更改。
```

上述两条 SQL 语句中，第一条语句用于关闭 myspace 表空间的 myspace02.dbf 文件的自动扩展性，第二条语句用于再次为 myspace02.dbf 文件设置自动扩展性。

4.1.8　修改表空间中数据文件的状态

除了可以设置表空间本身的状态以外，还可以设置表空间中数据文件的状态。数据文件的状态主要有 3 种：ONLINE、OFFLINE 和 OFFLINE DROP。

设置数据文件状态的语法如下：

```
ALTER DATABASE
DATAFILE file_name ONLINE | OFFLINE | OFFLINE DROP
```

其中，ONLINE 表示数据文件可以使用；OFFLINE 表示数据文件不可使用，用于数据库运行在归档模式下的情况；OFFLINE DROP 与 OFFLINE 一样用于设置数据文件不可用，但它用于数据库运行在非归档模式下的情况。

如果将数据文件切换成 OFFLINE DROP 状态，则不能直接将其重新切换回到 ONLINE 状态。

【**例 4.11**】首先将 myspace 表空间的 myspace02.dbf 文件设置为 OFFLINE DROP 状态，如下：

```
SQL> ALTER DATABASE
  2  DATAFILE 'E:\app\Administrator\oradata\orcl\myspace02.dbf'
  3  OFFLINE DROP;
数据库已更改。
```

然后将该文件的状态重新切换成 ONLINE，如下：

```
SQL> ALTER DATABASE
  2  DATAFILE 'E:\app\Administrator\oradata\orcl\myspace02.dbf'
  3  ONLINE;
ALTER DATABASE
*
第 1 行出现错误:
ORA-01113: 文件 6 需要介质恢复
ORA-01110: 数据文件 6: 'E:\APP\ADMINISTRATOR\ORADATA\ORCL\MYSPACE02.DBF'
```

Oracle 提示需要对数据文件进行介质恢复。可以使用 RECOVER DATAFILE 语句进行恢复，如下：

```
SQL> RECOVER DATAFILE 'E:\app\Administrator\oradata\orcl\myspace02.dbf';
完成介质恢复。
```

接下来就可以将该文件的状态切换为 ONLINE，如下：

```
SQL> ALTER DATABASE
  2  DATAFILE 'E:\app\Administrator\oradata\orcl\myspace02.dbf'
  3  ONLINE;

数据库已更改。
```

4.1.9 移动表空间中的数据文件

数据文件是存储于磁盘中的物理文件，它的大小受到磁盘大小的限制。如果数据文件所在的磁盘空间不够，则需要将该文件移动到新的磁盘中保存。

【**例 4.12**】移动 myspace 表空间中数据文件 myspace02.dbf 的步骤如下。

(1) 修改 myspace 表空间的状态为 OFFLINE，如下：

```
SQL> ALTER TABLESPACE myspace OFFLINE;
表空间已更改。
```

(2) 将磁盘中的 myspace02.dbf 文件移动到新的目录中，例如移动到 F:\oraclefile 目录中。文件的名称也可以修改，例如修改为 myspace03.dbf。

(3) 使用 ALTER TABLESPACE 语句，将 myspace 表空间中 myspace02.dbf 文件的原名称和路径修改为新名称和路径，如下：

```
SQL> ALTER TABLESPACE myspace
  2  RENAME DATAFILE 'E:\app\Administrator\oradata\orcl\myspace02.dbf'
  3  TO
  4  'F:\oraclefile\myspace03.dbf';
表空间已更改。
```

(4) 修改 myspace 表空间的状态为 ONLINE，如下：

```
SQL> ALTER TABLESPACE myspace ONLINE;
表空间已更改。
```

检查文件是否移动成功，也就是检查 myspace 表空间的数据文件中是否包含了新的数据文件。查询数据字典 dba_data_files，了解 myspace 表空间的数据文件信息，如下：

```
SQL> SELECT tablespace_name , file_name
  2  FROM dba_data_files
  3  WHERE tablespace_name = 'MYSPACE';

TABLESPACE_NAME     FILE_NAME
---------------     -------------------------------------------------------
MYSPACE             E:\APP\ADMINISTRATOR\ORADATA\ORCL\MYSPACE.DBF
MYSPACE             F:\ORACLEFILE\MYSPACE03.DBF
```

4.1.10　删除表空间

当不再需要某个表空间时，可以删除该表空间，这要求用户具有 DROP TABLESPACE 系统权限。

删除表空间需要使用 DROP TABLESPACE 语句，其语法如下：

```
DROP TABLESPACE tablespace_name
[ INCLUDING CONTENTS [ AND DATAFILES ] ]
```

语法说明如下。

(1) INCLUDING CONTENTS

表示删除表空间的同时，删除表空间中的所有数据库对象。如果表空间中有数据库对象，则必须使用此选项。

(2) AND DATAFILES

表示删除表空间的同时，删除表空间所对应的数据文件。如果不使用此选项，则删除表空间实际上仅是从数据字典和控制文件中将该表空间的有关信息删除，而不会删除操作系统中与该表空间对应的数据文件。

【例 4.13】删除表空间 myspace，并同时删除该表空间中的所有数据库对象，以及操作系统中与之相对应的数据文件，如下：

```
SQL> DROP TABLESPACE myspace
  2  INCLUDING CONTENTS AND DATAFILES;
表空间已删除。
```

4.2 临时表空间

临时表空间是一个磁盘空间，主要用于存储用户在执行 ORDER BY 等语句进行排序或汇总时产生的临时数据，它是所有用户公用的。默认情况下，所有用户都使用 temp 作为临时表空间。但是也允许使用其他表空间作为临时表空间，这需要在创建用户时进行指定。

4.2.1 创建临时表空间

创建临时表空间时需要使用 TEMPORARY 关键字，并且与临时表空间对应的是临时文件，由 TEMPFILE 关键字指定，而数据文件由 DATAFILE 关键字指定。

【例 4.14】创建一个临时表空间 mytemp，如下：

```
SQL> CREATE TEMPORARY TABLESPACE mytemp
  2  TEMPFILE 'F:\oraclefile\mytemp.dbf'
  3  SIZE 10M
  4  AUTOEXTEND ON NEXT 2M MAXSIZE 20M;
表空间已创建。
```

使用临时表空间时需要注意以下事项：

- 临时表空间只能用于存储临时数据，不能够存储永久性数据。如果在临时表空间中存储永久性数据，将会出现错误。
- 临时表空间中的文件为临时文件，所以数据字典 dba_data_files 不再记录有关临时文件的信息。如果想要查看临时表空间的信息，可以查询 dba_temp_files 数据字典。
- 临时表空间的盘区管理方式都是 UNIFORM，所以在创建临时表空间时，不能使用 AUTOALLOCATE 关键字指定盘区的管理方式。

【例 4.15】通过数据字典 v$tempfile，查看临时表空间 mytemp 的临时文件信息，如下：

```
SQL> COLUMN file_name FORMAT A40;
SQL> COLUMN tablespace_name FORMAT A15;
SQL> SELECT tablespace_name , file_name , bytes
  2  FROM dba_temp_files
  3  WHERE tablespace_name = 'MYTEMP';

TABLESPACE_NAME     FILE_NAME                                   BYTES
---------------     ----------------------------------------    ----------
MYTEMP              F:\ORACLEFILE\MYTEMP.DBF                    10485760
```

提示： 临时文件中不存储永久性数据，而只是存储排序或汇总过程中产生的临时数据。当排序或汇总结束后，系统将自动删除临时文件中存储的数据。

4.2.2 创建与管理临时表空间组

在 Oracle 中，允许将多个临时表空间组成一个临时表空间组，这样可以使用一个临时表空间组中的多个临时表空间存储临时数据。

1. 创建临时表空间组

临时表空间组不需要特别创建，只需要在创建临时表空间时，使用 TABLESPACE GROUP 语句为其指定一个组即可。

【例 4.16】创建临时表空间 temp1、temp2，并将它们所在的组都指定为 group1，如下：

```
SQL> CREATE TEMPORARY TABLESPACE temp1
  2  TEMPFILE 'F:\oraclefile\temp1.dbf'
  3  SIZE 2M
  4  TABLESPACE GROUP group1;

表空间已创建。
SQL> CREATE TEMPORARY TABLESPACE temp2
  2  TEMPFILE 'F:\oraclefile\temp2.dbf'
  3  SIZE 2M
  4  TABLESPACE GROUP group1;

表空间已创建。
```

2. 查看临时表空间组信息

如果要查询一个临时表空间组中的临时表空间信息，可以使用数据字典 dba_tablespace_groups。

【例 4.17】使用数据字典 dba_tablespace_groups 查看临时表空间组 group1 中的临时表空间信息，如下：

```
SQL> SELECT group_name , tablespace_name
  2  FROM dba_tablespace_groups
  3  WHERE group_name = 'GROUP1';

GROUP_NAME                      TABLESPACE_NAME
----------------------------    ------------------------------
GROUP1                          TEMP1
GROUP1                          TEMP2
```

3. 移动临时表空间

可以使用 ALTER TABLESPACE 语句，将临时表空间从一个组移动到另一个组中，实际上也就是修改临时表空间所在的组。目标组同样可以是已存在的，也可以是不存在的。

【例 4.18】将临时表空间 temp1 从 group1 组移动到 group2 组中，如下：

```
SQL> ALTER TABLESPACE temp1 TABLESPACE GROUP group2;
表空间已更改。
```

4. 删除临时表空间组

一个临时表空间组中至少需要存在一个临时表空间，当组中的所有临时表空间都被删除或移动到其他组中后，该组就被自动删除了。

4.3 大文件表空间

大文件表空间是 Oracle 10g 引进的一个新表空间类型，主要用于解决存储文件大小不够的问题。与普通表空间不同的是，大文件表空间只能对应唯一一个数据文件或临时文件，而普通表空间则可以最多对应 1022 个数据文件或临时文件。

虽然大文件表空间只能对应一个数据文件或临时文件，但其对应的文件可达 4G 个数据块大小。而普通表空间对应的文件最大可达 4M 个数据块大小。

提示： 如果数据块的大小被设置为 8KB，则大文件表空间对应的文件最大可为 32TB；如果数据块的大小被设置为 32KB，则大文件表空间对应的文件最大可为 128TB。1TB = 1024GB。

创建大文件表空间需要使用 BIGFILE 关键字，而且只能为其指定一个数据文件或临时文件。

【例 4.19】创建一个大文件表空间 mybigspace，如下：

```
SQL> CREATE BIGFILE TABLESPACE mybigspace
  2  DATAFILE 'F:\oraclefile\mybigspace.dbf'
  3  SIZE 10M;
表空间已创建。
```

与大文件表空间相对应，普通表空间一般使用 SMALLFILE 关键字表示，只不过默认情况下可以省略该关键字，这是因为默认创建的表空间类型就是 SMALLFILE。可以通过查询数据字典 database_properties 了解当前数据库默认的表空间类型，如下：

```
SQL> COLUMN property_name FORMAT A20;
SQL> COLUMN property_value FORMAT A20;
SQL> COLUMN description FORMAT A30;
SQL> SELECT property_name , property_value , description
  2  FROM database_properties
  3  WHERE property_name = 'DEFAULT_TBS_TYPE';
PROPERTY_NAME          PROPERTY_VALUE         DESCRIPTION
--------------------   --------------------   ------------------------
DEFAULT_TBS_TYPE       SMALLFILE              Default tablespace type
```

其中，property_name 字段表示属性名，这里指定为 DEFAULT_TBS_TYPE，表示查询默认表空间类型；property_value 字段表示属性值；description 字段表示属性描述。

技巧： 可以使用 ALTER DATABSE 语句修改表空间默认类型，例如修改表空间默认类型为 BIGFILE，语句为——ALTER DATABASE SET DEFAULT bigfile TABLESPACE;。

如果需要了解一个表空间的类型，可以查询数据字典 dba_tablespaces，该数据字典的 bigfile 字段记录了表空间的类型。

【例 4.20】通过数据字典 dba_tablespaces 查看当前数据库中的表空间的类型，如下：

```
SQL> SELECT tablespace_name , bigfile
  2  FROM dba_tablespaces;

TABLESPACE_NAME BIG
--------------- ---
SYSTEM          NO
SYSAUX          NO
UNDOTBS1        NO
TEMP            NO
USERS           NO
MYTEMP          NO
MYBIGSPACE      YES
已选择 7 行。
```

如果 bigfile 字段值为 NO，则表示对应的表空间的类型不是 BIGFILE，即为 SMALLFILE；如果 bigfile 字段值为 YES，则表示对应的表空间的类型为 BIGFILE。

4.4　非标准数据块表空间

非标准数据块表空间是指其数据块大小不基于标准数据块大小的表空间。在创建表空间时，可以使用 BLOCKSIZE 子句，该子句用来另外设置表空间中的数据块大小，如果不指定该子句，则默认的数据块大小由系统初始化参数 db_block_size 决定。db_block_size 参数指定的数据块大小即标准数据块大小，在数据库创建之后无法再修改该参数的值。

使用 SHOW PARAMETER 语句可以查看 db_block_size 参数的信息，如下：

```
SQL> SHOW PARAMETER db_block_size;

NAME                                 TYPE        VALUE
------------------------------------ ----------- ----------------------
db_block_size                        integer     8192
```

Oracle 11g 允许用户创建非标准表空间，使用 BLOCKSIZE 子句指定表空间中数据块的大小，但是必须有数据缓冲区参数 db_nk_cache_size 的值与 BLOCKSIZE 参数的值相匹配，两者之间的对应关系如表 4-1 所示。

表 4-1　BLOCKSIZE 参数与 db_nk_cache_size 参数的对应关系

BLOCKSIZE	db_nk_cache_size
2KB	db_2k_cache_size
4KB	db_4k_cache_size
8KB	db_8k_cache_size
16KB	db_16k_cache_size
32KB	db_32k_cache_size

如果 BLOCKSIZE 参数的值设置为 2KB，则必须设置 db_2k_cache_size 参数的值，否则创建表空间时会报错，这是因为每个数据块都必须有自己的缓冲区缓存。

注意： 不能设置与 db_block_size 参数值相对应的 db_nk_cache_size 参数。例如，db_block_size 参数值为 8192，即 8KB，则不能再设置 db_8k_cache_size 参数的值，否则系统会报错。

【例 4.21】创建一个非标准数据块表空间 nonstandard，其数据块大小设置为 16KB。步骤如下。

(1) 使用 SHOW PARAMWTER 语句查看数据缓冲区参数 db_16k_cache_size 的值，具体如下：

```
SQL> SHOW PARAMETER db_16k_cache_size;

NAME                                TYPE            VALUE
----------------------------        -----------     ----------------------
db_16k_cache_size                   big integer     0
```

从结果可以看出，目前参数 db_16k_cache_size 的值为 0。如果此时就以 16KB 的数据块大小创建表空间，将会出错，如下：

```
SQL> CREATE TABLESPACE nonstandard
  2  DATAFILE 'F:\oraclefile\nonstandard.dbf'
  3  SIZE 5M
  4  BLOCKSIZE 16K;
CREATE TABLESPACE nonstandard
*
第 1 行出现错误:
ORA-29339: 表空间块大小 16384 与配置的块大小不匹配
```

(2) 使用 ALTER SYSTEM 语句修改参数 db_16k_cache_size 的值，如下：

```
SQL> ALTER SYSTEM SET db_16k_cache_size = 20M;
系统已更改。
```

上述语句将参数 db_16k_cache_size 的值设置为 20MB，再使用 SHOW PARAMETER 语句查看参数 db_16k_cache_size 的值，如下：

```
SQL> SHOW PARAMETER db_16k_cache_size;
NAME                                TYPE            VALUE
-----------------------------       -----------     ----------------------
db_16k_cache_size                   big integer     20M
```

(3) 创建表空间 nonstandard，指定其数据块大小为 16KB，如下：

```
SQL> CREATE TABLESPACE nonstandard
  2  DATAFILE 'F:\oraclefile\nonstandard.dbf'
  3  SIZE 5M
  4  BLOCKSIZE 16K;
表空间已创建。
```

通过数据字典 dba_tablespaces 的 block_size 字段，查看当前数据库中表空间的数据块大小，如下：

```
SQL> SELECT tablespace_name , block_size
  2  FROM dba_tablespaces;

TABLESPACE_NAME                 BLOCK_SIZE
----------------------------    ----------
SYSTEM                          8192
SYSAUX                          8192
UNDOTBS1                        8192
TEMP                            8192
USERS                           8192
MYTEMP                          8192
MYBIGSPACE                      8192
NONSTANDARD                     16384
已选择 8 行。
```

对比可以看出，系统表空间以及先前创建的表空间的数据块大小都为 db_block_size 参数的值，只有 nonstandard 表空间的数据块大小是 16KB。

4.5　设置默认表空间

在 Oracle 中，用户的默认永久性表空间为 users，默认临时表空间为 temp。如果所有用户都使用默认的表空间，无疑会增加 users 与 temp 表空间的竞争性。

通过数据字典 database_properties，可以查看当前用户所使用的永久性表空间与临时表空间的名称，如下：

```
SQL> SELECT property_name , property_value , description
  2  FROM database_properties
  3  WHERE property_name
  4  IN ('DEFAULT_PERMANENT_TABLESPACE' , 'DEFAULT_TEMP_TABLESPACE');
PROPERTY_NAME                   PROPERTY_VALUE     DESCRIPTION
----------------------------    ---------------    --------------------
DEFAULT_TEMP_TABLESPACE         TEMP               Name of default
                                                   temporary tablespace

DEFAULT_PERMANENT_TABLESPACE    USERS              Name of default
                                                   permanent tablespace
```

其中，default_permanent_tablespace 表示默认永久性表空间；default_temp_tablespace 表示默认临时表空间。它们的值即为对应的表空间名。

Oracle 允许使用非 users 表空间作为默认的永久性表空间，使用非 temp 表空间作为默认临时表空间。设置默认表空间需要使用 ALTER DATABASE 语句，语法如下：

```
ALTER DATABASE DEFAULT [ TEMPORARY ] TABLESPACE tablespace_name;
```

如果使用 TEMPORARY 关键字，则表示设置默认临时表空间；如果不使用该关键字，则表示设置默认永久性表空间。

【例 4.22】将 myspace 表空间设置为默认的永久性表空间，将 mytemp 表空间设置为默认临时表空间，如下：

```
SQL> ALTER DATABASE DEFAULT TABLESPACE myspace;
数据库已更改。

SQL> ALTER DATABASE DEFAULT TEMPORARY TABLESPACE mytemp;
数据库已更改。
```

查询数据字典 database_properties，检查默认表空间是否设置成功，如下：

```
SQL> SELECT property_name , property_value , description
  2  FROM database_properties
  3  WHERE property_name
  4  IN ('DEFAULT_PERMANENT_TABLESPACE' , 'DEFAULT_TEMP_TABLESPACE');
PROPERTY_NAME                  PROPERTY_VALUE    DESCRIPTION
----------------------------   ---------------   --------------------
DEFAULT_TEMP_TABLESPACE        MYTEMP            Name of default
                                                 temporary tablespace

DEFAULT_PERMANENT_TABLESPACE   MYSPACE           Name of default
                                                 permanent tablespace
```

提示：也可以为数据库实例指定一个默认临时表空间组，其形式与指定默认临时表空间类似，只不过是使用临时表空间组名代替临时表空间名。例如为数据库实例指定临时表空间组为 group1，语句为：ALTER DATABASE DEFAULT TEMPORARY TABLESPACE group1;。

4.6 撤消表空间

用户对数据库中的数据进行修改后，Oracle 将会把修改前的数据存储到撤消表空间中，如果用户需要对数据进行恢复，就会使用到撤消表空间中存储的撤消数据。本节将介绍如何创建与管理撤消表空间。对于具体的数据撤消操作将在本书 Oracle 闪回技术章节中介绍。

4.6.1 管理撤消表空间的方式

Oracle 11g 支持两种管理撤消表空间的方式：回退段撤消管理(Rollback Segments Undo，RSU)和自动撤消管理(System Managed Undo，SMU)。其中，回退段撤消管理是 Oracle 的传统管理方式，要求数据库管理员通过创建回退段为撤消操作提供存储空间，这种管理方式不仅麻烦而且效率也低；自动撤消管理是 Oracle 在 Oracle 9i 之后引入的管理方式，使用这种方式时，Oracle 系统自动管理撤消表空间。

一个数据库实例只能采用一种撤消管理方式，由参数 undo_management 决定。可以使用 SHPW PARAMETER 语句查看该参数的信息，如下：

```
SQL> SHOW PARAMETER undo_management;

NAME                                 TYPE        VALUE
------------------------------------ ----------- ------------
undo_management                      string      AUTO
```

如果参数 undo_management 的值为 AUTO，则表示撤消表空间的管理方式为自动撤消管理；如果为 MANUAL，则表示为回退段撤消管理。

1. 自动撤消管理

如果选择使用自动撤消管理方式，则应将参数 undo_management 的值设置为 AUTO，并且需要在数据库中创建一个撤消表空间。默认情况下，Oracle 系统在安装时会自动创建一个撤消表空间 undotbs1。系统当前所使用的撤消表空间由参数 undo_tablespace 决定。

除此之外，还可以设置撤消表空间中撤消数据的保留时间，即用户事务结束后，在撤消表空间中保留撤消记录的时间。保留时间由参数 undo_retention 决定，其参数值的单位为秒。

使用 SHOW PARAMETER undo 语句可以查看当前数据库的撤消表空间的设置，如下：

```
SQL> SHOW PARAMETER undo;

NAME                                 TYPE        VALUE
------------------------------------ ----------- ----------------
undo_management                      string      AUTO
undo_retention                       integer     900
undo_tablespace                      string      UNDOTBS1
```

提示：如果一个事务的撤消数据所需的存储空间大于撤消表空间中的空闲空间，则系统会使用未到期的撤消空间，这会导致部分撤消数据被提前从撤消表空间中清除。

2. 回退段撤消管理

如果选择使用回退段撤消管理方式，则应将参数 undo_management 的值设置为 MANUAL，并且需要设置下列参数。

- rollback_segments：设置数据库所使用的回退段名称。
- transactions：设置系统中的事务总数。
- transactions_per_rollback_segment：指定回退段可以服务的事务个数。
- max_rollback_segments：设置回退段的最大个数。

4.6.2 创建与管理撤消表空间

为了更有效地对撤消表空间进行管理，Oracle 11g 默认采用自动撤消管理方式，这种方式需要用到撤消表空间。本小节将介绍如何创建撤消表空间，以及如何对撤消表空间中的数据文件、撤消参数等进行管理。

1. 创建撤消表空间

创建撤消表空间需要使用 CREATE UNDO TABLESPACE 语句，与创建普通表空间类似，但也有其特定的限制，说明如下：

- 撤消表空间只能使用本地化管理表空间类型，即 EXTENT MANAGEMENT 子句只能指定 LOCAL(默认值)。
- 撤消表空间的盘区管理方式只能使用 AUTOALLOCATE(默认值)，即由 Oracle 系统自动分配盘区大小。
- 撤消表空间的段的管理方式只能为手动管理方式，即 SEGMENT SPACE MANAGEMENT 只能指定 MANUAL。如果是创建普通表空间，则此选项默认为 AUTO，而如果是创建撤消表空间，则此选项默认为 MANUAL。

【例 4.23】创建一个撤消表空间 myundo，如下：

```
SQL> CREATE UNDO TABLESPACE myundo
  2 DATAFILE 'F:\oraclefile\myundo.dbf'
  3 SIZE 10M;
表空间已创建。
```

2. 修改撤消表空间的数据文件

由于撤消表空间主要由 Oracle 系统自动管理，所以对撤消表空间的数据文件的修改也主要限于以下几种形式：

- 为撤消表空间添加新的数据文件。
- 移动撤消表空间的数据文件。
- 设置撤消表空间的数据文件的状态为 ONINE 或 OFFLINE。

提示： 以上几种修改同样通过 ALTER TABLESPACE 语句实现，与普通表空间的修改一样，这里不重复介绍。

3. 切换撤消表空间

一个数据库中可以有多个撤消表空间，但数据库一次只能使用一个撤消表空间。默认情况下，数据库使用的是系统自动创建的 undotbs1 撤消表空间。如果要将数据库使用的撤消表空间切换成其他表空间，修改参数 undo_tablespace 的值即可，这需要使用 ALTER SYSTEM 语句。

切换撤消表空间后，数据库中新事务的撤消数据将保存在新的撤消表空间中。

【例 4.24】使用 ALTER SYSTEM 语句，将数据库所使用的撤消表空间切换为 myundo，如下：

```
SQL> ALTER SYSTEM SET undo_tablespace = 'MYUNDO';
系统已更改。
```

使用 SHOW PARAMETER 语句查看参数 undo_tablespace 的值，检查撤消表空间是否切换成功，如下：

```
SQL> SHOW PARAMETER undo_tablespace;

NAME                                 TYPE        VALUE
------------------------------------ ----------- ------------------------------
undo_tablespace                      string      MYUNDO
```

注意： 如果切换时指定的表空间不是一个撤消表空间，或者该撤消表空间正在被其他数据库实例使用，将切换失败。

4．修改撤消记录的保留时间

在 Oracle 中，撤消表空间中的撤消记录的保留时间由参数 undo_retention 决定，默认为 900 秒，900 秒后，撤消记录将从撤消表空间中清除，这样可以防止撤消表空间的迅速膨胀。

如果应用中需要修改保留时间，可以使用 ALTER SYSTEM 语句修改参数 undo_retention 的值，如下：

```
SQL> ALTER SYSTEM SET undo_retention = 1200;

系统已更改。
```

使用 SHOW PARAMETER 语句查看修改后的 undo_retention 参数值，如下：

```
SQL> SHOW PARAMETER undo_retention;

NAME                                 TYPE        VALUE
------------------------------------ ----------- ------------------------------
undo_retention                       integer     1200
```

注意： undo_retention 参数的设置不仅仅只对当前使用的撤消表空间有效，而是应用于数据库中所有的撤消表空间。

5．删除撤消表空间

删除撤消表空间同样需要使用 DROP TABLESPACE 语句，但删除的前提是该撤消表空间此时没有被数据库使用。如果需要删除正在被使用的撤消表空间，则应该先进行撤消表空间的切换操作。

【例 4.25】 将数据库所使用的撤消表空间切换为 undotbs1，然后删除撤消表空间 myundo，如下：

```
SQL> ALTER SYSTEM SET undo_tablespace = 'UNDOTBS1';

系统已更改。
SQL> DROP TABLESPACE myundo INCLUDING CONTENTS AND DATAFILES;
表空间已删除。
```

4.7 与表空间和数据文件相关的数据字典

为了便于管理员对表空间进行管理，Oracle 系统提供了一系列与表空间及其数据文件相关的数据字典，通过这些数据字典，管理员可以了解表空间的状态及其数据文件信息等。常用的相关数据字典如表 4-2 所示。

表 4-2 与表空间和数据文件相关的数据字典

名 称	说 明
dba_data_files	记录数据库实例中所有数据文件及表空间的信息
v$datafile	记录数据库实例中数据文件被使用情况的统计信息
v$datafile_header	记录数据文件使用中的头部信息
dba_tablespaces	记录数据库所有表空间的信息
dba_free_space	记录表空间中空闲空间的信息
dba_extents	记录段的扩展信息
dba_temp_files	记录临时表空间及其临时文件的信息
dba_tablespace_groups	记录临时表空间及其成员的信息
v$tempfile	记录数据库实例中临时文件被使用情况的统计信息
v$undostat	记录撤消表空间的统计信息，用于对撤消表空间进行监视和调整；管理员可以使用此数据字典估算当前负载下所需的撤消表空间的大小。而 Oracle 也正是使用此数据字典来实现对撤消表空间的自动管理
v$rollstat	记录撤消表空间中所有撤消段的信息
v$transaction	记录所有事务所使用的撤消段信息
dba_undo_extents	记录撤消表空间中每个盘区所对应的事务提交时间

4.8 实验指导——为图书管理系统创建表空间

为了对本书的重点知识进行巩固，也为了帮助读者熟悉知识点的实际应用，本书将采用管理一个图书管理系统的形式来进行实例操作，该系统将基本上贯穿于本书后续的所有章节。

本章介绍了各种类型的表空间，最常用的是永久性表空间、临时表空间和撤消表空间。这里先分别为图书管理系统创建这 3 种类型的表空间，以便在后面使用它们。

实验指导 4-1：为图书管理系统创建表空间

1. 永久性表空间

首先为图书管理系统创建永久性表空间 bookspace(后续关于图书管理系统的数据信息都将存储在该表空间中)，如下：

```
SQL> CREATE TABLESPACE bookspace
  2  DATAFILE 'E:\app\Administrator\oradata\orcl\bookspace.dbf'
  3  SIZE 50M
  4  AUTOEXTEND ON
  5  NEXT 5M
  6  MAXSIZE 100M;
表空间已创建。
```

2. 临时表空间

再为图书管理系统创建存储临时数据的临时表空间 booktemp，如下：

```
SQL> CREATE TEMPORARY TABLESPACE booktemp
  2  TEMPFILE 'E:\app\Administrator\oradata\orcl\booktemp.dbf'
  3  SIZE 10M
  4  AUTOEXTEND ON
  5  NEXT 2M
  6  MAXSIZE 20M;
表空间已创建。
```

3. 撤消表空间

最后为图书管理系统创建存储撤消数据的撤消表空间 bookundo，如下：

```
SQL> CREATE UNDO TABLESPACE bookundo
  2  DATAFILE 'E:\app\Administrator\oradata\orcl\bookundo.dbf'
  3  SIZE 50M
  4  AUTOEXTEND ON
  5  NEXT 5M
  6  MAXSIZE 100M;
表空间已创建。
```

4.9 习　题

一、填空题

1. 在创建永久性表空间时，需要使用 DATAFILE 关键字指定其数据文件，而如果是创建临时表空间，则应该使用__________关键字为其指定临时文件。

2. 表空间的状态属性主要有 ONLINE、__________、__________和__________。

3. 数据文件的状态属性主要有 ONLINE、__________和__________。

4. 创建临时表空间需要使用 TEMPORARY 关键字，创建大文件表空间需要使用__________关键字，创建撤消表空间需要使用__________关键字。

5. Oracle 中用户默认的永久性表空间为__________，默认的临时表空间为 temp。

6. Oracle 中管理撤消表空间的方式有回退段撤消管理和__________。

二、选择题

1. 下面哪些不属于表空间的状态属性？__________

A. ONLINE

B. OFFLINE

C. OFFLINE DROP

D. READ

2. 将表空间的状态切换为 OFFLINE 时，可以指定下面哪几种切换参数？＿＿＿＿＿＿

A. NORMAL

B. IMMEDIATE

C. TEMP

D. FOR RECOVER

3. 在表空间 space 中没有存储任何数据，现在需要删除该表空间，并同时删除其对应的数据文件，可以使用下列哪条语句？＿＿＿＿＿＿

A. DROP TABLESPACE space;

B. DROP TABLESPACE space INCLUDING DATAFILES;

C. DROP TABLESPACE space INCLUDING CONTENTS AND DATAFILES;

D. DROP TABLESPACE space AND DATAFILES;

4. 使用如下语句创建一个临时表空间 temp:

```
CREATE ____________ TABLESPACE temp
____________ 'F:\oraclefile\temp.dbf'
SIZE 10M
AUTOEXTEND ON
NEXT 2M
MAXSIZE 20M;
```

请从下列选项中选择正确的关键字补充上面的语句。＿＿＿＿＿＿

A. (不填)、DATAFILE

B. TEMP、TEMPFILE

C. TEMPORARY、TEMPFILE

D. TEMP、DATAFILE

5. 下列将临时表空间 temp 设置为默认临时表空间的语句正确的是＿＿＿＿＿＿

A. ALTER DATABASE DEFAULT TABLESPACE temp;

B. ALTER DATABASE DEFAULT TEMPORARY TABLESPACE temp;

C. ALTER DEFAULT TEMPORARY TABLESPACE TO temp;

D. ALTER DEFAULT TABLESPACE TO temp;

6. 如果当前数据库实例中有一个临时表空间组 group1，该组中只有一个临时表空间 temp1。现在使用下面的语句修改 temp1 表空间所在组为 group2:

```
ALTER TABLESPACE temp1 TABLESPACE GROUP group2;
```

下面对执行上述语句后的结果叙述正确的是＿＿＿＿＿＿

A. 由于数据库实例中并不存在 group2 组，所以上述操作将执行失败

B. 上述语句可以成功执行，temp1 表空间将被移动到 group2 组中

C. 执行上述语句后，数据库实例中将存在两个临时表空间组：group1 和 group2

D. 执行上述语句后，数据库实例中将只存在一个临时表空间组：group2

三、简答题

1. 表空间的状态有哪几种，它们分别表示什么意思？

2. 如果初始化参数 db_block_size 的值为 16KB，那么还能设置 db_16k_cache_size 参数的值吗？请结合本章的学习内容，创建一个非标准数据块表空间，并简单概述其步骤。

3. 使用 undo_retention 参数可以设置撤消表空间中的撤消数据的保留时间，默认为 900 秒，这个时间长度在实际应用中可能不够，为了让撤消数据保留足够长的时间，是不是可以将 undo_retention 参数的值设置成非常大呢？为什么？

4. 在实际应用中，需要临时创建一个表来使用，那么是否可以将该表创建在临时表空间中？

5. 在 Oracle 中，对表空间的使用与管理非常重要。请创建一个表空间，然后对表空间的数据文件进行增加、删除和移动等管理，巩固本章所学的知识。

第5章　模式对象

模式对象也就是存储在用户模式(如 system 用户模式)中的数据库对象，Oracle 数据库中的模式对象包括表、索引、视图、序列和同义词等。

其中表用于存储用户数据；索引用于提高数据的检索效率；视图用于从一个或多个表(或视图)中导出常用的数据；序列用于自动生成列值；同义词用于为数据库对象定义别名。

本章将重点介绍表以及表的完整性约束，对索引、视图和序列也作较为详细的讲解，最后简单介绍同义词的使用。

本章要点：

- 掌握表的创建与管理。
- 理解并掌握表的完整性约束。
- 了解索引。
- 掌握视图的使用。
- 了解序列。
- 了解同义词。

5.1　表

表是数据库中最常用的模式对象，用户的数据在数据库中是以表的形式存储的。表通常由一个或多个列组成，每个列表示一个属性，而表中的一行则表示一条记录。本节主要介绍如何创建表，以及如何管理表的结构等。

5.1.1　数据类型

表中的列用于存放数据，这些数据都需要有对应的数据类型，例如年龄对应整数类型，姓名对应字符串类型，生日对应日期类型等。

而一种数据类型还可以拥有不同的长度，比如性别一般是两个字节长度的字符串，姓名一般是 4~8 个字节长度的字符串。

Oracle 系统提供了功能非常完全的数据类型，常用的数据类型如表 5-1 所示。

提示： Oracle 中还有两种数据类型——LONG 和 LONG ROW。LONG 表示可变长度的字符数据，最多存储 2GB，由 CLOB 和 NCLOB 类型取代；LONG ROW 表示可变长度的二进制数据，最大长度为 2GB，由 BLOB 类型取代。这两种数据类型当前仍然存在的原因是为了向后兼容。

表 5-1　Oracle 中常用的数据类型

数据类型	说　明
CHAR [(length [BYTE | CHAR])]	固定长度的字符数据。表示长度为 length 个字节或字符。最小长度可为 1 字节，最大长度可为 2000 字节，默认长度为 1 字节。 BYTE 表示按字节个数定义长度；CHAR 表示按字符个数定义长度。默认使用 BYTE
VARCHAR2 (length [BYTE | CHAR])	可变长度的字符数据。表示长度最多可为 length 个字节或字符。最大长度可为 4000 字节
NCHAR [(length)]	固定长度的 Unicode 字符数据。表示长度为 length 个字符。对于 UTF8 编码，存储的字节数为 3×length；对于 AL16UTF16 编码，存储的字节数为 2×length。最大长度可为 4000 字节
NVARCHAR2 (length)	可变长度的 Unicode 字符数据。表示长度为 length 个字符。对于 UTF8 编码，存储的字节数为 3×length；对于 AL16UTF16 编码，存储的字节数为 2×length。最大长度可为 4000 字节
NUMBER [(precision [, scale])] 和 NUMERIC [(precision [, scale])]	可变长度的数字。precision 是数字可用的最大位数(如果有小数点的话，是小数点前后位数之和)，最大可为 38；scale 则表示小数点右边的最大位数。如果不指定 precision 和 scale，则表示为小数点前后共 38 位的数字
INT、INTEGER 和 SMALLINT	NUMBER 的子类型。38 位精度的整数
BINARY_FLOAT	32 位浮点数
BINARY_DOUBLE	64 位浮点数
DATE	日期和时间。包括世纪、4 位年份、月、日、时(24 小时格式)、分和秒。可以存储公元前 4712 年 1 月 1 日和公元后 4712 年 12 月 31 日之间的日期和时间。 默认格式由 NLS_DATE_FORMAT 数据库参数指定(例如 DD-MON-YY)
TIMESTAMP [(seconds_precision)]	日期和时间。包括世纪、4 位年份、月、日、时(24 小时格式)、分和秒。seconds_precision 参数用于指定秒的小数部分的整数个数，可以为 0~9 的整数(默认值为 6)。默认格式由 NLS_DATE_FORMAT 数据库参数指定
CLOB	可变长度的单字节字符数据。最多存储 128TB
NCLOB	可变长度的 Unicode 字符数据。最多存储 128TB
BLOB	可变长度的二进制数据。最多存储 128TB
BFILE	指向外部文件的指针。外部文件本身不存储在数据库中

5.1.2 创建表

创建表需要使用 CREATE TABLE 语句，其语法如下：

```
CREATE TABLE [ schema. ] table_name(
column_name data_type [ DEFAULT expression ]
[ [ CONSTRAINT constraint_name ] constraint_def ]
[ , ... ]
)[ TABLESPACE tablespace_name ];
```

语法说明如下。

- schema：指定表所属的用户名，或者所属的用户模式名称。
- table_name：创建的表的名称。
- column_name：表中的列的名称，可以有多个列，多个列之间使用逗号(,)隔开。同一个表中的列的名称必须唯一。
- data_type：列的数据类型。
- DEFAULT expression：列的默认值。如果在向表中添加数据时，没有指定该列的数据，则该列将使用默认值。
- CONSTRAINT constraint_name：为约束命名。如果不使用此子句，Oracle 将自动为约束建立默认的名称。如果是创建表级约束，则必须使用此子句为约束命名。
- constraint_def：为列指定约束。例如非空约束、唯一约束等。
- TABLESPACE tablespace_name：可以为表指定存储表空间。如果不使用此子句，则使用默认表空间存储新表。

【例 5.1】创建一个表 person，如下：

```
CREATE TABLE person(
    id NUMBER(4) ,
    name VARCHAR2(8) ,
    sex CHAR(2) ,
    birthday DATE
);
```

上述语句创建了一个简单的表 person，该表有 4 个列，分别为 NUMBER(4)类型的 id 列、VARCHAR2(8)类型的 name 列、CHAR(2)类型的 sex 列和 DATE 类型的 birthday 列。创建该表时没有为该表指定存储表空间，所以该表将被存放到默认表空间中。

提示： 关于表空间的内容，读者可以阅读本书的管理表空间章节，这里不再细述。而关于列的约束，将在 5.3 节详细介绍。

5.1.3 管理表中的列

表创建完成之后，根据需要可以为该表增加或删除列，可以修改列的名称、列的数据类型，还可以使用 UNUSED 关键字将列设置为不可用状态。

1. 增加列

为表增加列的语法形式如下：

```
ALTER TABLE table_name ADD column_name data_type;
```

【例 5.2】 为表 person 增加 email 列，如下：

```
SQL> ALTER TABLE person ADD email VARCHAR2(20);
表已更改。
```

使用 DESC 命令查看 person 表的结构，观察是否已经为该表增加了 email 列，如下：

```
SQL> DESC person;

 名称                                        是否为空?    类型
 ------------------------------------------- --------  ------------------------


 ID                                                     NUMBER(4)
 NAME                                                   VARCHAR2(8)
 SEX                                                    CHAR(2)
 BIRTHDAY                                               DATE
 EMAIL                                                  VARCHAR2(20)
```

2. 删除列

删除表中的列时可以分为一次删除一列和一次删除多列。一次删除一列的语法形式如下：

```
ALTER TABLE table_name DROP COLUMN column_name;
```

一次删除多列的语法形式如下：

```
ALTER TABLE table_name DROP (column_name , ...);
```

对比两种语法可以看出，删除一列时需要使用 COLUMN 关键字，而删除多列时则不需要。

【例 5.3】 删除 person 表中的 email 列，如下：

```
SQL> ALTER TABLE person DROP COLUMN email;
表已更改。
```

提示： 删除表的列时，该列中存储的数据也将被删除，Oracle 会释放该列所占用的存储空间。

3. 修改列的名称

修改表中的列的名称的语法如下：

```
ALTER TABLE table_name RENAME COLUMN column_name TO new_column_name;
```

【例 5.4】 将 person 表中的 birthday 列的名称修改为 age，如下：

```
SQL> ALTER TABLE person RENAME COLUMN birthday TO age;
表已更改。
```

4．修改列的数据类型

修改表中的列的数据类型的语法如下：

```
ALTER TABLE table_name MODIFY column_name new_data_type;
```

【例 5.5】将 person 表中的 age 列的数据类型修改为 NUMBER(4)，如下：

```
SQL> ALTER TABLE person MODIFY age NUMBER(4);
表已更改。
```

使用 DESC 命令查看当前 person 表的结构，如下：

```
SQL> DESC person;

 名称                                    是否为空?    类型
 -------------------------------------- --------    --------------------------
 ID                                                 NUMBER(4)
 NAME                                               VARCHAR2(8)
 SEX                                                CHAR(2)
 AGE                                                NUMBER(4)
```

注意： 修改列的数据类型时，需要保证列中的数据能应用于新的数据类型。

5．使用 UNUSED 关键字

由于删除列时，系统会删除列中存储的所有数据，并释放该列所占用的存储空间，所以在数据库使用高峰期间执行删除列的操作会占用过多的系统资源，而且执行时间也会很长。这时，数据库管理员可以将该列设置为 UNUSED 状态。

提示： 当表中的某列被设置成 UNUSED 状态后，该列将不可使用，用户无法再对该列进行查询、添加、更新和删除操作。实际上，如果列被设置为 UNUSED，那么该列在形式上相当于被删除了，只是它仍然保留在数据库中，Oracle 没有释放其存储空间。

将表中的列设置为 UNUSED 状态的语法如下：

```
ALTER TABLE table_name SET UNUSED (column_name [ , ...]);
```

【例 5.6】将 person 表中的 age 列设置为 UNUSED 状态，如下：

```
SQL> ALTER TABLE person SET UNUSED (age);
表已更改。
```

现在使用 DESC 命令查看 person 表的结构，会发现不再存在 age 列，如下：

```
SQL> DESC person;
```

```
名称                                  是否为空?  类型
------------------------------------ --------  ------------------------
ID                                             NUMBER(4)
NAME                                           VARCHAR2(8)
SEX                                            CHAR(2)
```

如果需要删除 UNUSED 状态的列，可以使用如下语法形式：

```
ALTER TABLE table_name DROP UNUSED COLUMN;
```

使用上述语句可以删除表中的所有 UNUSED 列。

注意： 修改表的列可能会影响到依赖于该表存储过程等的使用。

5.1.4　重命名表

对于已存在的表，还可以修改其名称。重命名表有两种语法形式，一种是使用 ALTER TABLE 语句，语法如下：

```
ALTER TABLE table_name RENAME TO new_table_name;
```

【例 5.7】 将 person 表重命名为 person01 表，如下：

```
SQL> ALTER TABLE person RENAME TO person01;
表已更改。
```

另一种是直接使用 RENAME 语句，语法如下：

```
RENAME table_name TO new_table_name;
```

【例 5.8】 将 person01 表重命名为 person 表，如下：

```
SQL> RENAME person01 TO person;
表已重命名。
```

注意： 修改表的名称同样可能会影响到依赖于该表的存储过程等的使用。

5.1.5　移动表

在创建表时可以为表指定存储空间，如果不指定，Oracle 会将该表存储到默认表空间中。根据需要可以将表从一个表空间中移动到另一个表空间中。语法如下：

```
ALTER TABLE table_name MOVE TABLESPACE tablespace_name;
```

【例 5.9】 移动 person 表。首先通过数据字典 user_tables，查看 person 表当前存储在哪个表空间中，如下：

```
SQL> SELECT table_name , tablespace_name FROM user_tables
  2 WHERE table_name = 'PERSON';
```

```
TABLE_NAME                 TABLESPACE_NAME
-------------------------  ------------------------------
PERSON                     SYSTEM
```

从查询结果可以看出 person 表当前存储在 system 表空间中，下面使用 ALTER TABLE 语句将其移动到 users 表空间中，如下：

```
SQL> ALTER TABLE person MOVE TABLESPACE users;
表已更改。
```

再次查询数据字典 user_tables，观察 person 表是否已经移动成功，如下：

```
SQL> SELECT table_name , tablespace_name FROM user_tables
  2  WHERE table_name = 'PERSON';

TABLE_NAME                 TABLESPACE_NAME
-------------------------  ------------------------------
PERSON                     USERS
```

5.1.6　截断表

使用 TRUNCATE 语句可以将表截断。截断表可以快速删除表中的所有行，Oracle 会重置表的存储空间，并且不会在撤消表空间中记录任何撤消数据，也就是说无法进行数据撤消。截断表的语法如下：

```
TRUNCATE TABLE table_name;
```

【例 5.10】截断 person 表，如下：

```
SQL> TRUNCATE TABLE person;
表被截断。
```

提示： 删除表中的所有行，还可以使用 DELETE 语句。使用 DELETE 语句删除的记录将会被存储到撤消表空间中，可以进行数据撤消。

5.1.7　删除表

使用 DROP TABLE 语句可以删除表。删除表后，该表中的所有数据也将被删除。一般情况下，用户只能删除自己模式中的表；如果需要删除其他模式中的表，则该用户必须具有 DROP ANY TABLE 的系统权限。

删除表的语法如下：

```
DROP TABLE table_name [ CASCADE CONSTRAINTS ] [ PURGE ];
```

语法说明如下。

- CASCADE CONSTRAINTS：指定删除表的同时，删除所有引用这个表的视图、约束、索引和触发器等。
- PURGE：表示删除该表后，立即释放该表所占用的资源空间。

注意：如果不使用 PURGE 子句，则表被删除后不会被 Oracle 马上从数据库中彻底清除，而是被保存在 Oracle 的回收站中，还可以使用闪回表技术还原该表。而如果使用了 PURGE 子句，则该表不会被保存到回收站中，而是被彻底清除。这就类似于在 Windows 操作系统中删除一个文件，可以选择添加到回收站中，或者直接永久性删除。

5.2　实验指导——查看 UNUSED 状态的列

使用 UNUSED 关键字，可以将列设置为不活动状态，但是列并没有被删除，虽然使用 DESC 命令无法再查看该列的信息，但是可以通过数据字典来查看。

实验指导 5-1：查看 UNUSED 状态的列

在前面的内容中，将 person 表的 age 列设置成了 UNUSED 状态，使用 DESC 命令查看 person 表的结构时，不再显示 age 列，但是可以通过 sys 用户下的数据字典 obj$和 col$查看 age 列被设置为 UNUSED 后的信息。

使用 sys 用户身份连接数据库，然后使用 DESC 命令分别查看数据字典 obj$和 col$的结构，如下：

```
SQL> CONNECT sys/admin AS SYSDBA;
已连接。
SQL> DESC obj$;

 名称                                  是否为空?  类型
 ------------------------------------  --------  --------------------
 OBJ#                                  NOT NULL  NUMBER
 NAME                                  NOT NULL  VARCHAR2(30)
 ...

SQL> DESC col$;

 名称                                  是否为空?  类型
 ------------------------------------  ---------  ------------------
 OBJ#                                  NOT NULL  NUMBER
 COL#                                  NOT NULL  NUMBER
 INTCOL#                               NOT NULL  NUMBER
 NAME                                  NOT NULL  VARCHAR2(30)
 ...
```

上面只列举了数据字典 obj$和 col$中的部分字段。其中，数据字典 obj$有两个字段：obj#(表的编号)和 name(表的名称)；数据字典 col$有 4 个字段：obj#(表的编号)、col#(列在表中的序号)、intcol#(列在表中的原始序号)和 name(列的名称)。

所以，连接数据字典 obj$和 col$就可以查询出指定表的所有列的名称和序号，这些列中包括 UNUSED 状态的列。

查询 person 表中所有列(包括 UNUSED 状态的列)的名称和序号，如下：

```
SQL> SELECT c.name , c.col# , c.intcol# FROM col$ c , obj$ o
  2 WHERE c.obj# = o.obj#
  3 AND o.name = 'PERSON';

NAME                              COL#       INTCOL#
------------------------------    ---------- ----------
ID                                1          1
NAME                              2          2
SEX                               3          3
SYS_C00004_09090211:07:28$        0          4
```

从结果中可以看到有一列的名称为 SYS_C00004_09090211:07:28$，它就是 age 列被设置成 UNUSED 状态后，Oracle 系统自动为其更改的名称，其序号也由原始的 4 被更改为 0。

5.3 表的完整性约束

通过为表中的列增加约束条件，可以防止用户向该列传递不合要求的数据。例如人员表的性别列，使用数据类型 CHAR(2)可以将该列的输入数据限定为两个字节长度的字符串，但不能对字符串的内容做限制，像“ab”、“12”和“家”等都是两个字节长度的字符串，它们都可以成功地传递给性别列，但是它们很明显是不符合要求的数据。为了防止这种情况的出现，可以对表添加完整性约束。

5.3.1 约束的分类

按照不同的角度，可以将表的完整性约束分成不同的类别。主要可以选取两个角度：约束的作用域和约束的用途。

(1) 按照约束的作用域可以将表的完整性约束分为如下两大类。

- 表级约束：应用于表，对表中的多个列起作用。
- 列级约束：应用于表中的一列，只对该列起作用。

(2) 按照约束的用途可以将表的完整性约束分为 5 类，如表 5-2 所示。

表 5-2 约束及其说明

约 束	简 写	说 明
NOT NULL	C	非空约束。指定一列不允许存储空值。这实际就是一种强制的 CHECK 约束
PRIMARY KEY	P	主键约束。指定表的主键。主键由一列或多列组成，唯一标识表中的一行
UNIQUE	U	唯一约束。指定一列或一组列只能存储唯一的值
CHECK	C	检查约束。指定一列或一组列的值必须满足某种条件
FOREIGN KEY	R	外键约束。指定表的外键。外键引用另外一个表中的一列，在自引用的情况中，则引用本表中的一列

5.3.2　NOT NULL 约束

NOT NULL 约束是指非空约束，用于要求向表中添加记录时必须为被约束的列提供数据，否则将出现错误。NOT NULL 约束只能在列级别上定义，一个表中可以定义多个 NOT NULL 约束。

1．添加 NOT NULL 约束

在创建表时，为列添加 NOT NULL 约束，形式如下：

```
column_name data_type [ CONSTRAINT constraint_name ] NOT NULL
```

其中，CONSTRAINT constraint_name 表示为约束指定名称。

也可以为已创建的表中的列添加 NOT NULL 约束，这时就需要使用 ALTER TABLE … MODIFY 语句，形式如下：

```
ALTER TABLE table_name MODIFY column_name [ CONSTRAINT constraint_name ]
NOT NULL;
```

【例 5.11】为 person 表中的 name 列添加 NOT NULL 约束，如下：

```
SQL> ALTER TABLE person MODIFY name NOT NULL;
表已更改。
```

使用 DESC 命令查看 person 表的结构，看 name 列现在是否允许为空，如下：

```
SQL> DESC person;

 名称                                      是否为空?    类型
 ----------------------------------------- --------- --------------------
 ID                                                  NUMBER(4)
 NAME                                      NOT NULL  VARCHAR2(8)
 SEX                                                 CHAR(2)
 BIRTHDAY                                            DATE
```

从“是否为空？”列的值可以看出，name 列上已经定义了 NOT NULL 约束。

如果现在向 person 表中添加记录，并且不为 name 列提供数据，也就是为 name 列提供 NULL 值，将出现错误，如下：

```
SQL> INSERT INTO person (id , name , sex , birthday)
  2  VALUES (1 , null , '男', SYSDATE);
VALUES (1 , null , '男', SYSDATE)
           *
第 2 行出现错误:
ORA-01400: 无法将 NULL 插入 ("SYSTEM"."PERSON"."NAME")
```

上述 INSERT 语句用于向 person 表中添加一行记录，在添加记录时，为 name 列提供 NULL 值，结果 Oracle 报错，提示 name 列无法接受 NULL 值。

2．删除 NOT NULL 约束

如果需要删除表中的列上的 NOT NULL 约束，依然是使用 ALTER TABLE … MODIFY

语句，形式如下：

```
ALTER TABLE table_name MODIFY column_name NULL;
```

5.3.3 UNIQUE 约束

UNIQUE 约束是指唯一约束，用于要求列中不允许出现重复值。可以为单独的列添加一个 UNIQUE 约束，也可以为多个列添加一个 UNIQUE 约束(属于表级约束)。如果为多个列添加一个 UNIQUE 约束，只需要保证这多个列的值不全部相同即可。

注意：为列添加 UNIQUE 约束后，Oracle 将自动为该列添加一个唯一索引。有关索引的内容将在本章索引小节中详细讲解。

1. 添加 UNIQUE 约束

在创建表时，为列添加 UNIQUE 约束，形式如下：

```
column_name data_type [ CONSTRAINT constraint_name ] UNIQUE
```

或：

```
CREATE TABLE table_name (
    column_name data_type ,
    [ ... , ]
    [ CONSTRAINT constraint_name ] UNIQUE (column_name)
    [ , ... ]
)
```

也可以为已创建的表中的列添加 UNIQUE 约束，这时就需要使用 ALTER TABLE ... ADD 语句，形式如下：

```
ALTER TABLE table_name ADD [ CONSTRAINT constraint_name ]
UNIQUE (column_name);
```

【例 5.12】为 person 表中的 name 列添加 UNIQUE 约束，如下：

```
SQL> ALTER TABLE person ADD UNIQUE (name);
表已更改。
```

注意：如果为某一列添加了 UNIQUE 约束，而该列上没有定义 NOT NULL 约束，那么该列是允许出现多个 NULL 值的，因为 Oracle 认为两个 NULL 值不相等。

2. 删除 UNIQUE 约束

删除列上的 UNIQUE 约束，可以使用 ALTER TABLE ... DROP 语句，形式如下：

```
ALTER TABLE table_name DROP UNIQUE (column_name);
```

如果约束有名称，也可以使用指定名称的方式删除该约束，语句形式为如下：

```
ALTER TABLE table DROP CONSTRAINT constraint_name;
```

5.3.4　PRIMARY KEY 约束

PRIMARY KEY 约束是指主键约束，用于唯一标识一行记录。在一个表中只能定义一个 PRIMARY KEY 约束，该约束可以定义在单独的列上，也可以定义在多个列上(表级约束)。定义了 PRIMARY KEY 约束的列或列组合不能有重复值，也不能有 NULL 值。

提示：PRIMARY KEY 在对数据的限制效果上相当于 UNIQUE 约束加 NOT NULL 约束，但它们之间不能划等号。

1．添加 PRIMARY KEY 约束

在创建表时，为列添加 PRIMARY KEY 约束，形式如下：

```
column_name data_type [ CONSTRAINT constraint_name ] PRIMARY KEY
```

或：

```
CREATE TABLE table_name (
    column_name data_type ,
    [ ... , ]
    [ CONSTRAINT constraint_name ] PRIMARY KEY (column_name)
    [ , ... ]
)
```

也可以为已创建的表中的列添加 PRIMARY KEY 约束，这时就需要使用 ALTER TABLE ... ADD 语句，形式如下：

```
ALTER TABLE table_name ADD [ CONSTRAINT constraint_name ]
PRIMARY KEY (column_name);
```

【例 5.13】为表 person 中的 id 列添加 PRIMARY KEY 约束，如下：

```
SQL> ALTER TABLE person ADD PRIMARY KEY (id);

表已更改。
```

2．删除 PRIMARY KEY 约束

删除列上的 PRIMARY KEY 约束，需要使用 ALTER TABLE … DROP 语句，不过形式上只能采取指定约束名的方式，如下：

```
ALTER TABLE table_name DROP CONSTRAIN constraint_name;
```

如果在添加约束时使用 CONSTRAINT 子句为其指定了约束名，那么这里就可以直接使用该名称。而如果没有使用 CONSTRAINT 子句，则约束名由 Oracle 自动创建，此时就可以通过连接数据字典 user_cons_columns 和 user_constraints 来查看约束名称。

首先使用 DESC 命令了解数据字典 user_cons_columns 和 user_constraints 的结构，如下：

```
SQL> DESC user_cons_columns;

 名称                                 是否为空?    类型
 -------------------------------- --------   ----------------------
 CONSTRAINT_NAME                      NOT NULL    VARCHAR2(30)
 TABLE_NAME                           NOT NULL    VARCHAR2(30)
 COLUMN_NAME                                      VARCHAR2(4000)
 ...

SQL> DESC user_constraints;

 名称                                   是否为空?  类型
 --------------------------------- --------   --------------------------
 CONSTRAINT_NAME                       NOT NULL   VARCHAR2(30)
 CONSTRAINT_TYPE                                  VARCHAR2(1)
 TABLE_NAME                            NOT NULL   VARCHAR2(30)
 ...
```

上面只列举了两个数据字典的部分列结构。

在数据字典 user_cons_columns 中有如下 3 列：constraint_name(约束名)、table_name(表名)和 column_name(列名)，通过这 3 列可以查询指定表中的指定列上的所有约束名，但是由于无法指定约束类别，因此无法确定列上某个类别的约束对应的是哪个约束名称。

在数据字典 user_constraints 中有如下 3 列：constraint_name(约束名)、table_name(表名)和 constraint_type(约束类型)，通过这 3 列可以查询指定表中指定约束类型的所有约束名，但是由于无法指定列名，因此无法确定约束名称是属于哪个列上的。其中，constraint_type 列记录的是约束类型的简写形式。

所以，可以连接数据字典 user_cons_columns 和 user_constraints，来查询指定表的指定列上的指定约束类型的约束名。

【例 5.14】查询 person 表的 id 列上的 PRIMARY KEY 约束名称，如下：

```
SQL> COLUMN column_name FORMAT A20;
SQL> COLUMN constraint_name FORMAT A20;
SQL> SELECT a.table_name , a.column_name ,
  2  a.constraint_name , b.constraint_type
  3  FROM user_cons_columns a , user_constraints b
  4  WHERE a.table_name = 'PERSON' AND a.column_name = 'ID'
  5  AND b.constraint_type = 'P'
  6  AND a.constraint_name = b.constraint_name ;

TABLE_NAME                 COLUMN_NAME          CONSTRAINT_NAME        C
------------------------   ------------------   -------------------    -
PERSON                     ID                   SYS_C009441            P
```

删除 id 列上的 PRIMARY KEY 约束，如下：

```
SQL> ALTER TABLE person DROP CONSTRAINT SYS_C009441;
表已更改。
```

5.3.5　CHECK 约束

CHECK 约束是指检查约束，用于指定一个条件，对传递给列的数据进行检查，符合条件的数据才允许赋值给该列，否则提示错误。可以为表中的一个列或一组列定义 CHECK 约束，并且 CHECK 约束默认情况下只对定义之后插入的数据起作用。

在创建表时，为列添加 CHECK 约束，形式如下：

```
column_name data_type
[ CONSTRAINT constraint_name ] CHECK ( check_condition )
```

或：

```
CREATE TABLE table_name (
    column_name data_type ,
    [ ... , ]
    [ CONSTRAINT constraint_name ] CHECK ( check_condition )
    [ , ... ]
)
```

其中，check_condition 表示检查条件，在条件中需要指定列名。

也可以为已创建的表中的列添加 CHECK 约束，这时就需要使用 ALTER TABLE ... ADD 语句，形式如下：

```
ALTER TABLE table_name ADD [ CONSTRAINT constraint_name ]
CHECK check_condition;
```

【例 5.15】为表 person 中的 sex 列添加 CHECK 约束，要求只允许向该列传递“男”或“女”，如下：

```
SQL> ALTER TABLE person ADD CHECK (sex IN ('男' , '女'));

表已更改。
```

此时如果向表 person 中添加数据时为 sex 列传递既不为“男”也不为“女”的值，将会出错，如下：

```
SQL> INSERT INTO person (id , name , sex , birthday)
  2 VALUES (1 , '李云' , '吕' , null);
INSERT INTO person (id , name , sex , birthday)
*
第 1 行出现错误:
ORA-02290: 违反检查约束条件 (SYSTEM.SYS_C009442)
```

5.3.6　FOREIGN KEY 约束

FOREIGN KEY 约束是指外键约束，用于引用本表或另一个表中的一列或一组列。FOREIGN KEY 约束具有如下特点：

- 被引用的列或列组应该具有主键约束或唯一约束。

- 引用列的取值只能为被引用列的值或 NULL 值。
- 可以为一个列或一组列定义 FOREIGN KEY 约束。
- 引用列与被引用列可以在同一个表中，这种情况称为“自引用”。
- 如果引用列中存储了被引用列的某个值，则不能直接删除被引用列中的这个值，否则会与第二条相矛盾。如果一定要删除，需要先删除引用列中的这个值，然后再删除被引用列中的这个值。

【例 5.16】 有两个表：“图书信息”表和“图书类别”表，它们的关系如图 5-1 所示。

图书信息

图书ID	图书名称	所属类别ID
1	史记	1
2	三国志	1
3	西游记	2

图书类别

类别ID	类别名称
1	历史
2	文学
3	科技

图 5-1　使用外键关联的两个表

图 5-1 中，将“图书信息”表的“所属类别 ID”列设置为外键，该列的值来自于“图书类别”表的“类别 ID”列。一般情况下，“类别 ID”列是“图书类别”表的主键，其值不允许重复。

不能将“图书类别”表的“类别 ID”列中没有的值添加到“图书信息”表的“所属类别 ID”列中(NULL 值除外)，例如“类别 ID”列中的值只有 1、2 和 3，那么“所属类别 ID”列中的值就只能是 1、2、3 或 NULL。同时，如果“所属类别 ID”列中包含了“类别 ID”列中的某个值，则不允许更新或删除“类别 ID”列中的该值，例如“所属类别 ID”列中包含 1，那么就不能更新或删除“类别 ID”列中的 1。

1．添加 FOREIGN KEY 约束

在创建表时，为列添加 FOREIGN KEY 约束，形式如下：

```
column_name1 data_type [ CONSTRAINT constraint_name ]
REFERENCES table_name (column_name2)
```

或：

```
CREATE TABLE table_name (
    column_name data_type ,
    [ ... , ]
    [ CONSTRAINT constraint_name ] FOREIGN KEY (column_name1)
        REFERENCES table_name2 (column_name2)
    [ , ... ]
)
```

其中，REFERENCES 关键字用于定义 column_name1 列指向其他表(或本表)中的 column_name2 列。

也可以为已创建的表中的列添加 FOREIGN KEY 约束，这时就需要使用 ALTER

TABLE ... ADD 语句，形式如下：

```
ALTER TABLE table_name1 ADD [ CONSTRAINT constraint_name ]
FOREIGN KEY (column_name1) REFERENCES table_name2 (column_name2);
```

【例 5.17】创建图书信息表 book 和图书类别表 type，并使用外键关联这两个表，如下：

```
SQL> CREATE TABLE type (
  2  tid NUMBER(4) PRIMARY KEY ,
  3  tname VARCHAR2(10) NOT NULL
  4  );

表已创建。

SQL> CREATE TABLE book (
  2  bid NUMBER(4) PRIMARY KEY ,
  3  bname VARCHAR2(20) NOT NULL ,
  4  tid NUMBER(4) ,
  5  CONSTRAINT book_type FOREIGN KEY (tid) REFERENCES type (tid)
  6  );

表已创建。
```

上述示例创建了两个表 book 与 type，其中，book 表的 tid 列指向 type 表的 tid 列。所以，在向 book 表中添加数据时，必须保证其 tid 列的值在 type 表的 tid 列中存在(除非为 NULL 值)，否则将添加失败。

提示： 通常将引用表称为“子表”，将被引用的表称为“父表”。例如，这里的 book 表就是子表，type 表就是父表。

2. 指定级联操作类型

在添加 FOREIGN KEY 约束时，还可以指定级联操作的类型，主要用于确定当删除(ON DELETE)父表中的一条记录时，如何处理子表中的外键字段。有如下 3 种引用类型。

- CASCADE：此关键字用于表示当删除主表中被引用列的数据时，级联删除子表中相应的数据行。
- SET NULL：此关键字用于表示当删除主表中被引用列的数据时，将子表中相应引用列的值设置为 NULL 值。这种情况要求子表中的引用列支持 NULL 值。
- NO ACTION：此关键字用于表示当删除主表中被引用列的数据时，如果子表的引用列中包含该值，则禁止该操作执行。默认为此选项。

提示： 在定义外键时，用户可以根据实际情况，选择以上 3 种类型之一。

【例 5.18】在 book 表的外键约束中使用 SET NULL 关键字，如下：

```
SQL> CREATE TABLE book (
  2  bid NUMBER(4) PRIMARY KEY ,
```

```
bname VARCHAR2(20) NOT NULL ,
tid NUMBER(4) ,
CONSTRAINT book_type FOREIGN KEY (tid) REFERENCES type (tid)
ON DELETE SET NULL
);
```

表已创建。

分别向 type 表与 book 表中添加一行数据，如下：

```
SQL> INSERT INTO type (tid ,tname) VALUES (1 , '历史类');

已创建 1 行。

SQL> INSERT INTO book (bid , bname , tid) VALUES (1 , '史记' , 1);

已创建 1 行。
```

然后删除 type 表中 tid 为 1 的数据行，再查看 book 表中的相应的引用列的数据是否发生了改变，如下：

```
SQL> DELETE FROM type WHERE tid = 1;

已删除 1 行。

SQL> SELECT * FROM book;

       BID BNAME                       TID
---------- -------------------- ----------
         1 史记
```

从查询结果可以看出，book 表中相应的引用列的数据被设置成了空值(NULL)。

5.3.7 禁用和激活约束

在添加约束时或添加约束后，都可以设置约束的状态，约束有如下两种状态。

- 激活状态(ENABLE)：约束只有处于激活状态时，才会起到约束的作用。如果操作与约束冲突，则该操作将被禁止执行。默认为此状态。
- 禁用状态(DISABLE)：如果约束处于禁用状态，则该约束将不起任何作用，即使操作与约束冲突，也会被执行。

在创建表时设置约束的状态，形式如下：

```
column_name1 data_type [ CONSTRAINT constraint_name ]
constraint_type DISABLE | ENABLE
```

或：

```
CREATE TABLE table_name (
    column_name data_type ,
    [ ... , ]
```

```
    [ CONSTRAINT constraint_name ] constraint_type DISABLE | ENABLE
    [ , ... ]
)
```

其中，constraint_type 表示约束类型，例如 PRIMARY KEY、UNIQUE 和 CHECK check_condition 等。

如果表已存在，则可以使用如下形式修改表中的约束的状态：

```
ALTER TABLE table_name ENABLE | DISABLE CONSTRAINT constraint_name;
```

或：

```
ALTER TABLE table_name MODIFY CONSTRAINT constraint_name ENABLE | DISABLE;
```

注意： 在禁用 UNIQUE 或者 PRIMARY KEY 约束时，如果有 FOREIGN KEY 约束正在引用相应的列，则无法禁用 UNIQUE 或者 PRIMARY KEY 约束。这时，可以先禁用 FOREIGN KEY 约束，然后再禁用 UNIQUE 或者 PRIMARY KEY 约束；也可以在禁用 UNIQUE 或者 PRIMARY KEY 约束时，使用 CASCADE 关键字。

创建 UNIQUE 或 PRIMARY KEY 约束时，Oracle 将自动创建唯一索引，当禁用这两种类型的约束时，Oracle 会默认删除它们对应的唯一索引，而在重新激活它们时，Oracle 也会重新建立唯一索引。不过，在禁用约束时可以使用 KEEP INDEX 关键字保留约束对应的索引，形式如下：

```
ALTER TABLE table_name DISABLE CONSTRAINT constraint_name KEEP INDEX;
```

5.3.8　约束的验证状态

不管是激活约束还是禁用约束，都只对设置状态后的数据操作起作用，对于表中已存在数据则没有任何约束效果。本节将介绍的约束的验证状态就是针对这类问题。

约束的验证状态有两种：验证状态(VALIDATE)和非验证状态(NOVALIDATE)。其中，验证状态表示对表中已存在的数据进行验证；非验证状态表示不验证表中已存在的数据。这两种状态与上节介绍的激活、禁用状态可以组合成如下 4 种约束状态。

- ENABLE VALIDATE(激活验证状态)：对以后更新或插入的数据进行约束检查，并且对表中已存在记录进行约束检查。这种状态可以保证表中的所有数据都满足约束条件。约束默认为此状态。
- ENABLE NOVALIDATE(激活非验证状态)：对以后更新或插入的数据进行约束检查，但对表中已存在记录不进行约束检查。这种状态只可以保证以后的数据操作满足约束条件。
- DISABLE VALIDATE(禁用验证状态)：在这种状态下，Oracle 不允许用户向表中添加或更新数据。因为禁用约束后，用户可以向表中更新或插入不满足约束条件的数据，而 VALIDATE 又需要对这些数据进行约束检查，但约束条件已经被禁用，这就使得验证无法进行。

- DISABLE NOVALIDATE(禁用非验证状态)：对表中已存在的数据，和以后向表中更新或插入的数据都不进行约束检查。

使用 ALTER TABLE 语句设置约束为上述 4 种状态的形式如下：

```
ALTER TABLE table_name MODIFY CONSTRAINT constraint_name
ENABLE | DISABLE
VALIDATE | NOVALIDATE;
```

5.4 实验指导——为图书管理系统创建表

上面对 Oracle 中的表对象以及表的完整性约束进行了讲解，这里将为图书管理系统创建所需的表，并在表中应用完整性约束，让读者熟悉表以及完整性约束的实际应用效果。

实验指导 5-2：为图书管理系统创建表

本图书管理系统需要创建 7 个表，分别用于存储图书、学生和图书类别等信息，这些表将存储在前面创建的永久性表空间 bookspace 中。由于这 7 个表中有很多表之间存在外键关系，所以在创建时也需要注意部分表的先后顺序。

提示： 最好为一个管理系统创建一个数据库用户，本图书管理系统的用户为 bookstore，其创建方法请参考本书第 12 章的实验指导 12-1。

表的创建过程如下。

(1) 创建图书类别表 type，语句如下：

```
CREATE TABLE type(
    typeid NUMBER(10) PRIMARY KEY,                    --主键列
    typename VARCHAR2(20) UNIQUE NOT NULL             --类别名称(例如历史)
)TABLESPACE bookspace;
```

(2) 创建管理员等级表 grade，语句如下：

```
CREATE TABLE grade(
    gradeid NUMBER(10) PRIMARY KEY,                   --主键列
    gradename VARCHAR2(20) UNIQUE NOT NULL            --等级名称(例如普通管理员)
)TABLESPACE bookspace;
```

(3) 创建图书信息表 book，语句如下：

```
CREATE TABLE book(
    bookid NUMBER(10) PRIMARY KEY,                    --主键列
    booknumber CHAR(8) UNIQUE NOT NULL,               --图书编号
    bookname VARCHAR2(30) NOT NULL,                   --图书名称
    bookpress VARCHAR2(40) NOT NULL,                  --出版社
    bookprice NUMBER(8,2) NOT NULL,                   --图书价格
    typeid NUMBER(10) DEFAULT 1 NOT NULL,             --类别 ID
    booktime DATE NOT NULL,                           --出版日期
    CONSTRAINT book_type FOREIGN KEY (typeid)
```

```
                REFERENCES type(typeid)             --与 type 表的外键关系
)TABLESPACE bookspace;
```

(4) 创建管理员表 manager，语句如下：

```
CREATE TABLE manager(
    managerid NUMBER(10) PRIMARY KEY,               --主键列
    realname VARCHAR2(10) NOT NULL,                 --真实姓名
    sex CHAR(2) NOT NULL,                           --性别
    username VARCHAR2(16) NOT NULL,                 --管理账户
    password VARCHAR2(16) NOT NULL,                 --密码
    registertime DATE NOT NULL,                     --注册日期
    gradeid NUMBER(10) DEFAULT 1 NOT NULL,          --等级 ID
    CONSTRAINT manager_grade FOREIGN KEY (gradeid)
                REFERENCES grade(gradeid)           --与 grade 表的外键关系
)TABLESPACE bookspace;
```

(5) 创建学生信息表 student，语句如下：

```
CREATE TABLE student(
    studentid NUMBER(10) PRIMARY KEY,               --主键列
    studentnumber CHAR(7) UNIQUE NOT NULL,          --学生学号
    studentname VARCHAR2(10) NOT NULL,              --学生姓名
    studentsex CHAR(2) NOT NULL
                CHECK (studentsex IN ('男','女'))   --学生性别
)TABLESPACE bookspace;
```

(6) 创建图书证表 card，语句如下：

```
CREATE TABLE card(
    cardid NUMBER(10) PRIMARY KEY,                  --主键列
    cardnumber CHAR(9) UNIQUE NOT NULL,             --卡号
    studentid NUMBER(10) UNIQUE NOT NULL,           --学生 ID
    registertime DATE NOT NULL,                     --注册日期
    CONSTRAINT card_student FOREIGN KEY (studentid)
                REFERENCES student(studentid)       --与 student 表的外键关系
)TABLESPACE bookspace;
```

(7) 创建借书信息表 lend，语句如下：

```
CREATE TABLE lend(
    lendid NUMBER(10) PRIMARY KEY,                  --主键列
    cardid NUMBER(10) NOT NULL,                     --借书证 ID
    bookid NUMBER(10) NOT NULL,                     --图书 ID
    lendtime DATE NOT NULL,                         --借书日期
    CONSTRAINT lend_card FOREIGN KEY (cardid)
                REFERENCES card(cardid),            --与 card 表的外键关系
    CONSTRAINT lend_book FOREIGN KEY (bookid)
                REFERENCES book(bookid)             --与 book 表的外键关系
)TABLESPACE bookspace;
```

5.5 索　　引

索引是数据库中用于存放表中每一条记录的位置的一种对象，其主要目的是为了加快数据的读取速度和完整性检查。不过，创建索引需要占用许多存储空间，而且在向表中添加和删除记录时，数据库需要花费额外的开销来更新索引。因此，在实际应用中应该确保索引能够得到有效利用。

5.5.1 创建 B 树索引

B 树索引是 Oracle 中最常用、也是默认的索引类型。其逻辑结构如图 5-2 所示。

B 树索引的逻辑结构类似于一棵树，其中主要数据都集中在叶子节点上。每个叶子节点中包括：索引列的值和数据行对应的物理地址 ROWID。

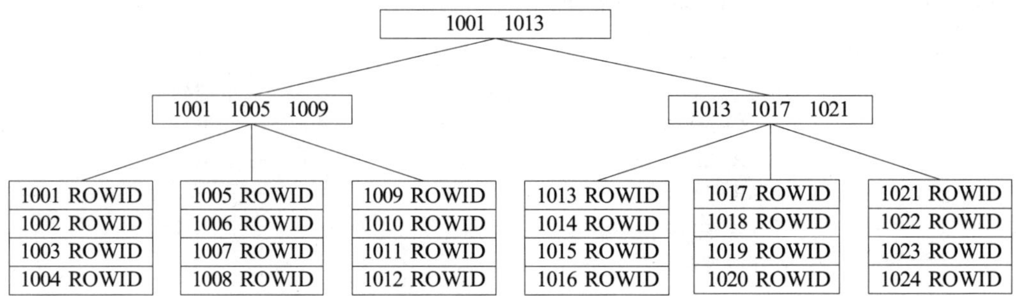

图 5-2　B 树索引逻的辑结构

提示： Oracle 数据库内部使用 ROWID 来存储表中数据行的物理位置。使用索引查找数据时，首先通过索引列的值查找到 ROWID，然后通过 ROWID 找到记录的物理地址。

采用 B 树索引可以确保无论索引条目位于何处，Oracle 都只需要花费相同的 I/O 就可以获取它。例如，采用上述 B 树索引搜索编号为 1020 的节点，其搜索过程如下。

(1) 访问根节点，将 1020 与 1001 和 1013 进行比较。

(2) 因为 1020 大于 1013，所以接下来搜索右边分支，在右边分支中将 1020 再与 1013、1017 和 1021 进行比较。

(3) 因为 1020 大于 1017 但是小于 1021，所以搜索右边分支的第二个叶子节点，并找到要查询的索引条目。

创建 B 树索引的语法如下：

```
CREATE [ UNIQUE ] INDEX index_name
ON table_name ( column_name [ , ... ] )
[ INITRANS n ]
[ MAXTRANS n ]
[ PCTFREE n ]
[ STORAGE storage ]
```

```
[ TABLESPACE tablespace_name ];
```

语法说明如下。

- UNIQUE：要求索引列中的值必须是唯一的。如果该列上定义了 UNIQUE 约束，则不需要再为该列创建唯一索引，因为 Oracle 会自动为其创建唯一索引。
- index_name：新创建的索引名。
- table_name：指定索引所在的表。
- column_name：指定索引所在的列。可以为一个或多个列创建一个索引。为多个列创建的索引通常也称为复合索引。
- INITRANS n：指定一个块内同时访问的初始事务数。
- MAXTRANS n：指定一个块内同时访问的最大事务数。
- PCTFREE n：指定索引数据块空闲空间的百分比。
- STORAGE storage：设置存储参数，参数包括 initial、next、minextents、maxextents 和 pctincrease。
- TABLESPACE tablespace_name：指定索引所在的表空间。如果不使用此选项，则索引会被保存到默认的表空间中。

提示： 在 Oracle 中，索引无论是从逻辑上还是从物理上都不依赖于相应的表，它可以拥有独立的存储空间。

【例 5.19】 为 person 表的 name 列创建名为 name_index 的索引，如下：

```
SQL> CREATE INDEX name_index
  2  ON person (name)
  3  TABLESPACE myspace;
索引已创建。
```

提示： 一般情况下，当单个查询要检索的行少于或等于整个表行数的 10%时，使用索引会大大提高检索效率。

5.5.2　创建基于函数的索引

基于函数的索引也是 B 树索引，只不过它存放的不是数据本身，而是存放经过函数处理后的数据。如果检索数据时需要对字符大小写或数据类型进行转换，则使用这种索引可以提高检索效率。

【例 5.20】 假设 person 表中某数据行的 name 列的值为 CANDY，如果需要根据这个 name 值查找该行数据，则需要使用如下语句：

```
SQL> SELECT * FROM person WHERE name = 'CANDY';
```

上述语句中的字符串 CANDY 必须与列中存储的值的大小写保持一致，否则将无法查询到该行数据。在实际应用中，这种限制会给用户带来很大的不便。所以，在查询时一般会使用函数对数据进行转换，如下：

```
SQL> SELECT * FROM person WHERE LOWER(name) = 'candy';
```

使用上述语句可以将查询时遇到的值都转换为小写，然后再进行比较，这样就避免了因大小写不同而导致值不同的问题。

但是，如果在查询时使用函数对列进行了转换，那么这个查询将不会使用该列上的普通索引，例如上述查询语句就不会使用 person 表的 name 列上的 name_index 索引。为了在使用函数转换数据的同时，还能使用索引提高检索效率，就需要创建基于函数的索引。

创建基于函数的索引与创建普通 B 树索引没有大的区别，只需要在列上添加函数即可。

【例 5.21】在 person 表的 name 列上创建基于 LOWER 函数的索引，如下：

```
SQL> CREATE INDEX name_lower_index
  2  ON person (LOWER(name))
  3  TABLESPACE myspace;
索引已创建。
```

5.5.3 创建位图索引

位图(位映射)索引与 B 树索引不同，使用 B 树索引时，通过在索引中保存排过序的索引列的值，以及数据行的 ROWID 来实现快速查找。而位图索引不存储 ROWID 值，也不存储键值，它一般在包含少量不同值的列上创建。

例如 person 表中的 sex 列，它只有两个取值：“男”或“女”，所以该列上不适合创建 B 树索引，因为 B 树索引主要用于对大量不同的数据进行细分。

提示： Oracle 建议，当一个列的所有取值数与表的行数之间的比例小于 1%时，就不适合在该列上创建 B 树索引。

如果要在 person 表的 sex 列上创建索引，则应该创建位图索引。创建位图索引的简单语法形式如下：

```
CREATE BITMAP INDEX index_name
ON table_name ( column_name [ , ... ] )
[ TABLESPACE tablespace_name ];
```

其中，BITMAP 表示创建的索引类型为位图索引。

5.5.4 管理索引

对于已创建的索引可以进行管理，例如修改索引的名称、合并索引中的存储碎片、重新创建索引、监视索引的使用情况以及删除不必要的索引等。

1. 重命名索引

重命名索引的语法形式如下：

```
ALTER INDEX index_name RENAME TO new_index_name;
```

2. 合并索引

在实际应用中，需要对表中的数据不断进行更新，这会导致表的索引中产生越来越多的存储碎片，这些碎片会影响索引的使用效率。

合并索引可以清除索引中的存储碎片，其语法如下：

```
ALTER INDEX index_name COALESCE [ DEALLOCATE UNUSED ];
```

其中，COALESCE 表示合并索引；DEALLOCATE UNUSED 表示合并索引的同时，释放合并后多余的空间。

如图 5-3 所示是 B 树索引的合并效果。

提示： 合并索引只是将 B 树索引中叶子结点的存储碎片合并在一起，并不会改变 B 树索引的物理组织结构。

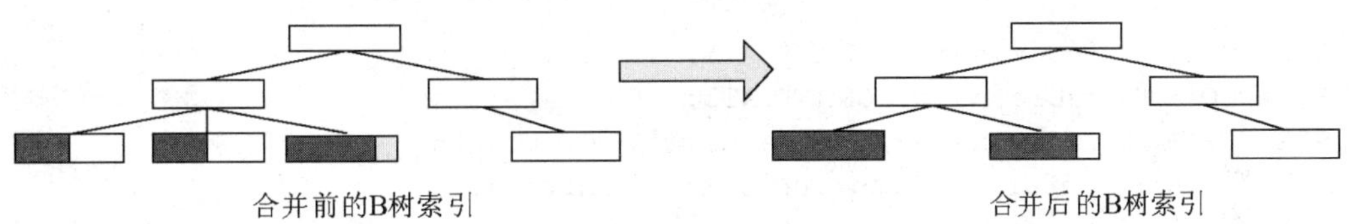

图 5-3　B 树索引的合并效果

3. 重建索引

重建索引也可以清除索引中的存储碎片，不过，它在清除存储碎片的同时，还可以改变索引的全部存储参数设置，以及改变索引的存储表空间。

重建索引的语法如下：

```
ALTER [ UNIQUE ] INDEX index_name
REBUILD
[ INITRANS n ]
[ MAXTRANS n ]
[ PCTFREE n ]
[ STORAGE storage ]
[ TABLESPACE tablespace_name ];
```

【例 5.22】 对 person 表中 name 列上的 name_index 索引进行重建，如下：

```
SQL> ALTER INDEX name_index
  2  REBUILD
  3  INITRANS 5
  4  MAXTRANS 10
  5  TABLESPACE users;

索引已更改。
```

提示： 重建索引，实际上是在指定的表空间中重新建立一个新的索引，然后再删除原来的索引。

4. 监视索引

监视索引用于了解索引的使用情况，目的是为了确保索引得到有效的利用。

要监视某个索引，需要先打开该索引的监视状态，不需要时，也可以关闭索引的监视状态。语法如下：

```
ALTER INDEX index_name MONITORING | NOMONITORING USAGE;
```

其中，MONITORING 表示打开索引的监视状态；NOMONITORING 表示关闭索引的监视状态。

【例 5.23】打开 person 表中 name 列上的 name_index 索引的监视状态，如下：

```
SQL> ALTER INDEX name_index MONITORING USAGE;
索引已更改。
```

通过数据字典 v$object_usage 可以查看哪些索引正在被监视，如下：

```
SQL> COLUMN index_name FORMAT A15;
SQL> COLUMN table_name FORMAT A15;
SQL> SELECT index_name , table_name , monitoring
  2  , used , start_monitoring , end_monitoring
  3  FROM v$object_usage;

INDEX_NAME      TABLE_NAME  MON USE START_MONITORING    END_MONITORING
-------------   ----------  --- --- ------------------- -------------
NAME_INDEX      PERSON      YES NO  09/03/2009 17:11:10
```

查询中使用的字段说明如下。

- index_name：索引名称。
- table_name：索引所属的表的名称。
- monitoring：标识索引是否处于监视状态。
- used：描述监视过程中索引的使用情况。
- start_monitoring 和 end_monitoring：分别描述监视的开始和结束时间。

提示： 每次打开索引监视，数据字典 v$object_usage 都将针对指定的索引进行重新设置(清除或重新设置以前的使用信息，并记录新的监视开始时间)；当关闭监视时，数据字典 v$object_usage 记录监视的结束时间，并且不再执行下一步监视。

5. 删除索引

不必要的索引会影响表的使用效率，所以应及时地对表中的索引进行清理。一个索引被删除后，它所占用的盘区会全部返回给它所在的表空间，并且可以被表空间中的其他对象使用。通常在如下情况下需要删除某个索引：

- 该索引不需要再使用。
- 该索引很少被使用。索引的使用情况可以通过监视来查看。
- 该索引中包含较多的存储碎片，需要重建该索引。

删除索引主要分为如下两种情况。

(1) 删除基于约束条件的索引

如果索引是在定义约束条件时由 Oracle 自动建立的(例如定义 UNIQUE 约束时，Oracle 自动创建唯一索引)，则必须禁用或删除该约束本身。

(2) 删除使用 CREATE INDEX 语句创建的索引

如果索引是使用 CREATE INDEX 语句显式创建的，则可以使用 DROP INDEX 语句删除该索引。语法如下：

```
DROP INDEX index_name;
```

注意： 在删除一个表时，Oracle 会删除所有与该表相关的索引。

5.6 视　　图

视图是一个虚拟表，它并不存储真实的数据，它的行和列的数据来自于定义视图的子查询语句中所引用的表，这些表通常也称为视图的基表。视图可以建立在一个或多个表(或其他视图)上，它不占用实际的存储空间，只是在数据字典中保存它的定义信息。

5.6.1 创建视图

创建视图需要使用 CREATE VIEW 语句，其语法如下：

```
CREATE [ OR REPLACE ] [ FORCE | NOFORCE ] VIEW view_name
[ ( alias_name [ , ... ] ) ]
AS subquery
[ WITH { CHECK OPTION | READ ONLY } CONSTRAINT constraint_name ] ;
```

语法说明如下。

(1) OR REPLACE

如果视图已存在，使用此选项可以替换现有视图。

(2) FORCE | NOFORCE

FORCE 表示即使基表不存在，也要创建视图；NOFORCE 表示如果基表不存在，则不创建视图。默认为 NOFORCE。

(3) view_name

创建的视图名称。

(4) alias_name

子查询中列(或表达式)的别名。别名的个数与子查询中列(或表达式)的个数必须一致。

(5) subquery

子查询语句。子查询可以基于一个或多个基表(或视图)。

(6) CHECK OPTION

除了可以对视图执行 SELECT 查询以外，还可以对视图进行 DML 操作。对视图的操作实际上就是对基表的操作。默认情况下，可以通过视图对基表中的所有数据行进行 DML 操作，包括视图的子查询无法检索到的数据行。如果使用 WITH CHECK OPTION，则表示只能对视图中子查询能够检索的数据行进行 DML 操作。

(7) READ ONLY

表示通过视图只能读取基表中的数据行，而不能进行 DML 操作。

(8) CONSTRAINT constraint_name

为 WITH CHECK OPTION 或 WITH READ ONLY 约束定义约束名称。

1. 创建简单视图

这里将基于单个表，而且不对子查询检索的列进行函数或数学计算的视图称为简单视图。

【例 5.24】在 scott 用户下创建基于一个 emp 表的视图，并对该视图进行查询，示例步骤如下。

(1) 由于用户必须具有 CREATE VIEW 权限才能创建视图，而 scott 用户默认情况下没有该权限，所以首先需要将 CREATE VIEW 权限授予 scott 用户。可以在 system 用户模式下为 scott 用户授权，如下：

```
SQL> CONNECT system/admin;
已连接。
SQL> GRANT CREATE VIEW TO scott;
授权成功。
```

(2) 使用 scott 用户连接数据库，并创建基于 emp 表的视图 emp_view，如下：

```
SQL> CREATE VIEW emp_view
  2  AS
  3  SELECT empno , ename , job , sal , deptno
  4  FROM emp WHERE sal > 2500 ;
视图已创建。
```

上述语句创建了一个名为 emp_view 的视图，该视图的子查询检索 emp 表中 sal 列大于 2500 的数据行的 empno、ename、job、sal 和 deptno 列。

(3) 查询 emp_view 视图，如下：

```
SQL> SELECT * FROM emp_view;

     EMPNO  ENAME       JOB          SAL          DEPTNO
----------  ----------  ---------    ---------    ----------
      7566  JONES       MANAGER      2975         20
      7698  BLAKE       MANAGER      2850         30
      7788  SCOTT       ANALYST      3000         20
      7839  KING        PRESIDENT    5000         10
      7902  FORD        ANALYST      3000         20
```

2. 创建复杂视图

这里将基于多个表，或者对子查询检索的列进行函数或数学计算的视图称为复杂视图。

【例 5.25】创建基于一个 emp 表的视图 emp_view2，并且对子查询中检索的 sal 列进行数学计算，查询工资上涨 10%以后的工资大于 2500 的员工信息，如下：

```
SQL> CREATE VIEW emp_view2
  2  AS
  3  SELECT empno , ename , job , sal * 1.1 new_sal , deptno
  4  FROM emp WHERE sal * 1.1 > 2500 ;

视图已创建。
```

注意： 如果对列进行了函数或数学计算，则必须为该列定义别名，可以选择在视图名称后面定义或者在子查询中定义。

【例 5.26】创建基于 emp 表与 dept 表的视图 emp_view3，在该视图的子查询中检索员工基本信息的同时显示其部门名称，如下：

```
SQL> CREATE VIEW emp_view3
  2  AS
  3  SELECT e.empno , e.ename , e.job , e.sal , d.dname
  4  FROM emp e LEFT JOIN dept d ON e.deptno = d.deptno;
视图已创建。
```

提示： 上述语句的子查询语句中使用了多表连接查询，本书第 8 章对其进行了详细的介绍。

查询 emp_view3 视图，如下：

```
SQL> SELECT * FROM emp_view3;

     EMPNO ENAME      JOB         SAL     DNAME
---------- ---------- ---------   -----   --------------
      7934 MILLER     CLERK       1300    ACCOUNTING
      7839 KING       PRESIDENT   5000    ACCOUNTING
      7782 CLARK      MANAGER     2450    ACCOUNTING
...
```

5.6.2　对视图执行 DML 操作

对视图执行 DML 操作，实际上就是对视图的基表执行 DML 操作。但是，并不是视图中的所有列都支持 DML 操作。一般来说，简单视图的所有列都支持 DML 操作，而对于复杂视图来讲，如果该列进行了函数或数学计算，或者在表的连接查询中该列不属于主表中的列，则该列不支持 DML 操作。

提示： 在表的连接查询中，FROM 子句中指定的第一个表属于主表，例如创建 emp_view3 视图的子查询语句的 FROM 语句中指定的第一个表为 emp，则 emp 表为主表。

1. 查询视图中的列是否支持 DML 操作

在对视图执行 DML 操作前，应先了解该视图中哪些列支持 DML 操作，可以通过数据字典 user_updatable_columns 进行查看。

首先使用 DESCRIBE 命令了解数据字典 user_updatable_columns 的结构，如下：

```
SQL> DESC user_updatable_columns;

 名称                                是否为空?  类型
 --------------------------------   --------   --------------------
 OWNER                              NOT NULL   VARCHAR2(30)
 TABLE_NAME                         NOT NULL   VARCHAR2(30)
 COLUMN_NAME                        NOT NULL   VARCHAR2(30)
 UPDATABLE                                     VARCHAR2(3)
 INSERTABLE                                    VARCHAR2(3)
 DELETABLE                                     VARCHAR2(3)
```

字段说明如下。

- owner：表的拥有者。
- table_name：表(包括视图)的名称。
- column_name：列的名称。
- updatable、insertable、deletable：分别表示是否可更新、插入、删除列的数据。取值为 YES 或 NO，YES 表示可以，NO 表示不可以。

【例 5.27】查看 emp_view2 视图中的列是否支持 DML 操作，如下：

```
SQL> SELECT column_name , insertable , updatable , deletable
  2  FROM user_updatable_columns
  3  WHERE table_name = 'EMP_VIEW2';

COLUMN_NAME                  INS     UPD     DEL
------------------------     ---     ---     ---
EMPNO                        YES     YES     YES
ENAME                        YES     YES     YES
JOB                          YES     YES     YES
NEW_SAL                      NO      NO      NO
DEPTNO                       YES     YES     YES
```

从查询结果可知，emp_view2 视图中的 new_sal 列，也就是对 sal 列执行数学计算后的列，不支持 DML 操作。

2. 对视图执行 DML 操作

可以对视图中支持 DML 操作的所有列执行 DML 操作，操作结果将直接反映到基表中。

【例 5.28】使用 INSERT 语句，向 emp_view2 视图中支持 DML 操作的列插入数据，具体如下：

```
SQL> INSERT INTO emp_view2 (empno , ename , job , deptno)
  2 VALUES (6400 , 'CANDY' , 'CLERK' , 20) ;
```

```
已创建 1 行。
```

查询 emp 表中 empno 为 6400 的数据行的所有字段信息，如下：

```
SQL> SELECT * FROM emp WHERE empno = 6400;

    EMPNO  ENAME      JOB       MGR      HIREDATE    SAL      COMM     DEPTNO
---------  --------   ------   ------   ---------   -----    -----    ------
     6400  CANDY      CLERK                                              20
```

如果对不支持 DML 操作的列执行 DML 操作，则 Oracle 会禁止该操作执行，并提示相应的错误信息。

【例 5.29】 使用 INSERT 语句向 emp_view2 视图中的所有列插入数据，如下：

```
SQL> INSERT INTO emp_view2 (empno , ename , job , new_sal , deptno)
  2  VALUES (6400 , 'CANDY' , 'CLERK' , 2500 , 20);
INSERT INTO emp_view2 (empno , ename , job , new_sal , deptno)
                                             *
第 1 行出现错误:
ORA-01733: 此处不允许虚拟列
```

注意： 通过视图向基表中插入数据时，通常情况下只提供了表中部分列的数据，而表中其他列的数据则会使用默认值，如果没有设置默认值则会使用 NULL 值，如果该列不支持 NULL 值，则 Oracle 禁止执行此插入操作。

3. 使用 WITH CHECK OPTION 子句

在创建视图时使用 WITH CHECK OPTION 子句，可以限定对视图执行的 DML 操作必须满足视图中子查询的条件。

例如前面创建的 emp_view 视图的子查询语句如下：

```
SELECT empno , ename , job , sal , deptno
FROM emp WHERE sal > 2500 ;
```

其 WHERE 子句限定检索条件为 sal 大于 2500。也就是说，通过 emp_view 视图只能获取 emp 表中 sal 大于 2500 的数据行。但是，如果在创建 emp_view 视图时不使用 WITH CHECK OPTION 子句，则可以通过该视图对 emp 表更新、插入或删除任何行，而不受 WHERE 子句的条件限制。

【例 5.30】 通过 emp_view 视图向 emp 中插入一条记录，设置其 sal 列的值为 2000，该值不满足视图中 WHERE 子句限定的条件，如下：

```
SQL> INSERT INTO emp_view (empno , ename , job , sal , deptno)
  2  VALUES (6500 , 'XIAOQI' , 'CLERK' , 2000 , 30);
已创建 1 行。
```

检查 emp 表中是否已经添加了上述记录，如下：

```
SQL> SELECT * FROM emp WHERE empno = 6500;
```

```
    EMPNO  ENAME       JOB     MGR     HIREDATE     SAL      COMM     DEPTNO
---------  --------    ------  ------  ---------    -----    -----    ------
     6500  XIAOQI      CLERK                        2000              30
```

而如果使用了 WITH CHECK OPTION 子句，则上述插入操作将被阻止。在使用 WITH CHECK OPTION 子句时，还可以使用 CONSTRAINT 子句为其定义约束名称。

【例 5.31】 使用 CREATE OR REPLACE VIEW 子句重建 emp_view 视图，如下：

```
SQL> CREATE OR REPLACE VIEW emp_view
  2  AS
  3  SELECT empno , ename , job , sal , deptno
  4  FROM emp WHERE sal > 2500
  5  WITH CHECK OPTION CONSTRAINT emp_view_check ;

视图已创建。
```

再通过 emp_view 视图向 emp 表中添加 sal 值不符合条件的记录，则 Oracle 会禁止执行该操作，如下：

```
SQL> INSERT INTO emp_view (empno , ename , job , sal , deptno)
  2  VALUES (6600 , 'TRACY' , 'CLERK' , 2000 , 30);
INSERT INTO emp_view (empno , ename , job , sal , deptno)
                *
第 1 行出现错误:
ORA-01402: 视图 WITH CHECK OPTIDN where 子句违规
```

4. 使用 WITH READ ONLY 子句

如果希望视图仅仅只能读取基表中的数据，而不希望通过它可以更改基表中的数据，可以在创建视图时使用 WITH READ ONLY 子句。

5.6.3 查询视图的定义信息

一个视图创建好后，想要了解其定义信息(主要是指其子查询内容)，可以查询数据字典 user_views。

【例 5.32】 查询 emp_view 视图的定义信息，如下：

```
SQL> SET LONG 200
SQL> COLUMN text FORMAT A50
SQL> COLUMN view_name FORMAT A10
SQL> SELECT view_name , text , read_only
  2  FROM user_views WHERE view_name = 'EMP_VIEW' ;

VIEW_NAME  TEXT                                               R
---------- -------------------------------------------------- -
EMP_VIEW   SELECT empno , ename , job , sal , deptno          N
           FROM emp WHERE sal > 2500
           WITH CHECK OPTION
```

对上述语句说明如下。

- SET LONG：用于设置 SQL*Plus 中每列数据可以显示的最多字符数。这里根据需要将其设置为 200，因为 text 列的内容较多。
- view_name：视图名称。
- text：视图中子查询语句的内容。
- read_only：视图是否为只读。Y 表示是，N 表示否。

5.6.4　修改与删除视图

修改视图可以使用 CREATE OR REPLACE VIEW 语句，使用该语句修改视图，实际上是删除原来的视图，然后创建一个全新的视图，只不过前后两个视图的名称一样而已。

删除视图时需要使用 DROP VIEW 语句，其语法如下：

```
DROP VIEW view_name ;
```

删除视图后，不会影响该视图的基表中的数据。

5.7　序　　列

在 Oracle 中，可以使用序列自动生成一个整数序列，主要用来自动为表中的数据类型的主键列提供有序的唯一值，这样就可以避免在向表中添加数据时，手工指定主键值。而且使用手工指定主键值这种方式时，由于主键值不允许重复，因此它要求操作人员在指定主键值时自己判断新添加的值是否已经存在，这很显然是不可取的。

5.7.1　创建序列

序列与视图一样，并不占用实际的存储空间，只是在数据字典中保存它的定义信息。创建序列需要使用 CREATE SEQUENCE 语句，其语法如下：

```
CREATE SEQUENCE sequence_name
[ START WITH start_number ]
[ INCREMENT BY increment_number ]
[ MINVALUE minvalue | NOMINVALUE ]
[ MAXVALUE maxvalue | NOMAXVALUE ]
[ CACHE cache_number | NOCACHE ]
[ CYCLE | NOCYCLE ]
[ ORDER | NOORDER ];
```

语法说明如下。

- sequence_name：创建的序列名。
- START WITH start_number：指定序列的起始值。如果序列是递增的，则其默认值为 MINVALUE 参数值；如果序列是递减的，则其默认值为 MAXVALUE 参数值。
- INCREMENT BY increment_number：指定序列的增量。如果 increment_number 为正数，则表示创建递增序列；如果 increment_number 为负数，则表示创建递减序

列。increment_number 的绝对值必须小于 MAXVALUE 参数值与 MINVALUE 参数值之差。其默认值为 1。

- MINVALUE minvalue | NOMINVALUE：指定序列的最小整数值。minvalue 必须小于等于 start_number，并且小于 maxvalue。如果指定为 NONIMVALUE，则表示递增序列的最小值为 1，递减序列的最小值为-10^{26}。默认为 NOMINVALUE。
- MAXVALUE maxvalue | NOMAXVALUE：指定序列的最大整数值。maxvalue 必须大于等于 start_number，并且大于 minvalue。如果指定为 NOMAXVALUE，由表示递增序列的最大值为 10^{27}，递减序列的最大值为-1。默认为 NOMAXVALUE。
- CACHE cache_number | NOCACHE：指定在内存中预存储的序列号的个数。默认为 20 个，最少为 2 个，最多可以为 CELL(maxvalue-minvalue)/ABS(increment_number)。如果指定为 NOCACHE，则表示不缓存序列号，这样可以阻止数据库为序列预分配值，从而避免序列号出现不连续的情况。

注意：如果不指定 CACHE 与 NOCACHE，则数据库默认缓存 20 个序列号。如果数据库突然关闭，则内存中的序列号将全部丢失，下次连接数据库后，内存中的序列号就会出现跳号。

- CYCLE | NOCYCLE：指定是否循环生成序列号。如果指定为 CYCLE，则表示循环，当递增序列达到最大值后，重新从最小值开始生成序列号，当递减序列达到最小值后，重新从最大值开始生成序列号；如果指定为 NOCYCLE 则表示不循环。默认为 NOCYCLE。

提示：由于序列通常用于生成主键值，而主键值不允许重复，所以这里一般使用默认值 NOCYCLE。

- ORDER | NOORDER：指定是否按照请求次序生成序列号。ORDER 表示是，NOORDER 表示否。默认为 NOORDER。

【例 5.33】创建一个名为 student_seq 的序列，如下：

```
SQL> CREATE SEQUENCE student_seq
  2  START WITH 1
  3  INCREMENT BY 1
  4  NOCACHE
  5  NOCYCLE
  6  ORDER;

序列已创建。
```

5.7.2 使用序列

在使用序列之前，先介绍序列中的两个伪列，如下。

(1) Curval：用于获取序列的当前值。使用形式为<sequence_name>.curval。必须在使用一次 nextval 之后才能使用此伪列。

(2) nextval：用于获取序列的下一个值。使用序列向表中的列自动赋值时，就是使用此伪列。使用形式为<sequence_name>.nextval。

【例 5.34】首先创建一个表 student，如下：

```
SQL> CREATE TABLE student (
  2    sid NUMBER(4) PRIMARY KEY ,
  3    sname VARCHAR2(8) NOT NULL
  4  );

表已创建。
```

然后向 student 表中添加记录，添加记录时使用前面创建的 student_seq 序列，为 student 表中的 sid 列自动赋值，如下：

```
SQL> INSERT INTO student (sid , sname)
  2 VALUES (student_seq.nextval , 'CANDY');

已创建 1 行。

SQL> INSERT INTO student (sid , sname)
  2 VALUES (student_seq.nextval , 'TRACY');

已创建 1 行。
```

上面向 student 表中插入了两行记录，下面查询该表中的内容：

```
SQL> SELECT * FROM student;

       SID   SNAME
----------   --------
         1   CANDY
         2   TRACY
```

从查询结果可以发现，虽然插入数据时没有为 sid 列指定具体的值，但是序列已经为该列自动赋值了。

现在使用 currval 查询 student_seq 序列的当前值为多少，如下：

```
SQL> SELECT student_seq.currval FROM dual;

   CURRVAL
----------
         2
```

提示：dual 表是 Oracle 系统提供的表，包含一行，一般用于临时显示单行的查询结果，如 SELECT 1+1 FROM dual;。

5.7.3 修改与删除序列

修改序列需要使用 ALTER SEQUENCE 语句，其他参数与 CREATE SEQUENCE 语句一样。可以对序列中的任何参数进行修改，但是要注意以下事项：

- 不能修改序列的起始值。
- 序列的最小值不能大于当前值。
- 序列的最大值不能小于当前值。

删除序列需要使用 DROP SEQUENCE 语句，其语法如下：

```
DROP SEQUENCE sequence_name;
```

5.8 同 义 词

Oracle 支持为表、索引或视图等模式对象定义别名，也就是为这些对象创建同义词。Oracle 中的同义词主要分为如下两类。

- 公有同义词：在数据库中的所有用户都可以使用。
- 私有同义词：由创建它的用户私人拥有。不过，用户可以控制其他用户是否有权使用自己的同义词。

1．创建同义词

创建同义词的语法如下：

```
CREATE [ PUBLIC ] SYNONYM synonym_name FOR schema_object ;
```

语法说明如下。

- PUBLIC：指定创建的同义词为公有同义词。如果不使用此选项，则默认为创建私有同义词。
- synonym_name：创建的同义词名称。
- schema_object：指定同义词所代表的对象。

【例 5.35】在 system 用户下为 scott.emp 表创建一个公有同义词 employee，如下：

```
SQL> CONNECT system/admin;
已连接。
SQL> CREATE PUBLIC SYNONYM employee FOR scott.emp;
同义词已创建。
```

然后在 sys 用户下使用该同义词，查询 scott.emp 表中的数据，如下：

```
SQL> SELECT ename FROM employee;
ENAME
----------
SMITH
ALLEN
WARD
```

```
JONES
...
已选择16行。
```

2. 删除同义词

删除同义词，需要使用 DROP SYNONYM 语句。如果是删除公有同义词，则还需要指定 PUBLIC 关键字。其语法如下：

```
DROP [ PUBLIC ] SYNONYM synonym_name ;
```

5.9　习　　题

一、填空题

1. 按照约束的用途，主要可以将表的完整性约束分为 NOT NULL 约束、__________、__________、__________和__________。

2. 使用__________关键字，可以快速删除表中的所有记录，并且不在撤消表空间中记录撤消数据。

3. __________约束用于定义列中不能出现 NULL 值，__________约束用于定义列中不能出现重复值，而 PRIMARY KEY 约束则可以定义列中既不允许出现 NULL 值，也不允许出现重复值。

4. 如果要清除索引中的存储碎片，可以对索引进行合并或__________。

5. 视图中的列并不都支持 DML 操作，通过数据字典__________可以了解视图中哪些列是可更新的。

6. 使用__________可以获取序列的当前值，使用__________可以获取下一个值。

二、选择题

1. 存储数据 123.45，可以使用下面哪种数据类型？__________

   A. NUMBER

   B. NUMBER(5)

   C. NUMBER(5,3)

   D. NUMBER(5,2)

2. 如果某列定义了 UNIQUE 约束，则__________

   A. 该列不允许出现重复值。

   B. 该列不允许出现 NULL 值。

   C. 该列内允许出现一个 NULL 值。

   D. 该列允许出现多个 NULL 值。

3. 为列定义一个 CHECK 约束，希望该约束能对表中已存储的数据，以及以后向表中添加或修改的数据都进行检查，则应该将该约束设置为如下哪种状态？__________

   A. ENABLE VALIDATE

B. ENABLE NOVALIDATE

C. DISABLE VALIDATE

D. DISABLE NOVALIDATE

4. 使用如下语句创建一个视图：

```
CREATE VIEW test_view AS
SELECT stu.stuname , stu.stuage + 1 newage , cla.claname
FROM student stu LEFT JOIN class cla ON stu.claid = cla.claid;
```

请问 test_view 视图中哪些列是可更新的？＿＿＿＿＿＿

A．stuname

B．stuname、newage

C．stuname、claname

D．stuname、newage、claname

5. 如果创建一个序列，用于为表的主键列生成主键值，则创建该序列时不应该指定以下哪种参数？＿＿＿＿＿＿

A. MAXVALUE 1000

B. MINVALUE 10

C. CACHE 10

D. CYCLE

6. 如果在创建序列时指定其 CACHE 参数值为 10，当序列的当前值为 5 时，数据库突然关闭，再次运行数据库后，序列将从以下哪个值开始？＿＿＿＿＿＿

A．5　　B．6　　C．11　　D．16

三、简答题

1. 比较 VARCHAR2 与 CHAR 两种数据类型的区别，并举例说明分别在什么情况下使用这两种数据类型。

2. 创建一个表后，为表中的某列添加 CHECK 约束，并分别设置该约束的状态为 4 种不同的状态，比较这 4 种状态下的约束检查效果。

3. 如果经常需要使用如下语句查询 employee 表中的员工信息：

```
SELECT * FROM employee WHERE SUBSTRB(ename , 0 , 2) = '李' ;
```

那么应该为 ename 创建什么索引，如何创建？

4. 如果对视图的基表进行结构上的改动，将会影响视图的可用性。请基于一个表创建一个视图，在视图的子查询语句中使用 * 查询基表中的所有列，然后对该表进行结构修改，例如增加列、删除列、修改列名等，测试不同情况下视图的可用性，并思考其中的原因。

5. 思考在实际应用中使用同义词的好处。

第6章　管理控制文件和日志文件

Oracle数据库的物理文件主要包括数据文件、控制文件与日志文件，其中数据文件用于存储数据，控制文件用于维护数据库的元数据(有关数据库自身物理结构的数据)，日志文件用于记录数据库中的修改信息。本章将介绍如何管理控制文件与日志文件，因为控制文件关系到数据库的正常运行，而日志文件则关系到数据库的恢复。在本章最后，还将介绍与归档相关的知识。

本章要点：

- 了解控制文件的作用。
- 掌握创建控制文件的步骤。
- 了解控制文件的备份与恢复。
- 掌握如何移动与删除控制文件。
- 了解日志文件的作用。
- 掌握日志文件组及其成员的创建与管理。
- 理解数据库的运行模式。
- 了解归档模式与非归档模式的区别。
- 掌握如何设置数据库归档模式和归档目标。

6.1　管理控制文件

控制文件对于Oracle数据库系统来说相当重要，它存放有数据库中数据文件和日志文件的信息。在创建数据库时，Oracle会自动创建控制文件。在实际应用中，由于各种原因可能会导致控制文件受损，所以数据库管理员需要掌握如何管理控制文件，包括创建、备份、恢复、移动和删除控制文件等。

6.1.1　创建控制文件

创建控制文件需要使用CREATE CONTROLFILE语句，其语法如下：

```
CREATE CONTROLFILE
REUSE DATABASE "database_name"
[ RESETLOGS | NORESETLOGS ]
[ ARCHIVELOG | NOARCHIVELOG ]
MAXLOGFILES number
MAXLOGMEMBERS number
MAXDATAFILES number
MAXINSTANCES number
```

```
MAXLOGHISTORY number
LOGFILE
    GROUP group_number logfile_name [ SIZE number K | M ]
    [ , ... ]
DATAFILE
    datafile_name [ , ... ] ;
```

语法说明如下。

- database_name：数据库名。
- RESETLOGS | NORESETLOGS：表示是否清空日志。
- ARCHIVELOG | NOARCHIVELOG：表示日志是否归档。
- MAXLOGFILES：表示最大的日志文件个数。
- MAXLOGMEMBERS：表示日志文件组中最大的成员个数。
- MAXDATAFILES：表示最大的数据文件个数。
- MAXINSTANCES：表示最大的实例个数。
- MAXLOGHISTORY：表示最大的历史日志文件个数。
- LOGFILE：为控制文件指定日志文件组。
- GROUP group_number：表示日志文件组编号。日志文件一般以组的形式存在。可以有多个日志文件组。
- DATAFILE：为控制文件指定数据文件。

Oracle 数据库在启动时需要访问控制文件，这是因为控制文件中包含了数据库的数据文件与日志文件信息，也因此，在创建控制文件时需要指定与数据库相关的日志文件与数据文件。

【例 6.1】为当前数据库 orcl 创建新的控制文件 my_controlfile，步骤如下。

(1) 查询数据字典 v$logfile，了解当前数据库 orcl 中的日志文件信息，如下：

```
SQL> COLUMN member FORMAT A50
SQL> SELECT group# , member FROM v$logfile ;

GROUP#  MEMBER
------  --------------------------------------------------
     1  E:\APP\ADMINISTRATOR\ORADATA\ORCL\REDO01.LOG
     2  E:\APP\ADMINISTRATOR\ORADATA\ORCL\REDO02.LOG
     3  E:\APP\ADMINISTRATOR\ORADATA\ORCL\REDO03.LOG
```

其中，group#表示日志文件组编号；member 表示日志文件组中的成员。

查询数据字典 v$datafile，了解当前数据库 orcl 中的数据文件信息，如下：

```
SQL> SELECT name FROM v$datafile ;
NAME
------------------------------------------------------------
E:\APP\ADMINISTRATOR\ORADATA\ORCL\SYSTEM01.DBF
E:\APP\ADMINISTRATOR\ORADATA\ORCL\SYSAUX01.DBF
E:\APP\ADMINISTRATOR\ORADATA\ORCL\UNDOTBS01.DBF
E:\APP\ADMINISTRATOR\ORADATA\ORCL\USERS01.DBF
E:\APP\ADMINISTRATOR\ORADATA\ORCL\MYSPACE.DBF
```

```
E:\APP\ADMINISTRATOR\ORADATA\ORCL\BOOKSPACE.DBF
E:\APP\ADMINISTRATOR\ORADATA\ORCL\BOOKUNDO.DBF

已选择 7 行。
```

(2) 使用管理员身份执行 SHUTDOWN IMMEDIATE 命令关闭数据库，如下：

```
SQL> CONNECT sys/admin AS SYSDBA
已连接。
SQL> SHUTDOWN IMMEDIATE
数据库已经关闭。
已经卸载数据库。
ORACLE 例程已经关闭。
```

提示： SHUTDOWN IMMEDIATE 命令用于立即关闭数据库，这种情况下，系统将连接到服务器的所有未提交的事务全部回退，并中断连接，然后关闭数据库。

(3) 为了确保数据库数据的安全，应该在操作系统中对数据库的日志文件与数据文件进行备份。

(4) 使用 STARTUP NOMOUNT 命令启动数据库，此时仅仅只是启动数据库，而不会加载数据库文件，也不会打开数据库。如下：

```
SQL> STARTUP NOMOUNT
ORACLE 例程已经启动。
Total System Global Area     535662592 bytes
Fixed Size                   1334380 bytes
Variable Size                243270548 bytes
Database Buffers             285212672 bytes
Redo Buffers                 5844992 bytes
数据库装载完毕。
```

(5) 使用 CREATE CONTROLFILE 语句创建新的控制文件，在创建时需要使用 LOGFILE 子句指定与数据库 orcl 相关的日志文件，使用 DATAFILE 子句指定与数据库 orcl 相关的数据文件，如下：

```
SQL> CREATE CONTROLFILE
REUSE DATABASE "orcl"
NORESETLOGS
NOARCHIVELOG
MAXLOGFILES 50
MAXLOGMEMBERS 3
MAXDATAFILES 50
MAXINSTANCES 5
MAXLOGHISTORY 449
LOGFILE
    GROUP 1 'E:\APP\ADMINISTRATOR\ORADATA\ORCL\REDO01.LOG' SIZE 50M ,
    GROUP 2 'E:\APP\ADMINISTRATOR\ORADATA\ORCL\REDO02.LOG' SIZE 50M ,
    GROUP 3 'E:\APP\ADMINISTRATOR\ORADATA\ORCL\REDO03.LOG' SIZE 50M
```

```
DATAFILE
    'E:\APP\ADMINISTRATOR\ORADATA\ORCL\SYSTEM01.DBF' ,
    'E:\APP\ADMINISTRATOR\ORADATA\ORCL\SYSAUX01.DBF' ,
    'E:\APP\ADMINISTRATOR\ORADATA\ORCL\UNDOTBS01.DBF' ,
    'E:\APP\ADMINISTRATOR\ORADATA\ORCL\USERS01.DBF' ,
    'E:\APP\ADMINISTRATOR\ORADATA\ORCL\MYSPACE.DBF' ,
    'E:\APP\ADMINISTRATOR\ORADATA\ORCL\BOOKSPACE.DBF' ,
    'E:\APP\ADMINISTRATOR\ORADATA\ORCL\BOOKUNDO.DBF' ;

控制文件已创建。
```

(6) 新的控制文件创建好后，还需要设置服务器参数文件 SPFILE 中的 control_files 参数的值为新建的控制文件，让新的控制文件生效。

新创建的控制文件可以通过数据字典 v$controlfile 来查询，如下：

```
SQL> SELECT name FROM v$controlfile ;
NAME
------------------------------------------------------------
E:\APP\ADMINISTRATOR\ORADATA\ORCL\CONTROL01.CTL
E:\APP\ADMINISTRATOR\ORADATA\ORCL\CONTROL02.CTL
E:\APP\ADMINISTRATOR\ORADATA\ORCL\CONTROL03.CTL
```

使用 ALTER SYSTEM 语句修改 control_files 参数的值，如下：

```
SQL> ALTER SYSTEM SET control_files =
    'E:\APP\ADMINISTRATOR\ORADATA\ORCL\CONTROL01.CTL' ,
    'E:\APP\ADMINISTRATOR\ORADATA\ORCL\CONTROL02.CTL' ,
    'E:\APP\ADMINISTRATOR\ORADATA\ORCL\CONTROL03.CTL'
  SCOPE = SPFILE ;
系统已更改。
```

(7) 打开数据库，如下：

```
SQL> ALTER DATABASE OPEN ;
数据库已更改。
```

如果在创建控制文件时使用了 RESETLOGS 选项，则在打开数据库时也必须使用 RESETLOGS 选项，语句如下：

```
ALTER DATABASE OPEN RESETLOGS ;
```

6.1.2 备份控制文件

为了防止控制文件出现故障，数据库管理员应该经常及时地备份控制文件。备份控制文件有两种方式：备份为二进制文件、备份为脚本文件。

1. 备份为二进制文件

备份为二进制文件，实际上就是复制控制文件。

【例 6.2】将 orcl 数据库的控制文件备份为二进制文件，如下：

```
SQL> ALTER DATABASE BACKUP CONTROLFILE
  2  TO 'F:\oraclefile\orcl_control_090925.bkp' ;
数据库已更改。
```

上述示例在 F:\oraclefile 目录下生成 orcl 数据库的备份文件 orcl_control_090925.bkp。

2. 备份为脚本文件

备份为脚本文件，实际上也就是生成创建控制文件的 SQL 脚本。

【例 6.3】将 orcl 数据库的控制文件备份为脚本文件，如下：

```
SQL> ALTER DATABASE BACKUP CONTROLFILE TO TRACE ;

数据库已更改。
```

生成的脚本文件将自动存放到系统定义的目录中，并由系统自动命名。该目录由参数 user_dump_dest 指定，可以使用 SHOW PARAMETER 语句查询该参数的值，如下：

```
SQL> SHOW PARAMETER user_dump_dest ;

NAME                 TYPE         VALUE
----------------     -----------  ------------------------------
user_dump_dest       string       e:\app\administrator\diag\rdbm
                                  s\orcl\orcl\trace
```

系统自动为脚本文件命名的格式为<sid>_ora_<spid>.trc，其中<sid>表示当前会话的标识号，<spid>表示操作系统进程标识号。例如上述示例生成的脚本文件名称为 orcl_ora_4028.trc。

6.1.3　恢复控制文件

如果控制文件受损，就可以使用控制文件的备份文件对其进行恢复。

【例 6.4】恢复数据库控制文件。步骤如下。

(1) 使用 SHUTDOWN IMMEDIATE 命令关闭数据库。

(2) 在操作系统中使用完好的控制文件副本覆盖损坏的控制文件。

(3) 使用 STARTUP 命令启动并打开数据库。执行 STARTUP 命令时，数据库以正常方式启动数据库实例，加载数据库文件，并且打开数据库。

6.1.4　移动与删除控制文件

特殊情况下，需要移动控制文件，例如保存控制文件的磁盘等介质受到损坏。

【例 6.5】移动数据库控制文件。步骤如下。

(1) 在新的磁盘路径下存放控制文件。

(2) 使用 ALTER SYSTEM 语句，修改服务器参数文件 SPFILE 中的 control_files 参数的值为新路径下的控制文件。

(3) 使用 SHUTDOWN IMMEDIATE 命令关闭数据库。

(4) 使用 STARTUP 命令启动并打开数据库。

如果需要删除某个控制文件，也可以采用类似步骤，只不过删除时只需要上述步骤中的 2~4 步，其中最主要的操作是在步骤 2 中，修改 control_files 参数的值，让其值不再包含需要删除的控制文件。

注意： 使用这种步骤只能从逻辑上删除控制文件，也就是说被删除的控制文件不再与数据库相关联，但它仍然存在于操作系统中，如果要彻底删除该文件，需要在操作系统中进行删除。

6.2 管理日志文件

日志文件主要记录了数据库中的修改信息，它对数据库的恢复至关重要。一般情况下，Oracle 数据库实例创建完后就会自动创建 3 组日志文件，数据库管理员可以根据需要向数据库中添加更多的日志文件组。本节将介绍如何管理数据库中的日志文件。

6.2.1 创建日志文件组及其成员

在创建日志文件组时需要为该组创建日志文件成员，也可以向已存在的日志文件组中添加日志文件成员。

1. 创建日志文件组

创建日志文件组的语法如下：

```
ALTER DATABASE ADD LOGFILE [ GROUP group_number ]
( file_name [ , ... ] ) SIZE number K | M [ REUSE ] ;
```

语法说明如下。

- GROUP group_number：为日志文件组指定组编号。
- file_name：为该组创建日志文件成员。
- SIZE number：指定日志文件成员的大小。
- REUSE：如果创建的日志文件成员已存在，可以使用 REUSE 关键字覆盖已存在的文件。但是该文件不能已经属于其他日志文件组，否则无法替换。

【例 6.6】创建日志文件组 4，如下：

```
SQL> ALTER DATABASE ADD LOGFILE GROUP 4
  2  (
  3      'E:\APP\ADMINISTRATOR\ORADATA\ORCL\REDO04.LOG' ,
  4      'E:\APP\ADMINISTRATOR\ORADATA\ORCL\REDO05.LOG'
  5  )
  6  SIZE 5M ;
数据库已更改。
```

上述示例为当前数据库创建了日志文件组 4，在该组中创建了两个日志文件成员：redo04.log 和 redo05.log，它们都在 E:\APP\ADMINISTRATOR\ORADATA\ORCL 目录下，大小为 5MB。

2. 向日志文件组添加日志文件成员

向日志文件组添加新的日志文件成员，同样需要使用 ALTER DATABASE 语句，其语法如下：

```
ALTER DATABASE ADD LOGFILE MEMBER
file_name TO GROUP group_number
[ , ... ] ;
```

提示： 新添加的日志文件成员的大小默认与组中的成员大小一致。

【例 6.7】向日志文件组 3 和 4 中添加日志文件，如下：

```
SQL> ALTER DATABASE ADD LOGFILE MEMBER
  2  'E:\APP\ADMINISTRATOR\ORADATA\ORCL\REDO06.LOG' TO GROUP 3 ,
  3  'E:\APP\ADMINISTRATOR\ORADATA\ORCL\REDO07.LOG' TO GROUP 4 ;
数据库已更改。
```

查询数据字典 v$logfile，观察日志文件组是否创建成功，以及日志文件组中是否添加了新的日志文件成员，如下：

```
SQL> COLUMN member FORMAT A50
SQL> SELECT group# , member FROM v$logfile ;

    GROUP#  MEMBER
----------  --------------------------------------------------
         1  E:\APP\ADMINISTRATOR\ORADATA\ORCL\REDO01.LOG
         2  E:\APP\ADMINISTRATOR\ORADATA\ORCL\REDO02.LOG
         3  E:\APP\ADMINISTRATOR\ORADATA\ORCL\REDO03.LOG
         3  E:\APP\ADMINISTRATOR\ORADATA\ORCL\REDO06.LOG
         4  E:\APP\ADMINISTRATOR\ORADATA\ORCL\REDO04.LOG
         4  E:\APP\ADMINISTRATOR\ORADATA\ORCL\REDO05.LOG
         4  E:\APP\ADMINISTRATOR\ORADATA\ORCL\REDO07.LOG

已选择 7 行。
```

6.2.2　修改日志文件

需要的时候可以修改日志文件的名称(包含路径)，这需要使用 ALTER DATABASE RENAME FILE 语句，其语法形式如下：

```
ALTER DATABASE RENAME FILE file_name TO new_file_name ;
```

【例 6.8】修改 E:\APP\ADMINISTRATOR\ORADATA\ORCL 路径下的 redo07.log 文件的名称与路径，步骤如下。

(1)　使用 SHUTDOWN 命令关闭数据库。使用此命令关闭数据库时，数据库需要等待所有客户端从 Oracle 中正常退出，然后才可以关闭。

(2) 使用 STARTUP MOUNT 命令启动数据库。使用该命令时，将启动数据库实例，而且加载数据库文件，但是不打开数据库。

(3) 在操作系统中修改 redo07.log 文件的路径或名称。可以直接修改文件的名称，也可以复制该文件，为该文件设置新的存储目录和名称。本示例中复制 redo07.log 文件到同一目录，并修改新文件的名称为 redo07_new.log。

(4) 使用 ALTER DATABASE RENAME FILE 语句修改日志文件，如下：

```
SQL> ALTER DATABASE RENAME FILE
  2     'E:\APP\ADMINISTRATOR\ORADATA\ORCL\REDO07.LOG'
  3  TO
  4     'E:\APP\ADMINISTRATOR\ORADATA\ORCL\REDO07_NEW.LOG' ;

数据库已更改。
```

(5) 使用 ALTER DATABASE OPEN 命令打开数据库。

通过上述步骤，已经修改了日志文件 redo07.log 的名称，下面查询数据字典 v$logfile，观察修改后的结果：

```
SQL> SELECT group# , member FROM v$logfile ;

    GROUP#  MEMBER
----------  --------------------------------------------------
         1  E:\APP\ADMINISTRATOR\ORADATA\ORCL\REDO01.LOG
         3  E:\APP\ADMINISTRATOR\ORADATA\ORCL\REDO03.LOG
         2  E:\APP\ADMINISTRATOR\ORADATA\ORCL\REDO02.LOG
         4  E:\APP\ADMINISTRATOR\ORADATA\ORCL\REDO04.LOG
         4  E:\APP\ADMINISTRATOR\ORADATA\ORCL\REDO05.LOG
         3  E:\APP\ADMINISTRATOR\ORADATA\ORCL\REDO06.LOG
         4  E:\APP\ADMINISTRATOR\ORADATA\ORCL\REDO07_NEW.LOG

已选择 7 行。
```

6.2.3 切换日志文件组

日志文件组是循环使用的，当一组日志文件被写满时，Oracle 系统自动切换到下一组日志文件。在需要的时候，数据库管理员也可以手动切换日志文件组。切换日志文件组需要使用如下语句：

```
ALTER SYSTEM SWITCH LOGFILE ;
```

【例 6.9】手动切换当前数据库的日志文件组。在切换之前，先通过数据字典 v$log 查询当前数据库正在使用哪个日志文件组，如下：

```
SQL> SELECT group# , status FROM v$log ;
```

```
    GROUP#        STATUS
------------    ----------------
         1        CURRENT
         2        INACTIVE
         3        INACTIVE
         4        UNUSED
```

其中，status 表示日志文件组的当前使用状态，其值可为 ACTIVE(活动状态，归档未完成)、CURRENT(正在使用)、INACTIVE(非活动状态)和 UNUSED(从未使用)。

从查询结果可以看出，数据库当前正在使用日志文件组 1。

切换日志文件组，如下：

```
SQL> ALTER SYSTEM SWITCH LOGFILE ;
```

系统已更改。

再次查询数据字典 v$log，查看切换日志文件组后当前数据库正在使用的日志文件组，如下：

```
SQL> SELECT group# , status FROM v$log ;

    GROUP#        STATUS
----------      ----------------
         1        ACTIVE
         2        CURRENT
         3        INACTIVE
         4        UNUSED
```

6.2.4　清空日志文件组

如果日志文件组中的日志文件受损，将导致数据库无法将受损的日志文件进行归档，这会最终导致数据库停止运行。此时，在不关闭数据库的情况下，可以选择清空日志文件组中的内容。

清空日志文件组需要使用 ALTER DATABASE 语句，其语法如下：

```
ALTER DATABASE CLEAR LOGFILE GROUP group_number ;
```

另外，清空日志文件组需要注意如下两点：

- 被清空的日志文件组不能处于 CURRENT 状态，也就是说不能清空数据库当前正在使用的日志文件组。
- 当数据库中只有两个日志文件组时，不能清空日志文件组。

【例 6.10】清空日志文件组 4，如下：

```
SQL> ALTER DATABASE CLEAR LOGFILE GROUP 4 ;
```

数据库已更改。

如果日志文件组正处于 ACTIVE 状态，则说明该日志文件组尚未归档，此时如果想清空该日志文件组，应该在清空语句中添加 UNARCHIVED 关键字，语句形式如下：

```
ALTER DATABASE CLEAR UNARCHIVED LOGFILE GROUP group_number ;
```

6.2.5 删除日志文件组及其成员

如果日志文件组中的日志文件受损，无法再使用，数据库管理员可以删除该文件，如果整个日志文件组都不需要再使用，也可以删除整个日志文件组。

1. 删除日志文件

删除日志文件的语法如下：

```
ALTER DATABASE DROP LOGFILE MEMBER logfile_name ;
```

删除日志文件需要注意如下几点：

- 该日志文件所在的日志文件组不能处于 CURRENT 状态。
- 该日志文件所在的日志文件组中必须还包含有其他日志成员。
- 如果数据库运行在归档模式下，则应该在删除日志文件之前，确定它所在的日志文件组已经被归档，否则会导致数据丢失。

【例 6.11】删除日志文件 redo07_new.log，如下：

```
SQL> ALTER DATABASE DROP LOGFILE MEMBER
  2  'E:\APP\ADMINISTRATOR\ORADATA\ORCL\REDO07_NEW.LOG' ;
数据库已更改。
```

2. 删除日志文件组

删除日志文件组的语法如下：

```
ALTER DATABASE DROP LOGFILE GROUP group_number ;
```

删除日志文件组需要注意如下几点：

- 一个数据库至少需要两个日志文件组。
- 日志文件组不能处于 CURRENT 状态。
- 如果数据库运行在归档模式下，应该确定该日志文件组已经被归档。

【例 6.12】删除日志文件组 4，如下：

```
SQL> ALTER DATABASE DROP LOGFILE GROUP 4 ;

数据库已更改。
```

6.3 管理归档日志

Oracle 数据库有两种日志模式：非归档日志模式(NOARCHIVELOG)和归档日志模式(ARCHIVELOG)。在非归档日志模式下，如果发生日志切换，则日志文件中原有内容将被新的内容覆盖；在归档日志模式下，如果发生日志切换，则 Oracle 系统会将日志文件通过复制保存到指定的地方，这个过程叫“归档”，复制保存下来的日志文件叫“归档日志”，然后才允许向文件中写入新的日志内容。

6.3.1　设置数据库模式

在安装 Oracle Database 11g 时，默认设置数据库运行于非归档模式，这样可以避免对创建数据库的过程中生成的日志进行归档，从而缩短数据库的创建时间。在数据库成功运行后，数据库管理员可以根据需要修改数据库的运行模式。

如果要修改数据库的运行模式，可以使用如下语句：

```
ALTER DATABASE ARCHIVELOG | NOARCHIVELOG ;
```

其中，ARCHIVELOG 表示归档模式；NOARCHIVELOG 表示非归档模式。

【例 6.13】用管理员身份修改当前数据库的运行模式。修改前也通过 ARCHIVE LOG LIST 命令查看当前数据库的运行模式，如下：

```
SQL> CONNECT sys/admin AS SYSDBA
已连接。
SQL> ARCHIVE LOG LIST ;
数据库日志模式              非存档模式
自动存档                    禁用
存档终点                    USE_DB_RECOVERY_FILE_DEST
最早的联机日志序列          7
当前日志序列                10
```

从查询结果可以看出，数据库当前运行在非归档模式下。通过下面的步骤可以修改数据库的运行模式。

(1)　使用 SHUTDOWN 命令关闭数据库。

(2)　使用 STARTUP MOUNT 命令启动数据库。

(3)　修改数据库的运行模式，如下：

```
SQL> ALTER DATABASE ARCHIVELOG ;
数据库已更改。
```

(4)　使用 ALTER DATABASE OPEN 命令打开数据库。

再次使用 ARCHIVE LOG LIST 命令查看当前数据库的运行模式，观察是否修改成功，如下：

```
SQL> ARCHIVE LOG LIST ;

数据库日志模式              存档模式
自动存档                    启用
存档终点                    USE_DB_RECOVERY_FILE_DEST
最早的联机日志序列          7
下一个存档日志序列          10
当前日志序列                10
```

6.3.2 设置归档目标

归档目标就是指存放归档日志文件的目录。一个数据库可以有多个归档目标。在创建数据库时，默认设置了归档目标，可以通过 db_recovery_file_dest 参数查看，如下：

```
SQL> SHOW PARAMETER db_recovery_file_dest ;
NAME                         TYPE        VALUE
---------------------------- ------- ---------------------------------
db_recovery_file_dest        string      E:\app\Administrator\flash_rec
                                         overy_area
db_recovery_file_dest_size big integer 2G
```

其中，db_recovery_file_dest 表示归档目录；db_recovery_file_dest_size 表示目录大小。

数据库管理员也可以通过 log_archive_dest_N 参数设置归档目标，其中 N 表示 1 到 10 的整数，也就是说可以设置 10 个归档目标。

提示： 为了保证数据的安全性，一般将归档目标设置为不同的目录。Oracle 在进行归档时，会将日志文件组以相同的方式归档到每个归档目标中。

设置归档目标的语法形式如下：

```
ALTER SYSTEM SET
log_archive_dest_N = ' { LOCATION | SERVER } = directory ' ;
```

其中，directory 表示磁盘目录；LOCATION 表示归档目标为本地系统的目录；SERVER 表示归档目标为远程数据库的目录。

【例 6.14】设置参数 log_archive_dest_1 的值，如下：

```
SQL> ALTER SYSTEM SET
  2  log_archive_dest_1='LOCATION=E:\app\Administrator\oradata\myachive';
系统已更改。
```

同样可以通过 SHOW PARAMETER 命令查看 log_archive_dest_1 的值。

通过参数 log_archive_format，可以设置归档日志名称格式。其语法形式如下：

```
ALTER SYSTEM SET log_archive_format = ' fix_name%S_%R.%T '
SCOPE = scope_type ;
```

语法说明如下：

(1) fix_name%S_%R.%T

其中，fix_name 是自定义的命名前缀；%S 表示日志序列号；%R 表示联机重做日志(RESETLOGS)的 ID 值；%T 表示归档线程编号。

注意： log_archive_format 参数的值必须包含%S、%R 和%T 匹配符。

(2) SCOPE = scope_type

SCOPE 有 3 个参数值：MEMORY、SPFILE 和 BOTH。其中，MEMORY 表示只改变

当前实例运行参数；SPFILE 表示只改变服务器参数文件 SPFILE 中的设置；BOTH 则表示两者都改变。

【例 6.15】 设置归档日志名称格式，并指定只改变服务器参数文件 SPFILE 中的设置，如下：

```
SQL> ALTER SYSTEM SET log_archive_format = 'MYARCHIVE%S_%R.%T'
  2  SCOPE = SPFILE ;
系统已更改。
```

6.4　习　　题

一、填空题

1. 备份控制文件主要有两种方式：__________和备份成脚本文件。

2. 通过数据字典 v$datafile 可以查看数据文件信息，通过数据字典__________可以查看控制文件信息，通过数据字典__________可以查看日志文件信息。

3. Oracle 数据库的运行模式有归档模式和__________模式两种，Oracle 数据库默认为非归档模式，数据库管理员可以执行__________语句，将数据库的运行模式设置为归档模式。

4. 如果在创建控制文件时使用了 RESETLOGS 选项，则应该执行__________语句打开数据库。

5. 使用 ALTER SYSTEM 语句修改参数值时，可以使用 SCOPE 选项，该选项有 MEMORY、__________和__________3 个可选值。

二、选择题

1. 下面对日志文件组及其成员叙述正确的是__________。

   A. 日志文件组中可以没有日志成员
   B. 日志文件组中的日志成员大小一致
   C. 在创建日志文件组时，其日志成员可以是已经存在的日志文件
   D. 在创建日志文件组时，如果日志成员已经存在，则使用 REUSE 关键字就一定可以成功替换该文件

2. 当日志文件组处于下列哪种情况时，无法清空该日志文件组？__________

   A. ACTIVE　　　　B. INACTIVE
   C. CURRENT　　　D. UNUSED

3. 下面哪条语句用于切换日志文件组？__________

   A. ALTER DATABASE SWITCH LOGFILE ;
   B. ALTER SYSTEM SWITCH LOGFILE ;
   C. ALTER SYSTEM ARCHIVELOG ;
   D. ALTER DATABASE ARCHIVELOG ;

4. 删除日志文件组 5 中的日志文件 E:\orcl\datafile\redo05.log，其中正确的语句是

__________。

A. ALTER DATABASE DROP LOGFILE ‘ E:\orcl\datafile\redo05.log ’;

B. ALTER DATABASE DROP LOGFILE GROUP 5 ‘ E:\orcl\datafile\redo05.log ’;

C. ALTER DATABASE DROP LOGFILE MEMBER ‘ E:\orcl\datafile\redo05.log ’;

D. ALTER GROUP 5 DROP LOGFILE ‘ E:\orcl\datafile\redo05.log ’;

5. 修改系统中的参数值时，如果只修改服务器参数文件中的设置，则 SCOPE 选项的值应该为__________。

A. SPFILE B. MEMORY

C. BOTH D. 以上都不对

三、简答题

1. 控制文件在数据库中有什么作用？在创建控制文件时应该注意哪些问题？
2. 日志文件组中的日志成员大小应该一致吗？为什么？
3. 日志文件组有哪几种状态，它们分别表示什么含义？
4. 简述清空日志文件组以及删除日志文件组或日志成员时应该注意哪些问题。
5. 简述归档模式与非归档模式的区别。

第 7 章　SQL 语言基础

在 Oracle 的日常管理和应用中，无论管理员何时要访问一个数据库，几乎都要使用 SQL 语言，因此，掌握 SQL 语言及其脚本程序的编写是非常重要的。对数据库的访问，不仅仅是向数据库中存放数据，还需要根据用户的要求显示数据。显示数据通常使用 SELECT 查询语句；向数据库中添加数据、更新数据和删除数据，通常使用 INSERT、UPDATE 和 DELETE 语句；使用这些 SQL 语句时，还可以根据需要使用各种函数来定义用户的需求。

本章首先将对 SQL 语言进行简单介绍，然后介绍各种 DML 语句的作用和使用方法，另外，还介绍各种常用函数，例如字符串函数、日期时间函数和聚合函数等。最后介绍数据库事务的提交和回滚操作。

本章要点：

- 了解 SQL 语言的三大分类。
- 掌握 SELECT 语句的语法结构。
- 熟练掌握 SELECT 语句中的各种子句。
- 熟练掌握组合使用 WHERE、GROUP BY、HAVING 和 ORDER BY 子句。
- 熟练掌握 INSERT、UPDATE 和 DELETE 语句。
- 了解 MERGE 语句。
- 掌握字符串函数、数字函数、日期时间函数和正则表达式函数。
- 熟练掌握转换函数。
- 熟练掌握聚合函数。
- 掌握数据库事务操作。

7.1　SQL 语言概述

结构化查询语言(Structured Query Language，SQL)是目前最流行的关系查询语言，也是数据库的标准语言。

1. SQL 语言的特点

SQL 语言作为应用程序与数据库进行交互操作的接口，具有自己的特点，如下：

- SQL 语言采用集合操作方式，对数据的处理是成组进行的，而不是一条一条处理。通过使用集合操作方式，可以加快数据的处理速度。
- 执行 SQL 语句时，每次只能发送并处理一条语句。如果要降低语句发送和处理次数，可以使用 PL/SQL。
- 执行 SQL 语句时，用户只需要知道其逻辑含义，而不需要关心 SQL 语句的具体执行步骤。Oracle 会自动优化 SQL 语句，确定最佳访问途径，执行 SQL 语句，最终返回实际数据。

- 使用 SQL 语句时，既可以采用交互方式执行(例如 SQL*Plus)，也可以将 SQL 语句嵌入到高级语言(例如 C++、Java)中执行。

2. SQL 语言分类

SQL 语言按照实现的功能不同，主要可以分为 3 类：数据操纵语言、数据定义语言和数据控制语言。分别介绍如下。

(1) 数据操纵语言(Data Manipulation Language，DML)

数据操纵语言主要用来处理数据库中的数据内容。DML 允许用户对数据库中的数据进行查询、插入、更新和删除等操作。

常用的 DML 语句及其功能说明如表 7-1 所示。

表 7-1 DML 语句

DML 语句	功能说明
SELECT	从表或视图中检索数据行
INSERT	插入数据到表或视图
UPDATE	更新
DELETE	删除
CALL	调用过程
MERGE	合并(插入或修改)
COMMIT	将当前事务所做的更改永久化(写入数据库)
ROLLBACK	取消上次提交以来的所有更改

提示： 在 DML 语句中，最关键的是 SELECT 语句，该语句语法丰富，功能非常强大。

(2) 数据定义语言(Data Definition Language，DDL)

数据定义语言是一组 SQL 命令，用于创建和定义数据库对象，并且将对这些对象的定义保存到数据字典中。通过 DDL 语句可以创建数据库对象、修改数据库对象和删除数据库对象等。

常用的 DDL 语句及其功能说明如表 7-2 所示。

表 7-2 DDL 语句

DDL 语句	功能说明
CREATE	创建数据库结构
ALTER	修改数据库结构
DROP	删除数据库结构
RENAME	更改数据库对象的名称
TRUNCATE	删除表的全部内容

提示：每一条 DDL 语句执行后，Oracle 都将提交当前事务。

(3) 数据控制语言(Data Control Language，DCL)

数据控制语言用于修改数据库结构的操作权限。DCL 语句主要有两种，如表 7-3 所示。

表 7-3　DCL 语句

DCL 语句	功能说明
GRANT	授予其他用户对数据库结构的访问权限
REVOKE	收回用户访问数据库结构的权限

提示：本章主要讲述 DML 语句，DDL 和 DCL 语句将在本书其他章节中进行讲解。

3. SQL 语言规范

为了养成良好的编程习惯，编写 SQL 语句时需要遵循一定的规则，这些规则如下：

- SQL 关键字、对象名和列名不区分大小写，既可以使用大写格式，也可以使用小写格式，或者混用大小写格式。
- 字符值和日期值区分大小写。当在 SQL 语句中引用字符值和日期值时，必须要给出正确的大小写数据，否则不能返回正确信息。
- 在应用程序中编写 SQL 语句时，如果 SQL 语句文本很短，可以将语句文本放在一行上；如果 SQL 语句文本很长，可以将语句文本分布到多行上，并且可以通过使用跳格和缩进提高代码的可读性。
- SQL*Plus 中的 SQL 语句要以分号(;)结束。

7.2 使用 SELECT 语句检索数据

SQL 的主要功能之一是实现数据库查询，查询就是用来取得满足特定条件的信息。查询语句可以从一个或多个表中、根据指定的条件选取特定的行和列。

7.2.1 SELECT 语句的结构

查询是 SQL 语言的核心，用于表达 SQL 查询的 SELECT 语句则是功能最强也是最为复杂的 SQL 语句。SELECT 语句的完整语法如下所示：

```
SELECT [ ALL | DISTINCT
    { * | expression | column1_name [ , column2_name ] [ , ... ] }
    FROM { table1_name | ( subquery ) } [ alias ]
    [ , { table2_name | ( subquery ) } [ alias ] , ... ]
    [ WHERE condition ]
    [ CONNECT BY condition [ START WITH condition ] ]
    [ GROUP BY expression [ ,... ] ]
    [ HAVING condition [ ,... ] ]
    [ { UNION | INTERSECT | MINUS } ]
```

```
[ ORDER BY expression [ ASC | DESC ] [ , ... ] ]
[ FOR UPDATE [ OF [ schema. ] table_name | view ] column ] [ NOWAIT ] ;
```

其中，[ ]表示可选项。语法说明如下。

- SELECT：必需的语句，查询语句的关键字。
- ALL：表示全部选取，而不管列的值是否重复。此选项为默认选项。
- DISTINCT：当列的值相同时只取其中的一个，用于去掉重复值。
- * ：指定表的全部列。
- column1_name, column2_name …：指定要查询的列的名称。可以指定一个或者多个列。
- table1_name, table2_name…：指定要查询的对象(表或视图)名称。可以指定一个或多个对象。
- subquery：子查询。
- alias：在查询时对表指定的别名。
- FROM：必需的语句，后面跟查询所选择的表或视图的名称。
- WHERE：指定查询的条件，后面跟条件表达式。如果不需要指定条件，则不需要该关键字。
- CONNECT BY：指定查询时搜索的连接描述。
- START WITH：指定搜索的开始条件。
- GROUP BY：指定分组查询子句，后面跟需要分组的列名。
- HAVING：指定分组结果的筛选条件。
- UNION | INTERSECT | MINUS：分别标识联合、交和差操作。
- ORDER BY：指定对查询结果进行排序的条件。
- ASC | DESC：ASC 表示升序排序(默认)；DESC 表示降序排序。需要与 ORDER BY 子句联合使用。
- FOR UPDATE … NOWAIT：在查询表时将其锁住，不允许其他用户对该表进行 DML 操作，直到解锁为止。

【例 7.1】 打开 SQL*PLUS 窗口后，使用 system 用户身份连接到数据库。然后使用 SELECT 语句，查询 scott 用户的 emp 表中的信息，如下：

```
SQL> SELECT empno "雇员编号" , ename "雇员名称" , hiredate "受雇日期" ,
  2  deptno "部门编号" FROM scott.emp ;

  雇员编号   雇员名称   受雇日期      部门编号
---------  --------  -----------  ----------
     7369  SMITH     17-12月-80   20
     7499  ALLEN     20-2月 -81   30
...
     7902  FORD      03-12月-81   20
     7934  MILLER    23-1月 -82   10
已选择 14 行。
```

上述语句输出显示时，根据 SELECT 关键字后指定的列依次显示，并且对输出的列标题都分别使用列别名进行显示。

提示：在检索数据时，数据列按照 SELECT 子句后面指定的列的顺序显示；如果使用星号(*)检索所有的列，那么数据按照定义表时指定的列的顺序显示数据。不过，无论按照什么顺序，存储在表中的数据都不会受影响。

7.2.2　FROM 子句

在 SELECT 语句中，FROM 子句是必不可少的，该子句用来指定所要查询的表或视图的名称列表。

在 FROM 子句中，可以指定多个表或视图，每个表或视图都可以指定子查询(子查询操作将在本书的下一章节具体讲述)和别名。

【例 7.2】对 scott 用户的 emp 表执行查询操作。在 FROM 子句中，为这个表指定别名为 e，并且在 SELECT 子句中使用这个别名指定表中不同的列。具体如下：

```
SQL> SELECT e.empno "雇员编号" , e.ename "雇员名称" , e.hiredate "受雇日期" ,
  2  e.deptno "部门编号"
  3  FROM scott.emp e ;

  雇员编号    雇员名称     受雇日期        部门编号
----------  ---------  ------------  ----------
      7369  SMITH      17-12 月-80    20
      7499  ALLEN      20-2 月 -81    30
      7521  WARD       22-2 月 -81    30
...
已选择 14 行。
```

7.2.3　WHERE 子句

在执行简单查询语句时，如果没有指定任何限制条件，那么执行 SELECT 语句将会检索表的所有行。但是在实际应用中，用户往往只需要获得某些行的数据。例如检索雇员编号为 7800 的雇员信息，或者检索部门号为 10 的所有雇员信息等。在执行查询操作时，通过使用 WHERE 子句，可以指定查询条件，限制查询结果。

【例 7.3】在前面例 7.2 中使用 SELECT … FROM …语句，对 scott 用户的 emp 表执行查询操作。下面为该语句添加 WHERE 子句，对查询结果进行筛选：

```
SQL> SELECT e.empno "雇员编号" , e.ename "雇员名称" , e.hiredate "受雇日期" ,
  2  e.deptno "部门编号" FROM scott.emp e
  3  WHERE e.empno >= 7900 ;

  雇员编号    雇员名称     受雇日期         部门编号
----------  ---------  -------------  ----------
      7900  JAMES      03-12 月-81     30
      7902  FORD       03-12 月-81     20
      7934  MILLER     23-1 月 -82     10
```

上述输出结果表示，通过使用 WHERE 子句，将表 emp 中 empno 列的值大于等于 7900 的行输出显示。

提示：在一个 WHERE 子句中，可以指定多个条件，条件之间需要使用 AND 或 OR 关键字进行连接，例如 WHERE e.empno >= 7900 AND e.deptno < 30。

1. WHERE 子句中的操作符

使用 WHERE 子句时，只需要在 WHERE 关键字后面指定检索条件即可。在检索条件中，可以使用多种操作符，这些操作符如表 7-4 所示。

表 7-4　WHERE 条件中可以使用的操作符

比较操作符	说　明
=	等于
<>、!=	不等于
>=	大于等于
<=	小于等于
>	大于
<	小于
ANY	与一个列表中的任何值进行比较
ALL	与一个列表中的所有值进行比较
BETWEEN	指定条件在两个值之间，包括边界值
LIKE	匹配的字符样式，一般用于模糊查询
IN	匹配的一个列表值
IS NULL	匹配空值

提示：可以使用 NOT 将 BETWEEN、IN、LIKE 和 IS NULL 操作符的条件取反，例如，NOT BETWEEN、NOT IN、NOT LIKE 和 IS NOT NULL 等。

【例 7.4】使用 ANY 操作符，从 scott 用户的 emp 表中，检索员工编号大于 7700、7800 和 7900 中的任何一个值的数据行，如下：

```
SQL> SELECT * FROM scott.emp
  2  WHERE empno > ANY(7788,7800,7900);

EMPNO   ENAME   JOB         MGR    HIREDATE      SAL     COMM    DEPTNO
-----   -----   ---------   -----  -----------   ------  ------  -----
7839    KING    PRESIDENT          17-11月-81    5000            10
7900    JAMES   CLERK       7898   03-12月-81    950             30
...

已选择 6 行。
```

【例 7.5】使用 ALL 操作符，从 scott 用户的 emp 表中，检索员工编号大于 7700、7800 和 7900 中这 3 个值的数据行，如下：

```
SQL> SELECT * FROM scott.emp
  2  WHERE empno > ALL(7788,7800,7900);

EMPNO  ENAME   JOB          MGR    HIREDATE       SAL     COMM    DEPTNO
-----  -----   --------     -----  ----------     ------  ------  -----
7902   FORD    ANALYST      7766   03-12 月-81    3000            20
7934   MILLER  CLERK        7982   23-1 月 -82    1300            10
```

2. BETWEEN 操作符

在 WHERE 子句中可以使用 BETWEEN 操作符，用来检索列值包含在指定区间内的数据行。这个区间是闭区间，这就意味着包含区间的两个边界值。

【例 7.6】使用 BETWEEN 操作符，从 scott 用户的 emp 表中，检索 empno 列的值在 7800 和 7900 之间的记录，如下：

```
SQL> SELECT * FROM scott.emp
  2  WHERE empno BETWEEN 7800 AND 7900 ;

EMPNO  ENAME   JOB          MGR    HIREDATE       SAL     COMM    DEPTNO
-----  -----   --------     -----  ----------     ------  ------  -----
7839   KING    PRESIDENT           17-11 月-81    5000            10
7844   TURNER  SALESMAN     7898   08-9 月 -81    1500    0       30
7876   ADAMS   CLERK        7988   23-5 月 -87    1100            20
7900   JAMES   CLERK        7898   03-12 月-81    950             30
```

使用 NOT BETWEEN 操作符，可以检索未被上述语句检索到的数据行。语句如下：

```
SQL> SELECT * FROM scott.emp
  2  WHERE empno NOT BETWEEN 7800 AND 7900 ;
```

3. LIKE 操作符

在 WHERE 子句中可以使用 LIKE 操作符，用来查看某一列中的字符串是否匹配指定的模式。所匹配的模式可以使用普通字符和下面两个通配符的组合指定。

- 下划线字符(_)：匹配指定位置的一个字符。
- 百分号字符(%)：匹配从指定位置开始的任意个字符。

如果需要对一个字符串中的下划线和百分号字符进行文本匹配，可以使用 ESCAPE 选项标识这些字符。ESCAPE 后面指定一个字符，该字符用来告诉数据库，在字符串中该指定字符后面的字符表示要搜索的内容，从而区分要搜索的字符和通配符。例如：

```
'%\%%' ESCAPE '\'
```

其中，在 ESCAPE 后面指定反斜杠(\)字符，那么在前面的字符串‘%\%%’中，反斜杠后面的字符(也就是第二个%)表示要搜索的实际字符。第一个%是通配符，第 3 个%也是通配符，可以匹配任意个字符。所以，字符串‘%\%%’用于匹配任意包含百分号(%)的字符串。

【例 7.7】对 scott 用户的 emp 表进行检索。在 WHERE 子句中，使用 LIKE 操作符，并使用下划线字符和百分号字符，对 ename 列指定匹配模式为“B_A%”。具体如下：

```
SQL> SELECT * FROM scott.emp
  2  WHERE ename LIKE 'B_A%';

EMPNO   ENAME   JOB        MGR    HIREDATE     SAL     COMM    DEPTNO
-----   -----   --------   -----  ----------   ------  ------  -----
7698    BLAKE   MANAGER     8039  01-5月 -81    2850            30
```

匹配模式“B_A%”表示：ename 列的值中，第一个字符必须是字符 B，第二个字符可以是任意字符，第 3 个字符必须是字符 A，第 3 个字符后面的内容可以是任意内容。根据这个匹配模式，获得 ename 列的值为 BLAKE 的员工信息。

【例 7.8】对 scott 用户的 emp 表进行检索。在 WHERE 子句的 LIKE 操作符中，指定 ename 列的匹配模式为‘%\%%’，表示查询 ename 列中包含一个%字符的数据。具体如下：

```
SQL> SELECT * FROM scott.emp
  2  WHERE ename LIKE '%\%%' ESCAPE '\' ;

EMPNO   ENAME       JOB        MGR    HIREDATE      SAL      DEPTNO
-----   ---------   --------   -----  ----------    ------   -----
7935    SCO%FIELD   CLEAK             01-1月 -91     5000
```

4. IN 操作符

在 WHERE 子句中可以使用 IN 操作符，用来检索某列的值在某个列表中的数据行。

【例 7.9】对 scott 用户的 emp 表进行检索。在 WHERE 子句中使用 IN 操作符，检索 empno 列的值为 7788、7800 或 7900 的记录。具体如下：

```
SQL> SELECT * FROM scott.emp
  2  WHERE empno IN(7788,7800,7900);

EMPNO   ENAME       JOB        MGR    HIREDATE      SAL      DEPTNO
-----   ---------   --------   -----  ----------    ------   -----
7788    SCOTT       ANALYST    7766   19-4月 -87     3000     20
7900    JAMES       CLERK      7898   03-12月-81     950      30
```

7.2.4 ORDER BY 子句

在前面检索的数据中，数据的顺序是按照存储在表中的物理顺序显示的。这种物理顺序通常是比较混乱的。如果希望对显示的数据进行排序，可以使用 ORDER BY 子句。通过使用 ORDER BY 子句，可以强制一个查询结果按照升序或者降序进行排列。

在排序过程中，可以同时对多个列指定排序规则，多个列之间使用逗号(,)隔开。如果使用多个列进行排序，那么列之间的顺序非常重要，系统首先按照第一个列的值进行排序，当第一个列的值相同时，再按照第二个列的值进行排序，以此类推。

【例 7.10】在前面例 7.3 的 SELECT … FROM … WHERE …语句中，添加 ORDER BY

子句，对查询得到的结果首先按照 hiredate 列进行降序排列，然后再按照 deptno 列进行升序排列。具体如下：

```
SQL> SELECT e.empno "雇员编号" , e.ename "雇员名称" , e.hiredate "受雇日期" ,
  2  e.deptno "部门编号" FROM scott.emp e
  3  WHERE e.empno >= 7900
  4  ORDER BY e.hiredate DESC , e.deptno ASC;

  雇员编号   雇员名称    受雇日期       部门编号
---------- ---------  -------------  ----------
      7934 MILLER     23-1 月 -82    10
      7902 FORD       03-12 月-81    20
      7900 JAMES      03-12 月-81    30
```

注意： 一般情况下，不要对查询结果进行排序，因为服务器完成这项工作需要有额外的开销。带有 ORDER BY 子句的 SELECT 语句执行起来比一般的 SELECT 语句需要更多的时间。

7.2.5　GROUP BY 子句

在前面的操作中，都是对表中的每一行数据进行单独的操作。在有些情况下，需要把一个表中的行分为多个组，然后将这个组作为一个整体，获得该组的一些信息，例如获取部门编号为 10 的员工人数，或某个部门的员工的平均工资等。这时，就需要使用 GROUP BY 子句对表中的数据进行分组。

使用 GROUP BY 子句，可以根据表中的某一列或某几列对表中的数据行进行分组，多个列之间使用逗号(,)隔开。如果根据多个列进行分组，Oracle 会首先根据第一列进行分组，然后在分出来的组中再按照第二列进行分组，以此类推。

对数据分组后，主要是使用一些聚合函数对分组后的数据进行统计。

【例 7.11】 查询 scott 用户的 emp 表中每个部门的员工人数。使用 GROUP BY 子句，对 deptno 列进行分组，并使用聚合函数 COUNT 统计每组的员工人数。具体如下：

```
SQL> SELECT deptno AS "部门编号" , COUNT(*) AS "员工人数"
  2  FROM scott.emp GROUP BY deptno;

  部门编号      员工人数
----------    ----------
        30    6
        20    5
        10    3
```

在 scott.emp 表中，由于 deptno 列不重复的值一共有 3 个，即 10、20 和 30。所以根据 deptno 列进行分组时，得到对应的 3 组。

【例 7.12】 下面使用 GROUP BY 子句，在 SELECT 子句中添加 job 列的查询，但是在 GROUP BY 子句中并没有包含该列，那么执行该语句时，将出现错误。具体如下：

```
SQL> SELECT deptno AS "部门编号" , COUNT(*) AS "员工人数" , job AS "工作"
  2  FROM scott.emp GROUP BY deptno ;
SELECT deptno AS "部门编号" , COUNT(*) AS "员工人数" , job AS "工作"
                                                          *
第 1 行出现错误:
ORA-00979: 不是 GROUP BY 表达式
```

下面在 GROUP BY 子句中添加 job 列，表示根据 deptno 列和 job 列进行分组。执行该语句，将会显示分组结果。具体如下：

```
SQL> SELECT deptno AS "部门编号" , COUNT(*) AS "员工人数" , job AS "工作"
  2  FROM scott.emp GROUP BY deptno , job
  3  ORDER BY deptno;

  部门编号    员工人数    工作
----------  ----------  ---------
        10           1  CLERK
        10           1  MANAGER
        10           1  PRESIDENT
        20           2  ANALYST
        20           2  CLERK
        20           1  MANAGER
        30           1  CLERK
        30           1  MANAGER
        30           4  SALESMAN

已选择 9 行。
```

上述查询语句中，为了让显示结果的结构更清晰，使用 ORDER BY 子句对 deptno 列进行了排序。从结果中可以看出，当对 deptno 列和 job 列进行分组时，Oracle 首先按照 deptno 将数据分成 3 个大组，然后再按照 job 列将这 3 个大组细分成不同的小组。并且，由于在 GROUP BY 子句中使用了 job 列，所以在 SELECT 子句允许出现 job 列。

注意： 如果在 SELECT 语句中使用了 GROUP BY 子句，那么在 SELECT 子句中就不能出现表示单个结果的列，例如 job 列，除非该列也出现在 GROUP BY 子句中，例如 GROUP BY deptno, job。

7.2.6 HAVING 子句

HAVING 子句通常与 GROUP BY 子句一起使用，在完成对分组结果的统计后，可以使用 HAVING 子句对分组的结果进行进一步的筛选。

一个 HAVING 子句最多可以包含 40 个表达式，HAVING 子句的表达式之间使用关键字 AND 和 OR 分隔。

如果在 SELECT 语句中使用了 GROUP BY 子句，那么 HAVING 子句将应用于 GROUP BY 子句创建的组；如果指定了 WHERE 子句，而没有指定 GROUP BY 子句，那么 HAVING

子句将应用于 WHERE 子句的输出，并且这个输出被看作是一个组；如果在 SELECT 语句中既没有指定 WHERE 子句，也没有指定 GROUP BY 子句，那么 HAVING 子句将应用于 FROM 子句的输出，并且将这个输出看作是一个组。

技巧： 理解 HAVING 子句的最好方法就是记住 SELECT 语句中的子句的处理次序：WHERE 子句只能接收 FROM 子句输出的数据；而 HAVING 子句则可以接收来自 GROUP BY、WHERE 和 FROM 子句输出的数据。

【例 7.13】在前面例 7.11 的语句中，添加 HAVING 子句，指定条件为员工人数大于 3，如下：

```
SQL> SELECT deptno AS "部门编号" , COUNT(*) AS "员工人数"
  2  FROM scott.emp GROUP BY deptno
  3  HAVING COUNT(*) > 3 ;

  部门编号          员工人数
----------        ----------
        30        6
        20        5
```

提示： 如果不使用 GROUP BY 子句，那么 HAVING 子句的功能与 WHERE 子句一样，都是定义搜索条件。但是 HAVING 子句的搜索条件与组有关，而不是与单个的行有关。

7.2.7　DISTINCT 关键字

DISTINCT 关键字用来限定在检索结果中显示不重复的数据，对于重复值，只显示其中一个。该关键字是在 SELECT 子句中列的列表前面使用。如果不指定 DISTINCT 关键字，默认显示所有的列，即默认使用 ALL 关键字。

【例 7.14】查询 scott 用户的 emp 表，如果不使用 DISTINCT 关键字，那么查询结果有 14 条记录。具体如下：

```
SQL> SELECT deptno FROM scott.emp ;
    DEPTNO
----------
        20
        30
        30
...
        20
        10

已选择 14 行。
```

如果使用 DISTINCT 关键字，去掉重复的值，查询结果只有 3 条记录。具体如下：

```
SQL> SELECT DISTINCT deptno FROM scott.emp ;

   DEPTNO
----------
       30
       20
       10
```

7.2.8 算术运算符

在 SELECT 语句中，不但可以对表和视图执行查询操作，还可以执行数学运算(如+、-、*、/)，也可以执行日期运算，也可以执行与列关联的运算。

在执行数学和日期运算时，经常使用系统提供的 dual 表。可以使用 DESCRIBE 命令查看该表的结构。该表只包含了一个字段，数据类型是 VARCHAR2(1)，数据内容可以为空。

【例 7.15】 使用 SELECT 语句，执行数学运算，实现从 1 到 9 的四则运算，如下：

```
SQL> SELECT 1 + 2 + 3 + ( 4 * 5 / 6 - 7 ) + 8 + 9 FROM dual ;

1+2+3+(4*5/6-7)+8+9
--------------------
        19.3333333
```

【例 7.16】 使用 SELECT 语句，执行日期运算，实现在 2009 年 8 月 21 日的基础上加上 2 天的运算。具体如下：

```
SQL> SELECT TO_DATE('21-8月-2009') + 2 FROM dual ;

TO_DATE('21-8
--------------
23-8月 -09
```

【例 7.17】 使用 SELECT 语句，执行与列关联的运算。对 scott.emp 表中的 sal 列和 comm 列执行求和计算，将求和的结果显示为 money 列的内容。具体如下：

```
SQL> SELECT empno , ename , sal , comm , sal + comm AS money
  2  FROM scott.emp ORDER BY money ASC;

    EMPNO  ENAME        sal      COMM     MONEY
---------  ---------  -----     -----     ----------
     7844  TURNER       1500      0        1500
     7521  WARD         1250      500      1750
     7499  ALLEN        1600      300      1900
     7654  MARTIN       1250      1400     2650
...
已选择 14 行。
```

7.3　实验指导——统计各出版社今年的图书数量

在 SELECT 语句中，可以指定多个子句，如 WHERE、GROUP BY、HAVING 和 ORDER BY，这些子句按照这里列出的先后顺序依次执行。首先是 WHERE 子句，将所有记录中不满足条件的记录排除；然后通过 GROUP BY 子句指定分组条件，对 WHERE 条件筛选后得到的记录进行分组；接下来根据 HAVING 子句指定的条件，将分组后不满足条件的数据组筛选掉；最后按照 ORDER BY 子句对满足条件的数据组进行排序，产生最终结果。

在具体应用中，可以根据需要，使用上述子句中的一个或多个。

实验指导 7-1：统计各出版社今年的图书数量

查询图书表，将出版时间限定在 2009 年，然后根据出版社对图书进行分组，如果在 2009 年该出版社出版的图书数量大于 0，则将该出版社的名称和图书数量输出显示，并按照出版数量降序排列。

使用 SELECT 语句查询 book 表，指定 FROM 子句、WHERE 子句、GROUP BY 子句、HAVING 子句和 ORDER BY 子句，如下：

```
SQL> SELECT bookpress,COUNT(*) FROM book
  2  WHERE booktime >= '01-1 月-2009'
  3  GROUP BY bookpress
  4  HAVING COUNT(*) > 0
  5  ORDER BY COUNT(*) DESC ;

BOOKPRESS                     COUNT(*)
----------------------------  ----------
清华大学出版社                 15
北京大学出版社                 8
长安出版社                     6
燕山出版社                     3
```

提示： 在 WHERE 子句中，日期格式为 Oracle 默认日期格式。

7.4　使用其他 DML 语句

DML 表示数据操纵语言，主要用于对数据库表和视图进行操作。在一般的关系数据库系统中，DML 是指 SELECT、INSERT、UPDATE 以及 DELETE 语句。而在 Oracle Database 11g 数据库中，DML 还包括 CALL、LOCK TABLE 以及 MERGE 语句等。在这一小节中，除了 SELECT 语句外，将对其他一些常用的 DML 语句进行具体的介绍。

7.4.1　INSERT 语句

在 Oracle 数据库中，最常见的添加数据的方法是使用 INSERT 语句。与 SELECT 语句相比，INSERT 语句的语法形式要简单得多。

INSERT 语句的语法形式如下：

```
INSERT INTO table_name [ ( column1_name [ , column2_name ] ... ) ]
{ VALUES ( value1 [ , value2 ... ] ) | SELECT query ... } ;
```

语法说明如下。

- SELECT、INTO、VALUES：关键字。
- table_name：表示需要添加数据的表的名称。
- column1_name, column2_name：表示表中的列的名称。
- value1, value2：表示为对应列所添加的数据。
- SELECT query：表示一个 SELECT 子查询语句，通过该语句可以实现把子查询语句返回的结果添加到表中。

在使用 INSERT 语句向表中插入数据时，需要注意以下几点：

- 如果在 INSERT INTO 后没有指定列名，那么 VALUES 子句必须按照表结构中定义的列的次序为每个列提供值。
- 如果在 INSERT INTO 子句中指定了列名，那么每一个指定的列只能有一个值，并且值的次序必须与表中定义的次序相同。
- 如果在 INSERT 语句中使用 SELECT 语句，则 INSERT INTO 子句中指定的列名必须与 SELECT 子句中指定的列相匹配。
- 当某列的数据类型为字符串时，其值应该使用单引号(' ')括起来。

向一个表中插入一条新记录时，如果其中有的字段没有提供数据，在这种情况下，有下面 4 种可能：

- 如果该字段有一个默认值，该值会被使用。
- 如果该字段没有默认值，但是可以接受空值，则会被插入空值。
- 如果该字段没有默认值，而且不能接受空值，那么会出现错误。
- 如果该字段是一个标识字段，那么会自动产生一个新值。当向一个由标识字段的表中插入新记录时，只要忽略该字段，标识字段会给自己赋一个新值。

【例 7.18】在 INSERT INTO 子句中可以指定表中的某些或全部列，然后在 VALUES 子句中对这些列分别指定对应值，如下：

```
SQL> INSERT INTO scott.emp(
  2  empno , ename , job , mgr , hiredate , sal )
  3  VALUES (
  4  7935 , 'Candy' , 'manager' , 8700 , '19-7月-91' , 8000 ) ;
```

在 INSERT 语句中可以省略列表清单，那么 VALUES 子句中的值必须与表结构中的列一一对应，如下：

```
SQL> INSERT INTO scott.emp
  2  VALUES (
  3  7936 , 'Candy' , 'manager' , 8700 , '19-7月-91' , 8000 , NULL , NULL );
```

在 INSERT 语句中可以使用 SELECT 子查询语句。例如创建一个 my_emp 表，其结构与 scott.emp 表完全一致，那么可以使用如下语句向 my_emp 表中一次插入多行数据：

```
SQL> INSERT INTO my_emp
  2  SELECT *
  3  FROM scott.emp WHERE deptno = 10 ;
```

7.4.2 UPDATE 语句

使用 INSERT 语句向数据库中插入记录后，如果需要对已经添加的数据进行修改，可以使用 UPDATE 语句。SQL 语言使用 UPDATE 语句更新或修改满足条件的现有记录。

一般情况下，UPDATE 语句的语法如下：

```
UPDATE table_name
SET { column1_name = expression [ , column2_name = expression ] ... |
( column1_name[ ,column2_name ] ... ) = ( SELECT query ) }
[ WHERE condition ] ;
```

语法说明如下。

- table_name：表示需要更新的表名。
- SET：用来设置需要更新的列以及列的新值。可以指定多个列，以便一次修改多个列的值。为需要更新的列分别指定一个表达式，表达式的值即为对应列的值。
- SELECT query：与 INSERT 语句中的 SELECT 子查询句一样，在 UPDATE 语句中也可以使用 SELECT 子语句获取相应的更新值。
- WHERE：限定只对满足条件的行进行更新。

【例 7.19】 使用 UPDATE 语句，对 scott.emp 表执行更新操作。在 SET 子句中使用表达式，将 sal 的值增加 200，然后重新赋值给 sal 列。具体如下：

```
SQL> UPDATE scott.emp
  2  SET sal = sal + 200 ;
已更新 17 行。
```

在 UPDATE 语句的 SET 子句中，可以使用 SELECT 子查询语句。在 SELECT 子查询语句中使用聚合函数 AVG 获得 sal 列的平均值，将该值赋值给 empno 值为 7935 的员工的 sal 列。具体如下：

```
SQL> UPDATE scott.emp
  2  SET sal = ( SELECT AVG(sal) FROM scott.emp )
  3  WHERE empno = 7935 ;

已更新 1 行。
```

7.4.3 DELETE 语句

当不再需要表中的某些数据时，应该及时删除该数据，以释放该数据所占用的空间。在 Oracle 系统中，删除表中的数据可以使用 DELETE 语句。

DELETE 语句用于将不需要的数据行删除。该语句的一般使用语法如下：

```
DELETE [ FROM ] [ schema. ] table_name [ WHERE condition ] ;
```

其中，DELETE FROM 子句用来指定将要删除的数据所在的表；WHERE 子句用来指定将要删除的数据所要满足的条件，可以是表达式或子查询。如果不指定 WHERE 子句，则将从指定的表中删除所有的行。

提示： 使用 DELETE 语句，只是从表中删除数据，不会删除表结构。如果要删除表结构，则应该使用 DROP TABLE 语句。

在 DELETE 语句中并没有指定列名，这是因为 DELETE 语句不针对表中的某列进行，而是针对表中的数据行进行删除。

【例 7.20】 删除 scott.emp 表中 empno 的值为 7935 的员工记录。如下：

```
SQL> DELETE FROM scott.emp WHERE empno = 7935;
已删除 1 行。
```

技巧： 在数据库管理操作中，经常需要将某个表的所有记录删除而只保留表结构。如果使用 DELETE 语句进行删除，Oracle 系统会自动为该操作分配回滚段，则删除操作需要较长的时间才能完成。为了加快删除操作，可以使用 DDL 语句中的 TRUNCATE 语句，使用该语句可以快速地删除某个表中的所有记录。

7.4.4 MERGE 语句

使用 MERGE 语句，可以对指定的两个表执行合并操作，其语法如下：

```
MEGER INTO table1_name
USING table2_name ON join_condition
WHEN MATCHED THEN UPDATE SET ...
WHEN NOT MATCHED THEN INSERT ... VALUES ...
```

语法说明如下。

- table1_name：表示需要合并的目标表。
- table2_name：表示需要合并的源表。
- join_condition：表示合并条件。
- WHEN MATCHED THEN UPDATE：表示如果符合合并条件，则执行更新操作。
- WHEN NOT MATCHED THEN INSERT：表示如果不符合合并条件，则执行插入操作。

提示： 如果只是希望将源表中符合条件的数据合并到目标表中，可以只使用 UPDATE 子句；如果只是希望将源表中不符合合并条件的数据合并到目标表中，可以只使用 INSERT 子句。

在 UPDATE 子句和 INSERT 子句中，都可以使用 WHERE 子句指定更新或插入的条件。这时，对于合并操作来说，提供了两层过滤条件，第一层是合并条件，由 MERGE 语句中的 ON 子句指定；第二层是 UPDATE 或 INSERT 子句中指定的 WHERE 条件。从而使得合并操作更加灵活和精细。

【例 7.21】 要使用 MERGE 语句对两个表执行合并操作，首先需要创建两个表，并且这两个表的结构需要完全相同。这里创建表 person 和 newperson，创建表之后，向表中分别添加一些记录数据。然后使用 SELECT 语句分别查看 person 和 newperson 表中的记录数据，如下：

```
SQL> SELECT * FROM person ;
  PERSONID       PERSONNAME
----------       --------------------
         1       杨芬
         2       张寒

SQL> SELECT * FROM newperson ;

  PERSONID       PERSONNAME
----------       --------------------
         1       杨昊
         3       吴刚
```

使用 MERGE 语句，将 person 表作为目标表，将 newperson 表作为源表。在 ON 关键字后指定合并条件。如果符合合并条件，则对表 person 执行更新操作。如果不符合合并条件，则将表 newperson 中不符合条件的记录添加到 person 表中。具体如下：

```
SQL> MERGE INTO person p1
   USING newperson p2
   ON (p1.personid = p2.personid)
   WHEN MATCHED THEN
   UPDATE SET p1.personname = p2.personname
   WHEN NOT MATCHED THEN
   INSERT (personid , personname) VALUES (p2.personid , p2.personname);
2 行已合并。
```

再次使用 SELECT 语句查看表 person 中的记录数据，其中，personid 为 1 的用户名被修改；personid 为 3 的用户信息被添加进来。具体如下：

```
SQL> SELECT * FROM person;

  PERSONID       PERSONNAME
----------       --------------------
         1       杨昊
         2       张寒
         3       吴刚
```

7.5 使 用 函 数

无论什么样的计算机语言，都提供了大量的函数。使用这些函数可以大大提高计算机语言的运算和判断功能。

在 Oracle 数据库中，提供了字符串函数、数字函数、日期函数、转换函数和正则表达式函数，另外还有一些聚合函数，例如 SUM 函数和 AVG 函数等，通过使用这些函数，可以大大增强 SELECT 语句操作数据库数据的功能。

7.5.1 字符串函数

字符串函数是 Oracle 系统中比较常用的一种函数。在使用字符串函数时，可以接受字符参数，这些字符可以是一个任意有效的表达式，也可以来自于表中的一列。然后字符函数会按照某种方式处理输入参数，并返回一个结果。

在表 7-5 中列出了常用的一些字符串函数。

表 7-5 常用的字符串函数

函 数	说 明
ASCII(string)	返回给定 ASCII 字符 string 的十进制值
CHR(integer)	返回给定整数 integer 所对应的 ASCII 字符
COUNT(string)	获得字符串 string 的个数
CONCAT(string1, string2)	连接字符串 string1 和字符串 string2
INITCAP(string)	将字符串 string 的第一个字母变为大写，其余字母不变
INSTR(string1, string2 [, start] [, occurrence])	在 string1 中查找字符串 string2，然后返回 string2 所在的位置。可以使用一个可选的 start 参数，表示从 start 位置开始查找；使用可选参数 occurrence，用来表示返回 string2 第几次出现的位置
NVL(string, value)	如果 string 为空，就返回 value；否则返回 string
NVL2(string, value1, value2)	如果 string 为空，就返回 value1；否则返回 value2
LOWER(string)	将字符串 string 的全部字母转换为小写
UPPER(string)	将字符串 string 的全部字母转换为大写
LPAD(string, count [, char])	使用指定的字符 char 在字符串 string 的左边填充。其中 string 为被操作的字符串，count 为填充的字符总数，char 为可选项，表示要填充的字符，默认为空格
RPAD(string, start [, char])	使用指定的字符在字符串 string 的右边填充。各参数的意义同 LPAD
LTRIM(string [, char])	删除字符串 string 中左边出现的字符 char，char 的默认值为空格
RTRIM(string [, char])	删除字符串 string 中右边出现的字符 char，char 的默认值为空格

续表

函　数	说　明
REPLACE(string, char1[, char2])	替换字符串。其中 string 表示被操作的字符串，char1 表示要查找的字符，char2 表示要替换的字符。如果没有指定 char2，则要替换的字符默认为空字符串，即每查找到指定的字符串时，删除该字符串
SUBSTR(string, start [, count])	获取源字符串 string 的子串，其中 string 为源字符串；start 表示输出的子字符串的第一个字符在源字符串中的位置；count 表示输出的子字符串的字符数目
LENGTH(string)	返回字符串参数 string 的长度

【例 7.22】使用 ASCII 函数，获取指定字符的十进制值；使用 CHR 函数，获取数字的对应字符。具体如下：

```
SQL> SELECT ASCII('A') , CHR(65)
  2  FROM dual ;

ASCII('A')      CHR(65)
-----------     --------
     65         A
```

【例 7.23】使用 SUBSTR 函数，对 scott.emp 表中的 hiredate 列进行操作，取出该列中的年份信息，并将得到的年份信息显示在 year 列中。具体如下：

```
SQL> SELECT empno , ename , hiredate , SUBSTR(hiredate,8,2) AS year
  2  FROM scott.emp ORDER BY year ASC ;

     EMPNO   ENAME        HIREDATE         YEAR
----------   ---------    -------------    ------
      7369   SMITH        17-12 月-80      80
      7521   WARD         22-2 月 -81      81
...
      7788   SCOTT        19-4 月 -87      87
已选择 14 行。
```

【例 7.24】使用 NVL2 函数，检索 scott 用户的 emp 表，如果 deptno 列的值为空，则使用 40 替换空值；如果该列的值不为空，则返回该列的值。具体如下：

```
SQL> SELECT empno , ename , deptno , NVL2(deptno , deptno , 40)
  2  FROM scott.emp;

     EMPNO   ENAME          DEPTNO       NVL2(DEPTNO,DEPTNO,40)
---------    -----------    ---------    ----------------------
      7935   SCO%FIELD                   40
      7936   Candy                       40
      7369   SMITH          20           20
      7499   ALLEN          30           30
...
已选择 16 行。
```

7.5.2 数字函数

当检索的数据为数字数据类型时，可以使用数字函数进行数学计算。Oracle 系统所支持的数字函数如表 7-6 所示。

表 7-6 常用的数字函数

函　数	说　明
ABS(value)	获取 value 数值的绝对值
CEIL(value)	返回大于或等于 value 的最小整数值
FLOOR(value)	返回小于或等于 value 的最大整数值
SIN(value)	获取 value 的正弦值
COS(value)	获取 value 的余弦值
ASIN(value)	获取 value 的反正弦值
ACOS(value)	获取 value 的反余弦值
SINH(value)	获取 value 的双曲正弦值
COSH(value)	获取 value 的双曲余弦值
EXP(value)	返回以 e 为底的 value 的指数值，其中 e 约等于 2.71828183
LN(value)	返回 value 的自然对数
LOG(value)	返回 value 的以 10 为底的对数
POWER(value, exponent)	返回 value 的 exponent 的指数值
ROUND(value, precision)	对 value 按 precision 精度四舍五入
MOD(value, divisor)	取余
SQRT(value)	返回 value 的平方根。如果 value 为负数，那么该函数无意义
TRUNC(value1[, value2])	返回对 value1 截断的结果，value2 为可选参数，表示对第几位小数截断。如果不指定 value2，则从 value1 的 0 位小数处截断；如果 value2 为负数，则对 value1 在小数点左边的第|value|位处截断。例如 TRUNC(5.77) = 5；TRUNC(5.77 , 1) = 5.7；TRUNC(5.77, −1) = 0

【例 7.25】使用 ABS 函数，对整数 100 和负整数 100 分别求绝对值，如下：

```
SQL> SELECT ABS(100) , ABS(-100) FROM dual ;
 ABS(100)      ABS(-100)
----------    ----------
       100    100
```

使用 ROUND 函数，对 10.5 这个数按照不同的精度进行四舍五入，如下：

```
SQL> SELECT ROUND(10.5,1) , ROUND(10.5,0) , ROUND(10.5,-1) FROM dual ;
ROUND(10.5,1)  ROUND(10.5,0)  ROUND(10.5,-1)
-------------  -------------  --------------
     10.5      11             10
```

7.5.3　日期时间函数

日期和时间类型的数据也是在数据库中使用比较多的一种数据。SQL 语句主要通过日期函数操纵日期和时间数据。在 Oracle 系统中，默认的日期格式为 DD-MON-YY。

常用的日期时间函数如表 7-7 所示。

表 7-7　常用的日期函数

函　数	说　明
SYSDATE()	获取系统当前的日期值
CURRENT_TIMESTAMP()	获取当前的日期和时间值
ADD_MONTHS(date, count)	在指定的日期 date 上增加 count 个月
LAST_DAY(date)	返回日期 date 所在月的最后一天
MONTHS_BETWEEN(date1, date2)	返回 date1 和 date2 间隔多少个月
NEW_TIME(date, 'this', 'other')	将时间从 this 时区转变为 other 时区
NEXT_DAY(date, 'day')	返回指定日期之后下一个星期几的日期。这里的 day 表示星期几
GREATEST(date1, date2, ...)	从日期列表中选出最早的日期

【例 7.26】使用函数 SYSDATE 和 CURREND_TIMESTAMP，分别获得系统当前日期，以及系统当前时间和日期值，如下：

```
SQL> SELECT SYSDATE , CURRENT_TIMESTAMP FROM dual ;

SYSDATE         CURRENT_TIMESTAMP
-----------     ------------------------------------------------
25-8 月 -09      25-8 月 -09 05.23.56.921000 下午 +08:00
```

注意： 由于函数 SYSDATE 和 CURREND_TIMESTAMP 都不带有任何参数，所以在使用时省略其括号。如果带有括号，则会出现错误。

使用 MONTHS_BETWEEN 函数，计算当前日期与一个指定日期之间间隔的月份数，如下：

```
SQL> SELECT MONTHS_BETWEEN(SYSDATE , '08-8 月-2008') FROM dual ;

MONTHS_BETWEEN(SYSDATE , '08-8 月-2008')
----------------------------------------
                             12.5720516
```

技巧： 要获得两个日期之间相差的天数，可以通过两个日期的差值来获得。例如，SELECT SYSDATE－TO_DATE('08-8 月-2008') FROM dual;。

7.5.4 转换函数

在执行运算时，经常需要将一种数据类型转换为另一种数据类型，这种转换可以是隐式转换，也可以是显式转换。隐式转换是在运算的过程中，由系统自动完成的，不需要用户考虑，例如字符串 1(即'1')可以被隐式转换为数字 1。而显式转换则需要调用相应的转换函数来实现，例如，使用 TO_DATE 函数，将字符串类型转换成日期类型。

常用的转换函数如表 7-8 所示。

表 7-8 常用的转换函数

函　数	说　明
CAST(value AS type)	将 value 转换为 type 所指定的兼容数据类型
CONVERT(value, source_char_set, dest_char_set)	将 value 从源字符集 source_char_set 转换为结果字符集 dest_char_set
DECODE(value, search, result, default)	将 value 与 search 相比较，如果相等，该函数返回 result 值，否则返回 default 值
BIN_TO_NUM(value)	将二进制数字 value 转换为 number 类型
TO_NCHAR(value)	将数据库字符集中的 value 转换为 NVARCHAR2 字符串
TO_TIMESTAMP(value)	将字符串 value 转换为一个 TIMESTAMP 类型
TO_CHAR(value[, format])	将 value 转换为一个 VARCHAR2 字符串。可以指定一个可选参数 format 来说明 value 的格式
TO_NUMBER(value[, format])	将数字字符串 value 转化成数字数据
TO_DATE(string, 'format')	按照指定的格式 format，把字符串转换成日期数据。如果省略了 format 格式，则默认的日期格式为 DD-MON-YY

在使用 TO_CHAR 函数将时间值转换为字符串时，设置的参数会对字符串的返回结果格式产生影响。TO_CHAR 函数可以设置的参数如表 7-9 所示。

表 7-9 时间格式化参数

类　别	参　数	说　明
世纪	CC	两位的世纪表示。如 21
	SCC	两位的世纪表示，如果是公元前则有一个负号(-)。如-10
季度	Q	一位的季度。如 1
年份	YYYY	完整的 4 位年份。如 2009
	YY	年份的最后两位数字。如 09
	YEAR	年份全拼，全部大写。如 TWO THOUSAND NINE
月	MM	两位的月份。如 01
	MONTH	月份的全拼。右端补齐空格，总长 9 个字符。如 JANUARY
	MON	月份的前 3 个字母。如 JAN
周	WW	本年份中的第几周。例如 32

续表

类　别	参　数	说　明
日	DDD	本年中的第几天，3 位数字。如 100
	DD	本年中的第几天，两位数字。如 50
	D	本年中的第几天，一位数字。如 9
	DAY	周几的全拼或文本形式。如 MONDAY、星期一
	DY	周几的前 3 个字母。如 MON
时	HH24	24 小时格式的小时数，两位数字。如 23
	HH	12 小时格式的小时数，两位数字。如 11
分	MI	两位的分钟数。如 55
秒	SS	两位的秒数。如 30
	MS	毫秒数。如 100
后缀	AM 或 PM	设置后缀为 AM(上午)或 PM(下午)
	A.M.或 P.M.	设置后缀为 A.M.或 P.M.

【例 7.27】使用 TO_CHAR 函数和 TO_DATE 函数，分别对指定的日期和字符串进行互相转换，如下：

```
SQL> SELECT TO_CHAR(SYSDATE , 'YYYY-MM-DD DAY HH24:MI:SS ') to_char ,
  2  TO_DATE('2009.08.25' , 'YYYY.MM.DD') to_date
  3  FROM dual ;

TO_CHAR                                       TO_DATE
----------------------------                  --------------
2009-08-25 星期二 15:32:46                     25-8 月 -09
```

【例 7.28】使用 CAST 函数，将字符串类型转换为 NUMBER 类型，对获得的两个转换结果进行求和运算，如下：

```
SQL> SELECT CAST('12.345' AS NUMBER(10,2)) +
  2  CAST('12.345' AS NUMBER(10,2))
  3  FROM dual;

CAST('12.345'ASNUMBER(10,2))+CAST('12.345'ASNUMBER(10,2))
---------------------------------------------------------
                                                     24.7
```

从输出结果可以看出，字符串 12.345 被转换为数字 12.345，转换的过程中要求小数点后保留两位，12.345 经过四舍五入之后就是 12.35。两个 12.35 相加得到 24.7。

【例 7.29】使用 CAST 函数，将字符串类型转换为 DATE 日期类型，如下：

```
SQL> SELECT CAST('20-7 月-2009' AS DATE) + 2 FROM dual;
CAST('20-7 月-2
---------------
22-7 月 -09
```

从输出结果可以看出，字符串 20-7 月-2009 被转换为日期类型，该日期加上两天之后得到日期值 22-7 月-09。

7.5.5 正则表达式函数

正则表达式(Regular Expressions)是符号和元素的集合，这个集合允许用户匹配特定的文本模式。正则表达式的功能是非常强大的。在 Oracle 数据库中，可以通过正则表达式函数来使用正则表达式。

正则表达式中包含了大量的元字符(Meta Character)，例如，需要获得 2000 年到 2009 年之间的年份(包括 2000 年和 2009 年)，就可以使用下面的正则表达式实现这个功能。

```
^200[0-9]$
```

其中，^、[0-9]和$都是元字符，^可以匹配一个字符串的开头；[0-9]可以匹配 0-9 之间的数字；$可以匹配一个字符串的结尾。

在正则表达式中可以使用的元字符如表 7-10 所示。

表 7-10 正则表达式中的元字符

元 字 符	说 明	元 字 符	说 明
^	匹配字符串的开头位置	\d	数字字符
$	匹配字符串的末尾位置	\D	非数字字符
*	匹配前面的字符 0 次或多次。如 a*b 可以匹配 b、ab、aab 等	\w	字母字符
+	匹配前面的字符 1 次或多次。如 a+b 可以匹配 ab、aab，但不能匹配 b	\W	非字母字符
?	匹配前面的字符 0 次或 1 次。如 a?b 可以匹配 b、ab	\s	空白字符
{n}	匹配前面的内容 n 次，其中 n 是正整数。如 a{3}b 可以匹配 aaab	\S	非空白字符
{n, m}	匹配前面的内容至少 n 次，至多 m 次，其中 n 和 m 都是正整数	{n,}	匹配前面的元素至少 n 次
.	匹配除 null 之外的任意单个字符	\n	对前一次捕获的一个反向引用，其中 n 是正整数。如\1 则重复 1 次上次匹配的内容
x|y	匹配 x 或 y，其中 x 和 y 是一个或多个字符	\A	只匹配字符串的开头位置
[a-z]	匹配指定范围的任意一个字符	\Z	值匹配字符串的末尾位置
[::]	指定一个字符类，可以匹配该类中的任何字符。如[:blank:]可以匹配空格；[:digit:]可以匹配数字 0~9；[:lower:]可以匹配小写字母 a~z；[:upper:]可以匹配大写字母 A~Z	*?	匹配前面的元素 0 次或多次

续表

元 字 符	说　明	元 字 符	说　明
(pattern)	匹配指定模式的一个子表达式。如 ab([c-e])可以匹配 abc、abd 和 abe	+?	匹配前面的元素 1 次或多次
\	表示要匹配的是一个字符、常量或者反向引用。例如\n 匹配换行符；\\匹配\；\(匹配(	??	匹配前面的元素 0 次或 1 次

常用的正则表达式函数如表 7-11 所示。

表 7-11　常用的正则表达式函数

函　数	说　明
REGEXP_LIKE(string , pattern [, match_option)	从 string 中搜索 pattern 参数中定义的正则表达式，可以使用 match_option 修改默认匹配选项。match_option 可以被设置为：c(匹配时区分大小写。默认值)；i(匹配时不区分大小写)；n(允许使用可以匹配任意字符的操作符)；m(将 string 作为一个可以包含多行的字符串，以^字符为字符串的开始，$字符表示字符串的结束)
REGEXP_INSTR(string, pattern [, start [, occurrence [, return_option [, match_option]]]])	在 string 中查找 pattern，并返回 pattern 所在的位置。其中，start 表示搜索起始位置，默认值为 1；occurrence 表示返回第几次出现 pattern 的位置，默认值为 1，即 pattern 第一次在 string 中出现的位置；return_option 说明应该返回什么整数，如果该参数为 0，表示要返回的整数是 string 中的第一个字符的位置；若该参数为非 0 的整数，说明要返回的整数位 string 中出现在 pattern 之后的字符的位置；match_option 的可选值有 c、i、n 和 m
REGEXP_REPLACE(string, pattern [, replace_str [, start [, occurrence [, match_option]]]])	在 string 中查找 pattern，并将其替换为 replace_str，其他参数的含义与 REGEXP_INSTR 函数完全相同
REGEXP_SUBSTR(string, pattern [, start[, occurrence [, match_option]]])	返回 string 中可以匹配 pattern 的一个子字符串，其开始位置由 start 指定。其他参数的含义与 REGEXP_INSTR 函数完全相同
REGEXP_COUNT(string, pattern [, start [, match_option]])	这是 Oracle Database 11g 新增加的一个函数。表示在 string 中查找 pattern，并返回 pattern 在 string 中出现的次数

【例 7.30】对 scott 用户的 emp 表执行检索。使用 REGEXP_LIKE 函数，指定在 ename 列中以 A 字母开头的数据行，并且指定大小写敏感。具体如下：

```
SQL> SELECT empno , ename FROM scott.emp
  2  WHERE REGEXP_LIKE(ename , '^A' , 'c') ;
```

```
EMPNO        ENAME
---------    ----------
     7499    ALLEN
     7876    ADAMS
```

使用 REGEXP_LIKE 函数和正则表达式元字符^，检索在 ename 中是否包含以字符 A 开头的字符串内容。

下面使用 REGEXP_INSTR 函数，检索在前面获取的 ename 中是否包含有字母 E。如果包含有该字母，则显示该字母 E 在 ename 中所在的位置，否则将显示为 0，然后将该位置值显示在 reg_instr 列中。具体如下：

```
SQL> SELECT empno , ename , REGEXP_INSTR(ename , 'E') reg_instr
  2  FROM scott.emp
  3  WHERE REGEXP_LIKE(ename , '^A' , 'c') ;

    EMPNO     ENAME          REG_INSTR
----------    ----------     ------------
     7499     ALLEN          4
     7876     ADAMS          0
```

然后使用 REGEXP_REPLACE 函数，将 ename 中的字母 E 替换为 e，并将替换后的 ename 显示在 reg_replace 列。具体如下：

```
SQL> SELECT empno , ename , REGEXP_INSTR(ename , 'E') reg_instr ,
  2  REGEXP_REPLACE(ename , 'E' , 'e') reg_replace
  3  FROM scott.emp
  4  WHERE REGEXP_LIKE(ename , '^A' , 'c') ;

    EMPNO     ENAME      REG_INSTR     REG_REPLACE
----------    --------   ----------    ----------------
     7499     ALLEN      4             ALLeN
     7876     ADAMS      0             ADAMS
```

7.5.6 聚合函数

检索数据不仅仅是把现有的数据简单地从表中取出来，很多情况下，还需要对数据执行各种统计计算。在 Oracle 数据库中，执行统计计算需要使用聚合函数，常做的统计计算有求平均值、求和、求最大值、求取最小值，以及求取数量等，与这些计算相对应的聚合函数如表 7-12 所示。

提示： SELECT 语句的执行有特定的次序，首先执行 FROM 子句，然后是 WHERE 子句，最后才是 SELECT 子句。所以，在 SELECT 子句中使用 COUNT 等聚合函数时，统计的数据将是满足 WHERE 子句的记录。

表 7-12　常用的聚合函数

函　数	说　明
AVG(x)	返回对一个数字列或计算列求取的平均值
SUM(x)	返回一个对数字列或计算列的汇总和
MAX(x)	返回一个数字列或计算列中的最大值
MIN(x)	返回一个数字列或计算列中的最小值
COUNT(x)	返回记录的统计数量
MEDIA(x)	返回 x 的中间值
VARIANCE(x)	返回 x 的方差
STDDEV(x)	返回 x 的标准差

【例 7.31】对 scott 用户的 emp 表进行操作，根据 deptno 列进行分组，使用聚合函数，对每组分别执行统计计算。具体如下：

```
SQL> SELECT deptno , COUNT(*) , COUNT(mgr) , SUM(sal) ,
     AVG(sal) , MAX(sal) , MIN(sal)
     FROM scott.emp GROUP BY deptno ;

DEPTNO COUNT(*)     COUNT(MGR) SUM(sal)     AVG(sal)     MAX(sal) MIN(sal)
------ --------     ---------- ---------    --------     -------- --------
  30   6            6          9400         1566.66667   2850     950
  20   5            5          15875        2645.83333   5000     800
  10   3            2          8750         2916.66667   5000     1300
```

在输出的结果中，当 deptno 值为 10 时，COUNT(*)的值为 3，而 COUNT(mgr)的值为 2。这是因为当某一行的 mgr 列的值为 NULL 时，COUNT(*)统计所有的行，包括 NULL 值；而 COUNT(mgr)不对包含 NULL 值的数据行进行统计。

7.6　实验指导——统计各出版社最近一个月出版的图书数

使用日期函数获得最近一个月的日期范围，然后统计在这个日期范围内，各出版社出版的图书数。

实验指导 7-2：统计各出版社最近一个月出版的图书数

使用日期函数 SYSDATE 获得系统当前日期；使用日期函数 ADD_MONTHS 获得当前日期减去一个月的日期，然后在这两个日期范围内的时间，就是指最近一个月。在 WHERE 子句中，使用 BETWEEN 和 AND 关键字指定这个日期范围。具体如下：

```
SQL> SELECT bookpress , COUNT(*)
     FROM book
     WHERE booktime BETWEEN ADD_MONTHS(SYSDATE, -1) AND SYSDATE
     GROUP BY bookpress
     HAVING COUNT(*) > 0
     ORDER BY COUNT(*) DESC ;
```

```
BOOKPRESS                  COUNT(*)
----------------------     --------
清华大学出版社                3
北京大学出版社                1
```

7.7 事 务 处 理

事务(Transaction)是由一系列相关的 SQL 语句组成的最小逻辑工作单元。Oracle 系统以事务为单位来处理数据，用来保证数据的一致性。

7.7.1 事务的概念和特性

数据库中的事务是工作中的一个逻辑单元，由一个或多个 SQL 语句组成。如果对事务执行提交，则该事务中进行的所有操作均会提交，成为数据库中的永久组成部分。如果事务遇到错误而被取消或回滚，则事务中的所有操作均被清除，数据恢复到事务执行前的状态。也就是说一个事务中的所有 SQL 语句要么全部被执行，要么全部没有执行。

一组 SQL 语句操作要成为事务，数据库管理系统必须保证这组操作符合事务的 4 个特性，如下。

- 原子性(Atomicity)：事务必须是不可分割的原子工作单元；对于事务中的数据修改，要么全都执行，要么全都不执行。
- 一致性(Consistency)：事务在完成时，必须使所有的数据都保持一致。在相关数据库中，所有规则都必须应用于事务的修改，以保持所有数据的完整性。事务结束时，所有的内部数据结构(如 B 树索引或双向链表)都必须是正确的。
- 隔离性(Isolation)：由并发事务所做的修改必须与任何其他并发事务所做的修改隔离。
- 持久性(Durability)：事务完成之后，它对于系统的影响是永久性的。

提示： 上述这 4 个特性就是事务所具有的 ACID 特性。

7.7.2 事务处理

在 Oracle 数据库中，没有提供开始事务处理语句，所有的事务都是隐式开始的。Oracle 认为第一条修改数据库的语句，或者一些要求事务处理的场合都是事务隐式的开始，当用户需要终止一个事务处理时，必须显式地执行 COMMIT 语句或 ROLLBACK 语句，分别用来表示提交事务和回滚事务。

1. 提交事务

提交事务也就表示该事务中对数据库所做的全部操作都将永久地记录在数据库中。提交事务时使用 COMMIT 语句，用来标志一个成功的隐性事务或显式事务的结束。

执行 COMMIT 语句提交事务时，Oracle 会执行如下操作。

(1) 在回退段内的事务表中记录这个事务已经提交，并且生成一个唯一的系统改变号(SCN)，并将该 SCN 值保存到事务表中，用于唯一标识这个事务。

(2) 启动 LGWR 后台进程，将 SGA 区中缓存的重做记录写入到联机重做日志文件，并且将该事务的 SCN 值也保存到日志文件中。

(3) Oracle 服务器进程释放事务处理所使用的资源。

(4) 通知用户事务已经成功提交。

提示： 事务所包含的 SQL 语句的数量，不会影响 Oracle 提交事务的性能。

2. 回滚事务

回滚一个事务也就意味着该事务中对数据库进行的全部操作都将被取消。对事务执行回滚操作时使用 ROLLBACK 语句，表示将事务回滚到事务的起点或事务内的某个保存点。

回滚整个事务，Oracle 将会执行如下操作。

(1) Oracle 通过回退段中的数据撤消事务中所有 SQL 语句对数据库所做的任何操作。

(2) Oracle 服务器进程释放事务所使用的资源。

(3) 通知用户事务回滚成功。

3. 保存点

在事务的处理过程中，如果发生了错误并且使用 ROLLBACK 进行了回滚，则在整个事务处理中对数据所做的修改都将被撤消。在一个庞大的事务中，这种操作将会浪费大量的资源。

这时，可以为该事务建立一个或多个保存点。使用保存点可以让用户将一个规模比较大的事务分割成一系列较小的部分。当回滚事务时，就可以回滚到指定的保存点。

在事务中建立保持点的方法非常简单，语法如下：

```
SAVEPOINT [ savepoint_name ];
```

其中，savepoint_name 表示为保存点指定的一个名称。

提示： 如果没有为存储点指定名称，则回滚事务时，回滚到上一个保存点。

【例 7.32】对 bookstore 用户的 type 表进行事务操作。

(1) 使用 INSERT 语句向该表中添加一条记录，该记录的 typeid 值为 4，然后设置一个保存点为 save1。具体如下：

```
SQL> INSERT INTO bookstore.type VALUES (4 , '生活百科');
已创建 1 行。
SQL> SAVEPOINT save1;
保存点已创建。
```

(2) 再次使用 INSERT 语句添加一条记录，该记录的 typeid 值为 5。添加成功后，查询 type 表中的记录，可以发现 typeid 值为 4 的记录和 typeid 值为 5 的记录都显示在该表中。

具体如下：

```
SQL> INSERT INTO bookstore.type VALUES (5 , '食谱');
已创建 1 行。
SQL> SELECT * FROM bookstore.type;

   TYPEID       TYPENAME
----------      --------------------
         1      文学类
         2      历史类
         3      计算机类
         4      生活百科
         5      食谱
```

(3) 使用 ROLLBACK 语句，将事务回滚到保存点 save1，如下：

```
SQL> ROLLBACK TO SAVEPOINT save1;
回退已完成。
```

(4) 使用 COMMIT 语句提交整个事务，然后再检索 bookstore 用户中 type 表的记录信息。具体如下：

```
SQL> COMMIT;
提交完成。
SQL> SELECT * FROM bookstore.type;
   TYPEID       TYPENAME
----------      --------------------
         1      文学类
         2      历史类
         3      计算机类
         4      生活百科
```

从上述SELECT语句的检索结果可以看出，typeid值为5的记录由于事务回滚而被取消。

7.8 习　　题

一、填空题

1. 如果需要在 SELECT 子句中包括一个表的所有列，可以使用符号__________。

2. WHERE 子句可以接收 FROM 子句输出的数据；而 HAVING 子句可以接收来自 FROM、__________或__________子句的输出的数据。

3. 在 SELECT 语句中，分组条件的子句是__________，对显示的数据进行排序的子句__________。

4. 在 DML 语句中，INSERT 语句可以实现插入记录，__________语句可以实现更新记录，__________语句和__________语句可以实现删除记录。

5. __________函数可以返回某个数值的 ASCII 值，__________函数可以返回某个 ASCII 值对应的十进制数。

6. 使用__________函数，可以把数字或日期类型的数据转换成字符串；使用 TO_DATE 函数，可以把__________转换成__________，默认的日期格式为__________。

二、选择题

1. 查询 scott 用户的 emp 表中的总记录数，可以使用下列哪个语句？__________
   A. SELECT MAX(empno) FROM scott.emp;
   B. SELECT COUNT(empno) FROM scott.emp;
   C. SELECT COUNT(comm) FROM scott.emp;
   D. SELECT COUNT(*) FROM scott.emp;
2. 为了去除结果集中的重复行，可以在 SELECT 语句中使用下列哪个关键字？__________
   A. ALL
   B. DISTINCT
   C. UPDATE
   D. MERGE
3. 在 SELECT 语句中，HAVING 子句的作用是__________
   A. 查询结果的分组条件
   B. 组的筛选条件
   C. 限定返回的行的判断条件
   D. 对结果集进行排序
4. 下列哪个聚合函数可以把一个列中的所有值相加求和？__________
   A. MAX 函数
   B. MIN 函数
   C. COUNT 函数
   D. SUM 函数
5. 如果要统计表中有多少行记录，应该使用下列哪个聚合函数？__________
   A. SUM 函数
   B. AVG 函数
   C. COUNT 函数
   D. MAX 函数

三、简答题

1. 标准 SQL 语言的语句类型可以分为哪三大类，每种语句类型分别用来操纵哪些语句？
2. 列举几个在 WHERE 条件中可以使用的操作符。
3. 如果要按照降序对数据进行排序，应该在 ORDER BY 子句中使用哪个关键字？
4. 下面这个 SELECT 语句能否输出查询结果？如果不能，该如何修改？

```
SELECT empno , ename , deptno , COUNT(*)
FROM scott.emp
```

```
GROUP BY deptno ;
```

5. 指定一个日期值，例如 08-8 月-2008，获得这个日期与系统当前日期之间相隔的月份数和天数。

第 8 章　子查询与高级查询

在检索数据库时，为了获取完整的信息，需要将多个表连接起来进行查询，将多个表连接起来是根据表之间的关系进行的。在进行多表查询时，常进行的操作是子查询、连接查询和集合查询等。其中子查询可以实现从另外一个表获取数据，从而限制当前查询语句的返回结果；连接查询可以指定多个表的连接方式；集合查询可以将两个或者多个查询返回的行组合起来。

本章将介绍子查询的不同实现方式，多个表的简单连接，连接查询的不同实现方式，以及集合查询的有关内容。

本章要点：

- 掌握在 WHERE 子句中使用子查询。
- 掌握在 HAVING 子句中使用子查询。
- 熟练掌握使用 IN、ANY 和 ALL 操作符实现子查询。
- 熟练掌握关联子查询。
- 熟练掌握嵌套子查询。
- 掌握简单连接。
- 熟练掌握多个表之间的内连接。
- 熟练掌握多个表之间的外连接。
- 了解多个表之间的交叉连接。
- 掌握使用集合操作符实现集合查询。

8.1　子　查　询

在外部的 SELECT、UPDATE 或 DELETE 语句内部使用 SELECT 语句，这个内部 SELECT 语句称为子查询(Subquery)。使用子查询，主要是将子查询的结果作为外部主查询的查找条件。

8.1.1　子查询的类型

在子查询中可以使用两种比较操作符——单行操作符和多行操作符。

- 单行操作符：例如=、>、>=、<、<=、<>、!=。
- 多行操作符：例如 ALL、ANY、IN、EXISTS。

可以把子查询分为两种类型：单行子查询和多行子查询。

- 单行子查询：向外部的 SQL 语句只返回一行数据，或者不返回任何内容。单行子查询可以放到 SELECT 语句的 WHERE 子句和 HAVING 子句中。

- 多行子查询：向外部的 SQL 语句返回多行。要处理返回多行记录的子查询，外部查询需要使用多行操作符。

另外，子查询还有下面 3 种子类型，这 3 种子类型可以返回一行或多行查询结果。

- 多列子查询：向外部的 SQL 语句返回多列。
- 关联子查询：引用外部的 SQL 语句中的一列或多列。在关联子查询中，可以使用 EXISTS 和 NOT EXISTS 操作符。
- 嵌套子查询：在子查询中包含有子查询。

指定子查询时，需要注意以下几点：

- 子查询需要使用括号 () 括起来。
- 子查询要放在比较操作符的右边。
- 当子查询的返回值是一个集合而不是一个值时，不能使用单行操作符，而必须根据需要使用 ANY、IN、ALL 或 EXISTS 等操作符。

提示： 使用子查询，可以通过执行一条语句，实现需要执行多条普通语句所实现的功能，提高了应用程序的效率；另一方面，普通查询只能对一个表进行操作，而使用子查询，可以连接到其他多个表，从而可以获得更多的信息。

8.1.2 在 WHERE 子句中使用子查询

在 SELECT 语句的 WHERE 子句中可以使用子查询，表示将子查询返回的结果作为外部的 WHERE 条件。

1. 使用子查询

在 WHERE 子句中使用子查询的一般用法形式如下：

```
SELECT column_list FROM table_name WHERE expression operator (
    SELECT column_name FROM table_name WHERE condition
    GROUP BY exp HAVING having);
```

其中，在外部 SELECT 语句的 WHERE 子句中，expression 用来指定一个表达式，也可以是表中的一列；operator 可以是单行和多行操作符；()中的内容表示子查询内容。

在 SELECT 语句的其他子句中，使用子查询的方式都与上述用法大致相同。

【例 8.1】检索 scott 用户的 emp 表中的数据，在 WHERE 子句中使用子查询。现在已经知道员工编号为 7782，需要获得该员工所在部门的所有员工信息，如下：

```
SQL> SELECT empno , ename , sal , deptno FROM scott.emp
  2  WHERE deptno = (
  3      SELECT deptno FROM scott.emp WHERE empno = 7782 );

    EMPNO  ENAME           SAL         DEPTNO
---------  ----------      ----------  ----------
     7782  CLARK           2450        10
     7839  KING            5000        10
     7934  MILLER          1300        10
```

上述语句通过子查询获得员工编号为 7782 的员工所在部门的部门编号，然后根据该部门编号查询该部门中所有员工的部分信息。上述语句相当于先执行如下语句：

```
SQL> SELECT deptno FROM scott.emp WHERE empno = 7782;

DEPTNO
--------
10
```

然后执行如下语句：

```
SQL> SELECT empno , ename , sal , deptno FROM scott.emp
  2  WHERE deptno = 10 ;
```

2. 不能使用 ORDER BY 子句

在子查询的 SELECT 语句中，可以使用 FROM 子句、WHERE 子句、GROUP BY 子句和 HAVING 子句等，但是有些情况下不能使用 ORDER BY 子句，例如在 WHERE 子句中使用子查询时，子查询语句中就不能使用 ORDER BY 子句。

【例 8.2】在子查询语句中使用 ORDER BY 子句，想要将满足条件的数据行按照 deptno 列的值降序排列。具体如下：

```
SQL> SELECT empno , ename , sal , deptno FROM scott.emp
  2  WHERE deptno IN (
  3      SELECT deptno FROM scott.emp
  4      WHERE empno > 7782 ORDER BY deptno DESC);
WHERE empno > 7782 ORDER BY deptno DESC)
                   *
第 4 行出现错误:
ORA-00907: 缺失右括号
```

这时，执行结果显示错误信息，表示上述语句的 ORDER BY 子句不符合要求。如果确实需要使用 ORDER BY 子句对结果进行排序，可以在外部查询语句中使用该子句，如下：

```
SQL> SELECT empno , ename , sal , deptno FROM scott.emp
  2  where deptno IN(
  3      SELECT deptno FROM scott.emp WHERE empno > 7782 )
  4  ORDER BY empno DESC ;

    EMPNO  ENAME          SAL       DEPTNO
---------  -------------  -------   ----------
     7844  TURNER         1500      30
     7900  JAMES          950       30
     7654  MARTIN         1250      30
...
```

8.1.3 在 HAVING 子句中使用子查询

在 SELECT 语句中使用 HAVING 子句，可以实现对数据进行分组过滤。在 HAVING

子句中，如果使用子查询，那么就可以实现对子查询返回的结果根据分组进行过滤。

【例 8.3】对 scott 用户的 emp 表进行检索，在 HAVING 子句中使用子查询。获取哪些部门的员工平均工资小于全体员工的平均工资。具体如下：

```
SQL> SELECT deptno , AVG(sal) FROM scott.emp GROUP BY deptno
  2  HAVING AVG(sal) < (
  3      SELECT AVG(sal) FROM scott.emp );

    DEPTNO        AVG(SAL)
----------    -------------
        30      1566.66667
```

上述语句中，在外部 SELECT 语句中使用聚合函数 AVG，获得每个部门的员工平均工资；在子查询语句中使用聚合函数 AVG，获得 emp 表中 sal 列的平均值，表示全体员工的平均工资。

上述语句相当于先使用下面的 SELECT 语句获得 emp 表中 sal 列数据的平均值，如下：

```
SQL> SELECT AVG(sal) FROM scott.emp ;

  AVG(SAL)
-----------
  2626.5625
```

然后使用 SELECT … FROM … GROUP BY …语句，根据 deptno 列进行分组，获得每个组的员工平均工资，如下：

```
SQL> SELECT deptno , AVG(sal) FROM scott.emp GROUP BY deptno;

    DEPTNO        AVG(SAL)
----------    ------------
        30      1566.66667
        20      2645.83333
        10      2916.66667
```

从查询结果可以看出，在 AVG(sal)列中，只有数据 1566.66667 小于前面的平均值 2626.5625，该数据对应的 deptno 值为 30，这个结果与前面通过在 HAVING 子句中使用子查询所得到的最终结果相同。

8.1.4 使用 IN 操作符实现指定匹配查询

多行子查询可以向外部的 SQL 语句返回一行或多行记录。要处理返回多行记录的子查询，外部查询需要使用多行操作符。下面将介绍多行操作符 IN 的有关内容。

1. 使用 IN 操作符

IN 操作符用来检查在一个值列表中是否包含指定的值。这个值列表可以是子查询的返回结果。

【例 8.4】现在已经知道部门名称为 sales 和 accounting，需要获得属于这两个部门的所有员工信息，如下：

```
SQL> SELECT empno , ename , sal , deptno FROM scott.emp
  2  WHERE deptno IN(
  3      SELECT deptno FROM scott.dept
  4      WHERE dname IN ('ACCOUNTING' , 'SALES'));

     EMPNO  ENAME          SAL        DEPTNO
----------  -------------  ------     ----------
      7782  CLARK          2450       10
      7839  KING           5000       10
      7934  MILLER         1300       10
      7521  WARD           1250       30
      7844  TURNER         1500       30
      7499  ALLEN          1600       30
      7900  JAMES          950        30
      7698  BLAKE          2850       30
      7654  MARTIN         1250       30

已选择 9 行。
```

上述语句中，通过子查询语句获得部门名称为 sales 和 accounting 的部门编号(即 10 和 30)，返回的部门编号将作为外部查询的条件，从而检索部门编号为 10 或 30 的员工信息。

2. 使用 NOT IN 操作符

NOT IN 操作符用来检查在一个值列表中是否不包含指定的值，NOT IN 执行的操作正好与 IN 在逻辑上相反。

【例 8.5】使用 NOT IN 操作符，查询不属于 sales 和 accounting 部门的员工信息。语句如下：

```
SQL> SELECT empno , ename , sal , deptno FROM scott.emp
  2  WHERE deptno NOT IN (
  3      SELECT deptno FROM scott.dept
  4      WHERE dname IN ('ACCOUNTING' , 'SALES'));
```

3. 常见的操作错误

多行子查询可以返回多行记录，如果接收子查询结果的操作符是单行操作符，那么在执行语句时，可能会出现错误提示。

【例 8.6】前面例 8.5 所示的子查询语句返回两行数据，即 10 和 30。若在外部 WHERE 子句中使用单行操作符，如“=”，执行语句时将出现错误。具体如下：

```
SQL> SELECT empno , ename , sal , deptno FROM scott.emp
  2  WHERE deptno = (
  3      SELECT deptno FROM scott.dept
  4      WHERE dname IN ('ACCOUNTING' , 'SALES'));
SELECT deptno FROM scott.dept
*
```

```
第 3 行出现错误:
ORA-01427: 单行子查询返回多个行
```

8.1.5 使用 ANY 操作符实现任意匹配查询

在进行多行子查询时，使用 ANY 操作符，用来将一个值与一个列表中的所有值进行比较，这个值只需要匹配列表中的一个值即可，然后将满足条件的数据返回。其中，值列表可以是子查询的返回结果。

在使用 ANY 操作符之前，必须使用一个单行操作符，例如=、>、<、<=等。

【例 8.7】 对 scott 用户的 emp 表进行操作，获得工资大于任意一个部门的平均工资的员工信息，如下：

```
SQL> SELECT empno , ename , sal , deptno FROM scott.emp
  2  WHERE sal > ANY (
  3      SELECT AVG(sal) FROM scott.emp GROUP BY deptno);

     EMPNO  ENAME          SAL         DEPTNO
----------  -------------  ------      ----------
      7839  KING           5000        10
      7902  FORD           3000        20
      7788  SCOTT          3000        20
      7566  JONES          2975        20
      7698  BLAKE          2850        30
      7782  CLARK          2450        10
      7499  ALLEN          1600        30

已选择 7 行。
```

上述语句中的子查询返回多行平均工资，作为外部查询的 ANY 操作符的值列表。从前面例 8.3 的查询结果可以知道，部门平均工资分别为 1566.66667、2645.83333 和 2916.66667，所以上述外部查询的条件是大于这 3 个值中的任意一个值即可。

8.1.6 使用 ALL 操作符实现全部匹配查询

在进行子查询时，使用 ALL 操作符，用来将一个值与一个列表中的所有值进行比较，这个值需要匹配列表中的所有值，然后将满足条件的数据返回。其中，值列表可以是子查询的返回结果。

在使用 ALL 操作符之前，必须使用一个单行操作符，例如=、>、<、<=等。

【例 8.8】 对 scott 用户的 emp 表进行操作，获得工资大于所有部门的平均工资的员工信息，如下：

```
SQL> SELECT empno , ename , sal , deptno FROM scott.emp
  2  WHERE sal > ALL (
  3      SELECT AVG(sal) FROM scott.emp GROUP BY deptno);
```

```
     EMPNO ENAME              SAL        DEPTNO
---------- ------------- ------ ----------
      7839 KING               5000       10
      7902 FORD               3000       20
      7788 SCOTT              3000       20
      7566 JONES              2975       20
```

上述语句中的子查询返回多行平均工资，作为外部查询的 ALL 操作符的值列表。从前面例 8.3 的查询结果可以知道，部门平均工资分别为 1566.66667、2645.83333 和 2916.66667，所以上述外部查询的条件表示大于这 3 个平均值的最大值。如果外部 WHERE 条件中的操作符是小于号(<)，则表示小于这 3 个平均值的最小值。

8.1.7　实现多列子查询

单行子查询是指子查询只返回单行单列数据；多行子查询是指子查询返回多行单列数据，两者都是针对单列而言。所以前面的示例中，子查询都是只返回单个的列。

多列子查询则是指返回多列数据的子查询语句。当多列子查询返回单行数据时，在 WHERE 子句中可以使用单行操作符；返回多行数据时，在 WHERE 子句中必须使用多行操作符。

使用子查询比较多个列的数据时，可以使用下面两种方式。

- 成对比较：要求多个列的数据必须同时匹配。
- 非成对比较：通过指定连接关键字，例如 AND 或 OR 等，指定多个列的数据是否必须同时匹配。如果使用 AND 关键字，表示同时匹配，这样就可以实现与成对比较同样的结果；如果使用 OR 关键字，表示不必同时匹配。

【例 8.9】对 scott 用户的 emp 表进行操作，使用成对比较的方式，获得每个部门中工资最低的员工信息，如下：

```
SQL> SELECT empno , ename , sal , deptno FROM scott.emp
WHERE (deptno , sal) IN (
    SELECT deptno , MIN(sal) FROM scott.emp GROUP BY deptno ) ;

     EMPNO ENAME              SAL        DEPTNO
---------- ------------- ------ ----------
      7900 JAMES              950        30
      7369 SMITH              800        20
      7934 MILLER             1300       10
```

【例 8.10】使用非成对比较的方式，并且指定 AND 关键字，获得每个部门中工资最低的员工信息，如下：

```
SQL> SELECT empno,ename,sal,deptno FROM scott.emp
WHERE deptno IN (
    SELECT deptno FROM scott.emp)
AND sal IN(
    SELECT MIN(sal) FROM scott.emp GROUP BY deptno);
```

```
     EMPNO  ENAME            SAL        DEPTNO
---------- -------------    ------     ----------
      7369  SMITH            800        20
      7900  JAMES            950        30
      7934  MILLER           1300       10
```

8.1.8 实现关联子查询

关联子查询会引用外部查询中的一列或多列，这种子查询之所以被称为关联子查询，是因为它的确与外部语句相关。具体实现时，外部查询中的每一行都传递给子查询，子查询依次读取传递过来的每一行的值，并将其应用到子查询上，直到外部查询中的所有行都处理完为止，然后返回子查询的结果。

【例 8.11】查询各个部门中，哪些员工的工资低于其所在部门的平均工资，如下：

```
SQL> SELECT empno , ename , sal , deptno FROM scott.emp outer
  2  WHERE sal < (
  3      SELECT AVG(sal) FROM scott.emp inner
  4      WHERE inner.deptno = outer.deptno );

     EMPNO  ENAME           SAL          DEPTNO
---------- ----------      ----------   ----------
      7499  ALLEN           1600         30
      7566  JONES           2975         20
      7698  BLAKE           2850         30
      7788  SCOTT           3000         20
      7839  KING            5000         10
      7902  FORD            3000         20

已选择 6 行。
```

上述语句的执行过程为：首先从 emp 表中检索所有的行，将这些行分别传递给内部查询。内部查询依次读取每一行数据，对内部查询中 deptno 列计算每个部门的平均工资，然后将小于该平均工资的员工信息输出。

提示： 在上述查询语句中，为 scott.emp 表定义了两个别名，将一个表在逻辑上看作两个表。在外部查询语句中别名为 outer，在子查询语句中别名为 inner，通过这两个别名将外部查询的 deptno 列和内部查询的 deptno 列进行关联。

1. 使用 EXISTS 操作符

在关联子查询中可以使用 EXISTS 或 NOT EXISTS 操作符。其中，EXISTS 操作符用于检查子查询所返回的行是否存在，它可以在非关联子查询中使用，但是更常用于关联子查询。

【例 8.12】检索是否存在 1980 年入职的员工，如下：

```
SQL> SELECT empno , ename , sal , hiredate
FROM scott.emp outer WHERE EXISTS (
    SELECT empno FROM scott.emp inner
    WHERE outer.empno = inner.empno
    AND SUBSTR(hiredate,8,2) = '80' );

    EMPNO ENAME          SAL        HIREDATE
--------- ---------- ---------  --------------
     7369 SMITH          800        17-12 月-80
```

使用 EXISTS 操作符，只是检查子查询返回的数据是否存在，因此，在子查询语句中可以不返回一列，而返回一个常量值，这样可以提高查询的性能。如果使用常量 1 替代上述子查询语句返回的 empno 列，查询结果是一样的，查询语句如下：

```
SQL> SELECT empno , ename , sal , hiredate
FROM scott.emp outer WHERE EXISTS (
    SELECT 1 FROM scott.emp inner
    WHERE outer.empno = inner.empno
    AND SUBSTR(hiredate,8,2) = '80' );
```

2. 使用 NOT EXISTS 操作符

在执行的操作逻辑上，NOT EXISTS 操作符的作用与 EXISTS 操作符相反。在需要检查数据行中是否不存在子查询返回的结果时，就可以使用 NOT EXISTS。

【例 8.13】使用 NOT EXISTS 操作符，检索是否不存在 1980 年入职的员工。语句如下：

```
SQL> SELECT empno , ename , sal , hiredate
FROM scott.emp outer WHERE NOT EXISTS (
    SELECT 1 FROM scott.emp inner
    WHERE outer.empno = inner.empno
    AND SUBSTR(hiredate,8,2) = '80');
```

3. EXISTS 与 IN 的比较

前面介绍了使用 IN 操作符实现指定匹配查询，检查特定的值是否包含在值列表中，该操作符是针对特定的值。而 EXISTS 操作符只是检查行是否存在，针对行的存在性。

在使用 NOT EXISTS 和 NOT IN 时，如果一个值列表中包含有空值，NOT EXISTS 返回 TRUE；而 NOT IN 则返回 FALSE。

【例 8.14】使用 NOT EXISTS 操作符，检索最高领导人员的有关信息，也就是该员工没有上级领导，对应的 mgr 列的值为 NULL。具体如下：

```
SQL> SELECT empno , ename , sal , mgr FROM scott.emp outer
WHERE NOT EXISTS (
    SELECT 1 FROM scott.emp inner
    WHERE inner.mgr = outer.mgr);

     EMPNO ENAME          SAL        MGR
---------- -------- ---------  ----------
      7839 KING          5000
```

【例 8.15】 使用 NOT IN 操作符，重写上述语句，如下：

```
SQL> SELECT empno , ename , sal , mgr FROM scott.emp
  WHERE mgr NOT IN (
      SELECT mgr FROM scott.emp );

未选定行
```

使用 NOT IN 操作符没有返回任何行，这是因为子查询返回 mgr 列的值，而该列包含一个 NULL 值，这时外部子查询中的 NOT IN 操作符返回 FALSE，所以没有输出任何行数据。

8.1.9 实现嵌套子查询

所谓嵌套子查询，是指在子查询内部使用其他子查询。嵌套子查询的嵌套层次最多为 255 层。大多数情况下，嵌套子查询都在外层子查询的 WHERE 子句中。

【例 8.16】 已知工作地点在 NEW YORK 和 CHICAGO 的两个部门，要求根据这两个部门的平均工资中的最大值，获取工资大于这个最大值的员工信息，如下：

```
SQL> SELECT empno , ename , sal , deptno FROM scott.emp
  WHERE sal > (
      SELECT MAX(AVG(sal)) FROM scott.emp WHERE deptno IN (
          SELECT deptno FROM scott.dept
          WHERE loc IN ('NEW YORK' , 'CHICAGO') )
      GROUP BY deptno );

     EMPNO ENAME      SAL        DEPTNO
---------- ---------- ---------- ----------
      7566 JONES      2975       20
      7788 SCOTT      3000       20
      7839 KING       5000       10
      7902 FORD       3000       20
```

注意： 在实际应用中，应该尽量不要使用嵌套子查询技术，因为嵌套的层次越多，其查询性能越低。推荐使用表连接的方式。

上述语句中，在子查询中嵌套了子查询，该语句可以被拆分为如下 3 条语句。首先获得工作地点在 NEW YORK 和 CHICAGO 的部门编号，语句如下：

```
SQL> SELECT deptno FROM scott.dept WHERE loc IN ('NEW YORK' , 'CHICAGO');

   DEPTNO
---------
       10
       30
```

然后根据 10 和 30 这两个值，获得对应的两个部门的员工平均工资中的最大值。语句如下：

```
SQL> SELECT MAX(AVG(sal)) FROM scott.emp
  2  WHERE deptno IN(10 , 30) GROUP BY deptno ;

MAX(AVG(SAL))
-------------
   2916.66667
```

然后根据这个值，获得工资大于该值的所有员工信息，从而获得整个嵌套子查询的执行结果。该嵌套子查询最终被解释为如下语句：

```
SQL> SELECT empno , ename , sal , deptno FROM scott.emp
  2  WHERE sal > 2916.66667 ;
```

8.1.10　在 UPDATE 和 DELETE 语句中使用子查询

前面介绍了在 SELECT 语句中使用子查询，同样，在 UPDATE 和 DELETE 语句中，也可以使用子查询。

1. 在 UPDATE 语句中使用子查询

在 UPDATE 语句中使用子查询，可以将子查询返回的结果赋值给需要更新的列。

【例 8.17】 将员工编号为 7839 的员工的工资设置为平均工资，如下：

```
SQL> UPDATE scott.emp SET sal = (
  2      SELECT AVG(sal) FROM scott.emp )
  3  WHERE empno = 7839 ;

已更新 1 行。
```

2. 在 DELETE 语句中使用子查询

在 DELETE 语句中使用子查询，可以根据子查询返回的结果删除指定的行。

【例 8.18】 删除工作地点在 NEW YORK 的所有员工信息，如下：

```
SQL> DELETE FROM scott.emp WHERE deptno IN(
  2      SELECT deptno FROM scott.dept WHERE loc = 'NEW YORK');

已删除 3 行。
```

8.2　实验指导——获取借阅次数最多的前 5 本图书

在实际应用中，经常需要对借阅的图书进行统计，例如某类图书的借阅情况，借阅次数最多的图书信息，某个月份的图书借阅情况等。这里，以获取借阅次数最多的前 5 本图书信息为例，使用前面介绍的子查询，实现该功能。

实验指导 8-1：获取借阅次数最多的前 5 本图书

由于需要显示图书信息，所以从图书表 book 中进行检索；然后结合借书表 lend，获得每本书的借阅情况；最后按照每本书的借阅次数降序排列，获得前 5 本图书信息即可。具体如下：

```
SQL> SELECT bookid , bookname , booktime , typeid FROM book
  2      WHERE bookid IN(
  3          SELECT bookid FROM (
  4              SELECT bookid FROM lend
  5              GROUP BY bookid ORDER BY COUNT(bookid) DESC
  6          ) WHERE rownum <= 5 );

 BOOKID    BOOKNAME                  BOOKTIME            TYPEID
---------  --------------------      -----------------   ----------
    1      史记                      23-12月-08          2
    12     Struts 2学习              01-10月 -09         3
    2      Oracle学习                01-10月 -09         3
    5      红楼梦                    11-6月 -07          1
    11     中国现代文学              15-4月 -09          1
```

上述语句中，在最外层 SELECT 语句的 WHERE 子句中使用了子查询，并且使用 IN 操作符指定匹配查询；第 3 行的 SELECT 语句中，在 FROM 子句中使用子查询，通过子查询获得分组和排序之后的 bookid；最后在 WHERE 子句中指定 rownum 列小于等于 5，指定排序之后的前 5 行记录。

提示： 在前面介绍子查询时，并没有专门介绍 FROM 子句中的子查询。通过上述语句可以看出，在 FROM 子句中使用子查询的用法比较简单，主要是可以在子查询中实现分组和排序。

rownum 是 Oracle 系统自动对结果集添加的一个伪列，即查到结果集之后才添加的一个列(注意：是先要有结果集)。简单来说，rownum 是检索结果的序列号，该列的值从 1 开始。结果集的第一行分配的 rownum 值是 1，第二行是 2，依此类推。

8.3 高级查询

检索数据时，通过各个表之间共同列的关联性，可以查询存放在多个表中的不同实体的信息。如果在查询时需要对多个表进行操作，并且指定多个表的连接关系，则该查询就称为高级查询，也可以称为连接查询。

8.3.1 使用等号(=)实现多个表的简单连接

在连接查询中，如果仅仅通过 SELECT 子句和 FROM 子句连接多个表，那么查询的结果将是一个通过笛卡儿积所生成的表。

提示： 所谓笛卡儿积所生成的表，就是一个基本表中每一行与另一个基本表的每一行连接在一起所生成的表，查询结果的行数是两个基本表的行数的积。

【例 8.19】使用 SELECT 子句和 FROM 子句，从 scott 用户的 emp 表和 dept 表中检索数据，如果不指定检索条件，将得到 56 行记录。具体如下：

```
SQL> SELECT empno , ename ,  sal , scott.emp.deptno ,
  2 scott.dept.deptno , dname
  3 FROM scott.emp , scott.dept ;

    EMPNO   ENAME        SAL     DEPTNO      DEPTNO      DNAME
---------   ----------   ------  --------    --------    --------------
   7369     SMITH        800     20          10          ACCOUNTING
   7499     ALLEN        1600    30          10          ACCOUNTING
   7782     CLARK        2450    10          10          ACCOUNTING
   7788     SCOTT        3000    20          10          ACCOUNTING
   7839     KING         5000    10          10          ACCOUNTING
...

已选择 56 行。
```

由于 scott.emp 表中有 14 行记录，scott.dept 表中有 4 行记录，所以笛卡儿积所生成的表一共有 56(14 * 4 = 56)行记录。

提示： 在 FROM 子句中指定多个表时，表名之间使用英文逗号(,)进行分隔。

在笛卡儿积所生成的表中包含了大量的冗余信息。在检索数据时，为了避免冗余信息的出现，可以使用 WHERE 子句限定检索条件。在 WHERE 子句中使用等号(=)可以实现表的简单连接，表示第一个表中的列与第二个表中相应列匹配后才会在结果集中显示。

【例 8.20】重写例 8.19 所示的语句，添加 WHERE 子句指定检索条件，实现简单连接。在 SELECT 子句中指定需要输出的列名，使用 WHERE 语句限定查询条件，如下：

```
SQL> SELECT empno , ename ,  sal , scott.emp.deptno ,
  2 scott.dept.deptno , dname
  3 FROM scott.emp , scott.dept
  4 WHERE scott.emp.deptno = scott.dept.deptno ;

    EMPNO   ENAME        SAL     DEPTNO      DEPTNO      DNAME
----------  ----------   ------- ---------   ----------  --------------
      7782  CLARK        2450    10          10          ACCOUNTING
      7839  KING         5000    10          10          ACCOUNTING
...
      7654  MARTIN       1250    30          30          SALES

已选择 14 行。
```

scott.emp 表和 scott.dept 表都包含有 deptno 列，根据这个共同的列，在 WHERE 子句中使用等号(=)进行连接，对例 8.19 所示的输出结果检索，将 scott.emp 表的 deptno 值与 scott.dept 表的 deptno 值相等的数据行输出显示。

8.3.2 使用表的别名

在多表查询时，如果多个表之间存在同名的列，则必须使用表名进行限定。例如，例 8.20 中的 deptno 列，使用 scott.emp.deptno 和 scott.dept.deptno 的方式，分别表示 scott.emp 表中的 deptno 列和 scott.dept 表中的 deptno 列。如果查询内容比较复杂，那么多次使用表名就会使语句变得繁琐，这时可以使用表别名的方式解决这个问题。

设置表的别名，只需要在 FROM 子句中引用该表时，将表别名跟在表的实际名称后面即可。表别名和表的实际名称之间使用空格进行分隔。

【例 8.21】使用表别名的方式，重写例 8.20 中所示的语句。为 scott.emp 表设置表别名为 e，为 scott.dept 表设置表别名为 d。语句如下：

```
SQL> SELECT empno , ename, sal , e.deptno , d.deptno , dname
  2  FROM scott.emp e , scott.dept d
  3  WHERE e.deptno = d.deptno;
```

注意：在 FROM 子句中为表指定了别名，表的实际名称也就被覆盖，那么在所有子句(例如 SELECT 子句、WHERE 子句等)中都必须使用表别名，而不允许再使用实际的表名。

从上述语句可以看出，使用表别名简化了 SELECT 语句。在具体应用的 SELECT 语句中，应该遵循以下基本原则：

- 当列名为多个表共有时，列名必须使用表名或表别名进行限制。
- FROM 子句应当包括所有的表名。
- 在一条 SELECT 语句中，各个表的别名必须是唯一的。
- 应该使用 WHERE 子句定义一个连接条件，避免笛卡儿积所生成的表的出现。

提示：除了这些原则外，还需要注意连接查询的多个表之间应当存在逻辑上的联系。这种联系经常以外键的形式出现，但不是必须以外键的形式出现。

8.3.3 使用 INNER JOIN 实现多个表的内连接

在连接查询的 FROM 子句中，多个表之间可以使用英文逗号进行分隔。除了这种形式以外，SQL 还支持使用关键字 JOIN 进行连接。

在 FROM 子句中，使用 JOIN 连接的语法形式如下：

```
FROM join_table1 join_type join_table2 [ ON ( join_condition ) ]
    [ join_type ... ON join_condition , ... ]
```

语法说明如下。

- join_table1、join_table2：参与连接操作的表名。

- join_type：连接类型，连接类型有 INNER JOIN(内连接)、OUTER JOIN(外连接)和 CROSS JOIN(交叉连接)。
- join_condition：连接条件，由被连接表中的列和比较运算符、逻辑运算符等构成。可以使用多组 join_type ... ON join_condition ...子句，实现多个表的连接。

提示： 本小节将介绍内连接的使用，外连接和交叉连接将在接下来的两节中介绍。

内连接是最常用的连接查询方式，使用 INNER JOIN 关键字进行指定。如果只使用 JOIN 关键字，默认表示内连接。

内连接使用比较运算符，在连接表的某(些)列之间进行比较操作，并列出表中与连接条件相匹配的数据行。

根据使用的比较方式不同，内连接又分为等值连接、自然连接和不等连接。

1. 等值连接

所谓等值连接，是指在连接条件中使用等于(=)运算符比较被连接的值，也就是通过相等的列值连接起来的查询。

【例 8.22】使用 INNER JOIN 连接两个不同的表 scott.emp 和 scott.dept，ON 用来设置连接条件，使用 WHERE 子句限制查询范围。检索 accounting 部门的员工信息，如下：

```
SQL> SELECT empno , ename , sal , d.deptno , dname
  2  FROM scott.emp e INNER JOIN scott.dept d ON e.deptno = d.deptno
  3  WHERE dname = 'ACCOUNTING';

     EMPNO ENAME          SAL    DEPTNO     DNAME
---------- ---------- ------ ---------- --------------
      7782 CLARK        2450 10         ACCOUNTING
      7839 KING         5000 10         ACCOUNTING
      7934 MILLER       1300 10         ACCOUNTING
```

其中，INNER JOIN 中的 INNER 关键字可以省略。

2. 不等连接

所谓不等连接，就是在连接条件中使用除等号(=)外的其他比较运算符，构成非等值连接查询。可以使用的比较运算符包括：>(大于)、<(小于)、>=(大于等于)、<=(小于等于)、<>(不等于)、!=(不等于)、LIKE、IN 和 BETWEEN 等。

【例 8.23】通过 scott 用户的 emp 表和 salgrade 表，查询员工的工资等级。使用 BETWEEN 运算符，建立不等连接，如下：

```
SQL> SELECT empno , ename , sal , grade
  2  FROM scott.emp e INNER JOIN scott.salgrade s
  3  ON e.sal BETWEEN s.losal AND s.hisal;

    EMPNO ENAME                SAL       GRADE
--------- ----------      ---------  ----------
     7369 SMITH                800       1
```

```
      7900    JAMES          950          1
      7876    ADAMS          1100         1
      7521    WARD           1250         2
...
      7902    FORD           3000         4
      7839    KING           5000         5
```

已选择 14 行。

上述输出结果中，sal 列输出员工的工资值，grade 列输出工资对应的等级值。

提示： 如果需要获得 salgrade 表的列字段名称和行数据信息，可以执行如下语句：SELECT * FROM scott.salgrade;。

3. 自然连接

自然连接(NATURAL JOIN)是在两个表中寻找列名和数据类型都相同的字段，通过相同的字段将两个表连接在一起，并返回所有符合条件的结果。

使用自然连接，需要指定 NATURAL JOIN 连接关键字，但不需要指定连接条件。

【例 8.24】 使用自然连接，重写例 8.22 中的语句，如下：

```
SQL> SELECT e.empno , e.ename , e.sal , deptno , d.dname
  2  from scott.emp e NATURAL JOIN scott.dept d
  3  WHERE d.dname = 'ACCOUNTING';

     EMPNO  ENAME        SAL     DEPTNO      DNAME
----------  ----------  ------  ----------  --------------
      7782  CLARK        2450    10          ACCOUNTING
      7839  KING         5000    10          ACCOUNTING
      7934  MILLER       1300    10          ACCOUNTING
```

在 SELECT 子句中，不能为 deptno 列指定表名或表别名，其他各列的表别名可以省略。

由于 emp 表和 dept 表中都包含字段 deptno，该字段名称和数据类型完全相同。所以使用自然连接时，这两个表被自然地连接在一起。

使用自然连接时，需要注意以下几点：

- 如果自然连接的两个表中有多个字段都满足名称和数据类型相同，那么它们都会被作为自然连接的条件。
- 如果自然连接的两个表中，仅仅是字段名称相同，而字段的数据类型不同，那么使用该字段进行连接将会返回一个错误。
- 由于 Oracle 支持自然连接，那么在设计表时，应该尽量在不同的表中，将具有相同含义的字段使用相同的名字和数据类型。如果总是对主键和外键使用相同的名字，那么就可以满足自然连接。

提示： 自然连接是根据两个表中同名的列进行连接的，当列不同名时，自然连接将失去意义。

4．使用 USING 关键字简化连接

SQL/92 标准可以使用 USING 关键字来简化连接查询，但是只有在查询满足下面两个条件时，才能使用 USING 关键字进行简化：

- 查询必须是等值连接。
- 等值连接中的列必须具有相同的名称和数据类型。

提示： Oracle 语法的基础是 ANSI SQL/86 标准。目前 Oracle 数据库还实现了 ANSI SQL/92 标准的连接语法。为了使 SQL 语句兼容新的标准，应该在查询中使用 SQL/92 标准的语法。

【例 8.25】使用 USING 关键字，重写例 8.22 中的语句，如下：

```
SQL> select empno , ename , sal , deptno , dname
  2  from scott.emp e INNER JOIN scott.dept d
  3  USING (deptno)
  4  WHERE dname = 'ACCOUNTING';

    EMPNO  ENAME       SAL     DEPTNO      DNAME
---------- ---------- ------ ---------- --------------
     7782  CLARK       2450    10          ACCOUNTING
     7839  KING        5000    10          ACCOUNTING
     7934  MILLER      1300    10          ACCOUNTING
```

使用 USING 关键字简化连接时，需要注意以下几点。

(1) 使用 emp 表和 dept 表中的 deptno 列进行连接时，在 USING 子句和 SELECT 子句中，都不能为 deptno 列指定表名或表别名。

(2) 如果在连接查询时使用了两个表中相同的多个列，那么就可以在 USING 子句中指定多个列名，形式如下：

```
SELECT ... FROM table1 INNER JOIN table2
   USING ( column1 , column2 )
```

上述语句相当于下面的语句：

```
SELECT ... FROM table1 INNER JOIN table2
    ON table1.column1 = table2.column1
    AND table1.column2 = table2.column2 ;
```

(3) 如果对多个表进行检索，那么就必须多次使用 USING 关键字进行指定，形式如下：

```
SELECT ... FROM table1 INNER JOIN table2 USING ( column1 )
    INNER JOIN table3 USING ( column2 );
```

上述语句相当于下面的语句：

```
SELECT ... FROM table1 , table2 , table3
    WHERE table1.column1 = table2.column1
    AND table2.column2 = table3.column2 ;
```

8.3.4 使用 OUTER JOIN 实现多个表的外连接

对于外连接，Oracle 中可以使用加号(+)来表示，也可以使用 LEFT、RIGHT 和 FULL OUTER JOIN 关键字。

外连接可以分为下面这 3 类：

- 左外连接(LEFT OUTER JOIN 或 LEFT JOIN)
- 右外连接(RIGHT OUTER JOIN 或 RIGHT JOIN)
- 全外连接(FULL OUTER JOIN 或 FULL JOIN)

使用外连接，可以列出与连接条件相匹配的行，并且列出左表(左外连接时)、右表(右外连接时)或两个表(全外连接时)中，所有符合检索条件的数据行。

1. 左外连接

左外连接是在检索结果中除了显示满足连接条件的行外，还显示 JOIN 关键字左侧表中所有满足检索条件的行。

【例 8.26】使用左外连接，检索 emp 表和 salgrade 表，获得员工的工资等级。

为了观察左外连接的执行效果，首先使用 INSERT 语句向 emp 表中添加一些记录，其中 sal 列的值需要小于 700 或者大于 9999，也就是不在工资的等级值范围内。语句如下：

```
INSERT INTO scott.emp VALUES(
   7937 , 'Candy' , null , null , null , 500 , null , null );
```

下面使用左外连接：

```
SQL> SELECT e.empno , e.ename , e.sal , d.grade
  2  FROM scott.emp e LEFT OUTER JOIN scott.salgrade d
  3  ON e.sal BETWEEN d.losal AND d.hisal;

     EMPNO ENAME             SAL        GRADE
---------- ----------     ---------- ----------
      7937 CANDY             500
      7369 SMITH             800          1
      7900 JAMES             950          1
      7876 ADAMS             1100         1
      7521 WARD              1250         2
...
```

从输出结果可以看出，如果 sal 值在工资等级范围内，那么在 grade 列显示了工资等级。但是 empno 列为 7937 的员工的工资值小于 700，则该工资值不属于任何等级，对应的 grade 值为空。也就是说，执行左外连接，将 emp 表中的记录行全部显示，而不管 grade 表中是否有对应值。

如果使用加号(+)建立连接，那么上述左外连接语句等价于如下语句：

```
SQL> SELECT e.empno , e.ename , e.sal , d.grade
  2  FROM scott.emp e , scott.salgrade d
  3  WHERE e.sal BETWEEN d.losal AND d.hisal(+);
```

2．右外连接

右外连接是在结果中除了显示满足连接条件的行外，还显示 JOIN 右侧表中所有满足检索条件的行。

【例 8.27】 使用右外连接，检索 emp 表和 dept 表中所包含的部门编号，如下：

```
SQL> SELECT DISTINCT e.deptno , d.deptno
  2  FROM scott.emp e RIGHT OUTER JOIN scott.dept d
  3  ON e.deptno = d.deptno;

    DEPTNO        DEPTNO
----------    ----------
        10        10
                  40
        20        20
        30        30
```

从输出结果可以看出，使用右连接查询，不但输出 e.deptno 列和 d.deptno 列相同的行，还输出了 dept 表中包含的其他行，即 deptno 为 40 的数据行。通过该输出结果可以知道，在 deptno 为 40 的部门中，没有员工信息，而其他部门中都包含有员工。

如果使用加号(+)实现右外连接，上述语句等价于下面的语句：

```
SQL> select DISTINCT e.deptno , d.deptno
  2  FROM scott.emp e , scott.dept d
  3  WHERE e.deptno(+) = d.deptno;
```

如果使用 USING 关键字实现右外连接，语句如下：

```
SQL> SELECT DISTINCT deptno
  2  FROM scott.emp e RIGHT OUTER JOIN scott.dept d
  3  USING( deptno );
```

注意： 使用 USING 关键字实现左外连接，在 SELECT 子句中不能为 deptno 列指定表名或表别名。

3．全外连接

全外连接是在结果中除了显示满足连接条件的行外，还显示 JOIN 两侧表中所有满足检索条件的行。

【例 8.28】 使用全外连接，检索 emp 表和 dept 表中所包含的部门编号，语句如下：

```
SQL> SELECT DISTINCT e.deptno , d.deptno
  2  FROM scott.emp e FULL OUTER JOIN scott.dept d
  3  ON e.deptno = d.deptno;
```

8.3.5　使用 CROSS JOIN 实现交叉连接

使用 CROSS JOIN 关键字，可以实现两个表的交叉连接，所得到的结果将是这两个表中各行数据的所有组合，即这两个表所有数据行的笛卡儿积。

交叉连接与简单连接操作非常相似，不同的是，使用交叉连接时，在FROM子句中多个表名之间不是用逗号，而是使用CROSS JOIN关键字隔开。另外，在交叉连接中不需要使用关键字ON限定连接条件，但是可以添加WHERE子句设置连接条件。

【例8.29】使用交叉连接，查询emp表和dept表中，部门编号为10的员工信息和部门信息，如下：

```
SQL> SELECT empno , ename , sal , e.deptno , dname
  2  FROM scott.emp e CROSS JOIN scott.dept d
  3  WHERE e.deptno = 10 AND dname = 'ACCOUNTING';

     EMPNO  ENAME       SAL     DEPTNO     DNAME
----------  ----------  ------  ---------  --------------
      7782  CLARK       2450    10         ACCOUNTING
      7839  KING        5000    10         ACCOUNTING
      7934  MILLER      1300    10         ACCOUNTING
```

8.3.6 使用UNION操作符获取两个结果集的并集

使用集合操作符可以将两个或者多个查询返回的行组合起来，表8-1给出了常用的集合操作符。

表8-1 集合操作符

操 作 符	说 明
UNION [ALL]	将多个查询结果集合并，形成一个新的结果集。如果指定ALL，则包括重复的行；如果不指定ALL，则对重复的行只保留一行。相当于结果集的OR运算
INTERSECT	返回多个查询检索出来的公共行。相当于结果集的AND运算
MINUS	返回多个查询检索出来的结果集的差集

提示： 本节将介绍UNION操作符，其他各个操作将在后面的各小节中进行说明。

使用UNION操作符的语法如下：

```
select_statement UNION [ ALL ] select_statement
   [UNION [ ALL ] select_statement ] [ ... ]
```

其中，select_statement是查询的SELECT语句；ALL选项表示将所有行合并到结果集中，不指定该项，则只保留重复行中的一行。UNION操作符含义如图8-1所示。

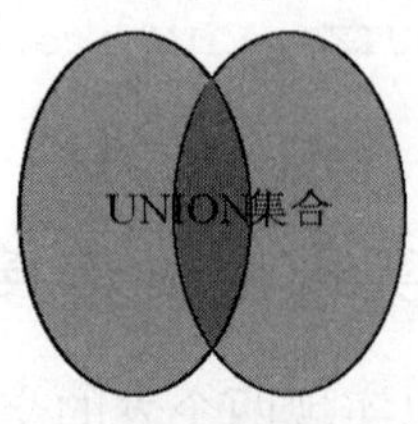

图8-1 UNION操作符所得到的集合

【例 8.30】使用 UNION ALL 操作符，对 scott 用户的 emp 表进行操作，获得员工编号大于 7800 或者所在部门编号为 10 的员工信息。使用 ORDER BY 语句将结果集按照 deptno 列升序排列输出。具体如下：

```
SQL> SELECT empno , ename , sal , deptno FROM scott.emp
WHERE empno > 7800
UNION ALL
    SELECT empno , ename , sal , deptno FROM scott.emp
    WHERE deptno = 10
    ORDER BY deptno ASC;

     EMPNO ENAME       SAL         DEPTNO
---------- ---------- ------      ------------
      7934 MILLER      1300        10
      7839 KING        5000        10
      7839 KING        5000        10
      7782 CLARK       2450        10
      7934 MILLER      1300        10
      7876 ADAMS       1100        20
      7902 FORD        3000        20
      7844 TURNER      1500        30
      7900 JAMES       950         30

已选择 9 行。
```

执行上述语句，将两个 SELECT 语句的查询结果合并在一起，但是并没有消除重复的行，例如员工编号为 7934 和 7839 的行。

提示： 在进行 UNION 运算时，应该保证每个查询语句的列表具有相同的列或列的表达式。

【例 8.31】使用 UNION 操作符，但是不指定 ALL 关键字，获得员工编号大于 7800 或者所在部门编号为 10 的员工信息。具体如下：

```
SQL> SELECT empno , ename , sal , deptno FROM scott.emp
WHERE empno > 7800
UNION
    SELECT empno , ename , sal , deptno FROM scott.emp
    WHERE deptno = 10 ORDER BY deptno ASC;

     EMPNO ENAME       SAL         DEPTNO
---------- ---------- ------      ------------
      7782 CLARK       2450        10
      7839 KING        5000        10
      7934 MILLER      1300        10
      7876 ADAMS       1100        20
```

```
    7902   FORD        3000       20
    7844   TURNER      1500       30
    7900   JAMES       950        30
```

已选择 7 行。

从输出结果可以看出，该数据集中不再包含有重复记录。

8.3.7 使用 INTERSECT 操作符获取两个结果集的交集

使用 INTERSECT 操作符，获取结果集的公共行，也称为获取结果集的交集。INTERSECT 操作符的使用语法同 UNION，只是操作符不再是 UNION [ALL]，而是 INTERSECT。

INTERSECT 操作符的含义如图 8-2 所示。

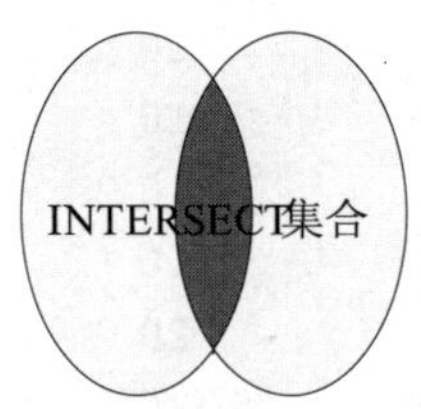

图 8-2　INTERSECT 操作符所得到的集合

【例 8.32】使用 INTERSECT 运算符，获得员工编号大于 7800 并且所在部门编号为 10 的员工信息。具体如下：

```
SQL> SELECT empno , ename , sal , deptno FROM scott.emp
  2  WHERE empno > 7800
  3  INTERSECT
  4      SELECT empno , ename , sal , deptno FROM scott.emp
  5      WHERE deptno = 10 ;

   EMPNO   ENAME        SAL        DEPTNO
---------- ----------  ------      ------------
    7839   KING         5000       10
    7934   MILLER       1300       10
```

在前面例 8.30 所示的输出结果中，有两条重复记录，即员工编号为 7839 和 7934 的行。这里使用 INTERSECT 操作符得到的记录，也就是前面的重复记录，只有重复记录才表示这两个查询结果都输出了该条数据。

8.3.8 使用 MINUS 操作符获取两个结果集的差集

SQL 语言中的 MINUS 集合运算，表示获得给定集合之间的差异，也就意味着所得到的结果集中，其中的元素仅存在于前一个集合中，而不存在于另一个集合。

MINUS 操作符的含义如图 8-3 所示。

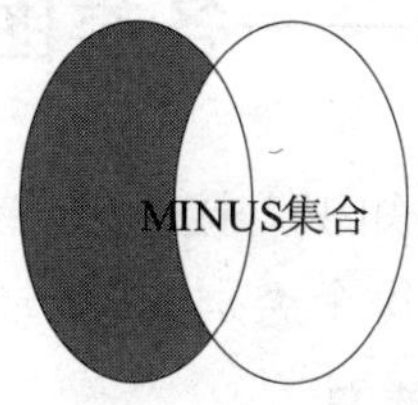

图 8-3　MINUS 操作符所得到的集合

【例 8.33】使用 MINUS 操作符，获得员工编号大于 7800 但是所在部门编号不是 10 的员工信息。具体如下：

```
SQL> SELECT empno , ename , sal , deptno FROM scott.emp
WHERE empno > 7800
MINUS
    SELECT empno , ename , sal , deptno FROM scott.emp
    WHERE deptno = 10 ;

     EMPNO  ENAME       SAL        DEPTNO
----------  ----------  ------     ------------
      7844  TURNER      1500       30
      7900  JAMES       950        30
      7876  ADAMS       1100       20
      7902  FORD        3000       20
```

从输出结果可以看出，员工编号 empno 列的数据都大于 7800，而且 deptno 列为 10 的数据不再输出显示。

结合前面介绍的集合运算符，在一次执行语句中，可以根据需要对这些运算符进行混合使用。默认情况下，执行顺序自左至右，但是可以使用括号改变这个执行顺序。

【例 8.34】使用 UNION ALL 和 MINUS 运算符，获得员工编号大于 7800 或者所在部门编号为 10 的员工中，工资大于等于 2000 的所有员工信息。具体如下：

```
SQL> SELECT empno , ename , sal , deptno FROM scott.emp
WHERE empno > 7800
UNION ALL
    SELECT empno , ename , sal , deptno FROM scott.emp
    WHERE deptno = 10
MINUS
    SELECT empno , ename , sal , deptno FROM scott.emp
    WHERE sal < 2000 ;

    EMPNO  ENAME           SAL        DEPTNO
---------  ----------      ---------  ----------
     7782  CLARK           2450       10
     7839  KING            5000       10
     7902  FORD            3000       20
```

8.4 实验指导——各类图书的借阅情况

通过前面介绍的高级查询的有关知识，接下来将结合图书表、借书表和图书类别表，获得各类图书的借阅情况，例如获取每个类别的图书分别被借阅的次数。

实验指导 8-2：各类图书的借阅情况

具体实现时，需要从借书表 lend 中获得每本书的借阅情况，通过内连接(INNER JOIN)，将该表的 bookid 列与 book 表中的 bookid 相关联；通过右外连接(RIGHT JOIN)，将 book 表中的 typeid 列与 type 表中的 typeid 列相关联，获得每本书所属的类别。代码如下：

```
SQL> SELECT COUNT(b.bookid) , t.typename
  2  FROM lend l INNER JOIN book b ON l.bookid = b.bookid
  3  RIGHT JOIN type t ON b.typeid = t.typeid
  4  GROUP BY t.typename;

COUNT(B.BOOKID)     TYPENAME
---------------     --------------------
             30     历史类
             55     计算机类
             10     地理类
             39     文学类
             0      哲学类
```

技巧： 掌握上述语句中右外连接(RIGHT JOIN)的使用，用于将所有的类别都输出显示，即使该类别的借阅图书量为 0，如哲学类图书。否则如果借阅量为 0，该类别不会显示。

8.5 习　　题

一、填空题

1. 在 SELECT 语句的 WHERE 子句中可以使用子查询，表示将__________作为外部的 WHERE 条件。

2. 在子查询的 SELECT 语句中，可以指定 FROM 子句、__________子句、__________子句和 HAVING 子句等，但是有些情况下不能指定__________子句。

3. 使用 IN 操作符实现指定匹配查询；使用__________操作符实现任意匹配查询；使用__________操作符实现全部匹配查询。

4. 在关联子查询中可以使用__________或__________关键字。

5. 常用的表的连接类型有__________(内连接)、__________(外连接)__________(交叉连接)。

6. 集合运算符__________实现了集合的并运算；集合运算符 INTERSECT 实现了对集合的交运算；而集合运算符__________则实现了集合的减运算。

二、选择题

1. 下面哪些语句在执行时不会返回错误信息，而显示检索结果？__________

A.
```
SELECT empno , ename FROM scott.emp WHERE deptno =
  (SELECT deptno FROM scott.dept WHERE dname NOT IN ('SALES') );
```

B.
```
SELECT empno , ename FROM scott.emp WHERE deptno =
  (SELECT deptno FROM scott.dept WHERE dname IN ('SALES') );
```

C.
```
SELECT empno , e.deptno , dname FROM scott.emp e , scott.dept d;
```

D.
```
SELECT empno , deptno , dname FROM scott.emp , scott.dept;
```

2. 使用关键字进行子查询时，__________关键字只注重子查询是否返回行。如果子查询返回一个或多个行，那么将返回真，否则为假。

A. IN　　B. ANY　　C. ALL　　D. EXISTS

3. 使用简单连接查询两个表，其中一个表有 5 行记录，另一个表有 28 行记录。如果未使用 WHERE 子句，则将返回多少行？__________

A. 33　　B. 23　　C. 28　　D. 140

4. __________为具有相同名称的列字段进行记录匹配，不必指定任何同等连接条件。

A. 等值连接　　B. 不等连接　　C. 自然连接　　D. 交叉连接

5. SQL/92 标准可以使用 USING 关键字来简化连接查询，但是只有在查询满足下面的__________条件时，才能使用 USING 关键字进行简化。

A. 查询必须是等值连接

B. 等值连接中的列必须具有相同的名称和数据类型

C. FROM 子句应当包括所有的表名

D. 如果在连接查询时使用了两个表中相同的多个列，那么就可以在 USING 子句中指定多个列名

三、简答题

1. 子查询有哪 3 种子类型？

2. 对 scott 用户的 emp 进行操作，在 SELECT 语句中使用子查询，获得每个部门中工资最高的员工信息。

3. 外连接(OUTER JOIN)可以分为哪 3 种类型？

4. 对 scott 用户的 emp 表和 dept 表进行操作，使用内连接(INNER JOIN)方式，检索 sales 部门的员工信息。

5. 在进行集合操作时，使用哪些操作符，分别获取两个结果集的并集、交集和差集？

第 9 章　PL/SQL 基础

PL/SQL 中的 PL 是 Procedural Language 的缩写，表示过程化编程语言。PL/SQL 是 Oracle 对标准数据库语言的扩展，是一种高性能的基于事务处理的语言，能运行在任何 Oracle 环境中，支持所有数据处理命令，支持所有 SQL 数据类型和所有 SQL 函数，同时支持所有 Oracle 对象类型。PL/SQL 块可以被命名和存储在 Oracle 服务器中，同时也能被其他的 PL/SQL 程序或 SQL 命令调用，任何客户/服务器工具都能访问 PL/SQL 程序，所以它具有很好的可重用性。

本章介绍 PL/SQL 的基础知识，包括常量与变量、条件选择语句、循环语句、游标和异常等。

本章要点：

- 了解 PL/SQL 程序块的结构。
- 熟悉常量与变量的用法。
- 掌握%TYPE、%ROWTYPE 以及记录类型与表类型的使用。
- 熟练掌握条件选择语句的使用。
- 熟练掌握循环语句的使用。
- 理解并掌握游标。
- 掌握异常的处理。

9.1　PL/SQL

本节介绍 PL/SQL 块的基本结构、声明与使用常量和变量的方法、常量与变量的各种数据类型，以及 PL/SQL 的程序注释。

9.1.1　PL/SQL 程序块的基本结构

在学习 PL/SQL 程序块之前，首先来了解 PL/SQL 程序块的基本结构，它主要包括 DECLARE 部分、BEGIN ... END 部分和 EXCEPTION 部分，具体代码结构如下：

```
[ DECLARE declaration_statements ; ]
BEGIN
    executable_statements ;
[ EXCEPTION exception_handling_statements ; ]
END ;
/
```

结构说明如下。

- DECLARE declaration_statements：用于声明变量。PL/SQL 程序块中需要使用的变量一般在 DECLARE 块中声明。
- BEGIN … END：PL/SQL 程序块的主体部分。其中，还可以嵌套其他 PL/SQL 块。
- executable_statements：PL/SQL 块中的可执行语句。
- EXCEPTION exception_handling_statements：用于处理 PL/SQL 块运行过程中可能出现的任何可执行错误。
- /：PL/SQL 块需要使用正斜杠(/)结尾，才能被执行。

注意：PL/SQL 块中的语句都要用分号(;)结尾，也正因为如此，分号不会被 Oracle 解析器作为执行 PL/SQL 程序块的符号，因此需要使用正斜杠执行 PL/SQL 程序块。

9.1.2 常量和变量

在 PL/SQL 程序块中，经常会使用常量与变量。常量用于声明一个不可更改的值，而变量则可以在程序中根据需要存储不同的值。

定义常量与变量时，名称必须符合 Oracle 标识符的规定，如下：

- 名称必须以字母开头。
- 名称长度不能超过 30 个字符。
- 名称中不能包含减号(-)和空格。
- 不能是 SQL 保留字。

提示：如果想要了解 Oracle 中的 SQL 保留字，可以使用命令：HELP reserved words，或者使用 DBA 身份查询数据字典 v$reserved_words。

1. PL/SQL 数据类型

对于常量与变量的数据类型，除了可以使用与 SQL 相同的数据类型以外，Oracle 还专门为 PL/SQL 程序块提供了如表 9-1 所示的特定类型。

2. 常量

声明常量时需要使用 CONSTANT 关键字，并且必须在声明时就为该常量赋值，而且在程序其他部分不能修改该常量的值。

定义常量的语法形式如下：

```
constant_name CONSTANT data_type { := | DEFAULT } value ;
```

语法说明如下。

- constant_name：表示常量名。
- data_type：表示常量的数据类型。
- := | DEFAULT：这里，:=为赋值操作符。在初始化常量或变量值时还可以使用

DEFAULT 关键字代替。

- value：表示为常量赋的值。

表 9-1　PL/SQL 数据类型

类　型	说　明
BOOLEAN	布尔型。取值为 TRUE、FALSE 或 NULL
BINARY_INTEGER	带符号整数，取值范围为-2^{31}~2^{31}
NATURAL	BINARY_INTEGER 的子类型，表示非负整数
NATURALN	BINARY_INTEGER 的子类型，表示不为 NULL 的非负整数
POSITIVE	BINARY_INTEGER 的子类型，表示正整数
POSITIVEN	BINARY_INTEGER 的子类型，表示不为 NULL 的正整数
SIGNTYPE	BINARY_INTEGER 的子类型，取值为-1、0 或 1
PLS_INTEGER	带符号整数，取值范围为-2^{31}~2^{31}。它与 BINARY_INTEGER 类似，都比 NUMBER 类型表示的范围小，因此占用更少的内存。当使用 PLS_INTEGER 值时，如果算法发生溢出，会触发异常
SIMPLE_INTEGER	Oracle Database 11g 的新增类型。它是 BINARY_INTEGER 的子类型，其取值范围与 BINARY_INTEGER 相同，但不能存储 NULL 值。当使用 SIMPLE_INTEGER 值时，如果算法发生溢出，不会触发异常，只会简单地截断结果
STRING	与 VARCHAR2 相同
RECORD	一组其他类型的组合
REF CURSOR	指向一个行集的指针

注意： PL/SQL 程序块中的赋值符号是冒号等号(:=)，而不是常见的等号(=)，并且在书写时不要将冒号与等号分开，也就是说两者之间不能存在空格。

3. 变量

声明变量时不需要使用 CONSTANT 关键字，而且可以不为其赋初始值，其值可以在程序其他部分被修改。

定义变量的语法形式如下：

```
variable_name data_type [ [ NOT NULL ] { := | DEFAULT } value ] ;
```

语法说明如下。

- variable_name：表示变量名。
- NOT NULL：表示可以对变量定义非空约束。如果使用了此选项，则必须为变量赋非空的初始值，而且不允许在程序其他部分将其值修改为 NULL。

4. 在 PL/SQL 中使用常量与变量

下面举例介绍在 PL/SQL 程序块中使用常量与变量的效果。

【例 9.1】使用 PL/SQL 程序块，输出显示 scott.emp 表中的部分数据，如下：

```
SQL> SET SERVEROUTPUT ON
SQL> DECLARE
    emp_number CONSTANT NUMBER(4) := 7900 ;
    emp_name VARCHAR2(10) ;
    emp_job VARCHAR2(9) ;
    emp_sal NUMBER(7 , 2) ;
  BEGIN
    SELECT ename , job , sal
    INTO emp_name , emp_job , emp_sal
    FROM emp WHERE empno = emp_number ;
    DBMS_OUTPUT.PUT_LINE('查询的员工的编号为：' || emp_number) ;
    DBMS_OUTPUT.PUT_LINE('该员工的姓名为：' || emp_name) ;
    DBMS_OUTPUT.PUT_LINE('该员工的职位为：' || emp_job) ;
    DBMS_OUTPUT.PUT_LINE('该员工的工资为：' || emp_sal) ;
  END ;
  /

查询的员工的编号为：7900
该员工的姓名为：JAMES
该员工的职位为：CLERK
该员工的工资为：950

PL/SQL 过程已成功完成。
```

上述示例中，在 DECLARE 块中定义了一个常量和 3 个变量，并为常量赋初始值为 7900。然后在程序体中，使用 SELECT … INTO 语句为 3 个变量赋值，值分别为 emp 表中 empno 为 7900 的员工的 ename、job 和 sal 列的值。最后调用 DBMS_OUTPUT.PUT_LINE 系统过程输出上述常量与变量的值。

提示： 要想在 SQL*Plus 中显示 DBMS_OUTPUT.PUT_LINE 过程的输出内容，需要使用 SET SERVEROUTPUT ON 命令打开服务器输出。另外，Oracle 中可以使用双竖线 || 来连接两个字符串。

9.1.3　%TYPE 类型和%ROWTYPE 类型

在 PL/SQL 中，除了可以使用 SQL 数据类型，以及 PL/SQL 中特定的数据类型以外，还可以在声明变量时使用%TYPE 和%ROWTYPE 类型。

1. %TYPE 类型

在 PL/SQL 程序块中，有时候会使用表中的数据为变量赋值，例如上一节示例中的 emp_name 等变量，就是通过 emp 表中的数据为其赋值，这种情况下就需要用户事先了解变量所对应的列的数据类型，否则用户无法确定变量的数据类型。

而使用%TYPE 类型就可以解决这类问题，%TYPE 类型用于隐式地将变量的数据类型指定为对应列的数据类型。

使用%TYPE 定义变量的形式如下：

```
variable_name table_name.column_name%TYPE
    [ [ NOT NULL ] { := | DEFAULT } value ] ;
```

【例 9.2】修改例 9.1 中的常量与变量声明部分，使用%TYPE 类型定义变量，如下：

```
SQL> SET SERVEROUTPUT ON
SQL> DECLARE
     emp_number CONSTANT emp.empno%TYPE := 7900 ;
     emp_name emp.ename%TYPE ;
     emp_job emp.job%TYPE ;
     emp_sal emp.sal%TYPE ;
   BEGIN
     SELECT ename , job , sal
     INTO emp_name , emp_job , emp_sal
     FROM emp WHERE empno = emp_number ;
     DBMS_OUTPUT.PUT_LINE('查询的员工的编号为：' || emp_number) ;
     DBMS_OUTPUT.PUT_LINE('该员工的姓名为：' || emp_name) ;
     DBMS_OUTPUT.PUT_LINE('该员工的职位为：' || emp_job) ;
     DBMS_OUTPUT.PUT_LINE('该员工的工资为：' || emp_sal) ;
   END ;
SQL> /

查询的员工的编号为：7900
该员工的姓名为：JAMES
该员工的职位为：CLERK
该员工的工资为：950
PL/SQL 过程已成功完成。
```

2. %ROWTYPE 类型

%TYPE 类型只是针对表中的某一列，而%ROWTYPE 类型则针对表中的一行，使用%ROWTYPE 类型定义的变量可以存储表中的一行数据。

使用%ROWTYPE 定义变量的形式如下：

```
variable_name table_name%ROWTYPE ;
```

【例 9.3】修改例 9.2 示例中的变量声明部分，使用%ROWTYPE 类型定义变量，如下：

```
SQL> SET SERVEROUTPUT ON
SQL> DECLARE
     emp_number CONSTANT emp.empno%TYPE := 7900 ;
     one_emp emp%ROWTYPE ;
   BEGIN
     SELECT *
     INTO one_emp
     FROM emp WHERE empno = emp_number ;
     DBMS_OUTPUT.PUT_LINE('查询的员工的编号为：' || emp_number) ;
```

```
    DBMS_OUTPUT.PUT_LINE('该员工的姓名为：' || one_emp.ename) ;
    DBMS_OUTPUT.PUT_LINE('该员工的职位为：' || one_emp.job) ;
    DBMS_OUTPUT.PUT_LINE('该员工的工资为：' || one_emp.sal) ;
END ;
SQL> /

查询的员工的编号为：7900
该员工的姓名为：JAMES
该员工的职位为：CLERK
该员工的工资为：950
PL/SQL 过程已成功完成。
```

上述示例中使用%ROWTYPE 类型定义了一个变量 one_emp，其类型为 emp 表的一行，向该变量赋予一行数据后，使用 one_emp.ename 的形式读取该行数据中的 ename 列值。

9.1.4　PL/SQL 记录类型和表类型

PL/SQL 记录类型和表类型都是用户自定义的复合数据类型，其中记录类型可以存储多个字段值，类似于表中的一行数据；表类型则可以存储多行数据。

1. 记录类型

记录类型与数据库中表的行结构非常相似，使用记录类型定义的变量可以存储由一个或多个字段组成的一行数据。

创建记录类型需要使用 TYPE 语句，其语法如下：

```
TYPE record_name IS RECORD (
    field_name data_type [ [ NOT NULL ] { := | DEFAULT } value ]
    [ , ... ]
) ;
```

语法说明如下。

- record_name：创建的记录类型名称。
- IS RECORD：表示创建的是记录类型(区别于后面的表类型)。
- field_name：记录类型中的字段名。

提示： 一般来说，表是一个实体集，表中的每一行都表示一个实体，因此对记录类型的最好的理解方式是将它看成一个实体，其字段表示该实体的属性。

【例 9.4】 在 PL/SQL 中创建一个记录类型，然后使用该类型定义一个变量，并为这个变量赋值，如下：

```
SQL> SET SERVEROUTPUT ON
SQL> DECLARE
    TYPE emp_type IS RECORD (
            empno NUMBER(4) ,
            ename VARCHAR2(10) ,
            job VARCHAR2(9) ,
```

```
            sal NUMBER(7 , 2)
    ) ;
    one_emp emp_type ;
BEGIN
    SELECT empno , ename , job , sal
    INTO one_emp
    FROM emp WHERE empno = 7900 ;
    DBMS_OUTPUT.PUT_LINE('员工编号为：' || one_emp.empno) ;
    DBMS_OUTPUT.PUT_LINE('员工姓名为：' || one_emp.ename) ;
    DBMS_OUTPUT.PUT_LINE('员工职位为：' || one_emp.job) ;
    DBMS_OUTPUT.PUT_LINE('员工工资为：' || one_emp.sal) ;
END ;
SQL> /

员工编号为：7900
员工姓名为：JAMES
员工职位为：CLERK
员工工资为：950

PL/SQL 过程已成功完成。
```

上述示例中定义了一个名为 emp_type 的记录类型，该类型有 4 个字段。然后使用该类型定义了一个 one_emp 变量，并在程序体中向该变量赋予编号为 7900 的员工的 empno、ename、job 和 sal 列的值。

2. 表类型

使用记录类型变量只能保存一行数据，这限制了 SELECT 语句的返回行数，如果 SELECT 语句返回多行就会出错。而 Oracle 提供了另外一种自定义类型，也就是表类型，它是对记录类型的扩展，允许处理多行数据，类似于表。

创建表类型的语法如下：

```
TYPE table_name IS TABLE OF data_type [ NOT NULL ]
INDEX BY BINARY_INTEGER ;
```

语法说明如下。

- table_name：创建的表类型名称。
- IS TABLE：表示创建的是表类型。
- data_type：可以是任何合法的 PL/SQL 数据类型。
- INDEX BY BINARY_INTEGER：指定系统创建一个主键索引，用于引用表类型变量中的特定行。

【例 9.5】创建表类型，并使用该类型声明变量，然后为该变量赋值，最后输出变量中的值，如下：

```
SQL> SET SERVEROUTPUT ON
SQL> DECLARE
    TYPE my_emp IS TABLE OF emp%ROWTYPE
    INDEX BY BINARY_INTEGER ;
```

```
    new_emp my_emp ;
BEGIN
    new_emp (1).empno := 6800 ;
    new_emp (1).ename := 'TRACY' ;
    new_emp (1).job := 'CLERK' ;
    new_emp (1).sal := 2500 ;
    new_emp (2).empno := 6900 ;
    new_emp (2).ename := 'LUCY' ;
    new_emp (2).job := 'MANAGER' ;
    new_emp (2).sal := 4000 ;
    DBMS_OUTPUT.PUT_LINE (new_emp (1).empno || ',' ||
                          new_emp (1).ename || ',' ||
                          new_emp (1).job || ',' ||
                          new_emp (1).sal) ;
    DBMS_OUTPUT.PUT_LINE (new_emp (2).empno || ',' ||
                          new_emp (2).ename || ',' ||
                          new_emp (2).job || ',' ||
                          new_emp (2).sal) ;
END ;
SQL> /

6800,TRACY,CLERK,2500
6900,LUCY,MANAGER,4000
PL/SQL 过程已成功完成。
```

从上述示例中可以发现，通过表类型变量存取值时使用的是索引值，如 new_emp (1)和 new_emp (2)，分别表示该表类型变量 new_emp 中的第一行数据与第二行数据。

如果要删除表类型变量中的记录，可以使用 DELETE 方法，形式如下：

```
variable_name DELETE [ ( index_number ) ] ;
```

其中，variable_name 表示变量名，index_number 表示索引值，如果不指定索引值，则表示删除变量中的所有记录。

对表类型变量进行操作时，除了可以使用 DELETE 方法之外，还可以使用如下方法。

- COUNT：返回表类型变量中的记录数。
- FIRST：返回表类型变量的第一行索引。
- LAST：返回表类型变量的最后一行索引。
- NEXT：返回表类型变量的下一行索引。

9.1.5　PL/SQL 程序注释

PL/SQL 程序块的内容一般会较长而且较为复杂，所以在 PL/SQL 块中添加适当的注释会提高代码的可阅读性。

PL/SQL 中可以使用如下两种注释符号添加注释文本。

- 双减号(--)：使用双减号(--)可以添加单行注释，其注释范围从双减号开始，到该行的末尾。

- 正斜杠星号字符对(/* … */)：使用正斜杠星号字符对(/* … */)可以添加一行或多行注释，这种形式的注释可以位于可执行代码中间，系统只将字符对之间的文本内容作为注释。

【例 9.6】 在 PL/SQL 程序块中使用上述两种形式的注释符号添加注释文本，如下：

```
SQL> DECLARE
  stuname VARCHAR2(8) ; --定义学生姓名变量
  /* 下面是程序体
     在程序体中，将 student 表中 sno 为 1 的学生
     的 sname 列的值赋值给 stuname 变量 */
  BEGIN
    SELECT sname FROM student WHERE sno = 2 ;
  END ;
```

9.2 条件选择语句

Oracle 提供了两种条件选择语句来对程序进行逻辑控制，分别是 IF 条件语句和 CASE 表达式。

9.2.1 IF 条件语句

在 PL/SQL 块中，IF 条件语句可以包含 IF、ELSIF(请注意 ELSIF 关键字的写法)、ELSE、THEN 和 END IF 等关键字。其完整的语法形式如下：

```
IF condition1 THEN
    statements1
[ ELSIF condition2 THEN
    statements2 ] [ , ... ]
[ ELSE
    statements3 ]
END IF ;
```

语法说明如下。

- condition<n>：布尔表达式，其值为 TRUE 或 FALSE。
- statements<n>：PL/SQL 语句，在对应的条件为 TRUE 时被执行。

注意： ELSIF 子句可以没有，也可以有一到多条。另外，在 IF、ELSIF 和 ELSE 子句中可以嵌入其他 IF 条件语句。

【例 9.7】 在 PL/SQL 中，使用 IF 条件语句判断成绩 61 分所处的等级，如下：

```
SQL> SET SERVEROUTPUT ON
SQL> DECLARE
  score BINARY_INTEGER := 61 ;
  BEGIN
    IF score >= 90 THEN
```

```
            DBMS_OUTPUT.PUT_LINE('优秀') ;
    ELSIF score >= 80 THEN
            DBMS_OUTPUT.PUT_LINE('良好') ;
    ELSIF score >= 60 THEN
            DBMS_OUTPUT.PUT_LINE('及格') ;
    ELSE
            DBMS_OUTPUT.PUT_LINE('不及格') ;
    END IF ;
END ;
/
```

```
及格
PL/SQL 过程已成功完成。
```

9.2.2　CASE 表达式

从功能上来讲，CASE 表达式基本上可以实现 IF 条件语句能实现的所有功能，而从代码结构上来讲，CASE 表达式具有更好的阅读性，因此，建议读者尽量使用 CASE 表达式代替 IF 语句。

Oracle 中的 CASE 表达式分为两种类型。

- 简单 CASE 表达式：使用表达式确定返回值。
- 搜索 CASE 表达式：使用条件确定返回值。

1．简单 CASE 表达式

简单 CASE 表达式使用嵌入式的表达式来确定返回值，其语法如下：

```
CASE search_expression
    WHEN expression1 THEN result1 ;
    WHEN expression2 THEN result2 ;
    ...
    WHEN expressionN THEN resultN ;
    [ ELSE default_result ; ]
END CASE ;
```

语法说明如下。

- search_expression：待求值的表达式。
- WHEN expression1 THEN result1：其中，expression1 表示要与 search_expression 进行比较的表达式。如果二者的值相等，则返回 result1；如果不相等，则继续下一次比较。
- ELSE default_result：如果所有 WHEN 子句中的表达式的值都与 search_expression 不匹配，则返回 default_result，也就是默认值。如果不设置此选项，而又没有找到匹配的表达式，则 Oracle 将报错。

【例 9.8】在 PL/SQL 中，使用简单 CASE 表达式判断“良好”所对应的分数段，如下：

```
SQL> SET SERVEROUTPUT ON
```

```
SQL> DECLARE
grade VARCHAR2(4) := '良好' ;
BEGIN
   CASE grade
   WHEN '优秀' THEN DBMS_OUTPUT.PUT_LINE('大于等于 90 分') ;
   WHEN '良好' THEN DBMS_OUTPUT.PUT_LINE('大于等于 80 分,但小于 90 分') ;
   WHEN '及格' THEN DBMS_OUTPUT.PUT_LINE('大于等于 60 分,但小于 80 分') ;
   WHEN '不及格' THEN DBMS_OUTPUT.PUT_LINE('小于 60 分') ;
   ELSE DBMS_OUTPUT.PUT_LINE('此等级不对应任何分数段') ;
   END CASE ;
END ;
SQL> /

大于等于 80 分,但小于 90 分
PL/SQL 过程已成功完成。
```

提示： 如果上述示例中没有 ELSE 子句，而 grade 变量的值又与任何 WHEN 子句中的表达式的值都不匹配，例如 grade 变量值为“补考”，则 Oracle 会返回错误信息。

2. 搜索 CASE 表达式

搜索 CASE 表达式使用条件来确定返回值，其语法如下：

```
CASE
WHEN condition1 THEN result1 ;
WHEN condition2 THEN result2 ;
...
WHEN conditionN THEN resultN ;
[ ELSE default_result ; ]
END CASE ;
```

与简单 CASE 表达式相比较，可以发现 CASE 关键字后面不再跟随待求表达式，而 WHEN 子句中的表达式也换成了条件语句(condition)，其实搜索 CASE 表达式就是将待求表达式放在条件语句中进行范围比较，而不再像简单 CASE 表达式那样只能与单个的值进行比较。

【例 9.9】 在 PL/SQL 中，使用搜索 CASE 表达式实现例 9.7 的效果，如下：

```
SQL> SET SERVEROUTPUT ON
SQL> DECLARE
score BINARY_INTEGER := 61 ;
BEGIN
   CASE
   WHEN score >= 90 THEN DBMS_OUTPUT.PUT_LINE('优秀') ;
   WHEN score >= 80 THEN DBMS_OUTPUT.PUT_LINE('良好') ;
   WHEN score >= 60 THEN DBMS_OUTPUT.PUT_LINE('及格') ;
   ELSE DBMS_OUTPUT.PUT_LINE('不及格') ;
   END CASE ;
```

```
END ;
SQL> /

及格

PL/SQL 过程已成功完成。
```

9.3 实验指导——在 SELECT 语句中使用 CASE 表达式

与 IF 语句不同，CASE 表达式可以应用在 SELECT 语句中，用于在检索数据的同时对数据进行判断并返回判断结果。

例如在检索图书信息的同时，判断图书是否为最新出版，如果是则提示“New”；另外根据图书的借阅情况，判断该图书是否很受欢迎，如果是则提示“Hot”；如果两种要求都符合，则提示“New、Hot”。

实验指导 9-1：在 SELECT 语句中使用 CASE 表达式

假设最近一个月出版的图书为最新图书，最近一个月借阅次数达到 3 次以上的为受欢迎图书。SELECT 语句如下：

```
SQL> CONNECT bookstore/admin
已连接。
SQL> SELECT b.bookname , b.bookpress , b.booktime ,
 (
 CASE
   WHEN ( booktime BETWEEN ADD_MONTHS( SYSDATE,-1 ) AND SYSDATE )
    AND (
       ( SELECT COUNT( l.bookid ) FROM lend l WHERE l.bookid = b.bookid
         AND ( l.lendtime BETWEEN ADD_MONTHS( SYSDATE,-1 ) AND SYSDATE )
       ) >= 3
    )
     THEN 'New、Hot'
   WHEN booktime BETWEEN ADD_MONTHS( SYSDATE,-1 ) AND SYSDATE
     THEN 'New'
   WHEN (SELECT COUNT( l.bookid ) FROM lend l WHERE l.bookid = b.bookid
    AND (l.lendtime BETWEEN ADD_MONTHS(SYSDATE,-1) AND SYSDATE ) ) >= 3
    THEN 'Hot'
   ELSE ' '
 END
 ) AS 友情提示                          --为返回的判断结果定义列名
 FROM book b ;
```

上面的 CASE 表达式中只用到了两个条件表达式，一个是判断图书的出版日期是否为最近一个月，表达式语句如下：

```
booktime BETWEEN ADD_MONTHS( SYSDATE,-1 ) AND SYSDATE
```

另一个是判断图书最近一个月的借阅次数是否在 3 次以上，表达式语句如下：

```
SELECT COUNT( l.bookid ) FROM lend l WHERE l.bookid = b.bookid
   AND ( l.lendtime BETWEEN ADD_MONTHS( SYSDATE,-1 ) AND SYSDATE ) ) >= 3
```

查询结果如下：

```
BOOKNAME                 BOOKPRESS           BOOKTIME        友情提示
--------------------     ---------------     ------------    ------

史记                     清华大学出版社      23-12月-08      Hot
Oracle完全学习手册       清华大学出版社      21-8月 -09      New、Hot
红楼梦                   清华大学出版社      11-6月 -07
三国演义                 清华大学出版社      11-6月 -07
水浒传                   清华大学出版社      11-6月 -07
西游记                   清华大学出版社      11-6月 -07
史记                     清华大学出版社      01-1月 -08
上下五千年               清华大学出版社      18-8月 -08
...
清华园                   清华大学出版社      12-8月 -09
文学与认识               北京大学出版社      20-8月 -09      New

已选择17行。
```

9.4 循 环 语 句

对于程序中有些具有规律性的重复操作，就需要使用循环语句来完成。循环语句一般由循环体和循环结束条件组成，循环体是指被重复执行的语句集，而循环结束条件则用于终止循环。如果没有循环结束条件，或循环结束条件永远返回 FALSE，则循环将陷入死循环。

9.4.1 LOOP 循环语句

LOOP 循环语句是最简单的循环语句，其语法如下：

```
LOOP
    statements ;
END LOOP ;
```

其中，statements 是 LOOP 循环体中的语句块。要想退出 LOOP 循环，必须在语句块中显式地使用 EXIT 关键字，否则循环会一直执行，也就是陷入死循环。EXIT 关键字的使用形式如下：

```
EXIT [ WHEN conditon ] ;
```

如上述语法形式，使用 WHEN 子句可以实现有条件退出；如果不使用 WHEN 子句，则会无条件退出循环。

【例 9.10】使用简单 LOOP 循环语句，输出数字 1 到 10，语句如下：

```
SQL> DECLARE
i BINARY_INTEGER := 1 ;
BEGIN
  LOOP
        DBMS_OUTPUT.PUT_LINE(i) ;
        i := i+1 ;
        EXIT WHEN i > 10 ;
  END LOOP ;
END ;
```

9.4.2　WHILE 循环语句

WHILE 循环是在 LOOP 循环的基础上添加循环条件，也就是说，只有满足 WHILE 条件后，才会执行循环体中的内容。WHILE 循环语句的语法如下：

```
WHILE condition
LOOP
    statements ;
END LOOP ;
```

如果 condition 条件语句永远返回 TRUE，则 WHILE 循环将陷入死循环；如果 condition 条件语句永远返回 FALSE，则循环一次也不会执行。

【例 9.11】使用 WHILE 循环语句，输出数字 1 到 10，语句如下：

```
SQL> DECLARE
i BINARY_INTEGER := 1 ;
BEGIN
  WHILE i <= 10
  LOOP
        DBMS_OUTPUT.PUT_LINE(i) ;
        i := i+1 ;
  END LOOP ;
END ;
```

9.4.3　FOR 循环语句

FOR 循环是在 LOOP 循环的基础上添加循环次数，其语法形式如下：

```
FOR loop_variable IN [ REVERSE ] lower_bound .. upper_bound
LOOP
    statements ;
END LOOP ;
```

语法说明如下。

- loop_variable：指定循环变量，该变量不需要事先创建。该变量的作用域仅限于循环内部，也就是说只可以在循环内部使用或修改该变量的值。
- IN：为 loop_variable 指定取值范围。
- REVERSE：表示“逆向”，实际上就是让 loop_variable 从取值范围中逆向取值，指定在每一次循环中 loop_variable 的值递减。如果不使用此选项，则每一次循环中 loop_variable 的值递增。

- lower_bound .. upper_bound：表示取值范围。其中，lower_bound 为循环下限值；upper_bound 为循环上限值；双点号(..)为 PL/SQL 中的范围符号。如果没有使用 REVERSE 关键字，则 loop_variable 的初始值默认为 lower_bound，每循环一次，loop_variable 的值加 1；如果使用了 REVERSE 关键字，则 loop_variable 的初始值默认为 upper_bound，每循环一次，loop_variable 的值减 1。

【例 9.12】使用 FOR 循环语句，输出数字 1 到 10，语句如下：

```
SQL> BEGIN
       FOR i IN 1 .. 10
       LOOP
               DBMS_OUTPUT.PUT_LINE(i) ;
       END LOOP;
    END ;
```

由于 FOR 循环中的循环变量可以由循环语句自动创建并赋值，并且循环变量的值在循环过程中会自动递增或递减，所以使用 FOR 循环语句时，不需要再使用 DECLARE 语句定义循环变量，也不需要在循环体中手动控制循环变量的值。

9.5 游　　标

使用 SELECT 语句可以返回一个结果集，而如果需要对结果集中单独的行进行操作，则需要使用游标。使用游标主要遵循 4 个步骤——声明游标、打开游标、检索游标和关闭游标。本节将介绍使用游标的 4 个基本步骤，另外还介绍如何进行游标循环，以及使用游标更新表中的数据。

9.5.1 声明游标

声明游标，主要是定义一个游标名称来对应一条查询语句，从而可以利用该游标对此查询语句返回的结果集进行单行操作。声明游标的语法如下：

```
CURSOR cursor_name
    [ (
        parameter_name [ IN ] data_type [ { := | DEFAULT } value ]
        [ , ... ]
    ) ]
IS select_statement
[ FOR UPDATE [ OF column [ , … ] ] [ NOWAIT ] ] ;
```

语法说明如下。

- cursor_name：新游标名称。
- parameter_name [IN]：为游标定义输入参数，IN 关键字可以省略。使用输入参数可以使游标的应用变得更灵活。用户需要在打开游标时为输入参数赋值，也可使用参数的默认值。输入参数可以有多个，多个参数的设置之间使用逗号(,)隔开。

- data_type：为输入参数指定数据类型，但不能指定精度或长度。例如字符串类型可以使用 VARCHAR2，而不能使用 VARCHAR2(10)之类的精确类型。
- select_statement：查询语句。
- FOR UPDATE：用于在使用游标中的数据时，锁定游标结果集与表中对应数据行的所有或部分列。
- OF：如果不使用 OF 子句，则表示锁定游标结果集与表中对应数据行的所有列。如果指定了 OF 子句，则只锁定指定的列。
- NOWAIT：如果表中的数据行被某用户锁定，那么其他用户的 FOR UPDATE 操作将会一直等到该用户释放这些数据行的锁定后才会执行。而如果使用了 NOWAIT 关键字，则其他用户在使用 OPEN 命令打开游标时会立即返回错误信息。

提示：有关使用游标更新数据的内容将在本章 9.5.7 小节中讲解。

【例 9.13】在 PL/SQL 中，声明一个游标 emp_cursor 对应 emp 表中的查询操作，此查询操作检索 emp 表中指定部门的员工的部分信息，语句如下：

```
SQL> DECLARE
       CURSOR emp_cursor (dept_num NUMBER := 20)
       IS
       SELECT empno , ename , job , sal
       FROM emp WHERE deptno = dept_num ;
     BEGIN
       ... ;
     END ;
```

注意：游标的声明与使用等都需要在 PL/SQL 块中进行，其中声明游标需要在 DECLARE 子句中进行。

9.5.2　打开游标

在声明游标时为游标指定了查询语句，但此时该查询语句并不会被 Oracle 执行。只有打开游标后，Oracle 才会执行查询语句。在打开游标时，如果游标有输入参数，用户还需要为这些参数赋值，否则将会报错(除非参数设置了默认值)。

打开游标需要使用 OPEN 语句，其语法如下：

```
OPEN cursor_name [ ( value [ , ... ] ) ] ;
```

注意：应该按定义游标时的参数顺序为参数赋值。

【例 9.14】在例 9.13 的 BEGIN ... END 块中，使用 OPEN 语句打开游标 emp_cursor，并且为输入参数赋值 20，指定检索部门编号为 20 的员工的信息，语句如下：

```
OPEN emp_cursor (20) ;
```

9.5.3 检索游标

打开游标后，游标所对应的 SELECT 语句也就被执行了，如果想要获取结果集中的数据，就需要检索游标。检索游标，实际上就是从结果集中获取单行数据并保存到定义的变量中，这需要使用 FETCH 语句，其语法如下：

```
FETCH cursor_name INTO variable [ , ... ] ;
```

其中，variable 是用来存储结果集中单行数据的变量，可以选择使用多个普通类型的变量，一对一地接受数据行中的列值；也可以使用一个%ROWTYPE 类型的变量，或自定义的记录类型变量，接受数据行中所有的列值。变量需要事先定义。

【例 9.15】在例 9.13 示例的 DECLARE 子句中，创建自定义记录类型 emp_type，然后使用该类型定义变量 one_emp，语句如下：

```
TYPE emp_type IS RECORD (
    empno NUMBER(4) ,
    ename VARCHAR2(10) ,
    job VARCHAR2(9) ,
    sal NUMBER(7 , 2)
) ;
one_emp emp_type ;
```

再在 BEGIN … END 块中的打开游标的语句后面，使用 FETCH 语句检索游标 emp_cursor，将游标中的单行数据赋值给 one_emp 变量，语句如下：

```
FETCH emp_cursor INTO one_emp ;
```

如果是使用普通类型变量，例如事先创建 NUMBER(4)类型的变量 emp_num 等，则可以使用如下形式获取游标中的记录值：

```
FETCH emp_cursor INTO emp_num , emp_name , emp_job , emp_sal ;
```

9.5.4 关闭游标

关闭游标需要使用 CLOSE 语句。游标被关闭后，Oracle 将释放游标中 SELECT 语句的查询结果所占用的系统资源。其语法如下：

```
CLOSE cursor_name ;
```

注意：游标的使用需要按步骤进行，也就是先声明游标，再打开游标，再检索游标，最后关闭游标。

9.5.5 简单游标循环

前面一直提到检索的数据是单行数据，而游标中的查询语句返回的是一个结果集，结果集一般包含多行数据，那么检索出来的单行数据是结果集中的哪一行呢？实际上，游标中的记录是需要循环读取的，每循环一次，就读取一行记录。

首先来了解游标的属性，如下。

- %FOUND：返回布尔类型的值。用于判断最近一次读取记录时是否有数据行返回，如果有则返回 TRUE，否则返回 FALSE。
- %NOTFOUND：返回布尔类型的值，与%FOUND 相反。
- %ISOPEN：返回布尔类型的值。用于判断游标是否已经打开，如果已经打开则返回 TRUE，否则返回 FALSE。
- %ROWCOUNT：返回数字类型的值。用于返回已经从游标中读取的记录数。

提示： *游标属性的使用，是在属性前添加游标名称，如 cursor_name%FOUND。*

为了了解游标的完整使用步骤，以及如何从游标中循环读取记录，下面使用 LOOP 循环语句实现简单游标循环。

【例 9.16】使用 LOOP 循环语句循环读取 emp_cursor 游标中的记录，如下：

```
SQL> SET SERVEROUTPUT ON
SQL> DECLARE
    CURSOR emp_cursor (dept_num NUMBER := 20)
    IS
    SELECT empno , ename , job , sal
    FROM emp WHERE deptno = dept_num ;         --声明游标
    TYPE emp_type IS RECORD (                  --创建记录类型
           empno NUMBER(4) ,
           ename VARCHAR2(10) ,
           job VARCHAR2(9) ,
           sal NUMBER(7 , 2)
    ) ;
    one_emp emp_type ;                         --定义变量
  BEGIN
    OPEN emp_cursor (20) ;                     --打开游标
    LOOP                                       --开始循环
           FETCH emp_cursor INTO one_emp ;     --检索游标
           EXIT WHEN emp_cursor%NOTFOUND ;     --当游标无返回记录时退出循环
           DBMS_OUTPUT.PUT_LINE('当前检索第' || emp_cursor%ROWCOUNT ||
           '行：' || one_emp.ename) ; --显示当前检索行，以及记录中的 ename 值
    END LOOP ;                                 --结束循环
    CLOSE emp_cursor ;                         --关闭游标
  END ;
SQL> /

当前检索第 1 行：SMITH
当前检索第 2 行：JONES
当前检索第 3 行：SCOTT
当前检索第 4 行：ADAMS
当前检索第 5 行：FORD
当前检索第 6 行：CANDY
```

```
PL/SQL 过程已成功完成。
```

9.5.6 游标 FOR 循环

使用 FOR 语句也可以控制游标的循环操作，而且在这种情况下，不需要手动打开和关闭游标，也不需要手动判断游标是否还有返回记录，而且在 FOR 语句中设置的循环变量本身就存储了当前检索记录的所有列值，因此也不再需要定义变量接受记录值。

注意：使用 FOR 循环时，不能对游标进行 OPEN、FETCH 和 CLOSE 操作。如果游标有输入参数，则只能使用该参数的默认值。

【例 9.17】使用 FOR 循环实现例 9.16 示例中的效果，如下：

```
SQL> SET SERVEROUTPUT ON
SQL> DECLARE
      CURSOR emp_cursor (dept_num NUMBER := 20)
      IS
      SELECT empno , ename , job , sal
      FROM emp WHERE deptno = dept_num ;
   BEGIN
      FOR current_cursor IN emp_cursor
      LOOP
              DBMS_OUTPUT.PUT_LINE('当前检索第' || emp_cursor%ROWCOUNT ||
      '行: ' || current_cursor.ename) ;
      END LOOP ;
   END ;
   /

当前检索第 1 行: SMITH
当前检索第 2 行: JONES
当前检索第 3 行: SCOTT
当前检索第 4 行: ADAMS
当前检索第 5 行: FORD
当前检索第 6 行: CANDY
PL/SQL 过程已成功完成。
```

对比一下例 9.16 和例 9.17 的语句，会发现用 FOR 循环可大大简化游标的循环操作。

9.5.7 使用游标更新数据

使用游标还可以更新表中的数据，其更新操作针对当前游标所定位的数据行。要想实现使用游标更新数据，首先需要在声明游标时使用 FOR UPDATE 子句，然后就可以在 UPDATE 和 DELETE 语句使用 WHERE CURRENT OF 子句，修改或删除游标结果集中当前行对应的表中的数据行。

【例 9.18】使用带 FOR UPDATE 子句的 CURSOR 语句创建游标，该游标检索 emp 表中的数据，语句如下：

```
CURSOR emp_cursor
IS
SELECT empno , ename , job , sal
FROM emp WHERE deptno = 20
FOR UPDATE OF sal NOWAIT ;
```

上面的语句中使用 OF 子句锁定 sal 列，因此更新时只能针对 sal 列进行更新。例如将游标结果集中当前行对应的 emp 表中的数据行的 sal 列的值修改为 1000，语句如下：

```
UPDATE emp SET sal = 1000 WHERE CURRENT OF emp_cursor ;
```

9.6 异　　常

异常是指 PL/SQL 程序块在执行时出现的错误。在实际应用中，导致 PL/SQL 块出现异常的原因有很多，例如程序本身出现逻辑错误，或者程序人员根据业务需要，自定义部分异常错误等。本节将介绍 Oracle 中的异常以及其处理方式。

9.6.1 异常处理

当产生异常时，如果程序中没有对该异常进行处理的语句，则整个程序将停止执行，所以，程序员应该对可能出现的异常进行控制，也就是进行异常处理。

处理异常需要使用 EXCEPTION 语句块，具体语法如下：

```
EXCEPTION
    WHEN exception1 THEN
        statements1 ;
    WHEN exception2 THEN
        statements2 ;
    [ ... ]
    WHEN OTHERS THEN
        statementsN ;
```

语法说明如下。

- exception<n>：表示可能出现的异常名称。
- WHEN OTHERS：表示任何其他情况，类似于 ELSE，该子句需要放在 EXCEPTION 语句块的最后。

9.6.2 预定义异常

预定义异常是指 Oracle 系统为一些常见错误定义好的异常，例如表中的主键值重复，以及除数为 0 等。Oracle 中的预定义异常如表 9-2 所示。

提示： 使用 Oracle 的 SQLCODE 函数可以获取异常错误号，使用 SQLERRM 函数则可以获取异常的具体描述信息。

表 9-2　Oracle 预定义异常

异常名称	错误代码	错误号	含　义
ACCESS_INTO_NULL	ORA-06530	-6530	试图给未初始化对象的属性赋值
CASE_NOT_FOUND	ORA-06592	-6592	CASE 语句中未找到匹配的 WHEN 子句，也没有默认的 ELSE 子句
CURSOR_ALREADY_OPEN	ORA-06511	-6511	试图打开一个已经打开的游标
DUP_VAL_ON_INDEX	ORA-00001	-1	试图向具有唯一约束的列中插入重复值
INVALID_CURSOR	ORA-01001	-1001	试图进行非法游标操作，如关闭一个尚未打开的游标等
INVALID_NUMBER	ORA-01722	-1722	试图将一个无法代表有效数字的字符串转换成数字。如果是在 PL/SQL 中，则引发的异常不是 INVALID_NUMBER，而是 VALUE_ERROR
LOGIN_DENIED	ORA-01017	-1017	试图用错误的用户名或密码连接数据库
NO_DATA_FOUND	ORA-01403	+100	数据不存在
NOT_LOGGED_ON	ORA-01012	-1012	试图在连接数据库之前访问数据库中的数据
PROGRAM_ERROR	ORA-06501	-6501	PL/SQL 内部错误
ROWTYPE_MISMATCH	ORA-06504	-6504	宿主游标变量与 PL/SQL 游标变量返回类型不兼容
SELF_IS_NULL	ORA-30625	-30625	试图在空对象中调用 MEMBER 方法
STORAGE_ERROR	ORA-06500	-6500	内存出现错误，或已用完
SUBSCRIPT_BEYOND_COUNT	ORA-06533	-6533	试图通过大于集合元素个数的索引值引用嵌套表或变长数组元素
SUBSCRIPT_OUTSIDE_LIMIT	ORA-06532	-6532	试图通过合法范围之外的索引值引用嵌套表或变长数组元素
SYS_INVALID_ROWID	ORA-01410	-1410	将字符串转换成通用记录号 rowid 的操作失败
TIMEOUT_ON_RESOURCE	ORA-00051	-51	等待资源时发生超时
TOO_MANY_ROWS	ORA-01422	-1422	SELECT INTO 语句返回多条记录
VALUE_ERROR	ORA-06502	-6502	发生算术、转换、截断或大小约束错误
ZERO_DIVIDE	ORA-01476	-1476	试图将 0 作为除数

【例 9.19】在 PL/SQL 中将一个无法表示有效数字的字符串转换为数字，如下：

```
SQL> SET SERVEROUTPUT ON
SQL> DECLARE
  2    age VARCHAR2(4) := '14 岁' ;
  3  BEGIN
  4      DBMS_OUTPUT.PUT_LINE('测试异常发生前的内容有没有执行') ;
```

```
    DBMS_OUTPUT.PUT_LINE(CAST(age AS NUMBER)) ;
    DBMS_OUTPUT.PUT_LINE('测试异常发生后的内容有没有执行') ;
 END ;
SQL> /

测试异常发生前的内容有没有执行
DECLARE
*
第 1 行出现错误:
ORA-06502: PL/SQL: 数字或值错误 :  字符到数值的转换错误
ORA-06512: 在 line 5
```

从执行结果可以看到，Oracle 抛出 ORA-06502 异常，提示字符到数值的转换错误。在抛出异常后，由于程序中没有处理该异常的代码，因此程序终止执行，所以最后的结果是异常发生前的内容被执行，而之后的内容没有被执行。

知道了异常的错误代码，也就是知道了异常的名称，错误代码 ORA-06502 对应的名称为 VALUE-ERROR，下面修改上述 PL/SQL 块，在块中添加异常处理代码，如下：

```
SQL> SET SERVEROUTPUT ON
SQL> DECLARE
    age VARCHAR2(4) := '14 岁' ;
 BEGIN
    DBMS_OUTPUT.PUT_LINE('测试异常发生前的内容有没有执行') ;
    DBMS_OUTPUT.PUT_LINE(CAST(age AS NUMBER)) ;
    EXCEPTION
       WHEN VALUE_ERROR THEN
       DBMS_OUTPUT.PUT_LINE('异常提示：该字符串不能转换为有效数字！') ;
    DBMS_OUTPUT.PUT_LINE('测试异常发生后的内容有没有执行') ;
 END ;
SQL> /

测试异常发生前的内容有没有执行
异常提示：该字符串不能转换为有效数字！
测试异常发生后的内容有没有执行
PL/SQL 过程已成功完成。
```

从修改后的 PL/SQL 块执行结果可以发现，异常被处理后，Oracle 不再提示异常信息，并且往下执行处理异常之后的内容。

9.6.3 非预定义异常

除了 Oracle 预定义好的异常以外，还有一些其他异常也属于程序本身的逻辑错误，例如违反表的外键约束、检查约束等，Oracle 只为这些异常提供了错误代码，而这些异常同样需要处理，只不过需要在 PL/SQL 块中使用 PRAGMA EXCEPTION_INIT 语句为该异常设置名称。其语法如下：

```
PRAGMA EXCEPTION_INIT ( exception_name , oracle_error_number ) ;
```

语法说明如下。

- exception_name：设置异常名称，该名称需要事先使用 EXCEPTION 类型进行定义。如下：

```
exception_name EXCEPTION ;
```

- oracle_error_number：Oracle 错误号，该错误号与错误代码相关联，例如错误代码为 ORA-06530，则错误号为-6530。这里说的错误代码是实际存在的，由 Oracle 来提供。

【例 9.20】假设 student 表的 sex 列定义了 CHECK 约束，要求该列的值必须为“男”或“女”，下面使用 INSERT 语句向该表的 sex 列插入不符合 CHECK 约束的值，如下：

```
SQL> INSERT INTO student (sex) VALUES ('吕') ;
INSERT INTO student (sex) VALUES ('吕')
*
第 1 行出现错误:
ORA-02290: 违反检查约束条件 (SYSTEM.SYS_C009520)
```

Oracle 提示错误代码为 ORA-02290，该错误代码对应的处理内容在 Oracle 预定义异常中不存在，所以要想处理此异常，就需要为该错误代码对应的错误号设置一个异常名称，然后再使用该名称进行异常处理，如下：

```
SQL> SET SERVEROUTPUT ON
SQL> DECLARE
  2    sex_check EXCEPTION ;
  3    PRAGMA EXCEPTION_INIT(sex_check , -2290) ;
  4  BEGIN
  5    INSERT INTO student (sex) VALUES ('吕') ;
  6    EXCEPTION
  7           WHEN sex_check THEN
  8           DBMS_OUTPUT.PUT_LINE('插入的值违反了 sex 列的检查约束! ') ;
  9  END ;
SQL> /

插入的值违反了 sex 列的检查约束!

PL/SQL 过程已成功完成。
```

9.6.4 自定义异常

前面提到的异常主要是程序本身的逻辑错误，而在实际应用中，程序员还可以根据需求，为实现具体的业务逻辑自定义相关异常，因为这些业务逻辑是 Oracle 系统无法判断的，例如不允许删除管理员表中的最高管理员等。

创建自定义异常需要使用 RAISE_APPLICATION_ERROR 语句，其语法如下：

```
RAISE_APPLICATION_ERROR ( error_number , error_message ) ;
```

语法说明如下。

- error_number：错误号。可以使用-20000~-20999 之间的整数。
- error_message：自定义错误提示信息。信息的字符串长度要小于 512 字节。

【例 9.21】假设 manager 表中有 3 列：mid(主键列)、mname(管理员名称)和 mgrade(管理员级别)，要求在根据 mid 值删除 manager 表中的记录时，不能删除 mgrade 值为 1 的记录，否则返回异常信息，这就需要为业务逻辑创建自定义异常，语句如下：

```
SQL> DECLARE
  manager_id NUMBER := 1 ;
  manager_grade NUMBER ;
  BEGIN
     SELECT mgrade INTO manager_grade FROM manager
         WHERE mid = manager_id ;
     IF ( manager_grade IS NOT NULL ) AND ( manager_grade = 1 ) THEN
         RAISE_APPLICATION_ERROR (-20100 , '不能删除管理级别为 1 的管理员') ;
     END IF ;
     DELETE FROM manager WHERE mid = manager_id ;
  END ;
SQL> /

DECLARE
*
第 1 行出现错误:
ORA-20100: 不能删除管理级别为 1 的管理员
ORA-06512: 在 line 7
```

9.7　实验指导——更新图书价格

使用游标更新数据，可以实现普通 UPDATE 语句无法实现的功能，或者在比较复杂的数据修改情况下，使用游标更新数据要比使用普通 UPDATE 语句更简单、更直观。本实验指导将使用游标更新图书的价格，对图书进行打折处理。

实验指导 9-2：更新图书价格

假设对图书的打折主要有 3 个要求，第一个是所有图书打 9 折；第二个是打折后的图书价格不能低于 15 元，如果低于 15 元，就按 15 元处理；第 3 个是原价在 15 元以下的图书价格不变。

按上述要求，使用游标更新 book 表中的数据，如下：

```
SQL> CONNECT bookstore/admin
已连接。
SQL> DECLARE
   CURSOR book_cursor IS                                   --创建游标
   SELECT booknumber , bookname , bookprice
   FROM book
   FOR UPDATE OF bookprice NOWAIT ;
   book_price NUMBER(8 , 2) ;                              --声明新价格变量
```

```
BEGIN
  FOR current_cursor IN book_cursor                    --循环游标
  LOOP
    IF current_cursor.bookprice <= 15 THEN             --如果原价格小于等于15
     book_price := current_cursor.bookprice ;          --新价格等于原价格
    ELSE                                               --如果原价格大于15
     book_price := current_cursor.bookprice * 0.9 ;    --打折
     IF book_price < 15 THEN                           --如果打折后价格小于15
       book_price := 15 ;                              --将价格定为15
     END IF ;
    END IF ;
    UPDATE book SET bookprice = book_price             --将图书价格修改为新价格
      WHERE CURRENT OF book_cursor ;
  END LOOP ;
END ;
/

PL/SQL 过程已成功完成。
```

9.8 习　　题

一、填空题

1. PL/SQL 程序块一般包括 DECLARE 部分、BEGIN … END 部分和___________部分。

2. PL/SQL 程序块中的赋值符号为___________。

3. 在声明常量时需要使用___________关键字，并且必须为常量赋初始值。

4. 使用游标一般分为声明游标、___________、___________和关闭游标这几个步骤。

5. 如果程序的执行部分出现异常，那么程序将跳转到___________部分对异常进行处理。

二、选择题

1. 下面哪些是合法的变量名？___________

A. _number01　　B. number01　　C. number-01　　D. number

2. 使用下列哪条语句可以正确地声明一个常量？___________

A. name CONSTANT VARCHAR2(8) ;

B. name VARCHAR2(8) := 'CANDY' ;

C. name VARCHAR2(8) DEFAULT 'CANDY' ;

D. name CONSTANT VARCHAR2(8) := 'CANDY' ;

3. 有如下 PL/SQL 程序块:

```
SQL> DECLARE
  a NUMBER := 10 ;
  b NUMBER := 0 ;
  BEGIN
     IF a > 2 THEN
```

```
            b := 1 ;
    ELSIF a > 4 THEN
            b := 2 ;
    ELSE
            b := 3 ;
    END IF ;
    DBMS_OUTPUT.PUT_LINE(b) ;
END ;
```

执行上述 PL/SQL 块后的输出结果为___________

A. 0　　B. 1　　C. 2　　D. 3

4. 有如下 PL/SQL 程序块：

```
SQL> DECLARE
i BINARY_INTEGER := 1 ;
BEGIN
    WHILE i >= 1
    LOOP
            i := i+1 ;
            DBMS_OUTPUT.PUT_LINE(i) ;
    END LOOP ;
END ;
```

执行上述 PL/SQL 块，结果为___________

A. 输出从 1 开始，每次递增 1 的数

B. 输出从 2 开始，每次递增 1 的数

C. 输出 2

D. 该循环将陷入死循环

5. 使用游标的什么属性可以获取 SELECT 语句当前检索到的行数？___________

A. %FOUND　　B. %NOTFOUND

C. %ISOPEN　　D. %ROWCOUNT

6. 下列不属于 IF 条件语句中的关键字的是___________

A. ELSEIF　　B. ELSE IF　　C. OTHERS　　D. THEN

三、简答题

1. 简述常量与变量在创建与使用时的区别。

2. 假设 student 表中有如下字段：sid(主键列)、sname(姓名)和 sscore(成绩)，请问使用 SELECT 语句查询 student 表中的学生信息时，如何显示每个学生的成绩所属的级别？示例查询结果如下：

```
sid          sname          sscore          级别
----------   -----------    ------------    ------------
1            李云            91              优秀
2            王小静          87              良好
...
```

3. 使用%ROWTYPE 与自定义记录类型，都可以定义存储一行数据的变量，请比较它

们的区别。

4. 条件语句与循环语句都可以多层嵌套，请编写一段 PL/SQL 程序，实现如下输出效果：

```
*
***
*****
*******
*********
```

5. 假设表 test 中只有一个 id 列，其数据如下：

```
SQL> SELECT * FROM test ;

        ID
----------
      ...
       800
       800
      1000
      1000
       500
      ...
```

现在需要将 id 列中 800 的值修改为 1000，1000 的值修改为 800。请问，使用普通的 UPDATE 语句能实现吗(提示：使用 rowid 列，它是 Oracle 提供的唯一标识数据行的列)？如果使用游标，又应该怎样实现？

6. 自定义异常主要用于实现业务逻辑规范，请列举部分在实际应用中需要创建自定义异常的情况，并思考如何在 PL/SQL 中处理该异常。

第 10 章　存储过程、函数、触发器和包

在上一章中介绍了 PL/SQL 程序块的使用，不过这些 PL/SQL 都是匿名块，也就是说它们都没有名字，当需要再次使用这些程序块时，只能再次编写程序块的内容，然后由 Oracle 重新编译并执行。为了提高系统的应用性能，Oracle 提供了一系列“命名程序块”，也可以称为“子程序”，包括存储过程、函数、触发器和程序包。这些命名程序块在创建时由 Oracle 系统编译并保存，需要时可以通过名字调用它们，并且不需要编译。

本章将具体介绍存储过程、函数、触发器和程序包的创建与使用。

本章要点：

- 掌握存储过程的创建。
- 熟练掌握带参数的存储过程的使用。
- 掌握存储过程的管理。
- 掌握函数的创建与使用。
- 了解触发器的类型。
- 理解触发器的作用。
- 熟练掌握各种类型的触发器。
- 了解程序包的创建与使用。

10.1　存储过程

存储过程是一组为了完成特定功能的 SQL 语句集，它大大提高了 SQL 语句的功能和灵活性。存储过程经编译后存储在数据库中，所以执行存储过程要比执行存储过程中封装的 SQL 语句更有效率。

10.1.1　创建与调用存储过程

创建存储过程需要使用 CREATE PROCEDURE 语句，其语法如下：

```
CREATE [ OR REPLACE ] PROCEDURE procedure_name
[
    ( parameter [ IN | OUT | IN OUT ] data_type )
    [ , ... ]
]
{ IS | AS }
    [ declaration_section ; ]
BEGIN
    procedure_body ;
END [ procedure_name ] ;
```

语法说明如下。

- OR REPLACE：表示如果存储过程已经存在，则替换已有存储过程。
- procedure_name：创建的存储过程名称。
- parameter：参数。可以为存储过程设置多个参数，参数定义之间使用逗号(,)隔开。
- IN | OUT | IN OUT：指定参数的模式。IN 表示输入参数，在调用存储过程时需要为输入参数赋值，而且其值不能在过程体中修改；OUT 表示输出参数，存储过程通过输出参数返回值；IN OUT 则表示输入输出参数，这种类型的参数既接受传递值，也允许在过程体中修改其值，并可以返回。默认情况下为 IN，在使用 IN 参数时，还可以使用 DEFAULT 关键字为该参数设置默认值，形式如下——

  ```
  parameter [ IN ] data_type DEFAULT value ;
  ```

- data_type：参数的数据类型。不能指定精确数据类型，例如只能使用 NUMBER，不能使用 NUMBER(2)等。
- declaration_section：声明变量。在此处声明变量不能使用 DECLARE 语句，这些变量主要用于过程体中。
- procedure_body：过程体。
- END [procedure_name]：在 END 关键字后面添加过程名，可以提高程序的可阅读性，但这不是必需的。

【例 10.1】 创建一个简单的存储过程 update_emp，该过程用于将 emp 表中 empno 为 6500 的员工的姓名修改为 CANDY，如下：

```
SQL> CREATE PROCEDURE update_emp AS
  2  BEGIN
  3    UPDATE emp SET ename = 'CANDY' WHERE empno = 6500 ;
  4  END update_emp ;
SQL> /

过程已创建。
```

过程创建好后，其过程体中的内容并没有被执行，仅仅只是被编译，要想执行过程中的内容还需要调用该过程。调用过程有两种形式，一种是使用 CALL 语句，另一种是使用 EXECUTE 语句，如下：

```
CALL procedure_name ( [ parameter [ , ... ] ] ) ;
```

或：

```
EXEC[UTE] procedure_name [ ( parameter [ , ... ] ) ] ;
```

【例 10.2】 使用 EXECUTE 语句与 CALL 语句调用存储过程 update_emp，分别如下：

```
SQL> EXECUTE update_emp ;

PL/SQL 过程已成功完成。
```

或：

```
SQL> CALL update_emp () ;
```

调用完成。

10.1.2　带参数的存储过程

上面创建了一个很简单的存储过程 update_emp，每次调用该过程时，都会将 emp 表中 empno 为 6500 的员工的 ename 修改为 CANDY，这种存储过程在实际应用中的作用不大。事实上，存储过程通常应该具有一定的交互性，例如按用户要求修改指定 empno 的员工的 ename 为指定值。本小节就介绍如何创建与使用带有参数的存储过程。

1．IN 参数的使用

IN 参数是指输入参数，由存储过程的调用者为其赋值(也可以使用默认值)。如果不为参数指定模式，则其模式默认为 IN。

【例 10.3】创建带 IN 参数的存储过程 update_emp2，为该过程设置两个 IN 参数，分别用于接受用户提供的 empno 与 ename 值，如下：

```
SQL> CREATE PROCEDURE update_emp2
  ( emp_num IN NUMBER , emp_name IN VARCHAR2 ) AS
  BEGIN
    UPDATE emp SET ename = emp_name
    WHERE empno = emp_num ;
  END update_emp2 ;
  /
```

过程已创建。

在调用上述存储过程 update_emp2 时，就需要为该过程的两个输入参数赋值，赋值的形式主要有如下两种。

(1)　不指定参数名

不指定参数名，是指调用过程时只提供参数值，而不指定该值赋予哪个参数，Oracle 会自动按过程中参数的先后顺序为参数赋值，如果值的个数(或数据类型)与参数的个数(或数据类型)不匹配，则会返回错误。

【例 10.4】调用 update_emp2 过程，通过该过程将 empno 为 6500 的员工的 ename 修改为 XIAOQI，如下：

```
SQL> EXEC update_emp2 (6500 , 'XIAOQI') ;
```

PL/SQL 过程已成功完成。

提示：　使用这种赋值形式，要求用户了解过程的参数顺序。

(2)　指定参数名

指定参数名，是指在调用过程时不仅提供参数值，还指定该值所赋予的参数。在这种情况下，可以不按参数顺序赋值。指定参数名的赋值形式为：parameter_name => value。

【例 10.5】使用指定参数名的形式调用 update_emp2 过程，如下：

```
SQL> EXEC update_emp2 (emp_name => 'XIAOQI' , emp_num => 6500) ;

PL/SQL 过程已成功完成。
```

提示：使用这种赋值形式，要求用户了解过程的参数名称。相对不指定参数名的赋值形式而言，指定参数名使得程序更具有可阅读性，不过同时也增加了赋值语句的内容长度。

2. OUT 参数的使用

OUT 参数是指输出参数，由存储过程中的语句为其赋值，并返回给用户。使用这种模式的参数，必须在参数后面添加 OUT 关键字。

【例 10.6】创建存储过程 select_emp，为该过程设置一个 IN 参数和一个 OUT 参数，其中 IN 参数接受用户提供的 empno 值，然后在过程体中将该 empno 对应的 ename 值传递给 OUT 参数，如下：

```
SQL> CREATE PROCEDURE select_emp
  ( emp_num IN NUMBER , emp_name OUT VARCHAR2 ) AS
  BEGIN
    SELECT ename INTO emp_name
    FROM emp WHERE empno = emp_num ;
  END select_emp ;
  /

过程已创建。
```

调用存储过程时，如果需要显示该过程中 OUT 参数的返回值，还需要事先使用 VARIABLE 语句声明对应的变量接受返回值，并在调用过程时绑定该变量，形式如下：

```
VARIABLE variable_name data_type ;
[ , ... ]
EXEC[UTE] procedure_name ( :variable_name [ , ... ] ) ;
```

注意：在 EXECUTE 语句中绑定变量时，需要在变量名前添加冒号(:)。

【例 10.7】调用存储过程 select_emp，为其 IN 参数赋值为 6500，并声明变量 employee_name 接受与输出其 OUT 参数的返回值，如下：

```
SQL> VARIABLE employee_name VARCHAR2(10) ;
SQL> EXEC select_emp (6500 , :employee_name) ;
PL/SQL 过程已成功完成。
```

然后，需要使用 PRINT 命令查看变量 employee_name 中的值，如下：

```
SQL> PRINT employee_name ;
```

```
EMPLOYEE_NAME
--------------------------------
XIAOQI
```

也可以使用 SELECT 语句查看变量 employee_name 中的值，语句如下：

```
SQL> SELECT :employee_name FROM dual ;
```

3. IN OUT 参数的使用

IN OUT 参数同时拥有 IN 与 OUT 参数的特性，它既接受用户的传值，又允许在过程体中修改其值，并可以将值返回。使用这种模式的参数需要在参数后面添加 IN OUT 关键字。不过，IN OUT 参数不接受常量值，只能使用变量为其传值。

【例 10.8】 创建存储过程 exchange_value，通过该过程交换两个变量中的值，过程创建如下：

```
SQL> CREATE PROCEDURE exchange_value
( value1 IN OUT NUMBER , value2 IN OUT NUMBER )
AS
temp1 NUMBER ;
temp2 NUMBER ;
BEGIN
  temp1 := value1 ;
  temp2 := value2 ;
  value1 := temp2 ;
  value2 := temp1 ;
END exchange_value ;
/

过程已创建。
```

调用 exchange_value 过程，调用前声明为 IN OUT 参数赋值的变量，调用后使用 SELECT 语句输出交换值后的结果，如下：

```
SQL> VARIABLE value1 NUMBER ;
SQL> VARIABLE value2 NUMBER ;
SQL> EXEC :value1 := 2009 ;

PL/SQL 过程已成功完成。

SQL> EXEC :value2 := 9002 ;

PL/SQL 过程已成功完成。

SQL> EXEC exchange_value (:value1 , :value2) ;

PL/SQL 过程已成功完成。

SQL> SELECT :value1 , :value2 FROM dual ;
```

```
    VALUE1       VALUE2
-----------     ---------
      2009       9002
```

提示：使用 EXEC[UTE]命令可以为变量赋值，并且变量名前也需要添加冒号(:)。

10.1.3 修改与删除存储过程

修改存储过程是在 CREATE PROCEDURE 语句中添加 OR REPLACE 关键字，其他内容与创建存储过程一样，其实质是删除原有过程，然后创建一个全新的过程，只不过前后两个过程的名称相同而已。

删除存储过程需要使用 DROP PROCEDURE 语句，其语法形式如下：

```
DROP PROCEDURE procedure_name ;
```

10.1.4 查询存储过程的定义信息

对于创建好的存储过程，如果想要了解其定义信息，可以查询数据字典 user_source。

【例 10.9】通过数据字典 user_source 查询存储过程 select_emp 的定义信息，如下：

```
SQL> COLUMN text FORMAT A30;
SQL> COLUMN name FORMAT A20;
SQL> SELECT * FROM user_source WHERE name = 'SELECT_EMP' ;

NAME            TYPE            LINE    TEXT
-------------   ------------    -----   --------------------------------
SELECT_EMP      PROCEDURE       1       PROCEDURE select_emp
SELECT_EMP      PROCEDURE       2       (emp_num IN NUMBER , emp_name OUT
                                          VARCHAR2 ) AS
SELECT_EMP      PROCEDURE       3       BEGIN
SELECT_EMP      PROCEDURE       4       SELECT ename INTO emp_name
SELECT_EMP      PROCEDURE       5       FROM emp WHERE empno = emp_num ;
SELECT_EMP      PROCEDURE       6       END select_emp ;

已选择 6 行。
```

其中，name 表示对象名称；type 表示对象类型；line 表示定义信息中文本所在的行数；text 表示对应行的文本信息。

10.2 函　数

函数与存储过程很相似，它同样可以接受用户的传递值，也可以向用户返回值，它与存储过程的不同之处就在于，函数必须返回一个值。

创建函数需要使用 CREATE FUNCTION 语句，其语法如下：

```
CREATE [ OR REPLACE ] FUNCTION function_name
[
    ( parameter [ IN | OUT | IN OUT ] data_type )
    [ , ... ]
]
RETURN data_type
{ IS | AS }
    [ declaration_section ; ]
BEGIN
    function_body ;
END [ function_name ] ;
```

从语法上也可以发现，函数与存储过程大致相同，不同的是函数中需要有 RETURN 子句，该子句指定返回值的数据类型(不能指定确定精度)，而在函数体中也需要使用 RETURN 语句返回对应数据类型的值，该值可以是一个常量，也可以是一个变量。

【例 10.10】创建一个函数 get_ename，该函数实现按 empno 获取 ename。函数创建如下：

```
SQL> CREATE FUNCTION get_ename (emp_num NUMBER)
RETURN VARCHAR2 AS
emp_name emp.ename%TYPE ;
BEGIN
SELECT ename INTO emp_name FROM emp WHERE empno = emp_num ;
RETURN emp_name ;
END get_ename ;
/

函数已创建。
```

因为函数是具有返回值的，所以它类似于一个表达式，调用函数可以直接使用 SELECT 语句，如下：

```
SQL> SELECT get_ename (6500) FROM dual ;

GET_ENAME(6500)
------------------------
TRACY
```

提示： 有关函数的其他操作可以参考存储过程。

10.3　实验指导——使用存储过程与函数查询图书信息

在上一章的实验指导中，使用在 SELECT 语句中加 CASE 表达式的方式，实现在检索图书信息的同时，判断图书是否为 New 或 Hot，并以列的形式显示判断结果。虽然该 SELECT 语句实现了需要的效果，但是作为纯粹的 SELECT 语句，它并不具有可重用性，在需要的时候必须重新编写。

为了提高代码的可重用性，应该将一些常用的代码块存放在命名 PL/SQL 程序块中，例如存储过程和函数等，这样可以方便随时调用，既简单，又能提高程序的运行效率。

实验指导 10-1：使用存储过程和函数查询图书信息

本实验指导将创建一个存储过程和一个函数获取指定 bookid 的图书信息。其中，函数用于判断 bookid 对应的图书是否为 New 或 Hot(相关介绍可以参考第 9 章的实验指导 9-1)，并返回判断结果；存储过程则检索 bookid 对应的图书信息，图书信息包括图书的基本信息以及上述函数的返回值。

1．创建函数 get_prompt

首先创建函数 get_prompt，如下：

```
SQL> CONNECT bookstore/admin
已连接。
SQL> CREATE FUNCTION get_prompt ( book_id NUMBER )
RETURN VARCHAR2
AS
  prompt VARCHAR2(10) ;                            --声明返回值变量
  book_time DATE ;                                 --声明图书出版时间变量
  lend_number INTEGER ;                            --声明图书借阅次数变量
BEGIN
  /* 为变量赋值 */
  SELECT booktime INTO book_time FROM book
    WHERE bookid = book_id ;                       --获取图书出版时间
  SELECT COUNT( l.bookid ) INTO lend_number FROM book b , lend l
    WHERE b.bookid = l.bookid
      AND ( l.lendtime BETWEEN ADD_MONTHS( SYSDATE,-1 ) AND SYSDATE )
      AND b.bookid = book_id ;                     --获取图书最近一个月的借阅次数
  /* 根据变量中保存的值进行判断，并返回结果 */
  IF ( book_time BETWEEN ADD_MONTHS( SYSDATE,-1 ) AND SYSDATE )
     AND lend_number >= 3 THEN
     prompt := 'New、Hot' ;
  ELSIF book_time BETWEEN ADD_MONTHS( SYSDATE,-1 ) AND SYSDATE THEN
     prompt := 'New' ;
  ELSIF lend_number >= 3 THEN
     prompt := 'Hot' ;
  ELSE prompt := ' ' ;
  END IF ;
  RETURN prompt ;                                  --返回判断结果
END get_prompt ;
/

函数已创建。
```

2．创建存储过程 get_book_information

创建存储过程 get_book_information，在该过程中需要使用到上面创建的函数 get_prompt。由于此存储过程用于返回图书信息，所以可以在存储过程中设置 OUT 参数，然后在调用该过程前声明变量，并在调用时绑定变量，最后使用 SELECT 或 PRINT 语句输出变量中的值。本实验指导采取直接在存储过程中使用 DBMS_OUTPUT.PUT_LINE 过程输出相关内容的方式。存储过程创建如下：

```
SQL> CREATE OR REPLACE PROCEDURE get_book_information
  ( book_id NUMBER )
  AS
    book_number CHAR(8) ;                         --声明图书编号变量
    book_name VARCHAR2(30) ;                      --声明图书名称变量
    book_press VARCHAR2(40) ;                     --声明出版社名称变量
    book_price NUMBER ;                           --声明图书价格变量
    book_time DATE ;                              --声明出版社变量
    prompt VARCHAR2(10) ;                         --声明友情提示变量
  BEGIN
    SELECT booknumber , bookname , bookpress , bookprice ,
        booktime , get_prompt(bookid)
      INTO book_number , book_name , book_press , book_price ,
        book_time , prompt
    FROM book WHERE bookid = book_id ;            --为变量赋值
    DBMS_OUTPUT.PUT_LINE( '图书编号：' || book_number ) ;
    DBMS_OUTPUT.PUT_LINE( '图书名称：' || book_name ) ;
    DBMS_OUTPUT.PUT_LINE( '出版社  ：' || book_press ) ;
    DBMS_OUTPUT.PUT_LINE( '图书价格：' || book_price ) ;
    DBMS_OUTPUT.PUT_LINE( '出版时间：' || book_time ) ;
    DBMS_OUTPUT.PUT_LINE( '友情提示：' || prompt ) ;
  END get_book_information ;
  /

过程已创建。
```

3．调用过程

存储过程和函数都已经创建好了，需要查询某图书的信息时就可以直接调用 get_book_information 存储过程。例如获取 bookid 为 2 的图书的信息，如下：

```
SQL> SET SERVEROUTPUT ON
SQL> EXEC get_book_information (2) ;
图书编号：TS100002
图书名称：Oracle 完全学习手册
出版社  ：清华大学出版社
图书价格：70
出版时间：21-8 月 -09
友情提示：New、Hot
PL/SQL 过程已成功完成。
```

10.4 触 发 器

触发器是一种特殊的存储过程，它在发生某种数据库事件时由 Oracle 系统自动触发。触发器通常用于加强数据的完整性约束和业务规则等，对于表来说，触发器可以实现比 CHECK 约束更为复杂的约束。

10.4.1 触发器的类型

Oracle 中的触发器的类型主要有 DML 触发器、替代触发器、系统事件触发器和 DDL 触发器。

- DML 触发器：DML 触发器由 DML 语句触发，例如 INSERT、UPDATE 和 DELETE 语句。针对所有的 DML 事件，按触发的时间可以将 DML 触发器分为 BEFORE 触发器与 AFTER 触发器，分别表示在 DML 事件发生之前与之后采取行动。另外，DML 触发器也可以分为语句级触发器与行级触发器，其中，语句级触发器针对某一条语句触发一次，而行级触发器则针对语句所影响的每一行都触发一次。例如某条 UPDATE 语句修改了表中的 100 行数据，那么针对该 UPDATE 事件的语句级触发器将被触发一次，而行级触发器将被触发 100 次。
- INSTEAD OF 触发器：INSTEAD OF 触发器又称替代触发器，用于执行一个替代操作来代替触发事件的操作。例如针对 INSERT 事件的 INSTEAD OF 触发器，它由 INSERT 语句触发，当出现 INSERT 语句时，该语句不会被执行，而是执行 INSTEAD OF 触发器中定义的语句。
- 系统事件触发器：系统事件触发器在发生如数据库启动或关闭等系统事件时触发。
- DDL 触发器：DDL 触发器由 DDL 语句触发，例如 CREATE、ALTER 和 DROP 语句。DDL 触发器同样可以分为 BEFORE 触发器与 AFTER 触发器。

10.4.2 创建触发器

创建触发器需要使用 CREATE TRIGGER 语句，其语法如下：

```
CREATE [ OR REPLACE ] TRIGGER trigger_name
[ BEFORE | AFTER | INSTEAD OF ] trigger_event
{ ON table_name | view_name | DATABASE }
[ FOR EACH ROW ]
[ ENABLE | DISABLE ]
[ WHEN trigger_condition ]
[ DECLARE declaration_statements ; ]
BEGIN
    trigger_body ;
END [ trigger_name ] ;
```

语法说明如下。

- trigger_name：创建的触发器名称。

- BEFORE | AFTER | INSTEAD OF：BEFORE 表示触发器在触发事件执行之前被激活；AFTER 表示触发器在触发事件执行之后被激活；INSTEAD OF 表示用触发器中的事件代替触发事件执行。
- trigger_event：表示激活触发器的事件。例如 INSERT、UPDATE 和 DELETE 事件等。
- ON table_name | view_name | DATABASE：table_name 指定 DML 触发器所针对的表。如果是 INSTEAD OF 触发器，则需要指定视图名(view_name)；如果是 DDL 触发器或系统事件触发器，则使用 ON DATABASE。
- FOR EACH ROW：表示触发器是行级触发器。如果不指定此子句，由默认为语句级触发器。用于 DML 触发器与 INSTEAD OF 触发器。
- ENABLE | DISABLE：此选项是 Oracle Database 11g 新增加的特性，用于指定触发器被创建之后的初始状态为启用状态(ENABLE)还是禁用状态(DISABLE)，默认为 ENABLE。
- WHEN trigger_condition：为触发器的运行指定限制条件。例如针对 UPDATE 事件的触发器，可以定义只有当修改后的数据符合某种条件时才执行触发器中的内容。
- trigger_body：触发器体。包含触发器的内容。

10.4.3　DML 触发器

DML 触发器由 DML 语句触发，其对应的 trigger_event 具体内容如下：

```
{ INSERT | DELETE | UPDATE [ OF column [ , ... ] ] }
```

关于 DML 触发器的说明如下：

- DML 操作主要包括 INSERT、DELETE 和 UPDATE 操作，通常根据触发器所针对的具体事件将 DML 触发器分为 INSERT 触发器、UPDATE 触发器和 DELETE 触发器。
- 可以将 DML 操作细化到列，即针对某列进行 DML 操作时激活触发器。
- 任何 DML 触发器都可以按触发时间分为 BEFORE 触发器与 AFTER 触发器。
- 在行级触发器中，为了获取某列在 DML 操作前后的数据，Oracle 提供了两种特殊的标识符——:OLD 和:NEW，通过:OLD.column_name 的形式可以获取该列的旧数据，而通过:NEW.column_name 则可以获取该列的新数据。INSERT 触发器只能使用:NEW，DELETE 触发器只能使用:OLD，而 UPDATE 触发器则两种都可以使用。

提示： 如果在创建 DML 触发器时不使用 FOR EACH ROW 子句，则表示创建的是语句级触发器，语句级触发器对所有受影响的数据行只触发一次，因此无法使用:NEW 与:OLD 标识符获取某列的新旧数据。

【例 10.11】为了演示触发器的效果，下面首先创建两个简单的示例表：student(学生表)和 record(记录表)，并向 student 表中添加几条记录，如下：

```
SQL> CREATE TABLE student (          --学生表
  2     sid NUMBER(4) ,              --学生编号
```

```
    sname VARCHAR2(10) ,                --学生姓名
    sage NUMBER(4)                      --学生年龄
  ) ;

表已创建。
SQL> INSERT INTO student VALUES (1001 , 'CANDY' , 24) ;
已创建 1 行。
SQL> INSERT INTO student VALUES (1002 , 'TRACY' , 25) ;
已创建 1 行。
SQL> INSERT INTO student VALUES (1003 , 'SARAH' , 23) ;
已创建 1 行。
SQL> CREATE TABLE record (               --记录表
    content VARCHAR2(50) ,               --记录内容
    rtime TIMESTAMP                      --记录时间
  ) ;
表已创建。
```

创建 AFTER UPDATE 触发器，要求在修改 student 表中的某行数据后，在 record 表中记录修改操作，并保存修改前的行数据。创建触发器的语句如下：

```
SQL> CREATE TRIGGER update_student_trigger
  AFTER UPDATE
  ON student
  FOR EACH ROW
  BEGIN
    INSERT INTO record VALUES
    ( '执行了 UPDATE 操作。执行该操作前的数据为：sid = ' || :OLD.sid
    || ', sname = ' || :OLD.sname || ', sage = ' || :OLD.sage
    , SYSDATE ) ;                              --在 record 表中保存操作记录
  END update_student_trigger ;
  /

触发器已创建。
```

为了说明行级触发器针对语句所影响的每一行都触发一次，下面使用 UPDATE 语句修改 student 表中所有行的 sage 字段的值，如下：

```
SQL> UPDATE student SET sage = 26 ;
已更新 3 行。
```

然后查询 record 表，观察该表中是否保存了操作记录，如下：

```
SQL> COLUMN content FORMAT A40 ;
SQL> COLUMN rtime FORMAT A35 ;
SQL> SELECT * FROM record ;

CONTENT                                  RTIME
---------------------------------------- ------------------------------
执行了 UPDATE 操作。执行该操作前的数据为：    16-9月 -09 03.29.44.000000 下午
sid = 1001, sname = CANDY, sage = 24
```

```
执行了 UPDATE 操作。执行该操作前的数据为:      16-9月 -09 03.29.44.000000 下午
sid = 1002, sname = TRACY, sage = 25

执行了 UPDATE 操作。执行该操作前的数据为:      16-9月 -09 03.29.44.000000 下午
sid = 1003, sname = SARAH, sage = 23
```

10.4.4　INSTEAD OF 触发器

INSTEAD OF 触发器用于执行一个替代操作来代替触发事件的操作，而触发事件本身最终不会被执行。如果是 DML 触发器，则无论是 BEFORE 触发器还是 AFTER 触发器，触发事件最终都会被执行。

不过，Oracle 中的 INSTEAD OF 触发器不能针对表，而只能针对视图。在前面的章节中提到视图支持 DML 操作，但并不是视图中的所有列都支持，例如对列进行了数学或函数计算，则不能对该列进行 DML 操作，这时可以使用 INSTEAD OF 触发器。

【例 10.12】首先基于 student 表创建视图 student_view，该视图检索 student 表中的所有数据，但将 student 表中的 sage 列加 1。视图创建如下：

```
SQL> CREATE VIEW student_view
  AS
  SELECT sid , sname , sage + 1 new_age
  FROM student
  WITH CHECK OPTION ;
视图已创建。
```

提示： 视图的具体创建与使用请参考本书第 5 章。

由于 student_view 视图中的 new_age 列对 student 表中的 sage 列进行了数学计算，所以不能直接对该列进行 DML 操作，如下：

```
SQL> INSERT INTO student_view VALUES (1004 , 'PETTER' , 22) ;
INSERT INTO student_view VALUES (1004 , 'PETTER' , 22)
*
第 1 行出现错误:
ORA-01733: 此处不允许虚拟列
```

如上述执行结果，Oracle 提示不能对虚拟列(这里指 new_age 列)进行操作。

如果想通过 student_view 视图向 student 表添加记录，则需要使用 INSTEAD OF INSERT 触发器。触发器创建如下：

```
SQL> CREATE TRIGGER insteadof_student_view
  INSTEAD OF INSERT
  ON student_view
  FOR EACH ROW
  BEGIN
    INSERT INTO student ( sid , sname , sage )
    VALUES ( :NEW.sid , :NEW.sname , :NEW.new_age ) ;
  END insteadof_student_view ;
```

```
  9  /
```

触发器已创建

再次使用 INSERT 语句向 student_view 视图中添加记录，如下：

```
SQL> INSERT INTO student_view VALUES (1004 , 'PETTER' , 22) ;
已创建 1 行。
```

从结果可以看出，INSERT 操作成功执行，已经成功通过 student_view 视图向 student 表中添加了一条记录。查询 student 表，如下：

```
SQL> SELECT * FROM student WHERE sid = 1004 ;

      SID        SNAME          SAGE
----------    ----------     ----------
     1004      PETTER          22
```

10.4.5 系统事件触发器

系统事件触发器是指由数据库系统事件触发的触发器，其所支持的系统事件如表 10-1 所示。

表 10-1 系统事件触发器所支持的系统事件

系统事件	说 明
LOGOFF	用户从数据库注销
LOGON	用户登录数据库
SERVERERROR	服务器发生错误
SHUTDOWN	关闭数据库实例
STARTUP	打开数据库实例

注意： 其中，对于 LOGOFF 和 SHUTDOWN 事件只能创建 BEFORE 触发器；对于 LOGON、SERVERERROR 和 STARTUP 事件只能创建 AFTER 触发器。

创建系统事件触发器需要使用 ON DATABASE 子句，即表示创建的触发器是数据库级触发器。创建系统事件触发器需要用户具有 DBA 权限。

【例 10.13】在 system 用户下创建一个系统事件触发器，该触发器由 LOGON 事件触发，记录登录用户的用户名(USER)与登录时间，如下：

```
SQL> CONNECT system/admin
已连接。
SQL> CREATE TRIGGER logon_trigger
  2  AFTER LOGON
  3  ON DATABASE
  4  BEGIN
  5    INSERT INTO logon_log VALUES ( USER , SYSDATE ) ;
```

```
END logon_trigger ;
/
```

触发器已创建

提示：上述语句中的 logon_log 表需要事先创建，本示例中省略其创建内容。

10.4.6　DDL 触发器

DDL 触发器由 DDL 语句触发，按触发时间可以分为 BEFORE 触发器与 AFTER 触发器，其所针对的事件包括 CREATE、ALTER、DROP、ANALYZE、GRANT、COMMENT、REVOKE、RENAME、TRUNCATE、AUDIT、NOTAUDIT、ASSOCIATE STATISTICS 和 DISASSOCIATE STATISTICS。

创建 DDL 触发器需要用户具有 DBA 权限。

【例 10.14】 在 system 用户下创建一个 DDL 触发器，该触发器由 CREATE 事件触发，记录执行该操作的用户(USER)，以及创建的对象名(SYS.DICTIONARY_OBJ_NAME)、对象类型(SYS.DICTIONARY_OBJ_TYPE)和创建时间，如下：

```
SQL> CONNECT system/admin
已连接。
SQL> CREATE OR REPLACE TRIGGER create_trigger
AFTER CREATE
ON DATABASE
BEGIN
  INSERT INTO create_log VALUES
  (USER , SYS.DICTIONARY_OBJ_NAME ,SYS.DICTIONARY_OBJ_TYPE ,SYSDATE);
END create_trigger ;
/
触发器已创建
```

提示：上述语句中的 create_log 表需要事先创建，本示例中省略其创建内容。

10.4.7　禁用与启用触发器

在创建触发器时，可以使用 ENABLE 与 DISABLE 关键字指定触发器的初始状态为启用或禁用，默认情况下为 ENABLE。

在需要的时候，也可以使用 ALTER TRIGGER 语句修改触发器的状态，其语法如下：

```
ALTER TRIGGER trigger_name ENABLE | DISABLE ;
```

如果需要修改某个表上的所有触发器的状态，还可以使用如下形式：

```
ALTER TABLE table_name ENABLE | DISABLE ALL TRIGGERS ;
```

10.4.8 修改与删除触发器

修改触发器只需要在 CREATE TRIGGER 语句中添加 OR REPLACE 关键字。

删除触发器需要使用 DROP TRIGGER 语句，其语法如下：

```
DROP TRIGGER trigger_name ;
```

提示：虽然触发器的功能很强大，但过多地依靠触发器会使得数据库的维护变得相当困难，所以在使用触发器时一定要慎重。

10.5 程 序 包

使用程序包主要是为了实现程序模块化，程序包可以将相关的存储过程、函数、变量、常量和游标等 PL/SQL 程序组合在一起，通过这种方式可以构建供程序人员重用的代码库。另外，当首次调用程序包中的存储过程或函数等元素时，Oracle 会将整个程序包调入内存，在下次调用包中的元素时，Oracle 就可以直接从内存中读取，从而提高程序的运行效率。

10.5.1 创建程序包

程序包主要分为两个部分：包规范和包体。其中，包规范用于列出包中可用的存储过程、函数和游标等元素条目(不包含这些元素的实际代码)，这些条目属于公有项目，可以供所有的数据库用户访问；而包体中则包含了元素的实际代码，同时，也可以在包体中创建规范中没有提到的项目，那么这些项目都属于私有项目，只能在包体中使用。

1. 创建包规范

创建包规范需要使用 CREATE PACKAGE 语句，其简要语法如下：

```
CREATE [ OR REPLACE ] PACKAGE package_name
{ IS | AS }
package_specification ;
END package_name ;
```

语法说明如下。

- package_name：创建的包名。
- package_specification：用于列出用户可以使用的公共存储过程、函数、类型和对象。

【例 10.15】 创建包 student_package，在该包的规范中列出一个存储过程 add_student_procedure 和一个函数 find_student_function，如下：

```
SQL> CREATE PACKAGE student_package
  2  AS
  3    PROCEDURE add_student_procedure
  4        ( stu_id NUMBER , stu_name VARCHAR2 , stu_age NUMBER ) ;
  5    FUNCTION find_student_function ( stu_id NUMBER ) RETURN VARCHAR2 ;
```

```
END student_package ;
/
```

程序包已创建。

如上述语句，在创建包 student_package 时，只列出了存储过程 add_student_procedure 和函数 find_student_function 的声明部分，而不包含它们的实际代码，其实际代码应该在包体中给出。

提示： 本节将使用上节中创建的 student 表。

2. 创建包体

创建包体需要使用 CREATE PACKAGE BODY 语句，并且在创建时需要指定已创建的包，其简要语法如下：

```
CREATE [ OR REPLACE ] PACKAGE BODY package_name
{ IS | AS }
package_body ;
END package_name ;
```

【例 10.16】 创建包 student_package 的包体，在该包体中需实现存储过程 add_student_procedure 和函数 find_student_function 的实际代码，当然也可以包含其他私有项目。包体创建如下：

```
SQL> CREATE PACKAGE BODY student_package
AS
  /* 实现存储过程 add_student_procedure 的实际代码 */
  PROCEDURE add_student_procedure
      ( stu_id NUMBER , stu_name VARCHAR2 , stu_age NUMBER )
  AS
  BEGIN
    INSERT INTO student VALUES ( stu_id , stu_name , stu_age ) ;
  END add_student_procedure ;
  /* 实现函数 find_student_function 的实际代码 */
  FUNCTION find_student_function ( stu_id NUMBER ) RETURN VARCHAR2
  AS
    stu_name student.sname%TYPE ;
    BEGIN
      SELECT sname INTO stu_name FROM student WHERE sid = stu_id ;
      RETURN stu_name ;
    END find_student_function ;
END student_package ;
/
```

程序包体已创建。

10.5.2 调用程序包中的元素

在前面讲解的 PL/SQL 块中，多次使用 DBMS_OUTPUT.PUT_LINE 语句输出结果，实际上，DBMS_OUTPUT 是系统定义的包，而 PUT_LINE 是该包中的存储过程。可见调用程序包中的元素时，是使用如下形式：

```
package_name.[ element_name ] ;
```

其中，element_name 表示元素名称，可以是存储过程名、函数名、变量名和常量名等。

提示： 在程序包中可以定义公有常量与变量。

【例 10.17】调用 student_package 包中的 add_student_procedure 过程，向 student 表中添加一条记录，如下：

```
SQL> EXEC student_package.add_student_procedure ( 1005 , 'NICK' , 24 ) ;
PL/SQL 过程已成功完成。
```

查询 student 表中是否添加了新记录，如下：

```
SQL> SELECT * FROM student WHERE sid = 1005 ;
      SID   SNAME          SAGE
---------- ---------   ----------
     1005   NICK           24
```

10.5.3 删除程序包

删除程序包需要使用 DROP PACKAGE 语句。如果程序包被删除，则其包体也将被自动删除。删除程序包的语法如下：

```
DROP PACKAGE package_name ;
```

10.6 实验指导——使用触发器自动为主键列赋值

在本书第 5 章介绍了序列的使用，创建一个序列后，可以通过序列的伪列 nextval 为表中的主键列自动生成不重复的有序数字。不过，在赋值时依然要手动指定序列，如下面的赋值语句：

```
SQL> INSERT INTO student (sid , sname)
  2 VALUES (student_seq.nextval , 'CANDY');
```

上述语句中，为主键列赋值时指定使用 student_seq 序列。

在实际应用中，几乎数据库中的每个表都有主键列，这些主键列的赋值方式都应该是使用序列，而由于一个序列不能应用于多个表，否则会出现跳号情况，这就会导致每个表都对应一个序列，在向不同的表中添加数据时，用户需要弄清楚对应该表的序列名。所以，这里建议读者在设计序列时，不要随意为序列命名，而应该有规律地设计序列名，方便自己记忆，例如所有的序列名都采用<table_name>_seq 的形式。

本实验指导将介绍如何使用触发器自动为主键列赋值，从而不需要用户自己向表中的主键列添加数据。

实验指导 10-2：使用触发器为主键列赋值

使用触发器为主键列赋值时依然要使用到序列，只不过将主键列的赋值转移到了“幕后”，不再需要用户关心。下面以图书管理系统中的 book 表为例。

由于篇幅有限，在本书前面章节中没有介绍如何创建与使用 book 表的序列，这里先提示 book 表对应的序列名称为 book_seq。下面创建 INSERT 触发器 add_book_trigger，在向 book 表中添加数据时，该触发器将自动为 book 表的主键列 bookid 赋值。触发器创建如下：

```
SQL> CONNECT bookstore/admin
已连接。
SQL> CREATE TRIGGER add_book_trigger
  2  BEFORE INSERT                                  --在 INSERT 操作执行之前触发
  3  ON book                                        --针对 book 表
  4  FOR EACH ROW
  5  BEGIN
  6    IF :NEW.bookid IS NULL THEN                  --如果添加的记录中没有 bookid 值
  7     SELECT book_seq.nextval INTO :NEW.bookid FROM dual;--生成 bookid 值
  8    END IF ;
  9  END add_book_trigger ;
 10  /
触发器已创建
```

触发器创建好后，在向 book 表中添加新记录时就可以不再关心主键列 bookid 的赋值问题，例如使用如下语句向 book 表中添加图书：

```
SQL> INSERT INTO book ( booknumber , bookname , bookpress ,
  2            bookprice , typeid , booktime )
  3     VALUES ( 'TS100018' , '远古的呼唤' , '清华大学出版社' ,
  4            36 , 1 , SYSDATE ) ;
已创建 1 行。
```

查询 book 表中是否已经成功地添加了此图书，如下：

```
SQL> SELECT * FROM book WHERE booknumber = 'TS100018' ;

    BOOKID BOOKNUMB BOOKNAME   BOOKPRESS            BOOKPRICE   TYPEID BOOKTIME
---------- -------- ---------- -------------------- ---------- ------ ----------
        18 TS100018 远古的呼唤 清华大学出版社       36              1 23-9月 -09
```

10.7 习　题

一、填空题

1. 创建存储过程需要使用 CREATE PROCEDURE 语句，调用存储过程可以使用

__________或 EXECUTE 命令。

2. 存储过程中有 3 种参数模式，分别为 IN、__________和__________。

3. 下面是创建存储过程的语句，该过程用于根据某学生 ID(studentid)返回学生姓名(studentname):

```
CREATE PROCEDURE stu_pro
( stu_id IN NUMBER , stu_name OUT VARCHAR2 ) AS
BEGIN
  SELECT studentname INTO __________
  FROM student WHERE studentid = __________ ;
END stu_pro ;
```

请将上述语句补充完整，并完成下面的过程调用等语句:

```
VARIABLE stu_name VARCHAR2(10) ;
EXEC stu_pro (1003 , __________) ;
SELECT __________ FROM student ;
```

4. Oracle 中的触发器主要有__________、__________、系统触发器和__________。

5. 如果要创建行级触发器，则应该在创建触发器的语句中使用__________子句。

6. 创建包规范需要使用 CREATE PACKAGE 语句，创建包体需要使用__________语句。

二、选择题

1. 假设有存储过程 add_student，其创建语句的头部内容如下:

```
CREATE PROCEDURE add_student (stu_id IN BUMBER , stu_name IN VARCHAR2)
...
```

请问下列调用该存储过程的语句中，正确的是__________。

A. EXEC add_student (1001 , 'CANDY') ;

B. EXEC add_student ('CANDY' , 1001) ;

C. EXEC add_student (stu_id => 1001 , stu_name => 'CANDY') ;

D. EXEC add_student (stu_name => 'CANDY' , stu_id => 1001) ;

2. 下面对 BEFORE 触发器与 INSTEAD OF 触发器叙述正确的是__________。

A. BEFORE 触发器在触发事件执行之前被触发，触发事件本身将不会被执行

B. BEFORE 触发器在触发事件执行之前被触发，触发事件本身仍然执行

C. INSTEAD OF 触发器在触发事件发生时被触发，触发事件本身将不会再执行

D. INSTEAD OF 触发器在触发事件发生时被触发，触发事件本身仍然执行

3. 下面关于:NEW 与:OLD 的理解正确的是__________。

A. :NEW 与:OLD 可发分别用于获取新的数据与旧的数据

B. :NEW 与:OLD 可以用于 INSERT 触发器、UPDATE 触发器和 DELETE 触发器中

C. INSERT 触发器中只能使用:NEW

D. UPDATE 触发器中只能使用:NEW

4. 修改触发器应该使用下列哪种语句____________。

A. ALTER TRIGGER 语句

B. DROP TRIGGER 语句

C. CREATE TRIGGER 语句

D. CREATE OR REPLACE TRIGGER 语句

5. 如果在包规范 mypackage 中没有声明某个过程 myprocedure，而在创建包体时包含了该过程，那么对该过程叙述正确的是____________。

A. 包体将无法创建成功，因为在包体中含有包规范中没有声明的元素

B. 该过程不影响包体的创建，它属于包的私有元素

C. 可以通过 mypackage.myprocedure 调用该过程

D. 无法在包体外使用该过程

三、简答题

1. 简述带参数的存储过程的使用，并概括说明在创建与调用时都应该注意哪些问题。

2. 简述存储过程与函数的区别。

3. 在表中使用 CHECK 约束也是为了保证数据的完整性，请举例说明使用触发器与使用 CHECK 约束的优缺点。

4. 在调用存储过程时，如果存储过程中有多个输入参数，则在调用该过程时需要为这些参数赋值。本书介绍了两种为多个输入参数赋值的形式，一种是指定参数名，另一种是不指定参数名。在实际应用中，有些用户喜欢将上述两种形式混在一起用，如下：

```
SQL> EXEC test (name => '李云' , 23 , sex => '女') ;
```

请指出在使用这种形式赋值时有什么限制。

5. 简述 INSTEAD OF 触发器的作用。

第 11 章　其他表类型

为了满足不同类型的数据存储、数据访问和性能的需求，Oracle 数据库提供了多种类型的表，除了可以创建堆表、视图和索引等数据库对象外，还可以建立临时表、外部表和分区表等表类型。

其中，临时表用来保存一个会话的数据，或者保存一个事务需要的数据；外部表是在数据库以外的文件系统中存储的只读表；分区表是将一个非常大的表分割成较小的片段(分区)。本章将主要介绍临时表、外部表和分区表的创建和使用。

本章要点：

- 了解临时表的特点。
- 熟练掌握不同类别的临时表的创建和使用。
- 熟练掌握外部表的创建。
- 掌握在创建外部表时可以指定的一些子句。
- 熟练掌握不同类型的分区表的创建。
- 掌握增加分区的不同方法。
- 掌握合并与删除分区的方法。

11.1　临　时　表

在 Oracle 数据库中，临时表是“静态”的，它与普通的数据表一样，只需要一次创建。其结构从创建到删除的整个期间都是有效的。

11.1.1　临时表的特点

临时表主要有如下特点：

- 临时表只有在用户向表中添加数据时，Oracle 才会为其分配存储空间。
- 为临时表分配的空间来自临时表空间，这避免了与永久对象的数据争用存储空间。
- 在临时表中存储数据是以事务或会话为基础的。当用户当前的事务结束或会话终止时，临时表占用的存储空间将被释放，存储的数据也随着丢失。
- 与堆表一样，用户可以在临时表上建立索引、视图和触发器等。

提示： 建立在临时表上的索引、视图等也是临时的，也是只对当前会话或者事务有效。

11.1.2　临时表的类别

由于临时表中存储的数据只在当前事务处理或者会话进行期间有效，因此临时表主要分为两种——事务级别临时表和会话级别临时表，说明如下。

(1)　事务级别临时表

事务级别临时表是指临时表中的数据只在事务生命周期中存在。当一个事务结束(提交或者回滚事务)，Oracle 自动清除临时表中的数据。

创建事务级别临时表时，需要使用 ON COMMIT DELETE ROWS 子句。

(2)　会话级别临时表

会话级别临时表是指临时表中的数据只在会话生命周期之中存在，当用户退出，会话结束的时候，Oracle 自动清除临时表中数据。

创建会话级别临时表时，需要使用 ON COMMIT PRESERVE ROWS 子句。

11.1.3　临时表的创建与使用

创建临时表，需要使用 CREATE GLOBAL TEMPORARY TABLE 语句，临时表中数据的保存时间可以通过 ON COMMIT 子句来控制。在前面已经介绍，临时表主要分为事务级别临时表和会话级别临时表，下面介绍这两种临时表的创建与使用。

1. 创建事务级别临时表

创建临时表时，如果指定 ON COMMIT DELETE ROWS 子句，则表示创建的临时表是事物级别临时表。语法如下：

```
CREATE GLOBAL TEMPORARY TABLE table_name (
    column_name data_type , [column_name data_type , ... ]
)ON COMMIT DELETE ROWS;
```

提示：　在创建临时表时，如果不指定 ON COMMIT 子句，则创建的临时表默认为事务级别的临时表。

【例 11.1】创建一个事务级别临时表 temp_student，并指定字段和字段的数据类型，具体如下：

```
SQL> CREATE GLOBAL TEMPORARY TABLE temp_student(
  2      tid NUMBER(4) NOT NULL PRIMARY KEY ,
  3      stuid VARCHAR2(16) ,
  4      stuname VARCHAR2(12)
  5  ) ON COMMIT DELETE ROWS;

表已创建。
```

2. 使用事务级别临时表

临时表的使用方法与堆表的使用方法相同，都可以执行 SELECT 语句、INSERT 语句等。

接下来使用前面创建的临时表 temp_student 执行相应的操作。

【例 11.2】使用 INSERT 语句，向 temp_student 表中添加一条记录数据，如下：

```
SQL> INSERT INTO temp_student VALUES(1 , 'S20040101' , '张岚岚');
已创建 1 行。
```

使用 SELECT 语句，检索 temp_student 表中的记录信息，如下：

```
SQL> SELECT * FROM temp_student;

      TID  STUID                STUNAME
---------  ----------------     ------------
        1  S20040101            张岚岚
```

使用 COMMIT 命令提交事务，然后再检索 temp_student 表中的记录。如下：

```
SQL> commit;
提交完成。
SQL> SELECT * FROM temp_student;
未选定行
```

可以发现 temp_student 表还存在，但是表中的记录数据已经被清除。

注意： 向事务级别的临时表中添加数据后，如果不执行事务提交，而是断开然后重新连接数据库，表中的记录数据也被清除。

3．创建会话级别临时表

在创建临时表时，如果指定 ON COMMIT PRESERVE ROWS 子句，则表示创建的临时表是会话级别临时表。语法如下：

```
CREATE GLOBAL TEMPORARY TABLE table_name (
   column_name data_type , [column_name data_type , ... ]
)ON COMMIT PRESERVE ROWS;
```

【例 11.3】创建一个会话级别临时表 temp_book，并指定字段和字段的数据类型，如下：

```
SQL> CREATE GLOBAL TEMPORARY TABLE temp_book(
  2     tid NUMBER(4) NOT NULL PRIMARY KEY ,
  3     bookid VARCHAR2(30) ,
  4     bookname VARCHAR2(30) ,
  5     bookprice NUMBER(4,2)
  6   ) ON COMMIT PRESERVE ROWS;
表已创建。
```

4．使用会话级别临时表

会话级别的临时表中的数据，当用户退出会话结束时，Oracle 自动清除该临时表中的数据。接下来使用前面创建的临时表 temp_book 执行相应的操作。

【例 11.4】使用 INSERT 语句，向 temp_temp 表中添加一条记录数据，如下：

```
SQL> INSERT INTO temp_book VALUES (1 , 'B20090101' , 'Oracle' , 45.8);
已创建 1 行。
```

使用 SELECT 语句，检索 temp_book 表中的记录数据，如下：

```
SQL> SELECT * FROM temp_book;
 TID     BOOKID            BOOKNAME                 BOOKPRICE
-----   --------------    ---------------------    -----------
 1       B20090101         Oracle                   45.8
```

使用 COMMIT 命令提交事务，然后再检索 temp_book 表中的数据，发现表中的数据还在，如下：

```
SQL> commit;
提交完成。

SQL> SELECT * FROM temp_book;

 TID     BOOKID            BOOKNAME                 BOOKPRICE
-----   --------------    ---------------------    -----------
 1       B20090101         Oracle                   55.8
```

但是如果断开数据库连接，然后重新连接数据库。这时，再检索 temp_book 表中的数据，会发现该表中的记录数据已经被清除，如下：

```
SQL> CONNECT system/admin ;
已连接。
SQL> SELECT * FROM temp_book;
未选定行
```

提示： 会话级别的临时表，在执行事务提交后，表中的数据不会被清除，只有在当前会话结束后才会被清除；而事务级别的临时表，在执行事务提交或者结束当前会话时，表中的数据都会被清除。

5. 删除临时表

删除临时表的操作和删除堆表的操作是一样的，都是使用 DROP TABLE 语句。删除该表后，该表的相关内容也从 user_tables 视图中删除。

【例 11.5】删除前面所创建的临时表 temp_student，如下：

```
SQL> DROP TABLE temp_student;
表已删除。
```

11.2　外　部　表

外部表是引用在数据库以外的文件系统中存储的数据的只读表，也就是说，外部表所要读取的数据存储在 Oracle 数据库外部的文件中，并且只能读取这些数据，不能进行数据写入。

11.2.1 使用外部表读取外部文件

使用 Oracle 的外部表，可以很容易地将一个格式化的文本文件虚拟成数据库的表，并且可以使用 SELECT 语句访问表中的数据。

创建外部表，需要在 CREATE TABLE 语句中，添加 ORGANIZATION EXTERNAL 子句，在该子句中可以指定下面所示的一些选项：

- TYPE：用来指定访问外部表数据文件时所使用的访问驱动程序，该程序可以将数据从它们最初的格式转换为可以向服务器提供的格式。Oracle 提供的默认访问驱动程序是 ORACLE_LOADER。

提示： 使用驱动程序转换源数据文件中数据的格式，目的是为了方便数据库读取其中的数据。

- DEFAULT DIRECTORY：用来指定所使用的目录对象，该目录对象指向外部数据文件所在目录。
- LOCATION：用来指定源数据文件。
- ACCESS PARAMETERS：用来设置访问驱动程序进行数据格式转换时的参数。
- FIELDS TERMINATED BY：用来指定字段之间的分隔符。

【例 11.6】下面将实现外部表读取外部文件的操作。

(1) 使用外部表对外部文件执行读取操作之前，首先创建外部文件。在操作系统目录 E:\external 中，创建一个记录学生的图书证信息的文本文件 card.txt，文件的内容如图 11-1 所示。

图 11-1 card.txt 文件

提示： 上述 card.txt 文件的每一行记录中，不同列之间的内容使用英文逗号(,)隔开；如果文件中的内容需要使用日期，必须使用 DD-MON-YY 格式。

(2) 创建一个目录对象，该目录对象将作为操作系统文件系统上目录的别名，用来指向数据文件位置的目录。要创建目录对象，登录用户必须具有 CREATE ANY DIRECTORY 权限。创建目录的内容如下：

```
SQL> CREATE DIRECTORY external_card AS 'E:\external';
目录已创建。
```

上面创建了一个名为 external_card 的目录，该目录指向操作系统中的 E:\external 目录，也就是 card.txt 文件所在的目录。

(3) 接下来创建外部表。创建外部表需要使用 CREATE TABLE ... ORGANIZATION EXTERNAL 语句。外部表的创建如下：

```
SQL> CREATE TABLE e_card (
       cardid NUMBER(10) ,
       cardnumber CHAR(9) ,
       studentid NUMBER(10) ,
       registertime DATE
   ) ORGANIZATION EXTERNAL (
       TYPE oracle_loader
       DEFAULT DIRECTORY external_card
       ACCESS PARAMETERS(
          FIELDS TERMINATED BY ',')
          LOCATION('card.txt')
   );
表已创建。
```

注意： 在创建外部表时，字段数量、各个字段的数据类型要与外部文件中的数据格式对应一致；并且不能为表中的各个字段指定主键约束、UNIQUE 约束、NOT NULL 约束等。

(4) 使用 SELECT 语句，查询外部表 e_card 中的数据，如下：

```
SQL> SELECT * FROM e_card;

   CARDID  CARDNUMBE       STUDENTID   REGISTERTIEM
---------- ------------    ---------   -------------
         1 KH2008001       1           17-9 月-09
         2 KH2008002       2           17-9 月-09
         3 KH2008003       3           17-9 月-09
         4 KH2008004       4           17-9 月-09
         5 KH2008005       5           17-9 月-09
         6 KH2008006       6           17-9 月-09
已选择 6 行。
```

注意： 外部表只能读取外部文件的内容，而不能向外部表添加、更新和删除数据，也不能在外部表上建立索引。

11.2.2 使用 REJECT LIMIT 子句

在将源数据文件中的数据类型转换为表定义的列数据类型时，有可能会出现错误，例如指定的分隔符不符合要求。如，在外部文件中的字段分隔符为英文逗号(,)，而创建外部表时却指定分隔符为中文逗号(，)，这就会导致数据类型转换出错。在创建外部表时，可以指定一些子句来对错误进行处理。

处理外部表错误的子句包括 REJECT LIMIT、BADFILE(或 NOBADFILE)和 LOGFILE

(或 NOLOGFILE)。本节将介绍 REJECT LIMIT 子句的用法。BADFILE(或 NOBADFILE)和 LOGFILE(或 NOLOGFILE)的用法将在后面的两个小节中进行介绍。

在创建外部表时使用 REJECT LIMIT 子句，可以指定在数据类型转换期间允许出现的错误个数。

【例 11.7】下面将介绍使用 REJECT LIMIT 子句，处理外部表中出现的数据类型转换错误。

(1) 首先模拟使用外部表时出现的一个错误。在创建外部表 e_card 时，将 cardnumber 列的数据类型设置为 NUMBER，如下：

```
SQL> DROP TABLE e_card ;
表已删除。
SQL> CREATE TABLE e_card (
       cardid NUMBER(10) ,
       cardnumber NUMBER(9) ,
       studentid NUMBER(10) ,
       registertime DATE
    ) ORGANIZATION EXTERNAL (
       TYPE oracle_loader
       DEFAULT DIRECTORY external_card
       ACCESS PARAMETERS(
           FIELDS TERMINATED BY ',')
           LOCATION('card.txt')
    );
表已创建。
```

(2) 在 card.txt 文件中，保存的文件内容不变，对应 cardnumber 列的字段仍然是非数字字符串类型。

(3) 使用 SELECT 语句查询 e_card 表时，将会出现类型转换错误，如下：

```
SQL> SELECT * FROM e_card;
SELECT * FROM e_card
*
第 1 行出现错误:
ORA-29913: 执行 ODCIEXTTABLEFETCH 调出时出错
ORA-30653: 已达到拒绝限制值
```

注意： 默认情况下，允许出现的错误个数为 0。所以错误内容为“已达到拒绝限制值”。

(4) 接下来，将使用 REJECT LIMIT 子句，处理上述错误。重新创建表 e_card，添加 REJECT LIMIT UNLIMITED 子句，表示错误个数不受限制。具体如下：

```
SQL> CREATE TABLE e_card (
       cardid NUMBER(10) ,
       cardnumber NUMBER(9) ,
       studentid NUMBER(10) ,
       registertime DATE
    ) ORGANIZATION EXTERNAL (
       TYPE oracle_loader
```

```
    DEFAULT DIRECTORY external_card
    ACCESS PARAMETERS(
        FIELDS TERMINATED BY ',')
        LOCATION('card.txt')
) REJECT LIMIT UNLIMITED ;
```

表已创建。

(5)　使用 SELECT 语句查询 e_card 表，如下：

```
SQL> SELECT * FROM e_card;
未选定行
```

提示： 从查询结果可以看出，Oracle 不再提示错误，但是返回 0 行数据。这是因为虽然允许出现无数个错误，但如果数据类型转换失败，源文件数据还是无法被读取到表的相应列中。

(6)　如果对外部文件中的内容进行修改，使得数据类型符合转换的要求。例如将 card.txt 文件中第一行数据修改为如下内容：

```
1,2008001,1,17-SEP-09
```

则检索表 e_card 中的数据时，将会显示该行数据，如下：

```
SQL> SELECT * FROM e_card;

   CARDID  CARDNUMBE     STUDENTID   REGISTERTIEM
---------- ------------  ---------   -------------
         1 2008001       1           17-9 月-09
```

11.2.3　使用 BADFILE 子句

上一小节介绍了使用 REJECT LIMIT 子句处理外部表中的错误。如果在创建外部表时使用 BADFILE 子句，在该子句中指定一个目录文件，可以将所有不能转换的数据所在的行写入到该文件中。

如果指定 NOBADFILE 子句，则 Oracle 将会忽略所有数据类型转换错误。

【例 11.8】重新创建外部表 e_card，在创建时指定 BADFILE 子句，如下：

```
SQL> CREATE TABLE e_card (
    cardid NUMBER(10) ,
    cardnumber NUMBER(9) ,
    studentid NUMBER(10),
    registertiem DATE
) ORGANIZATION EXTERNAL (
    TYPE oracle_loader
    DEFAULT DIRECTORY external_card
    ACCESS PARAMETERS(
        RECORDS DELIMITED BY NEWLINE
```

```
            BADFILE 'card_bad.txt'
            FIELDS TERMINATED BY ',')
        LOCATION('card.txt')
    )REJECT LIMIT UNLIMITED ;
```

表已创建。

上面在创建 e_card 表时，使用 BADFILE 子句指定存储错误数据行的文件为 card_bad.txt，该文件将在执行上述语句时被自动创建，并且与 card.txt 文件同目录。

注意：在 BADFILE 子句上面，还使用了 RECORDS DELIMITED BY NEWLINE 子句，目的是让 card_bad.txt 文件只记录最后一次查询表时发生转换错误的行。如果不使用该子句，错误行将不会被记录。

现在使用 SELECT 语句查询 e_card 表，如下：

```
SQL> SELECT * FROM e_card;

    CARDID  CARDNUMBE        STUDENTID   REGISTERTIEM
----------  ------------     ---------   -------------
         1  2008001          1           17-9月-09
```

从查询结果可以看出，符合转换要求的数据可以正常显示。而不符合转换要求的数据行将被复制到 card_bad.txt 文件中，该文件的内容如图 11-2 所示。

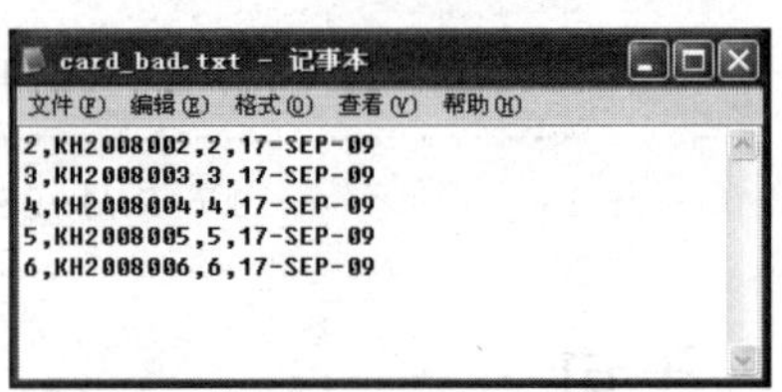

图 11-2　card_bad.txt 文件

注意：如果既不使用 BADFILE，也不使用 NOBADFILE，则 Oracle 会在数据文件所在目录中创建一个.bad 文件，用来记录错误数据。

11.2.4　使用 LOGFILE 子句

LOGFILE 子句用来指定一个记录错误信息的日志文件。如果使用 NOLOGFILE 子句，则不会将错误信息写入任何日志文件中。

【例 11.9】重新创建外部表 e_card，在创建时指定 LOGFILE 子句，如下：

```
SQL> CREATE TABLE e_card (
       cardid NUMBER(10) ,
       cardnumber NUMBER(9) ,
       studentid NUMBER(10),
       registertiem DATE
```

```
) ORGANIZATION EXTERNAL (
   TYPE oracle_loader
   DEFAULT DIRECTORY external_card
   ACCESS PARAMETERS(
        RECORDS DELIMITED BY NEWLINE
        BADFILE 'card_bad.txt'
        LOGFILE 'card_log.txt'
        FIELDS TERMINATED BY ',')
   LOCATION('card.txt')
)REJECT LIMIT UNLIMITED;
```

表已创建。

上面在创建 e_card 表时，使用 LOGFILE 子句指定记录错误信息的日志文件为 card_log.txt，该文件将在执行上述语句时被自动创建，并与 card.txt 文件同目录。

使用 SELECT 语句查询 e_card 表，则 card_log.txt 文件中生成的内容如图 11-3 所示。

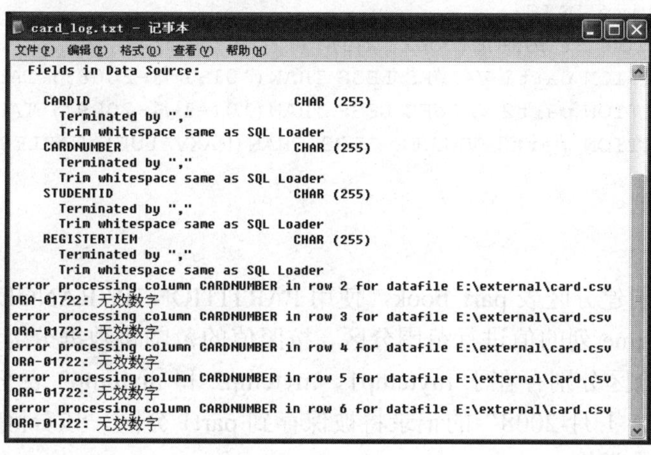

图 11-3　card_log.txt 文件

注意： 如果既不使用 LOGFILE，也不使用 NOLOGFILE，则 Oracle 会在数据文件所处的目录中创建一个.log 文件，用来记录错误信息。

11.3　分　区　表

在大型的数据库应用中，需要处理的数据量可以达到几十到几百 GB，甚至达到 TB 级。为了提高对这些巨型数据库的读写和查询速度，Oracle 提供了一种分区表技术，分区表是将一个非常大的表分割成较小的片段(分区)。在实际应用中，对分区表的操作是在独立的分区上，但是对用户而言，分区表的使用方法就像一个堆表一样。

Oracle 数据库对表或索引分区的方法有 5 种：范围分区、散列分区、列表分区、组合范围散列分区和组合范围列表分区。在创建分区表时，应该根据不同类型分区表的特点，选择合适的分区类型。

11.3.1 使用 RANGE 关键字创建范围分区表

范围分区就是根据数据表中的某个值的范围进行分区，根据某个值的大小或次序，决定将每条数据分别存储在哪个分区上。

在创建范围分区表之前，首先需要检查当前数据库已经存在的表空间，以便于将不同的分区指定到不同的表空间中。

【例 11.10】 创建一个范围分区表，用来保存图书信息，并且根据图书的出版时间将添加的记录数据保存到不同的分区中。

(1) 创建范围分区表 part_book，如下：

```
SQL> CREATE TABLE part_book(
       bid NUMBER(4),
       bookname VARCHAR2(30),
       bookprice NUMBER(4,2),
       booktime DATE
     ) PARTITION BY RANGE(booktime) (
       PARTITION part1 VALUES LESS THAN('01-1 月-2008') TABLESPACE mytemp1,
       PARTITION part2 VALUES LESS THAN('01-1 月-2009') TABLESPACE mytemp2,
       PARTITION part3 VALUES LESS THAN(MAXVALUE) TABLESPACE mytemp3
     );

表已创建。
```

通过上述语句创建分区表 part_book，使用 PARTITION BY RANGE 子句指定 booktime 列，表示根据 booktime 列的值进行范围分区，按照值的范围将数据分为 3 个区(part1、part2 和 part3)，这 3 个分区分别存在于 mytemp1、mytemp2 和 mytemp3 表空间中。那么也就表示出版日期小于“01-1 月-2008”的记录将被保存到 part1 分区，该分区位于 mytemp1 表空间中，其他情况依次类推。

提示： VALUES LESS THAN 子句用来指定分区的上限(不包含该上限)；MAXVALUE 关键字用来表示分区中可能的最大值，一般用于设置最后一个分区的上限。

(2) 使用 INSERT 语句，向 part_book 表中添加多条记录信息。语句如下：

```
SQL> INSERT INTO part_book VALUES(1,'Oracle 11g',23.5,'25-11 月-07');
SQL> INSERT INTO part_book VALUES(2,'Struts 2',22.8,'25-11 月-08');
SQL> INSERT INTO part_book VALUES(3,'SSH',27.8,'25-11 月-09');
```

(3) 使用 SELECT 语句检索 part_book 表中的数据，并且使用 PARTITION 关键字指定所要查看的分区。下面检索 part1 和 part3 分区中的数据：

```
SQL> SELECT * FROM part_book PARTITION(part1);
 BID     BOOKNAME                   BOOKPRICE       BOOKTIME
-----    ---------------------      ------------    --------------
 1       Oracle 11g                 23.5            25-11 月-07
```

```
SQL> SELECT * FROM part_book PARTITION(part3);
BID     BOOKNAME                     BOOKPRICE        BOOKTIME
-----   ---------------------        -------------    --------------
 3      SSH                          27.8             25-11月-09
```

提示：分区可以改善查询的性能，并且可以使数据量大的表变得容易管理。查询分区表时可以通过查询表来访问各个分区中的数据，也可以通过在查询时直接指定分区的方法进行查询。

11.3.2　使用 HASH 关键字创建散列分区表

散列分区是通过 HASH 算法均匀分布数据的一种分区类型。通过在 I/O 设备上进行散列分区，可以使得分区的大小一致。创建散列分区需要使用 PARTITION BY HASH 子句。

【例 11.11】创建散列分区表 part_book2，使用 PARTITION BY HASH 子句，根据 bid 列进行散列分区。具体如下：

```
SQL> CREATE TABLE part_book(
      bid NUMBER(4),
      bookname VARCHAR2(30),
      bookprice NUMBER(4,2),
      booktime DATE
   )PARTITION BY HASH(bid)(
      partition part1 tablespace mytemp1,
      partition part2 tablespace mytemp2
   );

表已创建。
```

创建上述散列分区表，根据表中的 bid 列将添加的数据均匀分布到 part1 和 part2 分区。这两个分区分别存在于 mytemp1 和 mytemp2 表空间中。

提示：使用 HASH 分区表可以使表中的数据得到均匀的分配，有助于在某些高并发性的应用程序中消除数据块冲突。

11.3.3　使用 LIST 关键字创建列表分区表

列表分区表是基于特定值的列表对表进行分区。列表分区适用于分区列的值为非数字或日期数据类型，并且分区列的取值范围较少时使用。创建列表分区需要使用 PARTITION BY LIST 子句。

注意：进行列表分区时，需要为每个分区指定一个取值列表，分区列的取值处于同一个列表中的行将被存储到同一个分区中。

【例 11.12】使用 LIST 关键字，指定创建的表为列表分区表，并且根据表中的一列将数据存放到不同的分区中。

(1) 创建列表分区表 part_book3，根据 bookpress 列进行列表分区，如下：

```
SQL> create table part_book3(
    bid NUMBER(4),
    bookname VARCHAR2(30),
    bookpress VARCHAR2(30),
    booktime DATE
  )PARTITION BY LIST(bookpress)(
    PARTITION part1 VALUES ('清华大学出版社') TABLESPACE mytemp1,
    PARTITION part2 VALUES ('教育出版社') TABLESPACE mytemp2
  );
表已创建。
```

(2) 使用 INSERT 语句向表 part_book3 中添加记录，语句如下：

```
SQL> INSERT INTO part_book3 VALUES(1,'Oracle','清华大学出版社','18-09月-2009');
SQL> INSERT INTO part_book3 VALUES(2,'Struts 2','清华大学出版社','18-09月-2008');
SQL> INSERT INTO part_book3 VALUES(3,'SSH','教育出版社','11-12月-2008');
```

(3) 使用 SELECT 语句检索表 part_book3 中的记录。查询 part1 分区中的记录如下：

```
SQL> SELECT * FROM part_book3 PARTITION(part1);

BID    BOOKNAME                  BOOKPRESS           BOOKTIME
----   --------------------      ------------------  --------------------
1      Oracle                    清华大学出版社      18-09月-09
2      Struts 2                  清华大学出版社      18-09月-09
```

11.3.4 创建组合范围散列分区表

组合范围散列分区，就是将范围分区和散列分区进行组合使用。这种形式首先使用范围值进行分区，然后使用散列值进行分区。

【例 11.13】创建一个组合范围散列分区表 part_book4，按照 booktime 列进行范围分区，按照 bid 列进行散列分区，如下：

```
SQL> CREATE TABLE part_book4(
    bid NUMBER(4),
    bookname VARCHAR2(30),
    bookpress VARCHAR2(30),
    booktime DATE
  )PARTITION BY RANGE(booktime)
  SUBPARTITION BY HASH(bid)
  SUBPARTITIONS 2 STORE IN (mytemp1,mytemp2)(
    PARTITION part1 VALUES LESS THAN('01-1月-2008'),
    PARTITION part2 VALUES LESS THAN('01-1月-2009'),
    PARTITION part3 VALUES LESS THAN(MAXVALUE)
```

```
 12 );
```

表已创建。

上述示例中，使用 PARTITION BY RANGE 子句，根据 booktime 列创建了 3 个分区(即 part1、part2 和 part3)；使用 SUBPARTITION BY HASH 子句，将每一个分区又基于 bid 列的 HASH 值将数据均匀分到两个不同的分区中。

提示： 如果不指定分区名，Oracle 数据库将自动对分区进行命名。

11.3.5　创建组合范围列表分区表

组合范围列表分区，就是将范围分区和列表分区结合使用。这种形式首先使用范围值进行分区，然后使用列表值进行分区。

【例 11.14】 创建一个组合范围列表分区表 part_book5，根据 booktime 列进行范围分区，根据 bookpress 列进行列表分区。具体如下：

```
SQL> CREATE TABLE part_book5(
  2     bid NUMBER(4),
  3     bookname VARCHAR2(30),
  4     bookpress VARCHAR2(30),
  5     booktime DATE
  6  )PARTITION BY RANGE(booktime)
  7  SUBPARTITION BY LIST(bookpress)(
  8     PARTITION part1 VALUES LESS THAN('01-1月-2008')(
  9         SUBPARTITION part1_1 VALUES('清华大学出版社') TABLESPACE mytemp1,
 10         SUBPARTITION part1_2 VALUES('教育出版社') TABLESPACE mytemp1
 11    ),
 12     PARTITION part2 VALUES LESS THAN('01-1月-2009')(
 13         SUBPARTITION part2_1 VALUES('清华大学出版社') TABLESPACE mytemp1,
 14         SUBPARTITION part2_2 VALUES('教育出版社') TABLESPACE mytemp2
 15     ),
 16     PARTITION part3 VALUES LESS THAN(MAXVALUE)(
 17         SUBPARTITION part3_1 VALUES('清华大学出版社') TABLESPACE mytemp3,
 18         SUBPARTITION part3_2 VALUES('教育出版社') TABLESPACE mytemp3
 19     )
 20  );
```

表已创建。

上述示例创建表 part_book5 中，使用 PARTITION BY RANGE 子句，根据 booktime 列进行范围分区，具体来说，分成了 3 个区(即 part1、part2 和 part3)；使用 SUBPARTITION BY LIST 子句，根据 bookpress 列进行列表分区，将前面的 3 个区分别分成了两个区(即 part1_1、part1_2、part2_1、part2_2、part3_1 和 part3_2 分区)。

提示： 不同的分区可以指定到不同的表空间中，也可以指向同一个表空间。

11.3.6 增加分区

增加表分区适应于所有的分区表形式，其语法如下：

```
ALTER TABLE table_name ADD PARTITION ...
```

但是，对于范围分区表和列表分区表，在分区时指定了范围值，在增加分区时，需要注意以下两点：

- 在最后一个分区之后增加分区，分区值必须大于当前分区中的最大值。
- 如果当前存在 MAXVALUE 或 DEFAULT 值的分区，那么在增加分区时会出现错误。这种情况只能采用分隔分区的方法，具体来说是指定 SPLIT PARTITION 子句。

1．为范围分区表增加分区

为范围分区表增加分区可以分为 3 种情况：在最后一个分区之后、分区中间和开始处增加分区。

(1) 在最后一个分区之后增加分区。

为范围分区表增加分区时，如果是在最后一个分区之后增加分区，根据最后一个分区的分区值是否为 MAXVALUE，可以使用两种不同的实现方式。

【例 11.15】为前面所创建的范围分区表 part_book 增加一个分区，由于创建该表时指定了 MAXVALUE 值，所以需要使用 ALTER TABLE table_name SPLIT PARTITION 语句，将 part3 分区分隔成两个区，如下：

```
SQL> ALTER TABLE part_book SPLIT PARTITION part3 at('01-1月-2010')
  2  INTO (
  3      PARTITION part3 TABLESPACE mytemp1,
  4      PARTITION part4 TABLESPACE mytemp2 );

表已更改。
```

使用 SPLIT PARTITION ... AT ... INTO 语句，以“01-1 月-2010”为分界点，将 part_book 中的 part3 分区分隔成 part3 和 part4 分区。

【例 11.16】如果创建的分区表中没有指定 MAXVALUE 值，那么在添加分区时，需要使用 ADD PARTITION 子句。下面创建一个范围分区表 range_book，根据 booktime 列指定数据的 3 个分区，如下：

```
SQL> CREATE TABLE range_book (
  2    bid NUMBER(4),
  3    bookname VARCHAR2(30),
  4    booktime DATE
  5  )PARTITION BY RANGE (booktime)(
  6    PARTITION part1 VALUES LESS THAN('01-1月-2008'),
  7    PARTITION part2 VALUES LESS THAN('01-1月-2009'),
  8    PARTITION part3 VALUES LESS THAN('01-1月-2010')
  9  );

表已创建。
```

提示： 上述语句创建的范围分区表 range_book，与前面创建的范围分区表 part_book 的一个主要的区别就是——range_book 中，第 3 个分区的 VALUES 值不是 MAXVALUE，而是一个具体的值(即“01-1 月-2010”)。

使用 ALTER TABLE table_nam ADD PARTITION 语句，为 range_book 表增加一个分区 part4，指定分区值为“01-1 月-2011”，如下：

```
SQL> ALTER TABLE range_book
  2  ADD PARTITION part4 VALUES LESS THAN('01-1 月-2011');
```

表已更改。

注意： 在最后一个分区之后增加分区时，指定的 VALUES 值要大于当前分区中的最大值，例如，这里的分区值“01-1 月-2011”要大于已经存在的最大值“01-1 月-2010”，否则会出现错误信息。

(2) 在分区中间或开始处增加分区。

使用 SPLIT PARTITION 子句，可以在已有分区中间或开始处增加分区。

【例 11.17】为 range_book 表在开始处增加分区，如下：

```
SQL> ALTER TABLE range_book
  2      SPLIT PARTITION part1 AT ('01-1 月-2007')
  3      INTO (PARTITION part5 , PARTITION part6);
```

表已更改。

上面在表 range_book 的 part1 分区中选择取值点“01-1 月-2007”，将 part1 分区分为 part5 和 part6 分区，从而达到添加一个分区的目的。

2．为散列分区表增加分区

为散列分区表增加分区，只需要使用 ALTER TABEL table_name ADD PARTITION 语句即可。

【例 11.18】前面创建了一个散列分区表 part_book2，为该表新增加一个分区，如下：

```
SQL> ALTER TABLE part_book2
  2  ADD PARTITION part3 TABLESPACE mytemp1;
```

表已更改。

注意： 为散列分区表增加分区后，Oracle 会将数据重新分配，将一部分数据自动分配到新区中。

3．为列表分区表增加分区

为列表分区表新增加一个分区，和创建列表分区表时一样需要为分区使用 VALUES 子句指定取值列表。

【例 11.19】前面创建了一个列表分区表 part_book3，为该表增加一个分区 part3，如下：

```
SQL> ALTER TABLE part_book3
  2  ADD PARTITION part3 VALUES(default) TABLESPACE mytemp3;
表已更改。
```

前面在创建列表分区表时，创建了两个分区 part1 和 part2，对应的 VALUES 值为“清华大学出版社”和“教育出版社”。这里，在增加分区 part3 时，VALUES 属性值指定为 default，表示将“清华大学出版社”和“教育出版社”以外的所有图书记录添加到该分区中。

11.3.7 合并与删除分区

创建分区表之后，对分区表的管理，不但体现在添加一个新的分区上，还体现在将分区表中的分区进行合并和删除。

1．合并分区

合并分区，需要使用 ALTER TABLE … MERGE PARTITION 语句。

【例 11.20】前面创建了范围分区表 range_book，将这个表中的 part5 和 part6 分区进行合并，如下：

```
SQL> ALTER TABLE range_book
  2      MERGE PARTITIONS part5,part6 INTO PARTITION part1;
表已更改。
```

执行上述语句，将 range_book 表中的 part5 和 part6 分区合并成一个 part1 分区。

2．删除分区

删除分区，需要使用 ALTER TABLE … DROP PARTITION 语句。

【例 11.21】删除范围分区表 range_book 中的 part1 分区，如下：

```
SQL> ALTER TABLE range_book DROP PARTITION part1;
表已更改。
```

11.4 实验指导——从 Excel 电子表格生成图书信息表

在实际应用中，Excel 文件常常被用来保存一些数据信息，那么在创建对应的数据表时，可以通过创建外部表的方式读取这些信息，然后保存到该表中，从而可以避免在创建表之后多次使用 INSERT 语句对这些数据的操作。

实验指导 11-1：从 Excel 电子表格生成图书信息表

在 CREATE TABLE 语句中添加 ORGANIZATION EXTERNAL 子句，创建一个外部表，并且读取 Excel 文件中的内容。

(1) 在本地操作系统目录 E:\external 下，创建两个 Excel 文件 book1.csv 和 book2.csv。其中 book1.csv 文件如图 11-4 所示。

book2.csv 文件的内容可以参考 book1.csv，这里不再具体说明。

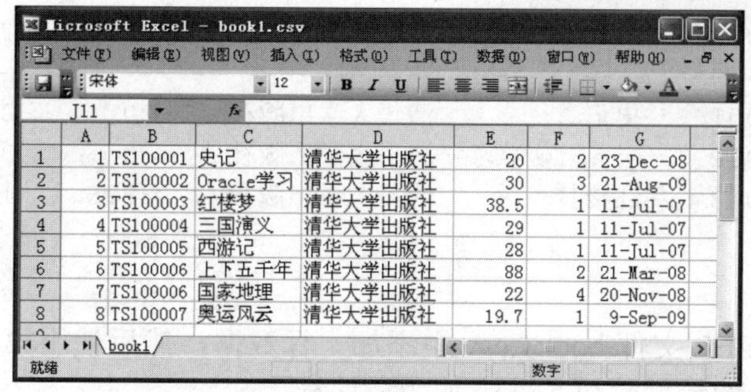

	A	B	C	D	E	F	G
1	1	TS100001	史记	清华大学出版社	20	2	23-Dec-08
2	2	TS100002	Oracle学习	清华大学出版社	30	3	21-Aug-09
3	3	TS100003	红楼梦	清华大学出版社	38.5	1	11-Jul-07
4	4	TS100004	三国演义	清华大学出版社	29	1	11-Jul-07
5	5	TS100005	西游记	清华大学出版社	28	1	11-Jul-07
6	6	TS100006	上下五千年	清华大学出版社	88	2	21-Mar-08
7	7	TS100006	国家地理	清华大学出版社	22	4	20-Nov-08
8	8	TS100007	奥运风云	清华大学出版社	19.7	1	9-Sep-09

图 11-4　book1.csv 文件

提示： 使用 Excel 创建.csv 文件，输入数据后，选择保存类型为：CSV(逗号分隔)(*.csv)。

(2) 使用 system 用户连接数据库，创建一个目录对象 test_data，指向目录 E:\external。如下：

```
SQL> CREATE DIRECTORY test_data AS 'E:\external';
目录已创建。
```

将目录对象的读写权限授予 bookstore 用户，如下：

```
SQL> GRANT READ, WRITE ON DIRECTORY test_data TO bookstore;
授权成功。
```

(3) 使用 bookstore 用户连接数据库，然后创建外部表 test_book，如下：

```
SQL> conn bookstore/admin;
已连接。
SQL> CREATE TABLE test_book(
       bookid number , booknumber char(8),
       bookname varchar2(30) , bookpress varchar2(40),
       bookprice number(8,2) , typeid number(10) ,
       booktime DATE
    )ORGANIZATION EXTERNAL(
       TYPE oracle_loader
       DEFAULT DIRECTORY test_data
       ACCESS PARAMETERS(
           RECORDS DELIMITED BY NEWLINE
           BADFILE 'bad_book.txt'
           LOGFILE 'log_book.txt'
           FIELDS TERMINATED BY ','
       )LOCATION('book1.csv','book2.csv')
    );
表已创建。
```

(4) 创建外部表 test_book 后，可以使用 SELECT 语句检索该表。语句如下：

```
SQL> SELECT * FROM test_book;
```

```
BOOKID  BOOKNUMB     BOOKNAME      BOOKPRESS    BOOKPRICE   TYPEID  BOOKTIME
------ ----------- ----------- ----------- ---------- ------- -----------
 1      TS100001    史记          清华大学出版社   20          2       23-12月-08
 2      TS100002    Oracle学习    清华大学出版社   30          3       21-8月 -09
 3      TS100003    红楼梦        清华大学出版社   38.5        1       11-7月 -07
...
已选择15行。
```

(5) 在外部EXCEL文件book1.csv中添加一行数据，然后使用第4步中的语句查询外部表。可以发现显示的数据将包含新添加的数据行。

(6) 在外部表中，不能进行添加、修改和删除数据操作，为了解决这个问题，可以将外部表中显示的数据导入数据库。将test_book表导入mybook表，如下：

```
SQL> CREATE TABLE mybook (
  2      bookid , booknumber , bookname , bookpress ,
  3      bookprice , typeid , booktime )
  4  AS SELECT * FROM test_book;
表已创建。
```

将数据导入内部表后，用户就可以通过SQL语句对其进行DML数据操作。

11.5 习　　题

一、填空题

1. 由于临时表中存储的数据只在当前事务处理或者会话进行期间有效，因此临时表主要分为两种：__________和__________。

2. 创建外部表，可以在ORGANIZATION EXTERNAL子句中，通过LOCATION选项用来指定源数据文件；__________选项用来指定所使用的目录对象，该目录对象指向外部数据文件所在目录。

3. 创建外部表时，可以使用__________子句指定允许出现的数据转换错误个数。

4. Oracle数据库提供对表或索引的分区方法有5种：__________、__________、__________、组合范围散列分区和组合范围列表分区。

5. 为分区表增加一个新的分区时，需要使用__________或者__________子句。

6. 在创建分区表或者为分区表增加分区时，指定的分区值可以是一个具体的数据，也可以是MAXVALUE或DEFAULT。其中，__________表示分区中可能的最大值；__________表示分区中的其他值。

二、选择题

1. 创建临时表时，如果指定__________子句，则表示创建的临时表是事务级别临时表。

  A. ON COMMIT DELETE ROWS
  B. ON COMMIT PRESERVE ROWS
  C. ORGANIZATION EXTERNAL

D. PARTITION BY

2. 在创建外部表时，使用__________子句指定记录错误数据的文件。

A. REJECT LIMIT　　B. BADFILE

C. LOGFILE　　D. FILE

3. 创建范围分区表需要指定__________关键字，创建散列分区表需要使用__________关键字，创建列表分区表需要使用__________关键字。

A. LIST、HASH、RANGE　　B. HASH、LIST、RANGE

C. RANGE、LIST、HASH　　D. RANGE、HASH、LIST

4. 为分区表增加分区时，如果当前存在 MAXVALUE 或 DEFAULT 值的分区，那么在增加分区时会出现错误。这时，需要使用__________，采用分隔分区的方法来解决。

A. ADD PARTITION 子句　　B. MERGE PARTITION 子句

C. DROP PARTITION 子句　　D. SPLIT PARTITION 子句

5. 根据下列语句，以下说法正确的是__________。

```
ALTER TABLE range_book
 MERGE PARTITIONS part2 , part3 INTO PARTITION part1;
```

A. 将分区表 range_book 中的 part1 分区分隔成 part2 和 part3 分区

B. 为分区表 range_book 添加 part2、part3 和 part1 分区

C. 将分区表 range_book 中的 part2 和 part3 分区合并成 part1 分区

D. 删除分区表 range_book 中的 part2 和 part3 分区，只保留 part1 分区

三、简答题

1. 简述临时表的两种类型。

2. 创建一个会话级别临时表和一个事务级别临时表，向这两个表中分别添加一些记录数据，然后重新连接数据库，观察两个表中数据的变化。

3. 创建一个外部数据文件，然后用 CREATE TABLE...ORGANIZATION EXTERNAL 语句创建一个外部表，读取外部数据文件中的内容。

4. 简述分区表的 5 种类型。

5. 指出下列语句实现的功能(其中，sid 表示学生编号；stuname 表示学生姓名；stusex 表示学生性别；stubirthday 表示学生生日)：

```
CREATE TABLE student(
    sid NUMBER(4),
    stuname VARCHAR2(30),
    stusex VARCHAR2(4),
    stubirthday DATE
) PARTITION BY LIST(stusex)(
    PARTITION part1 VALUES ('男'),
    PARTITION part2 VALUES ('女')
);
```

6. 使用 ADD PARTITION 语句，为前面所创建的表 student 增加一个分区 part3，指定 VALUES 值为“保密”。

第 12 章　用户权限与安全

Oracle 数据库自带了许多用户，如 system、scott 和 sys 用户等，也允许数据库管理员创建用户。为了保证数据库系统的安全，数据库管理员可以为创建的用户分配不同的权限，也可以将一组权限授予某个角色，然后将这个角色授予用户，这样可以方便用户权限的管理。在实际应用中，用户、角色与权限是密不可分的。

本章将介绍用户的创建与管理，用户配置文件的定义，Oracle 中的权限，以及角色的创建与管理。

本章要点：

- 掌握用户的创建与管理。
- 了解用户配置文件的作用。
- 掌握如何使用用户配置文件限制用户使用的资源。
- 了解 Oracle 中的权限。
- 理解系统权限与对象权限的区别。
- 了解角色与权限的区别。
- 掌握角色的创建与管理。
- 掌握如何为角色授予权限。
- 掌握如何为用户授予权限或角色。

12.1　用　　户

连接数据库需要拥有用户名，并在连接时提供密码。在实际应用中，数据库的用户一般较多，所以数据库管理员应该对用户可以使用的系统资源加以限制，这需要为用户创建并指定配置文件。

12.1.1　创建用户

创建用户需要使用 CREATE USER 语句，其语法如下：

```
CREATE USER user_name
IDENTIFIED BY password
[ DEFAULT TABLESPACE default_tablespace_name ]
[ TEMPORARY TABLESPACE tomporary_tablespace_name ]
[
    QUOTA quota [ K | M ] | UNLIMITED ON tablespace_name
    [ , ... ]
    [ PROFILE profile_name ]
```

```
    [ PASSWORD EXPIRE ]
    [ ACCOUNT LOCK | UNLOCK ]
] ;
```

语法说明如下。

- user_name：创建的用户名。
- IDENTIFIED BY password：为用户指定口令。
- DEFAULT TABLESPACE default_tablespace_name：为用户指定默认表空间。如果不使用此子句，则 Oracle 为该用户指定默认表空间为 system。
- TEMPORARY TABLESPACE tomporary_tablespace_name：为用户指定默认临时表空间，如果不使用此子句，则 Oracle 为该用户指定默认临时表空间为 temp。
- QUOTA quota [K | M] | UNLIMITED ON tablespace_name：为用户设置在某表空间上可以使用的字节数。UNLIMITED 表示无限制。默认为 UNLIMITED。不能在临时表空间上使用限额。
- PROFILE profile_name：为用户指定配置文件，用于限制用户对系统资源的使用和执行口令管理等。不使用此子句，则 Oracle 为该用户指定默认的用户配置文件，名称为 DEFAULT。
- PASSWORD EXPIRE：将用户口令的初始状态设置为已过期，从而强制用户在登录时修改口令。
- ACCOUNT LOCK | UNLOCK：用户的初始状态为锁定(LOCK)或解锁(UNLOCK)。默认为 UNLOCK。

【例 12.1】创建用户需要具有 CREATE USER 权限，下面使用 Oracle 特权用户 system 连接数据库，并创建用户 xiaoqi，语句如下：

```
SQL> CONNECT system/admin
已连接。
SQL> CREATE USER xiaoqi
  2  IDENTIFIED BY xiaoqi0101
  3  DEFAULT TABLESPACE users
  4  TEMPORARY TABLESPACE temp
  5  QUOTA 20M ON users ;
用户已创建。
```

12.1.2　修改用户

对创建好的用户可以使用 ALTER USER 语句进行修改，修改时可以针对用户不同的参数。例如修改用户的口令，语句形式如下：

```
ALTER USER user_name IDENTIFIED BY new_password ;
```

下面具体介绍将用户口令设置为过期与修改用户的状态为锁定或解锁的情况。

1．修改用户口令为过期

在创建用户时可以使用 PASSWORD EXPIRE 子句将用户口令的初始状态设置为过期，

对于已创建好的用户也可以使用 ALTER USER 语句进行设置，语句形式如下：

```
ALTER USER user_name PASSWORD EXPIRE ;
```

如果用户口令是过期状态，则使用该用户连接数据库时，Oracle 将强制用户更新口令。

【例 12.2】 在 system 用户模式下修改用户 xiaoqi 的口令为过期状态，然后使用 xiaoqi 连接数据库，如下：

```
SQL> ALTER USER xiaoqi PASSWORD EXPIRE ;
用户已更改。
SQL> CONNECT xiaoqi/xiaoqi0101
ERROR:
ORA-28001: the password has expired
更改 xiaoqi 的口令
新口令:
重新键入新口令:
```

如上述示例，使用过期的口令连接数据库时，Oracle 会报 ORA-28001 错误，提示口令已过期，并要求用户更新口令。用户两次输入新口令后，才可以连接数据库。

注意： 上述 xiaoqi 用户在设置新口令后依然不能连接数据库，这是因为还没有为该用户授予连接数据库的权限。关于权限的内容将在本章 12.3 节中详细讲解。

2. 修改用户的状态为锁定或解锁

修改用户状态的 ALTER USER 语句形式如下：

```
ALTER USER user_name ACCOUNT LOCK | UNLOCK ;
```

【例 12.3】 在 system 用户模式下修改 xiaoqi 用户的状态为 LOCK 状态，然后使用 xiaoqi 连接数据库，如下：

```
SQL> ALTER USER xiaoqi ACCOUNT LOCK ;
用户已更改。
SQL> CONNECT xiaoqi/xiaoqi0101 ;
ERROR:
ORA-28000: the account is locked
```

如上述示例，使用锁定的用户连接数据库时，Oracle 会报 ORA-28000 错误，提示该用户已锁定。

12.1.3 删除用户

删除用户需要使用 DROP USER 语句。如果该用户已经在数据库中创建了内容，则必须指定 CASCADE 关键字，表示在删除该用户的同时，删除该用户创建的所有内容。其语法如下：

```
DROP USER user_name [ CASCADE ] ;
```

12.1.4　管理用户会话

为了了解当前数据库中用户的会话情况，保证数据库的安全运行，Oracle 提供了一系列相关的数据字典对用户会话进行监视。在需要的时候，数据库管理员可以即时终止用户的会话。

1．监视用户会话信息

Oracle 提供了动态视图 v$session，通过该视图可以了解当前数据库中的用户会话信息。

【例 12.4】查询动态视图 v$session 中的部分信息，如下：

```
SQL> COLUMN username FORMAT A20 ;
SQL> COLUMN machine FORMAT A10 ;
SQL> SELECT sid , serial# ,  username , status ,
  2  logon_time , machine FROM v$session WHERE username IS NOT NULL ;

       SID  SERIAL#      USERNAME         STATUS       LOGON_TIME  MACHINE
----------  --------     ------------     --------     ----------- ----------
       136  341          SYSTEM           ACTIVE       18-9月 -09  HT\YSM
```

其中，sid 与 serial#字段用于唯一标识一个会话信息；username 表示用户；status 表示该用户的活动状态；logon_time 表示用户上次连接数据库的时间；machine 表示用户登录时所使用的计算机的名称。

提示：如果 sid 和 serial#不相同，而 username 相同，则表示该用户创建了多个数据库连接，例如在两个 SQL*Plus 中都使用 system 用户连接数据库，则 system 用户就拥有两个数据库连接。

另外，通过数据字典 v$open_cursor 可以了解用户连接数据库后最新执行的 SQL 语句。

【例 12.5】查询 system 用户连接数据库后最新执行的 SQL 语句，如下：

```
SQL> COLUMN user_name FORMAT A10
SQL> COLUMN sql_text FORMAT A50
SQL> SELECT sid , user_name , sql_text
  2  FROM v$open_cursor WHERE user_name = 'SYSTEM' ;

       SID  USER_NAME   SQL_TEXT
----------  ----------  --------------------------------------------------
       136  SYSTEM      SELECT sid , user_name , sql_text FROM v$open_curs
                        or WHERE user_name= 'SYSTEM
...

已选择 12 行。
```

2．终止用户会话

数据库管理员可以在需要的时候使用 ALTER SYSTEM 语句终止用户的会话，其语法形式如下：

```
ALTER SYSTEM KILL SESSION ' sid , serial# ' ;
```

其中，sid 与 serial#的值可以通过查询动态视图 v$session 获得。

【例 12.6】终止 sid 为 136，serial#为 341 的会话，语句如下：

```
ALTER SYSTEM KILL SESSION ' 136 , 341 ' ;
```

12.2 用户配置文件

为了限制数据库用户对数据库系统资源的使用，在安装数据库时，Oracle 自动创建了名为 DEFAULT 的资源配置文件，如果在创建用户时没有为用户指定配置文件，则 Oracle 会为该用户指定配置文件为 DEFAULT。

12.2.1 创建用户配置文件

系统管理员也可以自行创建配置文件。创建配置文件需要使用 CREATE PROFILE 语句，其语法如下：

```
CREATE PROFILE profile_name LIMIT
[ SESSIONS_PER_USER number | UNLIMITED | DEFAULT ]
[ CPU_PER_SESSION number | UNLIMITED | DEFAULT ]
[ CPU_PER_CALL number | UNLIMITED | DEFAULT ]
[ CONNECT_TIME number | UNLIMITED | DEFAULT ]
[ IDLE_TIME number | UNLIMITED | DEFAULT ]
[ LOGICAL_READS_PER_SESSION number | UNLIMITED | DEFAULT ]
[ LOGICAL_READS_PER_CALL number | UNLIMITED | DEFAULT ]
[ PRIVATE_SGA number | UNLIMITED | DEFAULT ]
[ COMPOSITE_LIMIT number | UNLIMITED | DEFAULT ]
[ FAILED_LOGIN_ATTEMPTS number | UNLIMITED | DEFAULT ]
[ PASSWORD_LIFE_TIME number | UNLIMITED | DEFAULT ]
[ PASSWORD_REUSE_TIME number | UNLIMITED | DEFAULT ]
[ PASSWORD_REUSE_MAX number | UNLIMITED | DEFAULT ]
[ PASSWORD_LOCK_TIME number | UNLIMITED | DEFAULT ]
[ PASSWORD_GRACE_TIME number | UNLIMITED | DEFAULT ]
[ PASSWORD_VERIFY_FUNCTION function_name | NULL | DEFAULT ] ;
```

语法说明如下。

- profile_name：创建的配置文件名称。
- number | UNLIMITED | DEFAULT：设置参数值。UNLIMITED 表示无限制；DEFAULT 表示使用默认值。
- SESSIONS_PER_USER：每个用户可以拥有的会话数。
- CPU_PER_SESSION：每个会话可以占用的 CPU 总时间，其单位为百分之一秒。
- CPU_PER_CALL：每条 SQL 语句可以占用的 CPU 总时间，其单位为百分之一秒。
- CONNECT_TIME：用户可以连接到数据库的总时间，单位为分钟。

- IDLE_TIME：用户可以闲置的最长时间，单位为分钟。
- LOGICAL_READS_PER_SESSION：每个会话期间可以读取的数据块数量，包括从内存中读取的数据块和从磁盘中读取的数据块。
- LOGICAL_READS_PER_CALL：每条 SQL 语句可以读取的数据块数量。
- PRIVATE_SGA：在共享服务器模式下，该参数限定一个会话可以使用的内存 SGA 区的大小，单位是数据块。在专用服务器模式下，该参数不起作用。
- COMPOSITE_LIMIT：由多个资源限制参数构成的复杂限制参数，利用该参数可以对所有混合资源进行设置。
- FAILED_LOGIN_ATTEMPTS：用户登录数据库时允许失败的次数。达到失败次数后，该用户将被自动锁定，需要数据库管理员解锁后才可以使用。
- PASSWORD_LIFE_TIME：用户口令的有效时间，单位为天。
- PASSWORD_REUSE_TIME：用于设置一个失效口令多少天之内不允许被使用。
- PASSWORD_REUSE_MAX：用于设置一个已使用的口令被重新使用之前，口令必须被修改的次数。
- PASSWORD_LOCK_TIME：用户登录失败次数达到 FAILED_LOGIN_ATTEMPTS 时，该用户将被锁定的天数。
- PASSWORD_GRACE_TIME：当口令的使用时间达到 PASSWORD_LIFE_TIME 时，该口令还允许使用的“宽限时间”。在用户登录时，Oracle 会提示该时间。
- PASSWORD_VERIFY_FUNCTION：设置用于判断口令复杂性的函数。函数可以使用自动创建的，也可以使用默认的或不使用。

提示： 在$ORACLE_HOME/RDBMS/ADMIN 目录下有 utlpwdmg.sql 文件，该文件是 Oracle Database 11g 的密码验证文件。

【例 12.7】使用 DBA 身份创建用户配置文件 user_profile，对该文件的说明如下。

(1) 限制用户允许拥有的会话数为 1，对应的参数为 SESSIONS_PER_USER。

(2) 限制该用户执行的每条 SQL 语句可以占用的 CPU 总时间为百分之五秒，对应的参数为 CPU_PER_CALL。

(3) 限制该用户的空闲时间为 10 分钟，对应的参数为 IDLE_TIME。

(4) 限制用户登录数据库时可以失败的次数为 3 次，对应的参数为 FAILED_LOGIN_ATTEMPTS。

(5) 限制口令的有效时间为 10 天，对应的参数为 PASSWORD_LIFE_TIME。

(6) 设置用户登录失败次数达到限制要求时，用户被锁定的天数为 3 天，对应的参数为 PASSWORD_LOCK_TIME。

(7) 设置口令使用时间达到有效时间之后，口令仍然可以使用的“宽限时间”为 3 天，对应的参数为 PASSWORD_GRACE_TIME。

下面就按上述要求创建配置文件 user_profile：

```
SQL> CREATE PROFILE user_profile LIMIT
  2  SESSIONS_PER_USER 1
  3  CPU_PER_CALL 5
```

```
  4  IDLE_TIME 10
  5  FAILED_LOGIN_ATTEMPTS 3
  6  PASSWORD_LIFE_TIME 10
  7  PASSWORD_LOCK_TIME 3
  8  PASSWORD_GRACE_TIME 3 ;
配置文件已创建
```

注意： 对于在创建配置文件时没有指定的参数，其值将默认由 DEFAULT 配置文件提供。

12.2.2 使用配置文件

如果想在创建用户时为用户指定配置文件，则可以在 CREATE USER 语句中使用 PROFILE 子句。也可以使用 ALTER USER 语句为已创建的用户修改配置文件。

【例 12.8】 修改用户 xiaoqi 的配置文件为 user_profile，如下：

```
SQL> ALTER USER xiaoqi PROFILE user_profile ;
用户已更改。
```

除此之外，要想让配置文件生效，还需要修改参数 resource_limit 的值，其值默认为 FALSE，需要将其值修改为 TRUE。

【例 12.9】 使用 SHOW PARAMETER 语句查看参数 resource_limit 的默认值，如下：

```
SQL> SHOW PARAMETER resource_limit ;

NAME                        TYPE        VALUE
------------------------    --------    --------------
resource_limit              boolean     FALSE
```

使用 ALTER SYSTEM 语句修改该参数的值为 TRUE，如下：

```
SQL> ALTER SYSTEM SET resource_limit = TRUE ;
系统已更改。
```

12.2.3 查看配置文件信息

通过数据字典 dba_profiles，可以查看系统默认配置文件 DEFAULT 和自行创建的用户配置文件的参数设置。

【例 12.10】 这里以查看系统默认配置文件 DEFAULT 的参数设置为例，让读者了解参数的默认值，如下：

```
SQL> COLUMN limit FORMAT A20
SQL> COLUMN profile FORMAT A15
SQL> SELECT profile , resource_name , limit
  2  FROM dba_profiles WHERE profile = 'DEFAULT' ;
```

```
PROFILE         RESOURCE_NAME                    LIMIT
--------------  ----------------------------     --------------------
DEFAULT         COMPOSITE_LIMIT                  UNLIMITED
DEFAULT         SESSIONS_PER_USER                UNLIMITED
DEFAULT         CPU_PER_SESSION                  UNLIMITED
DEFAULT         CPU_PER_CALL                     UNLIMITED
DEFAULT         LOGICAL_READS_PER_SESSION        UNLIMITED
DEFAULT         LOGICAL_READS_PER_CALL           UNLIMITED
DEFAULT         IDLE_TIME                        UNLIMITED
DEFAULT         CONNECT_TIME                     UNLIMITED
DEFAULT         PRIVATE_SGA                      UNLIMITED
DEFAULT         FAILED_LOGIN_ATTEMPTS            10
DEFAULT         PASSWORD_LIFE_TIME               180
DEFAULT         PASSWORD_REUSE_TIME              UNLIMITED
DEFAULT         PASSWORD_REUSE_MAX               UNLIMITED
DEFAULT         PASSWORD_VERIFY_FUNCTION         NULL
DEFAULT         PASSWORD_LOCK_TIME               1
DEFAULT         PASSWORD_GRACE_TIME              7
已选择 16 行。
```

其中，profile 表示配置文件名；resource_name 表示参数名；limit 表示参数值。

12.2.4 修改与删除配置文件

修改配置文件需要使用 ALTER PROFILE 语句，使用形式与修改用户类似，可以针对配置文件的每个参数进行修改。在修改时同样需要使用 LIMIT 关键字。

【例 12.11】修改配置文件 user_profile 的 IDLE_TIME 参数，将用户允许的空闲时间修改为 20 分钟，如下：

```
SQL> ALTER PROFILE user_profile LIMIT IDLE_TIME 20 ;
配置文件已更改
```

删除配置文件时需要使用 DROP PROFILE 语句，语法如下：

```
DROP PROFILE profile_name ;
```

12.3 权　　限

一个新的用户被创建后，该用户还无法操作数据库，还需要为该用户授予相关的权限。权限是指在数据库中执行某种操作的权力，例如连接数据库、在数据库中创建与操作数据库对象等权限。Oracle 中的权限主要分为系统权限与对象权限。

12.3.1 系统权限

系统权限是指对整个 Oracle 系统的操作权限，例如连接数据库、创建与管理表或视图等。系统权限一般由数据库管理员授予用户，并允许用户将被授予的系统权限再授予其他用户。

1. Oracle 中的系统权限

通过数据字典 system_privilege_map 可以查看 Oracle 中的系统权限，其中常用的系统权限如表 12-1 所示。

表 12-1 Oracle 中常用的系统权限

系统权限	说 明
CREATE SESSION	连接数据库
CREATE TABLESPACE	创建表空间
ALTER TABLESPACE	修改表空间
DROP TABLESPACE	删除表空间
CREATE USER	创建用户
ALTER USER	修改用户
DROP USER	删除用户
CREATE TABLE	创建表
CREATE ANY TABLE	在任何用户模式中创建表
DROP ANY TABLE	删除任何用户模式中的表
ALTER ANY TABLE	修改任何用户模式中的表
SELECT ANY TABLE	查询任何用户模式中基本表的记录
INSERT ANY TABLE	向任何用户模式中的表插入记录
UPDATE ANY TABLE	修改任何用户模式中的表的记录
DELETE ANY TABLE	删除任何用户模式中的表的记录
CREATE VIEW	创建视图
CREATE ANY VIEW	在任何用户模式中创建视图
DROP ANY VIEW	删除任何用户模式中的视图
CREATE ROLE	创建角色
ALTER ANY ROLE	修改任何角色
GRANT ANY ROLE	将任何角色授予其他用户
ALTER DATABASE	修改数据库结构
CREATE PROCEDURE	创建存储过程
CREATE ANY PROCEDURE	在任何用户模式中创建存储过程
ALTER ANY PROCEDURE	修改任何用户模式中的存储过程
DROP ANY RPOCEDURE	删除任何用户模式中的存储过程
CREATE PROFILE	创建配置文件
ALTER PROFILE	修改配置文件
DROP PROFILE	删除配置文件

提示：大多数权限相类似，例如创建与管理触发器的权限等，这里不一一列举。

2. 授予系统权限

向用户授予系统权限需要使用 GRANT 语句，其语法如下：

```
GRANT system_privilege [ , ... ] TO
{ user_name [ , ... ] | role_name [ , ... ] | PUBLIC }
[ WITH ADMIN OPTION ] ;
```

语法说明如下。

- system_privilege：表示系统权限，例如 CREATE TABLE。多个权限之间使用逗号隔开。
- user_name：被授予权限的用户。可以是多个用户。
- role_name：也可以将权限授予某些角色。角色的内容将在本章第 12.4 节中介绍。
- PUBLIC：表示 Oracle 系统的所有用户。
- WITH ADMIN OPTION：如果指定此选项，则被授予权限的用户可以将该权限再授予其他用户。

【例 12.12】新创建的用户想要连接数据库，需要拥有 CREATE SESSION 权限。下面使用 system 用户向 xiaoqi 用户授予 CREATE SESSION 与 CREATE TABLE 权限，并允许 xiaoqi 将这两个权限授予其他用户：

```
SQL> CONNECT system/admin
已连接。
SQL> GRANT CREATE SESSION , CREATE TABLE TO xiaoqi
  2  WITH ADMIN OPTION ;
授权成功。
```

现在，xiaoqi 用户就可以连接数据库，并在数据库中创建表了。如下：

```
SQL> CONNECT xiaoqi/xiaoqi0101
已连接。
SQL> CREATE TABLE test (tid NUMBER) ;
表已创建。
```

另外，由于在为 xiaoqi 用户授予权限时使用了 WITH ADMIN OPTION 选项，所以 xiaoqi 用户还可以将被授予的权限授予其他用户，如下：

```
SQL> GRANT CREATE SESSION , CREATE TABLE TO candy ;
授权成功。
```

3. 查看用户的系统权限

关于当前用户具有哪些系统权限，以及当前用户是否有将权限授予其他用户的权力，可以通过数据字典 user_sys_privs 来了解。

数据字典 user_sys_privs 有如下 3 个字段。

- username：当前用户的用户名。
- privilege：当前用户拥有的系统权限。

- admin_option：当前用户是否有权力将该权限授予其他用户。其值为 YES 表示有，为 NO 表示没有。

【例 12.13】下面通过数据字典 user_sys_privs 查看 xiaoqi 用户的系统权限：

```
SQL> CONNECT xiaoqi/xiaoqi0101
已连接。
SQL> SELECT * FROM user_sys_privs ;

USERNAME                PRIVILEGE                ADM
----------------        ---------------------    ---
XIAOQI                  CREATE TABLE             YES
XIAOQI                  CREATE SESSION           YES
```

提示：使用数据字典 user_sys_privs 只能查看当前用户的系统权限，这要求该用户至少具有连接数据库的权限。如果想要了解数据库中所有用户的权限，可以查询数据字典 dba_sys_privs。

4．撤消权限

撤消用户的权限需要使用 REVOKE 语句，其语法如下：

```
REVOKE system_privilege [ , ... ] FROM
{ user_name [ , ... ] | role_name [ , ... ] | PUBLIC } ;
```

注意：撤消某用户的系统权限时，如果该用户将权限授予了其他用户，则其他用户的权限不受影响。所以 WITH ADMIN OPTION 选项应该慎重使用。

【例 12.14】使用 system 用户撤消 xiaoqi 用户的 CREATE SESSION 权限，如下：

```
SQL> CONNECT system/admin
已连接。
SQL> REVOKE CREATE SESSION FROM xiaoqi ;
撤消成功。
```

此时，xiaoqi 用户不再具有连接到数据库的权限，但 candy 用户还具有此权限，如下：

```
SQL> CONNECT xiaoqi/xiaoqi0101
ERROR:
ORA-01045: user XIAOQI lacks CREATE SESSION privilege; logon denied
警告：您不再连接到 ORACLE。

SQL> CONNECT candy/candy0101
已连接。
```

12.3.2 对象权限

对象权限是指用户对数据库中对象的操作权限，例如对某一个表的插入、修改和删除记录等权限。Oracle 中的常见对象与其对象权限之间的对应关系如表 12-2 所示，其中√表示该对象上具有该权限。

表 12-2　对象与对象权限之间的对应关系

对象 权限	FUNCTION	PROCEDURE	PACKAGE	SEQUENCE	TABLE	VIEW
ALTER				√	√	
DELETE					√	√
EXECUTE	√	√	√			
INDEX					√	
INSERT					√	√
READ						
REFERENCE					√	
SELECT				√	√	√
UPDATE					√	√

1. 授予对象权限

授予对象权限同样需要使用 GRANT 语句，其语法如下：

```
GRANT object_privilege [ , ... ] | ALL [ PRIVILEGES ] ON <schema.>object_name
TO { user_name [ , ... ] | role_name [ , ... ] | PUBLIC }
[ WITH GRANT OPTION ] ;
```

语法说明如下。

- object_privilege：表示对象权限。在授予对象权限时，应注意对象权限与对象之间的对应关系。
- ALL [PRIVILEGES]：使用 ALL 关键字，可以授予对象上的所有权限。也可以在 ALL 关键字后面添加 PRIVILEGES。
- schema：用户模式。
- object_name：对象名称。
- WITH GRANT OPTION：允许用户将该对象权限授予其他用户。与授予系统权限的 WITH ADMIN OPTION 子句相类似。

【例 12.15】下面首先使用用户 xiaoqi 连接数据库，然后查询 scott 用户中 emp 表的数据，如下：

```
SQL> SELECT * FROM scott.emp WHERE empno = 7900 ;
SELECT * FROM scott.emp WHERE empno = 7900
                        *
第 1 行出现错误：
ORA-00942：表或视图不存在
```

从查询结果可以看出，Oracle 提示所查询的表或视图不存在，而 scott 用户下是有 emp 表的，所以出现这个错误其实是因为 xiaoqi 用户不具有查询 scott.emp 表的权限。

下面在 scott 用户下将 emp 表上的 SELECT 权限授予 xiaoqi 用户，并允许 xiaoqi 将该权限授予其他用户：

```
SQL> GRANT SELECT ON emp TO xiaoqi WITH GRANT OPTION ;
授权成功。
```

现在 xiaoqi 用户就可以查询 scott.emp 表中的数据了，如下：

```
SQL> CONNECT xiaoqi/xiaoqi0101
已连接。
SQL> SELECT * FROM scott.emp WHERE empno = 7900 ;

     EMPNO ENAME  JOB    MGR   HIREDATE     SAL    COMM   DEPTNO
---------- ------ ------ ----- ------------ ------ ------ ------
      7900 JAMES  CLERK  7698  03-12 月-81  950           30
```

由于在将 emp 表的 SELECT 权限授予 xiaoqi 时使用了 WITH GRANT OPTION 选项，所以 xiaoqi 可以将该权限授予其他用户，此时需要指明对象所属模式，如下：

```
SQL> GRANT SELECT ON scott.emp TO candy ;
授权成功。
```

2. 撤消对象权限

撤消对象权限也需要使用 REVOKE 语句，其语法如下：

```
REVOKE object_privilege [ , ... ] | ALL [ PRIVILEGES ]
ON <schema.>object_name
FROM { username [ , ... ] | role_name [ , ... ] | PUBLIC } ;
```

注意： 与撤消系统权限不同的是，在撤消某用户的对象权限时，如果该用户将权限授予了其他用户，则其他用户的相应权限也将被撤消。

【例 12.16】 在 scott 用户模式下撤消 xiaoqi 用户在 emp 表上的 SELECT 权限，如下：

```
SQL> CONNECT scott/tiger
已连接。
SQL> REVOKE SELECT ON emp FROM xiaoqi ;

撤消成功。
```

此时不仅 xiapqi 用户无法查询 scott.emp 表中的数据，candy 用户也不可以，如下：

```
SQL> CONNECT candy/candy0101
已连接。
SQL> SELECT * FROM scott.emp WHERE EMPNO = 7900 ;
SELECT * FROM scott.emp WHERE EMPNO = 7900
                    *
第 1 行出现错误：
ORA-00942：表或视图不存在
```

3. 列对象上的权限

事实上，Oracle 中的对象权限并不仅仅只是针对表或视图等对象，它还可以针对表或视图中的某些列。不过，针对列的权限只有 INSERT、UPDATE 与 REFERENCES 这几种。

如果是将列对象上的权限授予某个用户，则需要在表或视图的对象权限后面指定列名，其形式如下：

```
object_privilege ( column_name [ , ... ] )
```

【例 12.17】在 scott 用户模式下，将 emp 表的 empno 和 ename 列上的 UPDATE 权限授予 xiaoqi 用户，如下：

```
SQL> GRANT UPDATE (empno , ename) ON emp TO xiaoqi ;

授权成功。
```

下面在 xiaoqi 用户模式下使用 UPDATE 语句修改 scott.emp 表中的数据，观察授权后的影响，如下：

```
SQL> CONNECT xiaoqi/xiaoqi0101
已连接。
SQL> UPDATE scott.emp SET ename = 'CANDY' WHERE empno = 7900 ;

已更新 1 行。


SQL> UPDATE scott.emp SET sal = 3000 WHERE empno = 7900 ;
UPDATE scott.emp SET sal = 3000 WHERE empno = 7900
            *
第 1 行出现错误:
ORA-01031: 权限不足
```

如上述语句的执行结果，如果是修改 ename 列的数据，则可以成功执行，而如果是修改没有被授权的列的数据，例如 sal 列，则 Oracle 提示权限不足。

4. 与对象权限相关的数据字典

Oracle 主要提供了 4 个与对象权限相关的数据字典，如表 12-3 所示。

提示： 上述 4 个数据字典中，user_tab_privs 与 user_col_privs_made 主要用于查询已授予的对象权限信息，而 user_tab_privs_recd 与 user_col_privs_recd 主要用于查询已接受的对象权限信息。

【例 12.18】通过数据字典 user_col_privs_made 查看 scott 已授予的对象权限，如下：

```
SQL> SELECT * FROM user_col_privs_made ;

GRANTEE    TABLE_NAME COLUMN_NAME    GRANTOR    PRIVILEGE  GRANTABLE
---------- ---------- -----------    ---------- ---------- ----------
XIAOQI     EMP        ENAME          SCOTT      UPDATE     NO
XIAOQI     EMP        EMPNO          SCOTT      UPDATE     NO
```

表 12-3　与对象权限相关的数据字典

数据字典	字　段	字段说明
user_tab_privs	grantee	权限所授予的用户
	table_name	权限所针对的对象
	grantor	授权者
	privilege	所授予的对象权限
	grantable	权限所授予的用户是否可以将该权限授予其他用户。其值为 YES 则表示是，为 NO 则表示否。
	hierarchy	权限是否构成层次关系。其值为 YES 则表示是，为 NO 则表示否
user_col_privs_made	grantee	权限所授予的用户
	table_name	权限所针对的对象(表或视图)
	column_name	权限所针对的列
	grantor	授权者
	privilege	所授予的对象权限
	grantable	权限所授予的用户是否可以将该权限授予其他用户
user_tab_privs_recd	owner	对象的拥有者
	table_name	权限所针对的对象
	grantor	授权者
	privilege	所授予的对象权限
	grantable	权限所授予的用户是否可以将该权限授予其他用户
	hierarchy	权限是否构成层次关系
user_col_privs_recd	owner	对象的拥有者
	table_name	权限所针对的对象
	column_name	权限所针对的列
	grantor	授权者
	privilege	所授予的对象权限
	grantable	权限所授予的用户是否可以将该权限授予其他用户

12.4　角　　色

数据库中的权限较多，为了方便对用户权限的管理，Oracle 数据库允许将一组相关的权限授予某个角色，然后将这个角色授予需要的用户，拥有该角色的用户将拥有该角色包含的所有权限。

12.4.1 创建角色

创建角色需要使用 CREATE ROLE 语句，并要求用户具有 CREATE ROLE 权限。CREATE ROLE 语句的语法如下：

```
CREATE ROLE role_name [ NOT IDENTIFIED | IDENTIFIED BY password ] ;
```

语法说明如下。

- role_name：创建的角色名。
- NOT IDENTIFIED | IDENTIFIED BY password：可以为角色设置口令。默认为 NOT IDENTIFIED，即无口令。

【例 12.19】 创建角色 emp_manager，并为该角色设置口令为 emp_password，如下：

```
SQL> CONNECT system/admin
已连接。
SQL> CREATE ROLE emp_manager IDENTIFIED BY emp_password ;

角色已创建。
```

12.4.2 为角色授予权限

新创建的角色还不具有任何权限，可以使用 GRANT 语句向该角色授予权限，其语法形式与向用户授予权限基本相同，具体语法已经在 12.3 节中介绍，这里不赘述。

【例 12.20】 向角色 emp_manager 授予 scott.emp 表上的 SELECT、UPDATE、INSERT 和 DELETE 对象权限，如下：

```
SQL> CONNECT scott/tiger
已连接。
SQL> GRANT SELECT , UPDATE , INSERT , DELETE
  2  ON emp TO emp_manager ;

授权成功。
```

提示： 与 GRANT 语句相对应，使用 REVOKE 语句可以撤消角色的权限。

除了可以向角色授予权限以外，还可以直接向角色授予角色，实际上就是将一个权限组合授予一个角色。例如角色 A 有两个权限 a1 和 a2，将角色 A 授予角色 B，相当于将权限 a1 与 a2 授予角色 B，只不过这种形式更便于管理。

提示： 为角色授予角色与为角色授予权限的语法形式一样。

12.4.3 为用户授予角色

为用户授予角色，同样是使用 GRANT 语句。

【例 12.21】创建用户 emp_user，并为该用户授予 emp_manager 角色，以及连接数据库所必需的 CREATE SESSION 权限，如下：

```
SQL> CONNECT system/admin
已连接。
SQL> CREATE USER emp_user IDENTIFIED BY user_password ;

用户已创建。
SQL> GRANT emp_manager , CREATE SESSION TO emp_user ;

授权成功。
```

为用户授予角色后，该用户就拥有了角色中包含的所有权限，例如这里的 emp_user 用户，为其授予 user_manager 角色后，它就拥有了 scott.emp 表上的 SELECT、UPDATE、INSERT 和 DELETE 权限。

【例 12.22】使用 emp_user 用户连接数据库，并使用 SELECT 语句查询 scott.emp 中的数据，如下：

```
SQL> CONNECT emp_user/user_password
已连接。
SQL> SELECT * FROM scott.emp WHERE empno = 7900 ;

     EMPNO ENAME  JOB    MGR   HIREDATE       SAL    COMM   DEPTNO
---------- ------ ------ ----- ------------ ------ ------ ------
      7900 JAMES  CLERK  7698  03-12月-81    950            30
```

12.4.4 修改用户的默认角色

将角色授予某个用户后，这些角色就属于这个用户的默认角色，在用户连接到数据库时，Oracle 会自动启用该用户的所有默认角色。如果不再希望该用户使用某些角色，可以使用 REVOKE 语句撤消该用户的这些角色，除了这种方式以外，还可以选择将这些角色设置为失效状态，其形式是将这些角色从用户的默认角色中删除。

修改用户的默认角色时需要使用 ALTER USER 语句，其语法形式如下：

```
ALTER USER user_name DEFAULT ROLE
{
    role_name [ , ... ]
    | ALL [ EXCEPT role_name [ , ... ] ]
    | NONE
} ;
```

语法说明如下。

- role_name：角色名。
- ALL：将用户的所有角色设置为默认角色。
- EXCEPT：将用户的除某些角色以外的所有角色设置为默认角色。
- NONE：将用户的所有角色都设置为非默认角色。

【例 12.23】将 emp_user 用户的 emp_manager 角色设置为非默认角色，如下：

```
SQL> ALTER USER emp_user DEFAULT ROLE ALL EXCEPT emp_manager ;
用户已更改。
```

此时 emp_user 用户将无法再对 scott.emp 表进行相关操作。

12.4.5　管理角色

对角色的管理主要包括设置角色的口令、为角色添加或减少权限、禁用与启用角色、删除角色。其中，为角色添加或减少权限分别使用 GRANT 与 REVOKE 语句，在前面的内容中已经介绍过，这里不再赘述。

1. 设置角色的口令

使用 ALTER USER 语句可以重新设置角色的口令，包括删除口令、添加口令和修改口令，其语法形式如下：

```
ALTER ROLE role_name NOT IDENTIFIED | IDENTIFIED BY new_password ;
```

2. 禁用与启用角色

数据库管理员可以通过禁用与启用角色，来控制所有拥有该角色的用户的相关权限的使用。角色被禁用后，拥有该角色的用户不再具有该角色的权限。不过用户也可以自己启用该角色，此时，如果该角色设置有口令，则用户需要提供口令。

禁用与启用角色需要使用 SET ROLE 语句，其语法如下：

```
SET ROLE
{
    role_name [ IDENTIFIED BY password ]
    [ , ... ]
    | ALL [ EXCEPT role_name [ , ... ] ]
    | NONE
} ;
```

语法说明如下。

- IDENTIFIED BY：启用角色时，为角色提供口令。
- ALL：启用所有角色。要求所有角色都不能有口令。
- EXCEPT：启用除某些角色以外的所有角色。
- NONE：禁用所有角色。

【例 12.24】在 system 用户模式下禁用 emp_manager 角色，如下：

```
SQL> CONNECT system/admin
已连接。
SQL> SET ROLE ALL EXCEPT emp_manager ;
角色集
```

使用 emp_user 连接数据库，并启用 emp_manager 角色，如下：

```
SQL> CONNECT emp_user/user_password ;
已连接。
SQL> SET ROLE emp_manager ;
SET ROLE emp_manager
*
第 1 行出现错误:
ORA-01979: 角色 'EMP_MANAGER' 的口令缺失或无效
SQL> SET ROLE emp_manager IDENTIFIED BY emp_password ;
角色集
```

如上述语句，第一次启用 emp_manager 角色时没有提供口令，所以返回一个错误，第二次启用时提供了正确的口令，从而成功启用了 emp_manager 角色。

3. 删除角色

删除角色需要使用 DROP ROLE 语句，其语法形式如下：

```
DROP ROLE role_name ;
```

12.4.6 与角色相关的数据字典

如果要了解用户拥有哪些角色，以及角色中包含哪些权限，可以查看如表 12-4 所示的数据字典视图。

表 12-4 与角色相关的数据字典

数据字典	字 段	字段说明
user_role_privs	username	该角色所授予的用户名
	granted_role	授予该用户的角色名
	admin_option	该用户是否可以将该角色授予其他用户或角色。其值为 YES 或 NO
	default_role	该角色是否为默认角色。其值为 YES 或 NO
	os_granted	该角色是否由操作系统授予。其值为 YES 或 NO
role_sys_privs	role	角色名
	privilege	授予该角色的系统权限
	admin_option	授予该系统权限时是否使用了 WITH ADMIN OPTION 选项。其值为 YES 或 NO
role_tab_privs	role	对象权限所授予的角色
	owner	对象的拥有者
	table_name	对象权限所针对的对象
	column_name	对象权限所针对的列
	privilege	对象权限
	grantable	权限该对象权限时是否使用了 WITH GRANT OPTION 选项。其值为 YES 或 NO

提示： 其中，user_role_privs 用于查询授予用户的角色；role_sys_privs 用于查询授予角色的系统权限；role_tab_privs 用于查询授予角色的对象权限。

【例 12.25】 通过数据字典 role_tab_privs，查询授予 emp_manager 角色的对象权限信息，如下：

```
SQL> SELECT * FROM role_tab_privs WHERE role = 'EMP_MANAGER' ;

ROLE            OWNER   TABLE_NAME  COLUMN_NAME    PRIVILEGE   GRANTABLE
------------    -----   ----------  -----------    ---------   ----------
EMP_MANAGER     SCOTT   EMP                        DELETE      NO
EMP_MANAGER     SCOTT   EMP                        UPDATE      NO
EMP_MANAGER     SCOTT   EMP                        INSERT      NO
EMP_MANAGER     SCOTT   EMP                        SELECT      NO
```

12.5　实验指导——为图书管理系统创建用户

为了方便应用系统的管理，一般需要为每个管理系统创建一个用户，这样可以为系统数据划分逻辑存储空间，在加载与传输系统数据，或者备份与恢复系统数据时也就可以直接针对用户进行操作。与数据的加载与传输、备份与恢复相关的内容可以阅读本书后面的章节。

在实际应用中，一个系统一般由多个用户操作，例如一个系统中有管理员和普通操作员。

实验指导 12-1：为图书管理系统创建用户

本实验指导为图书管理系统创建用户 bookstore 和 bookuser，并为这两个用户授予必要的角色与权限。

1. 创建用户

在 system 用户下创建用户 bookstore，如下：

```
SQL>CONNECT system/admin
已连接。
SQL> CREATE USER bookstore
  2  IDENTIFIED BY admin
  3  DEFAULT TABLESPACE bookspace
  4  TEMPORARY TABLESPACE booktemp
  5  QUOTA 20M ON bookspace ;
```

如上述语句，在创建用户 bookstore 时，为其指定永久性表空间为 bookspace，临时表空间为 booktemp。该用户将作为图书管理系统的管理员。

用户 bookuser 的创建可以参考上述语句，bookuser 将作为图书管理系统的普通操作员。

2. 为用户授予角色

用户 bookstore 将直接使用 Oracle 系统提供的 DBA 角色，该角色拥有管理数据库的最高权限。

为 bookstore 用户授予 DBA 角色的语句如下：

```
SQL>GRANT DBA TO bookstore ;

授权成功。
```

提示： 创建用户 bookstore 并为其授予 DBA 角色之后，就可以使用该用户连接数据库，并创建图书管理系统中所需的表、存储过程和函数等内容。相关的操作已经在前面的章节中具体介绍。

下面创建操作员角色，并为该角色授予相关权限。

操作员角色创建如下：

```
SQL>CONNECT system/admin
已连接。

SQL> CREATE ROLE bookoperator ;

角色已创建。
```

为 bookoperator 角色授予权限，主要有连接数据库的 CREATE SESSION 权限，和对图书管理系统中(实际上也就是 bookstore 用户下)各个表的 SELECT、UPDATE、INSERT 和 DELETE 权限。具体如下：

```
SQL> GRANT CREATE SESSION TO bookoperator  ;

授权成功。

SQL> GRANT SELECT , UPDATE , INSERT , DELETE
  2  ON bookstore.book TO bookoperator ;

授权成功。

SQL> GRANT SELECT , UPDATE , INSERT , DELETE
  2  ON bookstore.type TO bookoperator ;

授权成功。

...
```

由于篇幅有限，上面省略了部分表的权限授予。下面将 bookoperator 角色授予 bookuser 用户：

```
SQL>GRANT bookoperator TO bookuser ;
```

12.6　习　　题

一、填空题

1. 创建用户时，要求创建者具有＿＿＿＿＿系统权限。

2. 向用户授予系统权限时，使用＿＿＿＿＿选项表示该用户可以将此系统权限再授予其他用户。向用户授予对象权限时，使用＿＿＿＿＿选项表示该用户可以将此对象权限再授予其他用户。

3. Oracle 数据库中的权限主要有＿＿＿＿＿和＿＿＿＿＿两类。

4. ＿＿＿＿＿是具有名称的一组相关权限的组合。

5. 一个用户想要在其他模式创建表，则该用户至少需要具有＿＿＿＿＿系统权限。

6. 禁用与启用角色应该使用＿＿＿＿＿语句。

二、选择题

1. 如果某个用户仅仅具有 scott.emp 表上的 SELECT 与 UPDATE 权限，则下面对该用户所能执行的操作叙述正确的是＿＿＿＿＿。

   A. 该用户能查询 scott.emp 表中的记录
   B. 该用户能修改 scott.emp 表中的记录
   C. 该用户能删除 scott.emp 表中的记录
   D. 该用户无法执行任何操作

2. 下面对系统权限与对象权限叙述正确的是＿＿＿＿＿。

   A. 系统权限是针对某个数据库对象操作的权限，对象权限不与数据库中的具体对象相关联
   B. 系统权限和对象权限都是针对某个数据库对象操作的权限
   C. 系统权限与对象权限都不与数据库中的具体对象相关联
   D. 系统权限不与数据库中的具体对象相关联，对象权限是针对某个数据库对象操作的权限

3. 启用所有角色应该使用下面哪条语句？＿＿＿＿＿。

   A. ALTER ROLE ALL ENABLE　　B. ALTER ROLE ALL
   C. SET ROLE ALL ENABLE　　D. SET ROLE ALL

4. 在用户配置文件中不能限定如下哪种资源？＿＿＿＿＿。

   A. 单个用户的会话数　　B. 数据库的会话数
   C. 用户的密码有效期　　D. 用户的空闲时长

5. 如果用户 user1 创建了数据库对象，删除该用户需要使用下列哪条语句？＿＿＿＿。

   A. DROP USER user1 ;
   B. DROP USER user1 CASCADE ;
   C. DELETE USER user1 ;
   D. DELETE USER user1 CASCADE ;

6. 修改用户时，用户的什么属性不能修改？________。

A. 名称　　B. 密码　　C. 表空间　　D. 临时表空间

三、简答题

1. 简述系统权限与对象权限的区别。

2. 简述权限与角色的关系，以及使用角色有哪些好处。

3. 简述使用 WITH ADMIN OPTION 选项与使用 WITH GRANT OPTION 选项的区别。

4. 在一个学生管理系统中，教师 teacher01 可以查询学生(student 表)的所有信息，并可以修改学生的成绩(score 列)，学生 student01 可以查看学生的信息，主任 director01 可以添加和删除学生。请问该如何为 teacher01、student01 和 director01 授予相应的权限。

5. 简述修改用户的默认角色与禁用启用角色的区别。

第 13 章　SQL 语句优化

SQL 语句的主要功能之一是不需要确切地告诉数据库如何获得请求的数据，只需要执行一个查询，指定所需要的信息，然后数据库就会找到最好的方法获得它。一个数据库系统的生命周期可以分成设计、开发和获得成品这 3 个阶段。在设计阶段进行数据库性能优化，也就是通过优化 SQL 语句来改进性能，所需要的成本最低，收益最大。SQL 语句的优化就是将性能较低的 SQL 语句转换成达到同样目的的性能优异的 SQL 语句。

本章将介绍不同情况下 SQL 语句的优化方式，例如对于一般的 SQL 语句，都有哪些优化技巧；在执行表的连接时，对于 FROM 子句和 WHERE 子句，如何指定表的顺序；以及如何有效地使用索引来优化 SQL 语句等。

本章要点：

- 掌握 SELECT 子句的优化。
- 掌握 WHERE 子句的优化。
- 了解 COMMIT 语句的作用。
- 熟练掌握使用表连接替代多个查询。
- 了解 EXISTS 操作符的使用。
- 理解使用“<=”替代“<”。
- 熟练掌握表的连接优化。
- 掌握索引的优化。

13.1　一般的 SQL 优化技巧

由于 Oracle 可以存储更多更复杂的数据，这就使得数据的查询效率显得更为重要，低效率的查询给实际应用带来的麻烦是不可估量的。对于 DELETE 语句、SELECT 子句、FROM 子句和 WHERE 子句等都可以进行优化，本节将具体介绍不同情况下的优化技巧。

13.1.1　SELECT 语句中避免使用“*”

在 SELECT 子句查询表的所有列时，可以使用动态 SQL 列引用“*”，用来表示表中所有的列。使用“*”替代所有的列，可以降低编写 SQL 语句的难度，减少 SQL 语句的复杂性，但是却降低了 SQL 语句执行的效率。

下面通过 SQL 语句的执行过程，来了解 SQL 语句的执行效率。当一条 SQL 语句从客户端进程传递到服务器端进程后，Oracle 需要执行如下步骤：

- 在共享池中搜索 SQL 语句是否已经存在。
- 验证 SQL 语句的语法是否准确。

- 执行数据字典来验证表和列的定义。
- 获取对象的分析锁，以便在语句的分析过程中对象的定义不会改变。
- 检查用户是否具有相应的操作权限。
- 确定语句的最佳执行计划。
- 将语句和执行方案保存到共享的 SQL 区。

【例 13.1】首先使用 SET TIMING ON 语句显示执行时间。然后检索 scott 用户的 emp 表，使用“*”来替代所有的列名，执行语句和执行时间如下：

```
SQL> SET TIMING ON
SQL> SELECT * FROM scott.emp;

已用时间：  00: 00: 00.37
```

在 SELECT 子句中不使用“*”，而使用具体的列名，执行语句和执行时间如下：

```
SQL> SELECT empno , ename , job , mgr , hiredate , sal , comm , deptno
  2  FROM scott.emp ;

已用时间：  00: 00: 00.26
```

从执行结果可以看出，第二条语句的执行时间小于第一条语句的执行时间。这是因为 Oracle 系统需要通过数据字典将语句中的“*”转换成 emp 表中的所有列名，然后再执行与第二条语句同样的查询操作，这自然要比直接使用列名花费更多的时间。

提示：如果再次执行这两条语句，会发现执行时间减少。这时因为所执行的语句被暂时保存在共享池中，Oracle 会重用已解析过的语句的执行计划和优化方案，因此执行时间也就减少了。

13.1.2 使用 WHERE 子句替代 HAVING 子句

在 SELECT 语句中，使用 WHERE 子句过滤行，使用 HAVING 子句过滤分组，也就是在行分组之后才执行过滤。因为行被分组需要一定的时间，所以应该尽量使用 WHERE 子句过滤行，减少分组的行数，也就减少了分组时间，从而提高了语句的执行效率。

【例 13.2】对 scott 用户的 emp 表进行操作，根据 deptno 列进行分组，并使用 HAVING 子句过滤 deptno 列的值为 10 的记录信息。具体如下：

```
SQL> SELECT deptno , avg(sal) FROM scott.emp
  2  GROUP BY deptno HAVING deptno > 10;

    DEPTNO       AVG(SAL)
----------     ----------
        30     1566.66667
        20     2175

已用时间：  00: 00: 00.05
```

以 WHERE 子句来替代 HAVING 子句的使用，可以实现同样的结果，但是执行时间却比较少，如下：

```
SQL> SELECT deptno , avg(sal) FROM scott.emp
  2  WHERE deptno > 10 GROUP BY deptno ;

    DEPTNO       AVG(SAL)
----------     ----------
        30     1566.66667
        20     2175

已用时间:  00: 00: 00.01
```

虽然 WHERE 子句与 HAVING 子句都可以用来过滤数据行，但 HAVING 子句会在检索出所有记录后才对结果集进行过滤；而使用 WHERE 子句就会减少这方面的开销。因此，一般的过滤条件应该尽量让 WHERE 子句实现。

提示： HAVING 子句一般用于对一些集合函数执行结果的过滤，如 COUNT()、AVG()等。除此之外，一般的检索条件应该写在 WHERE 子句中。

13.1.3　使用 TRUNCATE 替代 DELETE

删除表中的数据可以使用 DELETE 语句，也可以使用 TRUNCATE 语句。

其中，使用 DELETE 语句删除表中所有的数据时，Oracle 会对数据逐行删除，并且使用回滚段来记录删除操作，如果用户在没有使用 COMMIT 提交之前使用 ROLLBACK 命令进行回滚操作，则 Oracle 会将表中的数据恢复到删除之前的状态。

使用 TRUNCATE 语句删除表中的所有数据行时，Oracle 不会在撤消表空间中记录删除操作，这就提高了语句的执行速度。而且这种删除是一次性的，也就是执行一次 TRUNCATE 语句，所有的数据行是在同一时间被删除。

如果确定要删除表中的所有行，建议使用 TRUNCATE 语句。

提示： 使用 TRUNCATE 语句删除数据后，使用 ROLLBACK 命令不能将删除的数据恢复。

【例 13.3】创建一个表 test，向该表中添加 10000 行记录数据。然后使用 DELETE 语句执行删除操作，如下：

```
SQL> DELETE FROM test;
已删除 10000 行。
已用时间:  00: 00: 03.71
```

同样的条件下，使用 TRUNCATE 语句执行删除操作，如下：

```
SQL> TRUNCATE TABLE test;
表被截断。
已用时间:  00: 00: 01.45
```

从执行结果可以看出，TRUNCATE 语句执行删除操作的时间小于 DELETE 语句的执行时间。

提示：TRUNCATE 语句只能实现删除表中的全部数据。如果需要删除某一条记录，还需要使用 DELETE 语句进行操作。

13.1.4 在确保完整性的情况下多用 COMMIT 语句

当用户执行 DML 操作后，如果不使用 COMMIT 命令进行提交，则 Oracle 会在回滚段中记录 DML 操作，以便用户使用 ROLLBACK 命令对数据进行恢复。Oracle 实现这种数据回滚功能，需要花费相应的时间与空间资源。所以，在确保数据完整性的情况下，尽量及时地使用 COMMIT 命令对 DML 操作进行提交。

提示：使用 COMMIT 命令后，系统将释放回滚段上记录的 DML 操作信息、被程序语句获得的锁、Redo Log Buffer 中的空间以及 Oracle 系统管理前面 3 种资源所需要的其他开销。

13.1.5 使用表连接而不是多个查询

一般来说，从多个相关表中检索数据时，执行表连接比使用多个查询的效率更高。在执行每条查询语句时，Oracle 内部执行了许多工作——解析 SQL 语句、估算索引的利用率、绑定变量，以及读取数据块等。因此，要尽量减少访问 SQL 语句的执行次数。

尽量减少表的查询次数，主要是指可以使用一次查询获得的数据，尽量不要通过两次或更多次的查询获得。

【例 13.4】对 scott 用户的 emp 表和 dept 表进行操作，在 SELECT 语句中嵌套子查询，获得所在 accounting 部门的所有员工信息。执行语句和执行时间如下：

```
SQL> SELECT empno , ename , deptno FROM scott.emp
  2  WHERE deptno = (
  3      SELECT deptno FROM scott.dept WHERE dname = 'ACCOUNTING');

已用时间： 00: 00: 00.08
```

使用另外一种查询方式，在 SELECT 语句中使用表的连接。在表连接时必须选择连接顺序，将行较少的表连接到后面。例如，要连接 3 个相关表 table1、table2 和 table3，假设表 table1 有 10000 行记录，表 table2 有 1000 行记录，表 table3 有 100 行记录。那么首先应该将 table1 连接到 table2 上，接着是 table2 连接到 table3 上。执行语句和执行时间如下：

```
SQL> SELECT e.empno , e.ename , d.deptno
  2  FROM scott.emp e INNER JOIN scott.dept d ON e.deptno = d.deptno
  3  WHERE d.dname = 'ACCOUNTING';

已用时间： 00: 00: 00.03
```

从查询结果可以看出，第二条语句只使用了一次查询，减少了对表的查询次数，所以执行时间比第一条语句的执行时间要少。

13.1.6　使用 EXISTS 替代 IN

IN 操作符用于检查一个值是否包含在列表中。EXISTS 与 IN 不同，EXISTS 只检查行的存在性，而 IN 检查实际的值。在子查询中，EXISTS 提供的性能通常比 IN 提供的性能要好。因此建议使用 EXISTS 操作符来替代 IN 操作符的使用，使用 NOT EXISTS 替代 NOT IN，来提高查询的执行效率。

【例 13.5】 对 scott 用户的 emp 表和 dept 表进行操作。使用 IN 操作符，检索所在部门在 NEW YORK 的员工信息。执行语句和执行时间如下：

```
SQL> SELECT * FROM scott.emp
  2  WHERE deptno IN (
  3      SELECT deptno FROM scott.dept WHERE loc = 'NEW YORK');

已用时间:  00: 00: 00.06
```

使用 EXISTS 操作符替代 IN 操作符的使用，执行语句和执行时间如下：

```
SQL> SELECT * FROM scott.emp
  2  WHERE EXISTS (
  3      SELECT 1 FROM scott.dept
  4      WHERE scott.dept.deptno = scott.emp.deptno AND loc = 'NEW YORK');

已用时间:  00: 00: 00.03
```

从执行时间可以看出，使用 EXISTS 操作符来替代 IN 操作符的使用，可以提高 SQL 语句的执行效率。

13.1.7　使用 EXISTS 替代 DISTINCT

在连接查询的 SELECT 语句中，DISTINCT 关键字用于禁止重复行的显示；EXISTS 用于检查子查询返回的行的存在性。尽量使用 EXISTS 替代 DISTINCT，因为 DISTINCT 在禁止重复行显示之前要排序检索到的行。

【例 11.6】 对 scott 用户的 dept 表和 emp 表进行操作，获得部门编号和部门名称信息，使用 DISTINCT 关键字，执行语句、执行结果和执行时间如下：

```
SQL> SELECT DISTINCT e.deptno , d.dname
  2  FROM scott.emp e , scott.dept d
  3  WHERE e.deptno = d.deptno;

    DEPTNO  DNAME
----------  --------------
        10  ACCOUNTING
        20  RESEARCH
        30  SALES
```

```
已用时间： 00： 00： 00.05
```

在 SELECT 语句中使用 EXISTS 关键字，实现同样的执行结果。执行语句和执行时间如下：

```
SQL> SELECT d.deptno , d.dname FROM scott.dept d
  2 WHERE EXISTS (
  3     SELECT 1 FROM scott.emp e WHERE e.deptno = d.deptno);

    DEPTNO  DNAME
----------  --------------
        10  ACCOUNTING
        20  RESEARCH
        30  SALES

已用时间： 00： 00： 00.01
```

从执行时间可以看出，使用 EXISTS 操作符使查询更为迅速，因为 Oracle 将在子查询的条件满足后，立刻返回结果。

提示： 使用 EXISTS 操作符实现子查询时，推荐使用表的连接查询来替代 EXISTS 的使用方式。

13.1.8 使用"<="替代"<"

在检索条件的子句中，经常使用运算符"<="和"<"，其中，前者用来表示小于等于某个值，后者用来表示小于某个值。很多时候，这两个比较运算符可以替换使用，例如 empno <= 7900 和 empno<7901 的检索结果是一样的，但是检索效率是不一样的，建议使用"<="替代"<"的使用。

这两个运算符的区别在于，如果使用"empno<7901"，则 Oracle 会定位到 7901，然后再去寻找比 7901 小的数据；如果使用"empno<=7900"，则 Oracle 会直接定位到等于 7900 的数。虽然这种优化显得差别不大，但是在查询的数据量较大，尤其是在循环语句中使用这两个比较操作符时，区别会是很明显的。

【例 13.7】 对 scott 用户的 emp 表进行操作，在 WHERE 条件中分别指定 empno<7901 和 empno<=7900。执行语句和执行时间分别如下：

```
SQL> SELECT * FROM scott.emp WHERE empno < 7901;

已用时间： 00： 00： 00.26

SQL> SELECT * FROM scott.emp WHERE empno <= 7900;

已用时间： 00： 00： 00.18
```

提示： 这里只介绍了使用“<=”替代“<”的情况，同样，“>=”与“>”的情况也是如此。

13.1.9　使用完全限定的列引用

在查询中包含多个表时，为每个表指定表别名，并且为所引用的每列都显式地指定合适的别名，这称为完全限定的列引用。这样，数据库不需要查询所操作的表中包含了哪些的列，也就减少了解析列的时间，以及由列歧义引起的语法错误。

提示： 列歧义是指 SQL 语句中不同的表具有相同的列名，当 SQL 语句中出现这个列时，SQL 解析器无法判断这个列属于哪个表。

【例 13.8】 对 scott 用户的 emp 表和 dept 表进行操作，这两个表中包含有共同的列 deptno，如果不指定表别名，如下：

```
SQL> SELECT empno , ename , deptno , dname
  2  FROM scott.emp , scott.dept ;
SELECT empno , ename , deptno , dname
                        *
第 1 行出现错误：
ORA-00918：未明确定义列

已用时间：  00: 00: 00.42
```

重写上述语句，指定表别名，并且使用完全限定的列引用，如下：

```
SQL> SELECT e.empno , e.ename , d.deptno , d.dname
  2  FROM scott.emp e , scott.dept d ;

     EMPNO ENAME            DEPTNO     DNAME
---------- ----------       ---------- --------------
      7369 SMITH            10         ACCOUNTING
      7499 ALLEN            10         ACCOUNTING
...

已用时间：  00: 00: 00.29
```

在具体应用时，尽量使用第二条 SELECT 语句替代第一条语句，不但能提高执行效率，还可以避免解析错误。

13.2　表的连接方法

在连接查询时，需要操作多个表，处理不好表之间的连接关系将会影响查询效率，所以对表进行连接查询时，更应该注意 SQL 语句的优化。

13.2.1 FROM 子句中表的顺序

在 SELECT 语句的 FROM 子句中，可以指定多个表的名称。至于表与表之间的先后顺序，如果从查询结果来说，哪个表放在前面都一样，但是如果从查询效率来考虑，表之间的顺序是不能随意的。

一般来说，Oracle 的解析器在处理 FROM 子句中的表时，是按照从右到左的顺序，也就是说，FROM 子句中最后指定的表将被 Oracle 首先处理，Oracle 将它作为驱动表(Driving Table)，并对该表的数据进行排序；之后再扫描倒数第二个表；最后将所有从第二个表中检索出来的记录与第一个表中的合适记录进行合并。

因此，建议在使用表的连接查询时，选择记录行数最少的表作为驱动表，也就是将它作为 FROM 子句中的最后一个表。例如，要使用两个相关表 table1 和 table2，其中，表 table1 有 10000 行记录，表 table2 有 1000 行记录。那么在 FROM 子句中，首先指定表 table1，接着是表 table2。

【例 13.9】对 scott 用户的 emp 表和 dept 表进行操作，在 FROM 子句中，先指定 dept 表，后指定 emp 表。执行语句和执行时间如下：

```
SQL> SELECT e.empno , e.ename , d.deptno , d.dname
  2  FROM scott.dept d , scott.emp e;

已用时间:  00: 00: 00.25
```

在 FROM 子句中，先指定 emp 表，后指定 dept 表，执行语句和执行时间如下：

```
SQL> SELECT e.empno , e.ename , d.deptno , d.dname
  2  FROM scott.emp e , scott.dept d;

已用时间:  00: 00: 00.16
```

提示： emp 表中的记录数远远大于 dept 表中的记录数，所以两次 SELECT 语句的执行时间不同。

13.2.2 WHERE 子句的连接顺序

在执行查询的 WHERE 子句中，可以指定多个检索条件。Oracle 采用自右至左(自下向上)的顺序解析 WHERE 子句，根据这个顺序，表之间的连接应该写在其他 WHERE 条件之前，将可以过滤掉最大数量记录的条件写在 WHERE 子句的末尾。

【例 13.10】对 scott 用户的 emp 表进行操作，在 WHERE 子句中指定多个检索条件，执行语句和执行时间如下：

```
SQL> SELECT * FROM scott.emp e
  2  WHERE sal > 1000
  3  AND job = 'MANAGER'
  4  AND 10 < (SELECT COUNT(*) FROM scott.emp WHERE mgr = empno);

已用时间:  00: 00: 00.07
```

改变 WHERE 子句中检索条件的顺序，如下：

```
SQL> SELECT * FROM scott.emp e
  2  WHERE 10 < (SELECT COUNT(*) FROM scott.emp WHERE mgr = empno)
  3  AND sal > 1000 AND job = 'MANAGER';

已用时间:  00: 00: 00.02
```

从执行时间可以看出，改变 WHERE 子句的检索条件的顺序，可以改变 SELECT 语句的执行时间。如果将过滤掉较多数据行的条件(例如 job='MANAGER')放在最后，可以减少语句的执行时间。

13.3 有效使用索引

索引是表的一个概念部分，用来提高检索数据的效率。通常，使用索引查询数据比全表扫描要快得多。当 Oracle 查找执行查询和 UPDATE 语句的最佳路径时，Oracle 优化器将使用索引，同样在连接多个表时使用索引也可以提高效率。

虽然使用索引能提高查询效率，但是也必须注意使用索引所付出的代价。索引需要空间来存储；需要定期维护；每当有记录增减或索引列被修改时，索引本身也会被修改。这意味着针对每条记录的 INSERT、UPDATE 和 DELETE 操作，都需要更多的磁盘 I/O。因为索引需要额外的存储空间和处理操作，所以那些不必要的索引反而会影响查询效率。因此，有效地使用索引是很有必要的。

13.3.1 创建索引的基本原则

创建索引时，需要对相应的表认真分析，主要从以下几个基本原则进行考虑：

- 对于经常以查询关键字为基础的表，并且该表中的数据行是均匀分布的。
- 以查询关键字为基础，表中的数据行随机排序。
- 表中包含的列数相对比较少。
- 表中的大多数查询都包含相对简单的 WHERE 子句。

在创建索引时，需要认真选择表中的哪些列可以作为索引列。选择索引列有如下几个原则：

- 经常在 WHERE 子句中使用的列。
- 经常在表连接查询中用于表之间连接的列。
- 不宜将经常修改的列作为索引列。
- 不宜将经常在 WHERE 子句中使用，但与函数或操作符相结合的列作为索引列。
- 对于取值较少的列，应考虑建立位图索引，而不应该采用 B 树索引。

注意： 除了所查询的表没有索引，或者需要返回表中的所有行时，Oracle 会进行全表扫描以外，如果对索引列使用了函数或操作符(例如 LIKE)，Oracle 同样会对全表进行扫描。

13.3.2 索引列上所使用的操作符

对索引列的操作语句应该尽量避免“非”操作符的使用，例如 NOT、!=、<>、!<、!>、NOT EXISTS、NOT IN 和 NOT LIKE 等，“非”操作符的使用会造成 Oracle 对表执行全表扫描。

提示： 实际上，索引的作用是快速地告诉用户在表中有什么数据，而不能用来告诉用户在表中没有什么数据。

另外，使用 LIKE 操作符可以应用通配符查询，但是如果用得不好，会产生性能上的问题。如 LIKE ‘%5400%’不会被使用到索引，而 LIKE ‘5400%’则会引用范围索引。因为第一个字符为通配符时，索引不再起作用，Oracle 执行全表扫描。

【例 13.11】查询 scott.emp 表中员工编号大于 7788 的员工信息，可以使用如下语句：

```
SQL> SELECT empno , ename , sal , deptno FROM scott.emp
  2  WHERE empno > 7788;
```

上述语句的 WHERE 子句中，使用大于(>)操作符。可以使用 NOT 关键字和小于等于(<=)来实现，语句如下：

```
SQL> SELECT empno , ename , sal , deptno FROM scott.emp
  2  WHERE NOT empno <= 7788;
```

虽然上述两条 SELECT 语句能够实现同样的查询结果，但是推荐使用第一个 SELECT 语句。由于 empno 列是主键列，所以该列上有索引，如果使用第一条语句，Oracle 会使用索引进行快速查询；如果使用第二条语句，Oracle 会进行全表扫描。

13.3.3 避免对唯一索引列使用 NULL 值

使用 UNIQUE 关键字可以为列添加唯一索引，也就是说列的值不允许有重复值，但是，多个 NULL 值却可以同时存在，因为 Oracle 认为两个空值是不相等的。

向包含唯一索引的表中添加数据时，可以添加无数条 NULL 值的记录，但是由于这些记录都是空值，所以在索引中并不存在这些记录。因此，在 WHERE 子句中使用 IS NULL 或 IS NOT NULL，对唯一索引列进行空值比较时，Oracle 将停止使用该列上的唯一索引，导致 Oracle 进行全表扫描。

注意： 列中包含有 NULL 值的行都不会被包含在索引中，复合索引中只要有一列含有 NULL 值，那么这一列对于此复合索引就是无效的。所以设计数据库时尽量不要让字段的默认值为 NULL。

13.3.4 选择复合索引主列

索引不仅可以基于单独的列，还可以基于多个列，在多个列上创建的索引叫复合索引。

创建复合索引时，不可避免地要面对多个列的前后顺序，这个顺序并不是随意的，它会影响索引的使用效率。

创建复合索引时，应该按照如下原则：

- 选择经常在 WHERE 子句中使用、并且由 AND 操作符连接的列作为复合索引列。
- 选择 WHERE 子句中使用频率相对较高的列排在最前面，或者根据需要为其他列创建单独的索引。

【例 13.12】为 scott.emp 表中的 deptno 列和 sal 列建立复合索引 deptno_sal_index，语句如下：

```
SQL> CREATE INDEX deptno_sal_index ON scott.emp(deptno , sal);
```

使用所创建的复合索引 deptno_sal_index 时，WHERE 子句中列的顺序，应该尽量与复合索引中列的顺序保持一致，如下面的两条 SELECT 语句：

```
SQL> SELECT empno , ename , sal , deptno FROM scott.emp
  2  WHERE deptno > 10 AND sal > 2000;

SQL> SELECT empno , ename , sal , deptno FROM scott.emp
  2  WHERE sal > 2000 AND deptno > 10;
```

上述两条 SELECT 语句仅仅在 WHERE 子句中指定的列的顺序不同，这并不会影响查询结果，但是却会影响查询效率。合理的查询语句应该是上述第一条 SELECT 语句，也就是保持 WHERE 子句中列的顺序与复合索引中列的顺序一致。

注意： 只有当复合索引中的第一列被 WHERE 子句使用时，Oracle 才会使用该复合索引。例如，如果在 WHERE 子句中只使用了 sal 列，则 Oracle 不会使用上面创建的复合索引 deptno_sal_index。

13.3.5　监视索引是否被使用

因为不必要的索引会对表的查询效率起负作用，所以在实际应用中应该经常检查索引是否被使用，这需要用到索引的监视功能。

监视索引后，可以通过数据字典视图来了解索引的使用状态，如果确定索引不再需要使用，可以删除该索引。

【例 13.13】使用 ALTER INDEX 语句，指定 MONITORING USAGE 子句，监视前面创建的 deptno_sal_index 索引，如下：

```
SQL> ALTER INDEX deptno_sal_index MONITORING USAGE;

索引已更改。
```

通过 v$object_usage 视图，查看 deptno_sal_index 索引的使用状态，如下：

```
SQL> SELECT table_name , index_name , monitoring
  2  FROM v$object_usage;
```

```
TABLE_NAME                    INDEX_NAME                    MON
---------------------         --------------------          ----
EMP                           DEPTNO_SAL_INDEX              YES
```

其中，TABLE_NAME 字段描述索引所在表；INDEX_NAME 字段描述索引名称；MONITORING 字段表示索引是否处于激活状态，值为 YES，表示处于激活状态。

处于激活状态的索引会影响对表的检索，如果确定索引不再需要使用，可以删除该索引。如下：

```
SQL> drop index name_score_index;

索引已删除。
```

13.4 习　　题

一、填空题

1. 在查询语句的 SELECT 子句中，尽量避免使用___________来表示全部的列名。

2. 在 SELECT 语句中，使用 WHERE 子句过滤行，使用 HAVING 子句过滤分组。应该尽量使用___________过滤行，这样避免了花费时间去分组要过滤的行。

3. IN 操作符用于检查一个值是否包含在列表中，EXISTS 只检查行的存在性。因此建议使用___________来替代 IN 操作符的使用。

4. 索引不仅仅可以基于单独的列，还可以基于多个列，在多个列上创建的索引叫___________。

5. 使用 ALTER INDEX 语句，指定___________子句，可以用来监视所创建的索引。

二、选择题

1. 删除表中的数据可以使用 DELETE 语句，也可以使用 TRUNCATE 语句。如果确定要删除表中的所有行，建议使用___________。

A. DELETE 语句
B. TRUNCATE 语句
C. DROP 语句
D. COMMIT 语句

2. 在表连接时必须选择最佳连接顺序，例如，要连接 3 个相关表——table1、table2 和 table3，假设表 table1 有 100 行记录，表 table2 有 1000 行记录，表 table3 有 10000 行记录。那么表的连接顺序应该是___________。

A. 首先应该将 table2 连接到 table1 上，接着是 table2 连接到 table3 上
B. 首先应该将 table1 连接到 table2 上，接着是 table2 连接到 table3 上
C. 首先应该将 table3 连接到 table2 上，接着是 table2 连接到 table1 上
D. 首先应该将 table1 连接到 table3 上，接着是 table3 连接到 table2 上

3. 使用表的连接查询时，建议选择___________作为驱动表，也就是将它作为 FROM

子句中的最后一个表。

A. 记录行数最少的表

B. 记录行数最多的表

C. 记录列数最少的表

D. 记录列数最多的表

4. 创建索引时，需要认真选择表中的哪些列可以作为索引列。选择索引列要掌握__________原则。

A. 经常在 WHERE 子句中使用的列

B. 经常在表连接查询中用于表之间连接的列

C. 不宜将经常修改的列作为索引列

D. 不宜将经常在 WHERE 子句中使用，但与函数或操作符相结合的列作为索引列

5. 使用 LIKE 操作符应用员工姓名查询时，下列哪个选项可以引用索引？__________

A. LIKE '%A%'　　　　B. LIKE '%A'

C. LIKE '_A%'　　　　D. LIKE 'A%'

三、简答题

1. 下面 4 条 SELECT 语句的执行结果一样吗？执行效率一样吗？哪条语句的执行效率最高，为什么？

```
SELECT empno FROM emp;
SELECT empno FROM scott.emp;
SELECT empno FROM SCOTT.EMP;
SELECT EMPNO FROM SCOTT.EMP;
```

2. 在执行连接查询时，FROM 和 WHERE 子句中，对表的连接顺序有什么要求？

3. 下面两条 SELECT 语句的执行结果一样吗？执行效率一样吗？哪条语句的执行效率较高，为什么？

其中，符合条件 empno > 7500 的记录在记录集中比率为 80%，符合条件 deptno = 10 的记录所占的比率为 3%。

```
SELECT * FROM scott.emp WHERE empno > 7500 AND deptno = 10;
SELECT * FROM scott.emp WHERE deptno = 10 AND empno > 7500;
```

4. 简述创建索引时的一些基本原则。

5. 对索引列的操作语句中，应该尽量避免哪些操作符的使用？

第 14 章　数据加载与传输

Oracle Database 10g 引入了最新的数据泵(Data Dump，数据转储)技术，使用数据泵中的 Data Pump Export(数据泵导出)应用程序，使 DBA 或开发人员可以对数据和数据库元数据执行不同形式的逻辑备份；为了恢复由 Data Pump Export 产生的文件，应该使用 Data Pump Import(数据泵导入)应用程序。

本章将介绍 Data Dump 工具，使用 Data Pump Export 导出不同形式下的数据，使用 Data Pump Import 导入不同形式下的数据。

本章要点：

- 了解 Data Pump 的有关知识。
- 掌握 Data Pump Export 导出选项。
- 熟练掌握使用 Data Pump Export 导出表。
- 熟练掌握使用 Data Pump Export 导出数据库。
- 熟练掌握使用 Data Pump Export 导出表空间。
- 掌握 Data Pump Import 导入选项。
- 熟练掌握使用 Data Pump Import 导入表。
- 熟练掌握使用 Data Pump Import 导入数据库。
- 熟练掌握使用 Data Pump Import 导入表空间。
- 熟练掌握使用 EXPDP 和 IMPDP 传输表空间。

14.1　Data Pump 工具的概述

使用 Data Pump 工具，可以将数据从一个数据库转移到其他数据库，或者对数据进行备份处理。Oracle Database 10g 开始提供 Data Pump Export 和 Data Pump Import 工具，以进行高速的数据导出和导入。

1. 数据泵的作用

Data Pump 工具的作用如下：

- 实现逻辑备份和逻辑恢复。
- 在数据库用户之间移动对象。
- 在数据库之间移动对象。
- 实现表空间迁移。

2. 数据泵导出导入与传统导出导入的区别

在 Oracle Database 10g 之前，传统的导出和导入分别使用 EXP 工具和 IMP 工具。从

Oracle Database 10g 开始，不仅保留了原有的 EXP 和 IMP 工具，还提供了数据泵导出导入工具 EXPDP 和 IMPDP。

提示： 从 Oracle Database 11g 开始，在传统的 Export 和 Import 应用程序中可用的任何特性在 Data Pump 中都可用。

使用 EXPDP 和 IMPDP 工具时，应该注意以下几点：

- EXP 和 IMP 是客户端工具程序，它们既可以在客户端使用，也可以在服务器端使用。
- EXPDP 和 IMPDP 是服务端工具程序，它们只能在 Oracle 服务器端使用，不能在客户端使用。
- IMP 只适用于 EXP 导出的文件，不适用于 EXPDP 导出文件；IMPDP 只适用于 EXPDP 导出的文件，不适用于 EXP 导出文件。

注意： Data Pump 导出/导入所得到的文件与传统的 Export/Import 应用程序的文件不兼容。

3．Data Pump 工具的特点

与传统的 Export 和 Import 应用程序相比，Oracle 的 Data Pump 工具的功能特性如下：

- 在导出或导入作业中，能够控制用于此作业的并行线程的数量。
- 支持在网络上进行导出或导入，而不需要使用转储文件集。

提示： 转储文件集(Dump File Set)是指分布在由一个或多个磁盘文件中、包含表数据、数据库对象的元数据，以及控制信息的集合。由一个或多个包含元数据、数据和控制信息的磁盘文件构成，并按照一种专有的二进制格式写入。

- 如果作业失败或停止，能够重启一个 Data Pump 作业。
- 能够挂起和恢复导出和导入作业。
- 通过一个客户端程序能够连接或脱离一个运行的作业。
- 可以指定导出或导入对象的数据库版本。允许对导出和导入对象进行版本控制，以便与低版本的数据库兼容。

4．与数据泵相关的数据字典视图

Oracle 数据库提供了一些与数据泵有关的数据字典视图，通过这些视图可以查看数据泵的工作情况。这些视图如表 14-1 所示。

【例 14.1】查看 dba_datapump_jobs 视图中的数据泵操作信息，如下：

```
SQL> SELECT owner_name , job_name , operation , state
  2  FROM dba_datapump_jobs;

OWNER_NAME      JOB_NAME                      OPERATION       STATE
```

```
----------     --------------------    -----------    --------------
SYSTEM         SYS_EXPORT_FULL_01      EXPORT         NOT RUNNING
```

其中，owner_name 表示拥有对应数据泵作业的用户名；job_name 表示数据泵作业名；operation 表示所执行的数据泵操作，例如 export、import 等；state 表示数据泵作业的运行状态。

表 14-1　与数据泵有关的数据字典

视图名称	说　明
dba_datapump_jobs	显示当前数据泵作业的信息
dba_datapump_sessions	提供数据泵作业会话级的信息
datapump_paths	提供一系列有效的对象类型，可以将其与 EXPDP 或者 IMPDP 的 INCLUDE 或 EXCLUDE 参数关联起来
dba_directories	提供一系列已定义的目录

14.2　使用 Data Pump 工具前的准备

使用 Data Pump 工具时，其转储文件只能被存放在 DIRECTORY 对象对应的操作系统目录中，而不能直接指定转储文件所在的操作系统目录。因此，使用 EXPDP 工具之前，必须建立目录对象，用来指向将要使用的外部目录，并且需要为数据库用户授予使用目录对象的权限。

在 Oracle 中创建目录对象时，需要使用 CREATE DIRECTORY 语句。授予权限时，需要使用 GRANT 语句。

技巧： 在 Oracle Database 11g 安装中，默认创建了一个名称为 DATA_PUMP_DIR 的目录对象，该目录对象指向目录$ORACLE_BASE\admin\database_name\dpdump，其中 database_name 是数据库实例名，例如目录\admin\orcl\dpdump。

在使用 Data Pump 操作之前，需要进行以下 3 个操作。

(1) 在环境变量中对 bin 目录进行配置。默认情况下，安装 Oracle 数据库时，自动配置了相应的环境变量，例如 E:\app\Administrator\product\11.1.0\db_1\BIN;。

(2) 在 Oracle 安装路径的 bin 文件夹中，确定 expdp.exe 和 impdp.exe 文件的存在。

(3) 创建目录对象。例如在操作系统目录 E:\app\Administrator\admin\orcl\dpdump 中，新建一个文件夹 temp。然后创建一个目录对象 mypump，指向 temp 目录，如下：

```
SQL> CREATE DIRECTORY mypump AS
'E:\app\Administrator\admin\orcl\dpdump\temp';

目录已创建。
```

提示： 外部 temp 目录可以存在于源服务器、目标服务器或网络上的任何服务器上，只要服务器可以访问此目录，并且此目录上的权限允许 Oracle 用户读写访问即可。

要访问 Data Pump 文件的用户必须拥有该目录上的 READ 和 WRITE 权限。下面将相应的权限授予 scott 用户：

```
SQL> GRANT READ , WRITE ON DIRECTORY mypump TO scott;
授权成功。
```

授权之后，scott 用户就可以使用 mypump 目录进行 Data Pump 作业了。

通过数据字典视图 dba_directories 查看所创建的目录对象的信息，如下：

```
SQL> SELECT * FROM dba_directories WHERE directory_name = 'MYPUMP';

OWNER  DIRECTORY_NAME  DIRECTORY_PATH
-----  --------------  ---------------------------------------------
SYS    MYPUMP          E:\app\Administrator\admin\orcl\dpdump\temp
```

14.3 使用 Data Pump Export 导出数据

使用 Data Pump Export 应用程序，将数据和元数据(Data About Data，关于数据的数据，指描述数据及其环境的数据)转存到转储文件集的一组操作系统文件中。在操作系统命令行中使用 EXPDP 命令来启动 Data Pump Export。

14.3.1 Data Pump Export 导出选项

Oracle 数据泵导出应用程序(EXPDP)在使用方面类似于传统 EXPORT 中的 EXP 应用程序。与数据泵导出有关的参数，可以通过在 EXPDP 命令中指定 HELP 参数来获得。

【例 14.2】执行 EXPDP 命令指定 HELP 参数，来查看 EXPDP 命令的所有参数信息，如下：

```
E:\app\Administrator\product\11.1.0\db_1\BIN> EXPDP HELP = y

关键字                说明 (默认)
---------------      ----------------------------------------------------
ATTACH               连接到现有作业，例如 ATTACH [=作业名]。
COMPRESSION          减小转储文件内容的大小，其中有效关键字
                      值为：ALL，(METADATA_ONLY)，DATA_ONLY 和 NONE。
CONTENT              指定要卸载的数据，其中有效关键字
                     值为：(ALL)，DATA_ONLY 和 METADATA_ONLY。
...
```

上述语句的执行结果中，显示了一些关键字和关键字的说明信息，这些关键字可以被分为两类——EXPDP 应用程序可以带有的参数、交互界面中所使用的命令。下面将分别介绍这两部分的具体内容。

1. 使用 EXPDP 命令可以带有的参数

Oracle 提供了一个名为 EXPDP 的应用程序，作为到 Date Pump Export 的接口。使用 EXPDP 命令时可以带有的参数如表 14-2 所示。

表 14-2 使用 EXPDP 命令可以带有的参数

参 数	说 明
HELP	导出命令选项的帮助信息。默认为 n。当设置为 y 时，会显示导出选项的帮助信息。例如 EXPDP HELP = y
COMPRESS	指定要压缩的数据，可选值为 metadata_only(仅压缩元数据，数据保持不变)、data_only(仅压缩数据，元数据保持不变)、all(同时压缩元数据和数据)、none(默认选项，不执行任何压缩)
CONTENT	筛选导出的内容，可选值有 all(同时导出元数据和数据，默认值)、data_only(仅导出数据)、metadata_only(仅导出元数据)。例如 EXPDP scott/tiger DIRECTORY = dump DUMPFILE = a.dmp CONTENT = metadata_only
DATA_OPTIONS	指定如何处理某些异常。从 Oracle Database 11g 开始，唯一有效值为 skip_constraint_errors
DIRECTORY	指定用于日志文件和转储文件使用的目录对象。用法为 DIRECTORY = directory_object，其中 directory_object 指定目录对象名称。目录对象是使用 CREATE DIRECTORY 语句建立的对象，而不是操作系统中的目录。例如 EXPDP scott/tiger DIRECTORY = dump DUMPFILE = a.dmp
DUMPFILE	指定转储文件名称，默认名称为 expdat.dmp。用法为 DUMPFILE = [directory_object:] file_name [,…]。其中 directory_object 用于指定目录对象名；file_name 用于指定转储文件名。如果不指定 directory_object，导出工具会自动使用 DIRECTORY 选项指定的目录对象。例如 EXPDP scott/tiger DIRECTORY = dump1 DUMPFILE = dump2:a.dmp
ENCRYPTION	加密部分或全部转储文件，其中有效关键字的值有 all、data_only、encrypted_columns_only(只加密写入到存储文件中的列)、metadata_only 和 none
ENCRYPTION_ALGORITHM	使用的加密方法，可选值有 AES128、AES192 或 AES256
ENCRYPTION_MODE	生成加密密钥的方法，可选值有 dual、password 和 transparent
ENCRYPTION_PASSWORD	用于创建加密列数据的口令关键字
ESTIMATE	作业计算估计值，有效值有 blocks 和 statistics。默认值为 blocks。设置为 blocks 时，Oracle 会按照目标对象所占用的数据块个数乘以数据块尺寸来估算对象占用的空间；设置为 statistics 时，根据最近统计值估算对象占用空间。 例如 EXPDP scott/tiger TABLES = emp ESTIMATE = statistics

续表

参　数	说　明
ESTIMATE_ONLY	是否只估算导出作业所占用的磁盘空间。设置值为 y 时，只进行估算，而不执行导出；如果参数值为 n，则估算作用，并且执行导出。 例如 EXPDP scott/tiger ESTIMATE_ONLY = y NOLOGFILE = y
EXCLUDE	排除特定的对象类型，EXCLUDE 和 INCLUDE 不能同时使用。 例如 EXPDP scott/tiger DIRECTORY = dump DUMPFILE = a.dmp EXCLUDE = VIEW，表示在导出时排除所有的视图对象
FILESIZE	以字节为单位指定每个转储文件的大小。默认值为 0，表示文件没有大小限制
FLASHBACK_SCN	指定导出特定 SCN 时刻的表数据。用法为 FLASHBACK_SCN = scn_value，其中 scn_value 是一个 SCN 值。 例如 EXPDP scott/tiger DIRECTORY = dump DUMPFILE = a.dmp FLASHBACK_SCN = 358523
FLASHBACK_TIME	导出特定时间点的表数据。 例如 EXPDP scott/tiger DIRECTORY = dump DUMPFILE = a.dmp FLASHBACK_TIME = "TO_TIMESTAMP('10-09-2009 14:35:00', 'DD-MM-YYYY HH24:MI:SS')"。 FLASHBACK_SCN 和 FLASHBACK_TIME 不能同时使用
INCLUDE	包括特定的对象类型
JOB_NAME	要创建的导出作业的名称，默认情况下是系统生成的
LOGFILE	日志文件名
NETWORK_LINK	连接到源系统的远程数据库的名称
NOLOGFILE	是否不写入日志文件，默认值为 n
PARFILE	指定参数文件
PARALLEL	为 Data Pump Export 作业设置工作进程的数量。默认值为 1
QUERY	用于在导出过程中从表中筛选行
REMAP_DATA	指定数据转换函数
REUSE_DUMPFILES	指定文件存在时，是否覆盖已有的转储文件。默认值为 n，表示不覆盖
SAMPLE	指出导出的数据的百分比，以便从每个表中选择一定百分比的行
STATUS	显示 Data Pump 作业的状态
ATTACH	连接到当前作业。ATTACH = [schema_name.] job_name，其中 schema_name 用于指定模式名；job_name 用于指定导出作业名。使用 ATTACH 选项时，在命令行除了连接字符串和 ATTACH 选项外，不能指定任何其他选项。 例如 EXPDP scott/tiger ATTACH = scott.export_job

续表

参　数	说　明
VERSION	要导出的对象的版本。VERSION = { compatible | latest | version_string }。其中，compatible 用于指定根据该参数值生成对象元数据；latest 用于指定根据数据库的实际版本生成对象元数据；version_string 用于指定任何有效的数据库版本字符串
TRANSPORTABLE	指定是否可以使用可传输方法，可选值有 always、never
FULL	是否导出整个数据库，默认值为 n
SCHEMAS	要导出的模式的列表
TABLES	标识要导出的表的列表
TABLESPACES	标识要导出的表空间的列表
TRANSPORT_TABLESPACES	要从中卸载元数据的表空间的列表
TRANSPORT_FULL_CHECK	指定是否验证正在导出的表空间是一个自包含集。默认值为 n，表示导出作用只检查单端依赖，如果迁移索引所在表空间，但未迁移表所在表空间，将显示出错信息；如果迁移表所在表空间，未迁移索引所在表空间，则不会显示错误信息。当设置为 y 时，检查表空间的完整关联关系，即表所在表空间或其索引所在的表空间中，只要有一个表空间被迁移，将显示错误信息

2. EXPDP 交互模式中的命令列表

在 Oracle 数据库泵操作中，使用 Ctrl+C 快捷键，可以将数据泵操作转移到后台执行，然后 Oracle 会将 EXPDP 设置为交互模式。

提示： 通过 EXPDP 交互模式，将传统的操作转变成为数据库内部的任务，从而实现对任务进行中止与重新启动。

将 EXPDP 设置为交互模式后，可以在 Data Pump 界面执行如表 14-3 中所示的命令。

【例 14.3】 要进入到 EXPDP 的交互模式，首先在操作系统的命令提示符窗口中，进入到 Oracle 安装文件的 BIN 目录，如下：

```
E:\app\Administrator\product\11.1.0\db_1\BIN>
```

执行一个 EXPDP 导出命令，如下：

```
E:\app\Administrator\product\11.1.0\db_1\BIN>EXPDP system/admin
Export: Release 11.1.0.6.0 - Production on 星期四, 10 9月, 2009 10:16:38
Copyright (c) 2003, 2007, Oracle.  All rights reserved.
连接到: Oracle Database 11g Enterprise Edition Release 11.1.0.6.0 - Production
With the Partitioning, OLAP, Data Mining and Real Application Testing options
启动 "SYSTEM"."SYS_EXPORT_SCHEMA_01":  system/********
正在使用 BLOCKS 方法进行估计...
处理对象类型 SCHEMA_EXPORT/TABLE/TABLE_DATA
...
```

表 14-3 Data Pump Export 的操作命令

参 数	说 明
ADD_FILE	向转储文件集中添加转储文件
CONTINUE_CLIENT	返回到记录模式。如果处于空闲状态，将重新启动作业
EXIT_CLIENT	退出客户机会话并使作业处于运行状态
FILESIZE	ADD_FILE 命令的默认文件大小(字节)
HELP	显示用于导入的联机帮助
KILL_JOB	分离和删除作业
PARALLEL	改变用于 Data Pump Export 作业的工作进程的数量
START_JOB	启动/恢复当前作业
STATUS	显示 Data Pump Export 作业的状态
REUSE_DUMPFILES	是否覆盖现有的转储文件。设置为 y 时，现在的转储文件将被覆盖；当使用默认值 n 时，如果转储文件已经存在就会产生一个错误
STOP_JOB	依次关闭执行的作业并退出客户机。STOP_JOB = immediate 将立即关闭数据泵作业

在导出内容的显示过程中，使用 Ctrl+C 组合键，切换到 Data Pump Export 作业的交互模式。

切换到交互模式后，Data Pump 将返回 EXPORT 提示符，如下：

```
Export>
```

在该提示符下，就可以使用 EXPDP 的交互模式操作命令了。

【例 14.4】在 EXPORT 交互模式下，执行表 14-3 中所示的操作命令。

(1) 退出客户程序

使用 EXIT_CLIENT 命令可以退出客户程序，如下：

```
Export> EXIT_CLIENT
```

在退出客户程序后，使用 EXPDP 语句启动作业，并且可以使用 ATTACH 参数指定作业名称，如下：

```
EXPDP system/admin DUMPFILE = myport ATTACH = myjob;
```

(2) 作业挂起

可以使用 STOP_JOB 命令暂停一个作业，如下：

```
Export> STOP_JOB
```

(3) 重启挂起的作业

作业被挂起后并没有被取消，可以使用 START_JOB 命令重启作业，如下：

```
Export> START_JOB
```

14.3.2 实现数据导出

根据要导出的对象的类型，从单个表到整个数据库，可以有多种不同的方式来转存数据。Oracle 支持 5 种导出模式，如表 14-4 所示。

表 14-4 Data Pump Export 的 5 种导出模式

模 式	使用的参数	说 明	操作角色
Full (全库)	FULL	导出整个数据库	必须拥有 EXP_FULL_DATABASE 角色
Schema (模式)	SCHEMAS	导出一个或多个用户模式中的数据和元数据	如果拥有 EXP_FULL_DATABASE 角色，可以导出任何模式， 否则只能导出自己的模式
Table (表)	TABLES	导出一组特定的表	拥有 EXP_FULL_DATABASE 角色，可以导出任何模式的表，否则只能导出自己模式中的表
Tablespace (表空间)	TABLESPACES	导出一个或多个表空间中的数据	必须拥有 EXP_FULL_DATABASE 角色， 才能导出整个表空间
Transportable Tablespace (可移动表空间)	TRANSPORT_ TABLESPACES	导出一个或多个表空间中对象的元数据	要求具有 EXP_FULL_DATBASE 角色

提示： Tablespace 模式本质上是一种用于导出一个或多个特定表空间中所有表的快捷方式，特定表空间中的任何相关对象都会被导出，即使这些对象位于另一个表空间中。

1. 导出表

使用 EXPDP 命令时指定 TABLES 参数，为该参数指定一个或多个表名称，将导出指定的表信息。

【例 14.5】 导出 scott 用户中的 dept 表和 emp 表，如下：

```
E:\app\Administrator\product\11.1.0\db_1\BIN>
E:\app\Administrator\product\11.1.0\db_1\BIN>EXPDP scott/tiger DIRECTORY =
mypump DUMPFILE = exptab.dmp TABLES = dept , emp

Export: Release 11.1.0.6.0 - Production on 星期五, 11 9月, 2009 14:10:16

Copyright (c) 2003, 2007, Oracle.  All rights reserved.
```

```
连接到: Oracle Database 11g Enterprise Edition Release 11.1.0.6.0 - Production
With the Partitioning, OLAP, Data Mining and Real Application Testing options
启动 "SCOTT"."SYS_EXPORT_TABLE_01":  scott/******** DIRECTORY = mypump
DUMPFILE= exptab.dmp TABLES = dept , emp
正在使用 BLOCKS 方法进行估计...
处理对象类型 TABLE_EXPORT/TABLE/TABLE_DATA
使用 BLOCKS 方法的总估计: 128 KB
处理对象类型 TABLE_EXPORT/TABLE/TABLE
处理对象类型 TABLE_EXPORT/TABLE/INDEX/INDEX
处理对象类型 TABLE_EXPORT/TABLE/CONSTRAINT/CONSTRAINT
处理对象类型 TABLE_EXPORT/TABLE/INDEX/STATISTICS/INDEX_STATISTICS
处理对象类型 TABLE_EXPORT/TABLE/CONSTRAINT/REF_CONSTRAINT
处理对象类型 TABLE_EXPORT/TABLE/STATISTICS/TABLE_STATISTICS
. . 导出了 "SCOTT"."DEPT"                          5.937 KB       4 行
. . 导出了 "SCOTT"."EMP"                           8.578 KB      15 行
已成功加载/卸载了主表 "SCOTT"."SYS_EXPORT_TABLE_01"
******************************************************************************
SCOTT.SYS_EXPORT_TABLE_01 的转储文件集为:
  E:\APP\ADMINISTRATOR\ADMIN\ORCL\DPDUMP\TEMP\EXPTAB.DMP
作业 "SCOTT"."SYS_EXPORT_TABLE_01" 已于 14:11:31 成功完成
```

执行 EXPDP 命令后，显示 dept 表和 emp 表的导出过程。从导出结果可以看出，输出文件的名称为 exptab.dmp。在导出过程中，Data Pump 创建并使用了一个名为 sys_export_schema_01 的外部表。

2．导出数据库

使用 EXPDP 命令时指定 FULL 参数，将导出数据库的所有对象，包括数据库元数据、数据和所有对象的转储。

【例 14.6】 导出默认数据库中的所有对象，导出语句如下：

```
E:\app\Administrator\product\11.1.0\db_1\BIN>EXPDP system/admin DIRECTORY
= mypump DUMPFILE = expdb.dmp FULL = y
```

导出整个数据库时，使用 FULL 参数，参数值赋值为 y。将数据库导出到目录对象 mypump 指定的目录中，输出文件名为 expdb.dmp。

3．导出指定的模式

使用 EXPDP 命令时指定 SCHEMAS 参数，将导出指定模式中的所有对象信息。

【例 14.7】 导出 scott 用户中的所有对象信息，语句如下：

```
E:\app\Administrator\product\11.1.0\db_1\BIN>EXPDP system/admin DIRECTORY
= mypump DUMPFILE = expschema.dmp SCHEMAS = scott NOLOGFILE = y
```

4．导出表空间

使用 EXPDP 命令时指定 TABLESPACES 参数，将导出指定表空间中的所有对象信息。

【例 14.8】 从表 users 表空间中导出数据，如下：

```
E:\app\Administrator\product\11.1.0\db_1\BIN>EXPDP system/admin DIRECTORY
= mypump DUMPFILE = expuserspace.dmp TABLESPACES = users

...
启动 "SYSTEM"."SYS_EXPORT_TABLESPACE_01":  system/******** DIRECTORY =
mypump DUMPFILE = expuserspace.dmp TABLESPACES = users
正在使用 BLOCKS 方法进行估计...
处理对象类型 TABLE_EXPORT/TABLE/TABLE_DATA
使用 BLOCKS 方法的总估计: 1.562 MB
处理对象类型 TABLE_EXPORT/TABLE/TABLE
处理对象类型 TABLE_EXPORT/TABLE/INDEX/INDEX
处理对象类型 TABLE_EXPORT/TABLE/CONSTRAINT/CONSTRAINT
处理对象类型 TABLE_EXPORT/TABLE/INDEX/STATISTICS/INDEX_STATISTICS
处理对象类型 TABLE_EXPORT/TABLE/CONSTRAINT/REF_CONSTRAINT
处理对象类型 TABLE_EXPORT/TABLE/STATISTICS/TABLE_STATISTICS
. . 导出了 "OE"."PURCHASEORDER"                    243.9 KB    132 行
. . 导出了 "OE"."LINEITEM_TABLE"                   280.4 KB    2232 行
. . 导出了 "OE"."ACTION_TABLE"                     15.21 KB    132 行
. . 导出了 "OE"."PRODUCT_REF_LIST_NESTEDTAB"       12.50 KB    288 行
. . 导出了 "OE"."SUBCATEGORY_REF_LIST_NESTEDTAB"     6.585 KB    21 行
. . 导出了 "OE"."CATEGORIES_TAB"                   14.15 KB    22 行
. . 导出了 "SCOTT"."DEPT"                          5.937 KB    4 行
. . 导出了 "SCOTT"."EMP"                           8.578 KB    15 行
. . 导出了 "SCOTT"."SALGRADE"                      5.867 KB    5 行
. . 导出了 "SCOTT"."BONUS"                         0 KB        0 行
已成功加载/卸载了主表 "SYSTEM"."SYS_EXPORT_TABLESPACE_01"
******************************************************************************
SYSTEM.SYS_EXPORT_TABLESPACE_01 的转储文件集为:
  E:\APP\ADMINISTRATOR\ADMIN\ORCL\DPDUMP\TEMP\EXPUSERSPACE.DMP
作业 "SYSTEM"."SYS_EXPORT_TABLESPACE_01" 已于 16:26:15 成功完成
```

5. 导出可移动表空间

使用 EXPDP 命令时指定 TRANSPORT_TABLESPACES 参数，将导出一个或多个表空间中的元数据。

【例 14.9】 对 users 表空间执行可移动表空间模式的导出之前，首先设置该表空间为只读状态，如下：

```
SQL> ALTER TABLESPACE users READ ONLY;

表空间已更改。
```

然后使用 EXPDP 命令导出 users 表空间中的元数据，如下：

```
E:\app\Administrator\product\11.1.0\db_1\BIN>EXPDP system/admin DIRECTORY
= mypump DUMPFILE = exptrans.dmp TRANSPORT_TABLESPACES = users

...
启动 "SYSTEM"."SYS_EXPORT_TRANSPORTABLE_01":  system/******** DIRECTORY =
```

```
mypump DUMPFILE = exptrans.dmp TRANSPORT_TABLESPACES = users
处理对象类型 TRANSPORTABLE_EXPORT/PLUGTS_BLK
处理对象类型 TRANSPORTABLE_EXPORT/TYPE/TYPE_SPEC
处理对象类型 TRANSPORTABLE_EXPORT/TYPE/TYPE_BODY
处理对象类型 TRANSPORTABLE_EXPORT/XMLSCHEMA/XMLSCHEMA
处理对象类型 TRANSPORTABLE_EXPORT/TABLE
处理对象类型 TRANSPORTABLE_EXPORT/INDEX
处理对象类型 TRANSPORTABLE_EXPORT/CONSTRAINT/CONSTRAINT
处理对象类型 TRANSPORTABLE_EXPORT/INDEX_STATISTICS
处理对象类型 TRANSPORTABLE_EXPORT/CONSTRAINT/REF_CONSTRAINT
处理对象类型 TRANSPORTABLE_EXPORT/TRIGGER
处理对象类型 TRANSPORTABLE_EXPORT/TABLE_STATISTICS
处理对象类型 TRANSPORTABLE_EXPORT/RLS_POLICY
处理对象类型 TRANSPORTABLE_EXPORT/POST_INSTANCE/PLUGTS_BLK
已成功加载/卸载了主表 "SYSTEM"."SYS_EXPORT_TRANSPORTABLE_01"
******************************************************************************
SYSTEM.SYS_EXPORT_TRANSPORTABLE_01 的转储文件集为:
  E:\APP\ADMINISTRATOR\ADMIN\ORCL\DPDUMP\TEMP\EXPTRANS.DMP
******************************************************************************
可传输表空间 USERS 所需的数据文件:
  E:\APP\ADMINISTRATOR\ORADATA\ORCL\USERS01.DBF
作业 "SYSTEM"."SYS_EXPORT_TRANSPORTABLE_01" 已于 16:55:53 成功完成
```

对 USERS 表空间分别执行表空间模式的导出和可移动表空间模式的导出，从两种模式的执行结果可以看出，可移动表空间模式只处理了对象类型；而表空间模式不但处理对象类型，还导出了表空间中的用户模式下的表信息。

从生成的文件大小来看，EXPUSERSPACE.DMP 文件远大于 EXPTRANS.DMP 文件。

注意： 如果对 system 表空间进行操作，可以进行表空间模式的导出，但是由于 system 表空间不能被设置为只读状态，所以不能执行可移动表空间模式的导出。

6．使用 EXCLUDE 参数

在 EXPDP 命令中可以指定参数 EXCLUDE，用来实现从 Data Pump Export 中排除对象。如果排除了一个对象，也将排除所有与它相关的对象。

使用 EXCLUDE 参数的格式如下：

```
EXCLUDE = object_type [ : name_clause ] [ , ... ]
```

其中，object_type 可以是任何 Oracle 对象类型，包括权限、索引和表等；name_clause 用来限制返回的值。

技巧： 如果 object_type 值为 CONSTRAINT，将会排除 NOT NULL 外的所有约束；
如果 object_type 值为 USERS，将排除用户定义，但是导出用户模式中的对象；
如果 object_type 值为 SCHEMA，则排除一个用户以及该用户所有的对象；
如果 object_type 值为 GRANT，将排除所有的对象授权和系统特权。

【例 14.10】在导出 users 表空间时，排除 emp 表和 dept 表的导出，语句如下：

```
E:\app\Administrator\product\11.1.0\db_1\BIN>EXPDP system/admin DIRECTORY
= mypump DUMPFILE = exclude.dmp TABLESPACES = users EXCLUDE =
TABLE:"IN('emp')" EXCLUDE = TABLE:"IN('dept')"
```

技巧： 可以在一个 Data Pump Export 作业中指定多个 EXCLUDE 参数。

7. 使用 INCLUDE 参数

如果在 Data Pump Export 中使用 INCLUDE，可以只导出符合要求的对象，其他所有对象均被排除。使用 INCLUDE 参数的格式如下：

```
INCLUDE = object_type [ :name_clause ] [ , ... ]
```

【例 14.11】只导出 user 表空间中的索引信息，其他对象均被排除。语句如下：

```
E:\app\Administrator\product\11.1.0\db_1\BIN>EXPDP system/admin DIRECTORY
= mypump DUMPFILE = include.dmp TABLESPACES = users INCLUDE = INDEX
```

注意： 如果在 EXPDP 命令中指定 CONTENT = DATA_ONLY，则不能指定 EXCLUDE 参数，也不能指定 INCLUDE 参数。

8. 使用 QUERY 参数

对于满足 EXCLUDE 和 INCLUDE 标准的对象，将会导出该对象的所有行。这时，可以使用 QUERY 参数来限制返回的行。使用 QUERY 参数的格式如下：

```
QUERY = [ schema. ] [ table_name: ] query_clause
```

其中，schema 指定表所属的用户名，或者所属的用户模式名称；table_name 指定表名；query_clause 用来指定限制条件。

【例 14.12】使用 TABLES 导出模式，导出 scott 用户的 dept 表中 deptno 为 10 的对象信息，如下：

```
E:\app\Administrator\product\11.1.0\db_1\BIN>EXPDP system/admin DIRECTORY
= mypump DUMPFILE = query.dmp TABLES = scott.dept QUERY = \"WHERE deptno =10\"
```

注意： 在 EXPDP 命令的 QUERY 参数值中，需要使用转义字符“\”将特殊符号(例如双引号"、单引号'等)转义为普通字符。

如果需要对日期进行处理，则在 QUERY 参数值中，可以使用如下所示的参数值形式：

```
E:\app\Administrator\product\11.1.0\db_1\BIN>EXPDP system/admin DIRECTORY
= mypump DUMPFILE = query2.dmp TABLES = scott.emp QUERY = \" WHERE
TO_CHAR\(hiredate,\'DD-MON-YY\'\)\ < \'01-1月-82\'\"
```

14.4 使用 Data Pump Import 导入数据

要导入一个使用Data Pump Export输出的转储文件集，需要使用Data Pump Import工具。在操作系统命令中通过使用 IMPDP 命令来启动 Data Pump Import 导入工具。

14.4.1 Data Pump Import 导入选项

Oracle 数据泵导入应用程序(IMPDP)在使用方面类似于传统 EXPORT 中的 IMP 应用程序。与数据泵导入有关的参数，可以通过在 IMPDP 命令中添加 HELP 参数来查看。

【例 14.13】在 IMPDP 命令中指定 HELP 参数，查看 IMPDP 命令的所有参数信息，具体如下：

```
E:\app\Administrator\product\11.1.0\db_1\BIN>IMPDP HELP = y

关键字                     说明 (默认)
------------------         ------------------------------------------------
ATTACH                     连接到现有作业, 例如 ATTACH [=作业名]。
CONTENT                    指定要加载的数据, 其中有效关键字为:
                           (ALL), DATA_ONLY 和 METADATA_ONLY。
DATA_OPTIONS               数据层标记, 其中唯一有效的值为:
                           SKIP_CONSTRAINT_ERRORS - 约束条件错误不严重。
DIRECTORY                  供转储文件, 日志文件和 sql 文件使用的目录对象。
DUMPFILE                   要从 (expdat.dmp) 中导入的转储文件的列表,
                           例如 DUMPFILE=scott1.dmp, scott2.dmp, dmpdir:scott
                           3.dmp。
ENCRYPTION_PASSWORD        用于访问加密列数据的口令关键字。
                           此参数对网络导入作业无效。
...
```

上述语句的执行结果中，显示了一些关键字及其说明信息，这些关键字可以被分为两类——IMPDP 应用程序可以带有的参数、交互界面中所使用的命令。下面将分别介绍这两部分的具体内容。

1. IMPDP 命令的参数

在 IMPDP 应用程序中，可以使用如表 14-5 所示的参数。

表 14-5 使用 IMPDP 命令可以带有的参数

参 数	说 明
HELP	是否显示用于导入的联机帮助
CONTENT	指定要加载的数据，可选值有 all、data_only 和 metadata_only
DATA_OPTIONS	数据层标记，其中唯一有效的值为 skip_constraint_errors，表示约束条件的错误级别是“不严重”

续表

参　数	说　明
DIRECTORY	可以让转储文件、日志文件和 SQL 文件使用的目录对象
DUMPFILE	需要导入的转储文件的列表，例如 DUMPFILE = scott1.dmp
ENCRYPTION_PASSWORD	用于访问加密列数据的口令关键字
ESTIMATE	计算作业估计值，其中有效关键字为 blocks 和 statistics
EXCLUDE	排除特定的对象类型，例如 EXCLUDE = TABLE.emp
FLASHBACK_SCN	用于将会话设置回以前状态的 SCN
FLASHBACK_TIME	用于获取最接近指定时间的 SCN 的时间
INCLUDE	包括特定的对象类型
JOB_NAME	要创建的导入作业的名称
LOGFILE	日志文件名
NETWORK_LINK	链接到源系统的远程数据库的名称
NOLOGFILE	是否不写入日志文件，默认值为 n
PARFILE	指定参数文件
PARALLEL	为 Data Pump Import 作业设置工作进程的数量
PARTITION_OPTIONS	设置如何转换分区，参数值为 none(创建与源分区具有相同特征的分区)、merge(将分区合并成一个表)、departition(为每个源分区创建一个新表)
QUERY	在导入过程中从表中筛选行
REMAP_DATAFILE	在所有 DDL 语句中重新定义数据文件引用
REMAP_SCHEMA	允许将传送到模式的对象映射到另一个模式
REMAP_TABLE	在导入过程中将指定的表映射到另一个表
REMAP_TABLESPACE	将从源表空间导出的数据导入到目标表空间
REUSE_DATAFILES	如果表空间已经存在，是否将其初始化。 默认值为 n，表示不进行初始化
SKIP_UNUSABLE_INDEXES	跳过设置为无用索引状态的索引
SQLFILE	将所有的 SQL DDL 写入指定的文件
STATUS	显示 Data Pump 作业的状态
STREAMS_CONFIGURATION	是否导入元数据，默认值为 y
TABLE_EXISTS_ACTION	导入对象已经存在时执行的操作。可选值有 skip(默认值，不加载数据，并且继续处理下一个对象)、append(附加已经在表中存在的数据)、replace(如果表存在则删除该表，重新创建表并加载数据)、truncate(在加载前移除所有的行)
FULL	是否从源数据导入全部对象，默认值为 n
SCHEMAS	导入一个 Schema 模式

续表

参　数	说　明
TABLES	将 Table 模式导入表
TABLESPACES	将导入的一个 Tablespace 表空间
TRANSPORT_TABLESPACES	指定一个 Transportable Tablespace 模式导入的表空间
TRANSFORM	要应用于适用对象的元数据转换，可选值有 segment_attributes、storage、oid 和 pctspace
TRANSPORT_DATAFILES	按照可传输模式导入的数据文件的列表
TRANSPORT_FULL_CHECK	指定是否验证所有表的存储段，默认值为 n
TRANSPORTTABLE	用于选择可传输数据移动的选项。可选值有：always 和 never
VERSION	要导出的对象的版本，可选值有 compatible、latest 或任何有效的数据库版本

2．IMPDP 交互模式中的命令列表

在将 IMPDP 设置为交互模式后，可以在 Data Pump 的界面中执行表 14-6 中的命令。

表 14-6　Data Pump Import 的操作命令

参　数	说　明
CONTINUE_CLIENT	退出交互模式，并进入日志模式。如果处于空闲状态，将会重新启动作业
EXIT_CLIENT	返回客户机会话并使作业处于运行状态
HELP	显示用于导入的联机帮助
KILL_JOB	分离和删除作业
PARALLEL	改变用于 Data Pump Import 作业的工作进程的数量
START_JOB	启动/恢复当前作业。START_JOB = skip_current 表示在开始作业之前，将跳过作业停止时执行的任意操作
STATUS	显示 Data Pump Import 作业的状态
STOP_JOB	依次关闭执行的作用并退出客户机。STOP_JOB = immediate 将立即关闭数据泵作业

【例 14.14】要进入到 IMPDP 的交互模式，首先需要进入到 Oracle 的 BIN 目录，如下：

```
E:\app\Administrator\product\11.1.0\db_1\BIN>
```

使用 IMPDP 程序启动一项 Data Pump Import 作业，如下：

```
E:\app\Administrator\product\11.1.0\db_1\BIN>IMPDP system/admin
```

在导入内容的显示过程中，使用 Ctrl+C 组合键，切换到 Data Pump Import 作业的交互模式。

切换到交互模式后，Data Pump 将返回 Import 提示符，如下：

```
Import>
```

在该提示符下，就可以使用 IMPDP 的交互模式操作命令了。例如，使用操作命令 EXIT_CLIENT、STOP_JOB 和 START_JOB，可以实现退出客户程序、挂起当前作业和重启挂起作业等操作。

【例 14.15】在 IMPDP 交互模式下，使用 STOP_JOB 命令暂停一个作业，如下：

```
Import> STOP_JOB
```

作业被挂起后并没有被取消，可以使用 START_JOB 命令重启作业，如下：

```
Import> START_JOB
```

14.4.2 实现数据导入

与 EXPDP 中的导出方式相对应，数据泵导入也有 5 种模式：Full、Schema、Table、Tablespace 和 Transportable Tablespace，如表 14-7 所示。

表 14-7 Data Pump Import 的 5 种导入模式

模　式	使用的参数	说　明	操作角色
Full (全库)	FULL	导入数据库的所有数据和元数据	如果转储文件使用 EXP_FULL_DATABASE 角色导出，那么必须拥有 IMP_FULL_DATABASE 角色
Schema (模式)	SCHEMAS	导入模式中的数据和元数据	如果拥有 IMP_FULL_DATABASE 角色，可以导入任何模式，否则只能导入自己的模式
Table (表)	TABLES	导入表和表分区的数据和元数据	拥有 IMP_FULL_DATABASE 角色，可以导入任何模式的表，否则只能导入自己模式中的表
Tablespace (表空间)	TABLESPACES	导入表空间的数据和元数据	必须拥有 IMP_FULL_DATABASE 角色，才能导入整个表空间
Transportable Tablespace (可移动表空间)	TRANSPORT_TABLESPACES	导入特定表空间的元数据	具有 IMP_FULL_DATBASE 角色

提示： 如果未指定模式，则 Data Pump Import 将试图加载整个转储文件。

1．导入表

在 IMPDP 命令执行导入时，如果指定 TABLES 参数，那么可以将使用 EXPDP 命令导出的表数据导入进来。同时，使用 DIRECTORY 参数可以指定导入文件所对应的目录对象；使用 DUMPFILE 参数指定所要导入的文件，该文件必须是使用 EXPDP 命令导出的。

【例 14.16】将前面 14.3.2 节中导出的 scott 用户的 dept 表和 emp 表数据导入进来，具体如下：

```
E:\app\Administrator\product\11.1.0\db_1\BIN>IMPDP scott/tiger DIRECTORY =
mypump DUMPFILE = exptab.dmp TABLES = dept , emp TABLE_EXISTS_ACTION = replace

Import: Release 11.1.0.6.0 - Production on 星期六, 12 9月, 2009 9:34:15

Copyright (c) 2003, 2007, Oracle.  All rights reserved.

连接到: Oracle Database 11g Enterprise Edition Release 11.1.0.6.0 - Production
With the Partitioning, OLAP, Data Mining and Real Application Testing options
已成功加载/卸载了主表 "SYSTEM"."SYS_IMPORT_TABLE_01"
启动 "SYSTEM"."SYS_IMPORT_TABLE_01":  system/******** DIRECTORY = mypump
DUMPFILE = exptab.dmp TABLES = dept , emp
处理对象类型 TABLE_EXPORT/TABLE/TABLE
. . 导入了 "SCOTT"."DEPT"                          5.937 KB       4 行
. . 导入了 "SCOTT"."EMP"                           8.578 KB      15 行
处理对象类型 TABLE_EXPORT/TABLE/TABLE_DATA
处理对象类型 TABLE_EXPORT/TABLE/INDEX/INDEX
处理对象类型 TABLE_EXPORT/TABLE/CONSTRAINT/CONSTRAINT
处理对象类型 TABLE_EXPORT/TABLE/INDEX/STATISTICS/INDEX_STATISTICS
处理对象类型 TABLE_EXPORT/TABLE/CONSTRAINT/REF_CONSTRAINT
处理对象类型 TABLE_EXPORT/TABLE/STATISTICS/TABLE_STATISTICS
作业 "SYSTEM"."SYS_IMPORT_TABLE_01"已于 09:34:31 成功完成
```

提示： 在导入语句中，指定 TABLE_EXISTS_ACTION 选项，选项值为 replace，表示如果要导入的对象已经存在，则覆盖该对象并加载数据。

在执行语句中，使用 IMPDP 命令，指定 Table 导出模式，使用 DIRECTORY 和 DUMPFILE 参数，指定 mypump 目录对象对应目录中的 exptab.dmp 文件。

在 IMPDP 命令中，指定 scott/tiger，表示将数据导入到 scott 模式中。但是，也可以导入到其他模式中，例如，将 dept 表和 emp 表导入到 system 模式中，语句如下：

```
E:\app\Administrator\product\11.1.0\db_1\BIN>IMPDP system/admin DIRECTORY
= mypump DUMPFILE = exptab.dmp TABLES = dept , emp REMAP_SCHEMA = scott :
system
```

注意： 将导出的一个模式(例如 scott)中的内容导入到另一个模式(例如 system)中，必须使用 REMAP_SCHEMA 参数。

2. 导入数据库

使用 IMPDP 命令执行导入时，如果指定 FULL 参数，可以将使用 EXPDP 命令导出的整个数据库数据导入进来。

【例 14.17】前面 14.3.2 节中使用 EXPDP 命令导出了整个数据库，目录对象为 mypump，保存文件为 expdb.dmp。下面使用 IMPDP 命令将该文件中的内容导入进来，语句如下：

```
E:\app\Administrator\product\11.1.0\db_1\BIN>IMPDP system/admin DIRECTORY
= mypump DUMPFILE = expdb.dmp FULL = y
```

3. 导入指定的模式

在使用 IMPDP 命令执行导入时，如果指定 SCHEMAS 参数，可以实现导入一个指定的模式。

【例 14.18】前面 14.3.2 节中使用 EXPDP 命令导出了 scott 用户中的所有对象信息，目录对象为 mypump，保存文件为 expschema.dmp。下面使用 IMPDP 命令将该文件中的内容导入到 scott 模式中，语句如下：

```
E:\app\Administrator\product\11.1.0\db_1\BIN>IMPDP scott/tiger DIRECTORY =
mypump DUMPFILE = expschema.dmp SCHEMAS = scott
```

要将导出的信息导入到 system 模式中，所使用的语句如下：

```
E:\app\Administrator\product\11.1.0\db_1\BIN>IMPDP system/admin DIRECTORY
= mypump DUMPFILE = expschema.dmp REMAP_SCHEMA = scott : system
```

4. 导入表空间

使用 IMPDP 命令执行导入时，如果指定 TABLESPACES 参数，可以将使用 EXPDP 命令导出的表空间数据导入进来。

【例 14.19】前面 14.3.2 节中使用 EXPDP 命令导出了 users 表空间中的数据，目录对象为 mypump，保存文件为 expuserspace.dmp。下面使用 IMPDP 命令将该文件中的内容导入到 users 表空间中，语句如下：

```
E:\app\Administrator\product\11.1.0\db_1\BIN>IMPDP system/admin DIRECTORY
= mypump DUMPFILE = expuserspace.dmp TABLESPACES = users
```

技巧： 在使用 IMPDP 命令执行导入的语句中，同样也可以使用 EXCLUDE、INCLUDE 和 QUERY 等参数，用来对需要导入的数据进行过滤。

5. 导入移动表空间

使用 IMPDP 命令执行导入时，如果指定 TRANSPORT_TABLESPACES 参数，可以将使用 EXPDP 命令导出的移动表空间中的数据导入进来。

【例 14.20】前面 14.3.2 节中使用 EXPDP 命令导出了 users 表空间中的数据，目录对象为 mypump，保存在 exptrans.dmp 文件中。下面使用 IMPDP 命令将该文件中的内容导入进来，如下：

```
E:\app\Administrator\product\11.1.0\db_1\BIN>IMPDP system/admin DIRECTORY
= mypump DUMPFILE = exptrans.dmp TRANSPORT_TABLESPACES = users
```

提示： 对 users 表空间执行导出和导入操作之后，还需要使用 ALTER TABLESPACE users READ WRITE;语句将表空间的只读状态设置为可读写状态。

14.5　使用 EXPDP 和 IMPDP 工具传输表空间

通过可传输表空间可以方便地在数据库之间转移大量的数据，没有被作用的表空间不受影响。在本节中，将使用 EXPDP 和 IMPDP 工具，分别指定 TRANSPORT_TABLESPACES 参数，实现将表空间 mytemp1 从 orcl 数据库复制到 mydb 数据库。

实现步骤如下。

(1) 在源和目标数据库上为转储文件集和表空间数据文件设置目录。
(2) 使用 DBMS_TTS.TRANSPORT_SET_CHECK 过程检查表空间的自相容性。
(3) 使用 EXPDP 命令为 mytemp1 表空间创建元数据。
(4) 使用 DBMS_FILE_TRANSFER 过程将转储文件集和数据文件复制到目标数据库。
(5) 在目标数据库上，使用 IMPDP 命令添加表空间。

1. 设置目录对象

所有的 Data Pump Export 和 Data Pump Import 处理都在服务器而不是客户机上进行，这些处理都需要源和目标数据库上的目录对象。

在源数据库 orcl 上，创建保存转储文件集的目录对象，以及一个指向表空间 mytemp1 的数据文件的存放位置的目录对象。具体如下：

```
SQL> CREATE DIRECTORY orcl_dmp AS 'E:\mytablespace\';

目录已创建。

SQL> CREATE DIRECTORY orcl_dbf AS 'E:\mytablespace\';

目录已创建。
```

在目标数据库 mydb 上，使用同样的命令，也创建两个目录对象，如下：

```
SQL> CREATE DIRECTORY orcl_dmp AS 'E:\mydb\';

目录已创建。

SQL> CREATE DIRECTORY orcl_dbf AS 'E:\mydb\';

目录已创建。
```

2. 检查表空间的自相容性

在迁移表空间 mytemp1 之前，使用 DBMS_TTS.TRANSPORT_SET_CHECK 过程进行检查，确保表空间中的所有对象都是自包含的，如下：

```
SQL> CONNECT sys/admin AS SYSDBA;

已连接。
```

```
SQL> EXEC DBMS_TTS.TRANSPORT_SET_CHECK('mytemp1' , TRUE);

PL/SQL 过程已成功完成。

SQL> SELECT * FROM transport_set_violations;

未选定行
```

如果在 TRANSPORT_SET_VIOLATIONS 视图中没有查找到任何行，这表示表空间没有外部相关对象，或者属于 sys 拥有的任何对象。

在每次运行 DBMS_TTS.TRANSPORT_SET_CHECK 时，都将重新创建该视图。

注意： *必须以 DBA 身份登录，才能够使用 DBMS_TTS.TRANSPORT_SET_CHECK 过程。*

3．使用 EXPDP 创建元数据

在 orcl 数据库上，首先设置表空间 mytemp1 为只读，表示不允许用户对该表空间进行修改，如下：

```
SQL> ALTER TABLESPACE mytemp1 READ ONLY;

表空间已更改。
```

下面将执行 EXPDP 命令，导出与表空间 mytemp1 相关的元数据，执行语句如下：

```
E:\app\Administrator\product\11.1.0\db_1\BIN>EXPDP system/admin DIRECTORY
= orcl_dmp DUMPFILE = temp1.dmp TABLESPACES = mytemp1
```

4．使用 DBMS_FILE_TRANSFER 过程复制文件

调用 DBMS_FILE_TRANSFER 过程，将表空间 mytemp1 的数据文件复制到远程数据库 mydb 中，如下：

```
SQL> EXECUTE DBMS_FILE_TRANSFER.PUT_FILE ('orcl_dbf' , 'mytemp1.dbf' ,
'mydb_dbf' , 'mytemp1.dbf' , 'mydb');

PL/SQL 过程已成功完成。
```

5．使用 IMPDP 导入元数据

在目标数据库 mydb 上运行 IMPDP，以便读取元数据，并导入表空间数据文件。执行语句如下：

```
E:\app\Administrator\product\11.1.0\db_1\BIN>IMPDP system/admin DIRECTORY
= mydb_dmp DUMPFILE = temp1.dmp TRANSPORT_TABLESPACES = E:\mydb\temp1.dbf
```

成功执行上述语句后，通过数据字典视图 user_tablespaces 检索 mydb 数据库中是否存

在 mytemp1 表空间。然后将该表空间修改为可读写操作，如下：

```
SQL> SELECT tablespace_name FROM user_tablespaces
  2  WHERE tablespace_name = 'MYTEMP1';

TABLESPACE_NAME
-------------------
MYTEMP1

SQL> ALTER TABLESPACE mytemp1 READ WRITE;

表空间已更改。
```

注意： 在迁移表空间后，必须将表空间从 READ ONLY 修改为 READ WRITE 状态，然后才可以将表空间授予用户进行操作。

14.6　实验指导——导出和导入 bookspace 表空间

使用数据泵的 EXPDP 和 IMPDP 应用程序，对数据进行导出和导入操作，实际上是对数据进行逻辑备份和恢复。对数据进行增加和修改操作后，需要对数据进行及时备份，以便在数据损坏时对数据进行恢复。

实验指导 14-1：导出和导入 bookspace 表空间

图书管理系统的所有信息都是创建在 bookspace 表空间中，借助于数据泵工具，对数据执行导出和导入操作，可以很容易地实现表空间数据的逻辑备份和恢复。具体操作如下：

(1) 创建目录对象。使用 CREATE DIRECTORY 语句创建目录对象 dirbook，指向 E:\temp_bookstore\目录，如下：

```
SQL> CREATE DIRECTORY dirbook AS 'E:\temp_bookstore\';
目录已创建。
```

(2) 使用 EXPDP 应用程序，指定 TABLESPACES 选项，对 bookspace 表空间执行导出操作，如下：

```
E:\app\Administrator\product\11.1.0\db_1\BIN>EXPDP system/admin DIRECTORY
= dirbook DUMPFILE = dirbook.dmp TABLESPACES = bookspace
```

(3) 在使用过程中，如果发现 bookspace 表空间的数据文件被无意删除，或者文件被破坏，这时，不需要重新创建 bookspace 表空间，而只需要使用已经导出的文件执行恢复操作。

(4) 使用 IMPDP 应用程序，将步骤 2 中导出的 dirbook.dmp 文件导入进来，如下：

```
E:\app\Administrator\product\11.1.0\db_1\BIN>IMPDP system/admin DIRECTORY
= dirbook DUMPFILE = dirbook.dmp TABLESPACES = bookspace
```

恢复 bookspace 表空间后，表空间中的数据是备份时的数据内容，备份之后进行的数据修改操作都被取消。

14.7 习　　题

一、填空题

1. 使用 EXPDP 工具之前，必须建立___________，用来指向将要使用的外部目录，并且需要为数据库用户授予使用目录对象的权限。

2. 使用 Data Pump Export 应用程序，将数据和元数据转存到转储文件集的一组操作系统文件中，然后只能通过___________来读取转储文件集。

3. 在操作系统命令行中使用___________命令来启动 Data Pump Export。在操作系统命令中通过使用___________命令来启动 Data Pump Import 导入工具。

4. 根据要导出的对象的类型，可以有多种不同的方式来转存数据。Oracle 支持 5 种导出模式，即___________(全库)、Schema(模式)、___________(表)、___________、(表空间)和 Transport Tablespace(可移动表空间)。

5. 对于满足 EXCLUDE 和 INCLUDE 标准的对象，将会导出该对象的所有行。这时，可以使用___________参数来限制返回的行。

6. 在 IMPDP 应用程序中，可以指定 CONTENT 参数，用来指定要加载的数据，该参数有 3 个可选值，分别为 all、___________、___________。

二、选择题

1. 在 Oracle 中创建目录对象时，可以使用___________语句。

   A. CREATE DIRECTORY
   B. ALTER DIRECTORY
   C. GRANT DIRECTORY
   D. DROP DIRECTORY

2. 作业被挂起后并没有被取消，可以使用___________命令来重启作业。

   A. EXIT_CLIENT
   B. KILL_JOB
   C. START_JOB
   D. STOP_JOB

3. 如果在 Data Pump Export 中使用___________，只导出符合要求的对象，其他所有对象均被排除。

   A. EXLUDE
   B. INCLUDE
   C. QUERY
   D. ATTACH

4. 数据泵导入有 5 种模式，即 Full、Schema、Table、Tablespace 和 Transportable Tablespace。每种模式对应的参数分别为：___________。

   A. FULL、SCHEMA、TABLE、TABLESPACE、TRANSPORT TABLESPACE

B. FULLS、SCHEMAS、TABLES、TABLESPACES、TRANSPORT TABLESPACES

C. FULL、SCHEMAS、TABLES、TABLESPACES、TRANSPORT TABLESPACES

D. FULL、SCHEMAS、TABLES、TABLESPACES、TRANSPORT_TABLESPACES

5. 要将导出的一个模式中的信息导入到另一个模式中，需要使用__________参数。

A. REMAP_DATAFILE

B. REMAP_SCHEMA

C. REMAP_TABLE

D. REMAP_TABLESPACE

三、简答题

1. 简述数据泵导出导入与传统导出导入的区别。

2. 使用 HELP 命令分别查看 EXPDP 命令和 IMPDP 命令的参数信息。

3. 使用 EXPDP 命令，导出 scott 用户中除了 dept 表之外的其他表数据。

4. 使用 TABLES 导出模式，导出 scott 用户的 emp 表中入职日期大于 1981 年的员工信息。

5. 简述使用 EXPDP 和 IMPDP 工具传输表空间的实现步骤。

第 15 章　使用 RMAN 工具

为了更好地实现数据库的备份和恢复工作，Oracle 提供了恢复管理器(Recovery Manager, RMAN)。RMAN 是一个可以用来备份、恢复和还原数据库的应用程序，是随 Oracle 服务器软件一同安装的 Oracle 工具软件，通过执行相应的 RMAN 命令可以实现备份和恢复操作。

本章将对 RMAN 进行介绍，并介绍使用 RMAN 实现备份恢复之前的一些基本操作，然后介绍如何通过 RMAN 对数据库进行备份，并进行不同形式的恢复。

本章要点：

- 了解 RMAN。
- 掌握恢复目录的创建。
- 掌握 RMAN 连接目标数据库。
- 掌握 RMAN 对目标数据库的操作。
- 熟练掌握 BACKUP 命令。
- 熟练掌握使用 RMAN 实现备份。
- 熟练掌握使用 RMAN 实现恢复。

15.1　RMAN 简介

在 Oracle 数据库中，通过 RMAN 工具，可以启动操作系统将数据备份到磁盘或磁带上，在需要时，可以通过 RMAN 工具将备份的文件进行恢复。

提示： 使用 RMAN 可以减少 DBA 在对数据库进行备份与恢复时产生的错误，提高备份与恢复的效率。

1. RMAN 特点

与传统的备份和恢复方式相比，RMAN 主要具有以下特点。

(1)　跳过未使用的数据块

当备份一个 RMAN 备份集时，RMAN 不会备份从未被写入的数据块。而传统的备份方法无法知道已经使用了哪些数据块。

(2)　备份压缩

RMAN 使用一种 Oracle 特有的二进制压缩模式来节省备份设备上的空间。尽管传统的备份方法也可以使用操作系统的压缩技术，但 RMAN 使用的压缩算法是定制的，能够最大程度地压缩数据块中的一些典型的数据。

(3) 执行增量备份

如果不使用增量备份，那么每次 RMAN 都备份已使用块；如果使用增量备份，那么每次都备份上次备份以来变化的数据块，这样可以节省大量的磁盘空间、I/O 时间、CPU 时间和备份时间。

(4) 块级别的恢复

RMAN 支持块级别的恢复，只需要还原或修复标识为损坏的少量数据块。在 RMAN 修复损坏的数据块时，表空间的其他部分以及表空间中的对象仍可以联机。

提示： 在某些情况下，传统的备份方法可能优于 RMAN。例如，RMAN 不支持口令文件和其他非数据块文件的备份。

2. RMAN 组件

RMAN 是一个以客户端方式运行的备份与恢复工具。最简单的 RMAN 可以只包括两个组件——RMAN 命令执行器和目标数据库。在比较复杂的 RMAN 中会涉及更多的组件。在 RMAN 中常用的组件如下。

(1) RMAN 命令执行器(RMAN Executable)

RMAN 命令执行器用来对 RMAN 应用程序进行访问，允许 DBA 输入执行备份和恢复操作的命令，通过命令行或者图形用户界面与 RMAN 进行交互。

(2) 目标数据库(Target Database)

目标数据库就是要执行备份、转储和恢复操作的数据库。

RMAN 使用目标数据库的控制文件来收集关于数据库的相关信息，并且存储相关的 RMAN 操作信息。此外，实际的备份、修复以及恢复操作也是由目标数据库中的进程来执行的。

(3) RMAN 恢复目录(RMAN Recover Catalog)

恢复目录是 RMAN 在数据库上建立的一种存储对象，由 RMAN 自动维护。

使用 RMAN 执行备份和恢复操作时，RMAN 将从目标数据库的控制文件中自动获取信息，包括数据库结构、归档日志和数据文件备份信息等，这些信息都将被存储到恢复目录之中。

(4) RMAN 资料档案库(RMAN Repository)

在使用 RMAN 进行备份与恢复操作时，需要使用到的管理信息和数据称为 RMAN 资料档案库。资料档案库包括以下信息——备份集、备份段、镜像副本、目标数据库结构和配置设置。

(5) 恢复目录数据库(Recover Catalog Database)

用来保存 RMAN 恢复目录的数据库，它是一个独立于目标数据库的 Oracle 数据库。

提示： RMAN 程序和其他 Oracle 应用程序都位于$ORACLE_HOME/BIN 目录中。默认情况下，标准版和企业版的 Oracle Database 11g 都会安装 RMAN 程序。

15.2 RMAN 操作

在使用 RMAN 进行备份和恢复/操作之前，首先应该对 RMAN 进行一些必需的操作，例如为 RMAN 创建恢复目录、将 RMAN 连接到目标数据库，以及对 RMAN 进行相应的参数设置。另外还需要了解 RMAN 中常见的操作命令以及与 RMAN 有关的数据字典等。

15.2.1 创建恢复目录

恢复目录是由 RMAN 使用和维护，用来存储备份信息的一种存储对象。通过恢复目录，RMAN 可以从目标数据库的控制文件中获取信息，以维护备份信息。创建恢复目录的具体步骤如下。

(1) 首先确定数据库处于归档模式，如下：

```
SQL> CONNECT sys/admin AS SYSDBA;
已连接。
SQL> ARCHIVE LOG LIST;
数据库日志模式                  存档模式
自动存档                        启用
存档终点                        USE_DB_RECOVERY_FILE_DEST
最早的联机日志序列              74
下一个存档日志序列              76
当前日志序列                    76
```

提示： 如果数据库的当前模式是非归档模式，需要修改为归档模式，具体的修改步骤可以参考本章第 15.2.4 小节。

(2) 创建备份表空间(用来存储相关的备份数据)和 RMAN 备份用户，然后对创建的 RMAN 用户授予相关权限，权限中必须包括 RECOVERY_CATALOG_OWNER，如下：

```
SQL> CREATE TABLESPACE recovery_tbs
  2  DATAFILE 'E:\myRman\recovery_tbs.dbf' SIZE 10M
  3  AUTOEXTEND ON NEXT 5M
  4  EXTENT MANAGEMENT LOCAL;
表空间已创建。
SQL> CREATE USER rman_admin IDENTIFIED BY rman_admin
  2  DEFAULT TABLESPACE recovery_tbs;
用户已创建。
SQL> GRANT CONNECT , RESOURCE , RECOVERY_CATALOG_OWNER TO rman_admin;
授权成功。
```

(3) 创建恢复目录。首先需要启动 RMAN 工具，并使用 RMAN 用户登录，来创建恢复目录。具体如下：

```
C:\>RMAN
恢复管理器: Release 11.1.0.6.0 - Production on 星期二 9月 15 11:09:59 2009
```

```
Copyright (c) 1982, 2007, Oracle. All rights reserved.
RMAN> CONNECT CATALOG rman_admin/rman_admin ;
连接到恢复目录数据库。
RMAN> CREATE CATALOG;
恢复目录已创建
```

如果想要删除恢复目录，可以使用如下语句：

```
DROP CATALOG ;
```

提示： 可以在 RMAN 窗口中输入 EXIT 或 QUIT 命令，关闭或退出 RMAN 应用程序。

15.2.2　连接到目标数据库

连接到目标数据库是指建立 RMAN 与目标数据库之间的连接。在 RMAN 中，可以在无恢复目录和有恢复目录这两种情况下连接到目标数据库。

1．无恢复目录

使用无恢复目录的 RMAN 连接到目标数据库时，可以使用以下几种连接方式。

(1)　使用 RMAN TARGET 语句：

```
C:\>RMAN TARGET/
恢复管理器: Release 11.1.0.6.0 - Production on 星期二 9月 15 14:20:26 2009
Copyright (c) 1982, 2007, Oracle. All rights reserved.
连接到目标数据库: ORCL (DBID=1222990453)
```

(2)　使用 RMAN NOCATALOG 语句：

```
C:\>RMAN NOCATALOG
恢复管理器: Release 11.1.0.6.0 - Production on 星期二 9月 15 14:21:19 2009
Copyright (c) 1982, 2007, Oracle. All rights reserved.
RMAN>
```

(3)　使用 RMAN TARGET … NOCATALOG 语句：

```
C:\>RMAN TARGET sys/admin NOCATALOG
恢复管理器: Release 11.1.0.6.0 - Production on 星期二 9月 15 14:21:58 2009
Copyright (c) 1982, 2007, Oracle. All rights reserved.
连接到目标数据库: ORCL (DBID=1222990453)
使用目标数据库控制文件替代恢复目录
```

2．有恢复目录

如果在 RMAN 中创建了恢复目录，则可以使用 RMAN TARGET … CATALOG …语句连接到目标数据库，如下：

```
C:\>RMAN TARGET sys/admin CATALOG rman_admin/rman_admin
恢复管理器: Release 11.1.0.6.0 - Production on 星期二 9月 15 14:27:10 2009
Copyright (c) 1982, 2007, Oracle. All rights reserved.
```

```
连接到目标数据库: ORCL (DBID=1222990453)
连接到恢复目录数据库
```

注意： 如果 RMAN 用户与目标数据库不在同一个数据库上，则必须在 TARGET 选项后使用“@database_name”，例如 RMAN TARGET sys/admin@mydb CATALOG rman_admin/rman_admin。

在 RMAN 中有恢复目录的情况下，连接目标数据库后还需要对数据库进行注册。注册目标数据库时，需要使用 REGISTER 命令，如下：

```
RMAN> REGISTER DATABASE;
注册在恢复目录中的数据库
正在启动全部恢复目录的 resync
完成全部 resync
```

提示： 注册数据库就是将目标数据库的控制文件存储到恢复目录中，同一个恢复目录中只能注册一个目标数据库。

另外，在使用 RMAN 恢复管理器执行 BACKUP、COPY 或者 RESTORE 命令时，恢复目录自动进行更新，但是有关日志与归档日志信息没有自动记入恢复目录。需要执行如下命令，进行目录同步：

```
RMAN> RESYNC CATALOG;
RMAN-03022: 正在编译命令: resync
RMAN-03023: 正在执行命令: resync
正在启动全部恢复目录的 resync
完成全部 resync
```

3. 取消目标数据库的注册

到这里为止，RMAN 恢复目录与目标数据库已经连接成功。如果要取消目标数据库的注册，可以有如下两种方法。

(1) 使用 UNREGISTER 命令：

```
RMAN> UNREGISTER DATABASE;
数据库名为 "ORCL" 且 DBID 为 1222990453
是否确实要注销数据库 (输入 YES 或 NO)?
```

根据提示，在输入 yes 后，Oracle 将自动执行注销操作。

(2) 使用过程。查询数据库字典视图 db，可以获取 db_key 与 db_id 值，然后连接到 RMAN 恢复目录数据库，执行 DBMS_RCVCAT.UNREGISTERDATABASE 过程取消目标数据库。

首先连接到拥有恢复目录的用户模式，这里使用 rman_admin 用户，如下：

```
SQL> CONNECT rman_admin/rman_admin;
已连接。
```

前面使用语句 RMAN TARGET ... CATALOG ...连接到恢复目录的显示结果中，会有

DBID(即表示 db_id)值，获得该值为 1222990453。根据该值检索数据字典视图 db，获得 db_key 字段信息，如下：

```
SQL> SELECT * FROM db WHERE db_id = 1222990453;

    DB_KEY       DB_ID               CURR_DBINC_KEY
----------    ---------------     ----------------
         1    1222990453          2
```

从上述查询结果可以看出，db_id 值 1222990453 对应的 db_key 值为 1。

执行 DBMS_RCVCAT.UNREGISTERDATABASE 过程，取消目标数据库的注册，如下：

```
SQL> EXEC DBMS_RCVCAT.UNREGISTERDATABASE(1 , 1222990453);
PL/SQL 过程已成功完成。
```

15.2.3 RMAN 命令

常用的 RMAN 命令如表 15-1 所示。

表 15-1　常用的 RMAN 命令

RMAN 命令	说　明
@	在@后指定的路径名处运行 RMAN 脚本。如果没有指定路径，则设置路径为调用 RMAN 所用的目录
STARTUP	启动目标数据库。相当于 SQL*Plus 中的 STARTUP 命令
RUN	运行“{”和“}”之间的一组 RMAN 语句，在执行该组语句时，允许重写默认的 RMAN 参数
SET	为 RMAN 会话过程设置配置信息
SHOW	显示所有的或单个的 RMAN 配置
SHUTDOWN	从 RMAN 关闭目标数据库。相当于 SQL*Plus 中的 SHUTDOWN 命令
SQL	运行那些使用标准 RMAN 命令不能完成的 SQL 命令
ADVISE FAILURE	显示针对所发现故障的修复选项
BACKUP	执行带有或不带有归档重做日志的 RMAN 备份。备份数据文件、数据文件副本或执行增量 0 级或 1 级备份。备份整个数据库或一个单独的表空间或数据文件
CATALOG	将有关文件副本和用户管理备份的信息添加到存储库
CHANGE	改变 RMAN 存储库中的备份状态
CONFIGURE	为 RMAN 配置持久化参数。在接下来的每个 RMAN 会话中这些配置参数都是有效的，除非显式地清除或修改它们
CONVERT	为跨平台传送表空间或整个数据库而转换数据文件个数
CREATE CATALOG	为一个或多个目标数据库创建包含 RMAN 元数据的存储库目录
CROSSCHECK	对照磁盘或磁带上的实际文件，检查 RMAN 存储库中的备份记录。例如 CROSSCHECK BACKUP 表示对备份集进行检查

续表

RMAN 命令	说　明
DELETE	删除备份文件或副本，并在目标数据库控制文件中将它们标识为 deleted。如果使用了存储库，将清除备份文件的记录
DUPLICATE	使用目标数据库的备份来创建副本数据库
FLASHBACK	执行 FLASHBACK DATABASE(闪回数据库)操作
LIST	显示在目标数据库控制文件或存储库中记录的有关备份集和映像副本的信息
RECOVER	对数据文件、表空间或者整个数据库执行完全的或不完全的恢复。还可以将增量备份应用到一个数据文件映射副本，以便在时间上向前回滚该副本
REGISTER DATABASE	在 RMAN 存储库中注册目标数据库
REPAIR FAILURE	修复自动诊断存储库中记录的一个或多个故障
REPORT	对 RMAN 存储库进行详尽的分析
RESTORE	通常在存储介质失效后，将文件从映像副本或备份集恢复到磁盘上
TRANSPORT TABLESPACE	为一个或多个表空间的备份创建可移植的表空间集
VALIDATE	检查备份集并报告它的数据是否发生变化

15.2.4 RMAN 操作目标数据库

使用 RMAN 连接到数据库后，可以在 RMAN 中使用数据库操作命令启动和关闭目标数据库。数据库启动分为 3 个阶段——启动数据库实例、加载数据库文件和打开数据库。

在使用 STARTUP 命令启动数据库时，可以使用一些选项设置数据库的启动状态，常用的数据库启动命令如下。

(1) STARTUP

表示数据库以正常方式启动数据库实例，加载数据库文件，并且打开数据库。

(2) STARTUP FORCE

启动数据库时，使用 FORCE 选项，表示以强制方式打开数据库。

(3) STARTUP MOUNT

启动数据库时，使用 MOUNT 选项，表示启动数据库实例，而且加载数据库文件，但是不打开数据库，主要在切换数据库运行模式或进行恢复时使用。

(4) STARTUP NOMOUNT

使用 NOMOUNT 选项，表示只启动数据库实例，不加载数据库文件，也不打开数据库。

提示： 使用 STARTUP MOUNT 启动数据库后，则需要使用 ALTER DATABASE OPEN 命令打开数据库。

数据库的关闭也可以分为 3 个阶段——关闭数据库、卸载数据库和关闭数据库实例。

关闭数据库时使用 SHUTDOWN 命令，该命令也可以带有一些选项，如下：

- SHUTDOWN NORMAL——正常的关闭方式。在这种方式中，数据库需要等待所有客户端从 Oracle 中正常退出，然后才可以关闭。
- SHUTDOWN IMMEDIATE——立即关闭数据库。使用这种方式，系统将连接到服务器的所有未提交的事务全部回退，并中断连接，然后关闭数据库。
- SHUTDOWN ABORT——异常关闭数据库。使用这种方式，系统立即将数据库关闭，对连接到服务器的客户事务不做任何处理。
- SHUTDOWN TRANSACTIONAL——计划关闭数据库。运行该命令后，任何新的连接和事务都不允许。在已经执行的所有事务完成后，数据库将以 SHUTDOWN IMMEDIATE 同样的方式关闭数据库。

提示： 如果 SHUTDOWN 命令不带有任何参数，则默认表示使用 SHUTDOWN NORMAL 方式。

【例 15.1】默认情况下，数据库的模式为非归档模式。将数据库的非归档模式修改为归档模式，具体操作步骤如下。

(1) 首先使用 SHUTDOWN 命令关闭数据库。如下：

```
SQL> CONNECT sys/admin AS SYSDBA;
已连接。
SQL> SHUTDOWN;
数据库已经关闭。
已经卸载数据库。
ORACLE 例程已经关闭。
```

(2) 使用 STARTUP MOUNT 命令启动数据库实例，如下：

```
SQL> STARTUP MOUNT;
ORACLE 例程已经启动。

Total System Global Area    431038464 bytes
Fixed Size                  1333676 bytes
Variable Size               360711764 bytes
Database Buffers            62914560 bytes
Redo Buffers                6078464 bytes
数据库装载完毕。
```

(3) 使用 ALTER DATABASE ARCHIVELOG 语句，将数据库设置为归档模式，如下：

```
SQL> ALTER DATABASE ARCHIVELOG;
数据库已更改。
```

(4) 使用 ARCHIVE LOG LIST 语句，查看数据库的模式信息，如下：

```
SQL> ARCHIVE LOG LIST;
数据库日志模式              存档模式
自动存档                    启用
存档终点                    USE_DB_RECOVERY_FILE_DEST
```

```
最早的联机日志序列        74
下一个存档日志序列        76
当前日志序列              76
```

(5) 使用 ALTER DATABASE OPEN 语句，打开数据库，如下：

```
SQL> ALTER DATABASE OPEN;
数据库已更改。
```

15.2.5 设置 RMAN

为了简化数据库管理员的工作，可以维持 RMAN 中参数的设置，也就是说，这些设置在 RMAN 各个会话之间都是有效的。通过 SHOW ALL 命令可以查看这些参数设置信息。

【例 15.2】在 RMAN 中连接到目标数据库后，执行 SHOW ALL 命令，如下：

```
RMAN> SHOW ALL;
db_unique_name 为 ORCL 的数据库的 RMAN 配置参数为:
CONFIGURE RETENTION POLICY TO REDUNDANCY 1; # default
CONFIGURE BACKUP OPTIMIZATION OFF; # default
CONFIGURE DEFAULT DEVICE TYPE TO DISK; # default
CONFIGURE CONTROLFILE AUTOBACKUP OFF; # default
CONFIGURE CONTROLFILE AUTOBACKUP FORMAT FOR DEVICE TYPE DISK TO '%F'; # default
CONFIGURE DEVICE TYPE DISK PARALLELISM 1 BACKUP TYPE TO BACKUPSET; # default
CONFIGURE DATAFILE BACKUP COPIES FOR DEVICE TYPE DISK TO 1; # default
CONFIGURE ARCHIVELOG BACKUP COPIES FOR DEVICE TYPE DISK TO 1; # default
CONFIGURE MAXSETSIZE TO UNLIMITED; # default
CONFIGURE ENCRYPTION FOR DATABASE OFF; # default
CONFIGURE ENCRYPTION ALGORITHM 'AES128'; # default
CONFIGURE COMPRESSION ALGORITHM 'BZIP2'; # default
CONFIGURE ARCHIVELOG DELETION POLICY TO NONE; # default
CONFIGURE SNAPSHOT CONTROLFILE NAME TO
'E:\APP\ADMINISTRATOR\PRODUCT\11.1.0\DB_1
\DATABASE\SNCFORCL.ORA'; # default
```

提示： 任何设置为默认值的参数在相应 CONFIGURE 语句的末尾都会标有#default。

根据应用程序的需要，可以对 RMAN 中的这些参数进行重新设置。下面将介绍几个常见的 RMAN 持久性设置。

1. 保留策略

设置自动保留和管理备份时，可以通过恢复窗口或冗余的方法来实现。

使用冗余策略，RMAN 将保留每个数据文件和日志文件的特定数量的备份副本。通过恢复窗口，RMAN 将可以根据需要保留多个备份，以便将数据库切换到恢复窗口内的任何时间点。例如，设置恢复窗口为 7 天，RMAN 将会维护足够的映像副本、增量备份和归档重做日志，从而保证可以将数据库还原和恢复到最后 7 天中的任何时间点。

通过前面 SHOW ALL 命令的显示结果可以看出，默认情况下，RMAN 使用冗余策略，并且备份副本个数为 1 个(即 RETENTION POLICY TO REDUNDANCY 1 语句)。

【例 15.3】将保留策略设置为使用恢复窗口的方法，并且设置恢复时间为 7 天，如下：

```
RMAN> CONFIGURE RETENTION POLICY TO RECOVERY WINDOW OF 7 DAYS;
新的 RMAN 配置参数:

CONFIGURE RETENTION POLICY TO RECOVERY WINDOW OF 7 DAYS;
已成功存储新的 RMAN 配置参数
```

2. 设备类型

RMAN 可以使用的通道设备包括磁盘(DISK)和磁带(SBT)。默认的通道设备类型(DEFAULT DEVICE TYPE)为 DISK，并且为磁盘方式分配的通道个数是 1(DEVICE TYPE DISK PARALLELISM 1)。

【例 15.4】将通道设备类型修改为 SBT，并为 RMAN 分配两个磁带通道，语句如下：

```
RMAN>CONFIGURE DEFAULT DEVICE TYPE TO SBT;

新的 RMAN 配置参数:

CONFIGURE DEFAULT DEVICE TYPE TO 'SBT_TAPE';
已成功存储新的 RMAN 配置参数

RMAN>CONFIGURE DEVICE TYPE sbt PARALLELISM 2;
新的 RMAN 配置参数:

CONFIGURE DEVICE TYPE 'SBT_TAPE' PARALLELISM 2 BACKUP TYPE TO BACKUPSET;
已成功存储新的 RMAN 配置参数
```

3. 控制文件自动备份

默认情况下，控制文件不会自动进行备份(CONTROLFILE AUTOBACKUP OFF)。考虑到控制文件的重要性，以及备份控制文件只需要占用很少的磁盘空间，所以，可以设置控制文件为自动备份状态。

【例 15.5】将控制文件的备份状态修改为自动备份，语句如下：

```
RMAN>CONFIGURE CONTROLFILE AUTOBACKUP ON;
新的 RMAN 配置参数:
CONFIGURE CONTROLFILE AUTOBACKUP ON;
已成功存储新的 RMAN 配置参数
```

15.2.6　RMAN 数据字典

在目标数据库和恢复目录数据库上，有许多 Oracle 数据字典和动态性能视图都包含与 RMAN 操作相关的信息。这些数据字典如表 15-2 所示。

表 15-2　RMAN 数据字典视图

视　图	说　明
rc_*	RMAN 恢复目录视图。它仅存于 RMAN 存储数据库中，并且包含所有目标数据库的恢复信息
v$rman_status	显示完成的和进行中的 RMAN 作业
v$rman_output	包含 RMAN 会话产生的消息，以及在会话中执行的每个 RMAN 命令
v$session_lognops	包含运行超过 6 秒的长期运行的管理操作的状态；除了 RMAN 恢复和备份操作之外，包括统计收集和长期运行的查询
v$database_block_corruption	在 RMAN 会话过程中检测到的损坏的块
v$flash_recovery_area_usage	按照对象类型给出闪回恢复区中已用空间的百分比
v$recovery_file_dest	闪回恢复区的文件数量、已使用空间、可以回收的空间以及空间限制
v$rman_configuration	数据库采用的非默认值的 RMAN 配置参数

提示： 其中，rc_*视图仅存在于用作 RMAN 存储库的数据库中。以 v$开头的视图存在于任何使用 RMAN 备份的数据库中，并在数据库中拥有数据行。

【例 15.6】使用 v$rman_configuration 视图，查询对 RMAN 重新设置后的参数值，具体如下：

```
SQL> SELECT * FROM v$rman_configuration;

     CONF#        NAME                         VALUE
---------   ------------------------      ------------------------------
     1          RETENTION POLICY              TO RECOVERY WINDOW OF 7 DAYS
     2          DEFAULT DEVICE TYPE TO        DISK
     3          DEVICE TYPE                   'SBT_TAPE' PARALLELISM 2 BACKUP TYPE
                                              TO BACKUPSET
     4          CONTROLFILE AUTOBACKUP        ON
```

15.3　RMAN 备份

在使用 RMAN 进行备份时，可以进行的备份类型包括：完全备份(Full Backup)、增量备份(Incremental Backup)和镜像复制等。在实现备份时，可以使用 BACKUP 命令或 COPY TO 命令。

15.3.1　BACKUP 命令

在进行 RMAN 备份时，可以使用 BACKUP 命令，该命令的语法如下：

```
BACKUP [ FULL | INCREMENTAL LEVEL [ = ] n ] ( backup_type option );
```

其中，FULL 表示完全备份；INCREMENTAL 表示增量备份；LEVEL 是增量备份的级别，取值为 0~4(表示 0、1、2、3、4 级增量)，0 级增量备份相当于完全备份。

技巧：　LEVEL [=] n 中的等号(=)可有可无，例如 level = 0 或者 level 0 都正确。

backup_type 是备份对象。BACKUP 命令可以备份的对象包括以下几种。

- DATABASE：表示备份全部数据库，包括所有数据文件和控制文件。
- TABLESPACE：表示备份表空间，可以备份一个或多个指定的表空间。
- DATAFILE：表示备份数据文件。
- ARCHIVELOG [ALL]：表示备份归档日志文件。
- CURRENT CONTROLFILE：表示备份控制文件。
- DATAFILECOPY [TAG]：表示使用 COPY 命令备份的数据文件。
- CONTROLFILECOPY：表示使用 COPY 命令备份的控制文件。
- BACKUPSET [ALL]：表示使用 BACKUP 命令备份的所有文件。
- option 为可选项，主要参数如下：
- TAG：指定一个标记。
- FORMAT：表示文件存储格式。
- INCLUDE CURRENT CONTROLFILE：表示备份控制文件。
- FILESPERSET：表示每个备份集所包含的文件。
- CHANNEL：指定备份通道。
- DELETE [ALL] INPUT：备份结束后删除归档日志。
- MAXSETSIZE：指定备份集的最大尺寸。
- SKIP [OFFLINE | READONLY | INACCESSIBLE]：可以选择的备份条件。

注意：　在备份数据库时使用 SKIP 选项，可以设置不备份某些特殊属性的表空间。

FORMAT 参数用于设置备份文件的存储格式，也可以表示为备份文件的存储目录。FORMAT 格式化字符串以及各字符的意义如表 15-3 所示。

表 15-3　FORMAT 格式字符串

字 符 串	说　明
%c	表示备份段的多个 copy 的序号
%D	以 DD 格式显示日期
%Y	以 YYYY 格式显示年度
%n	数据库的 8 位长度的 db_name，不足部分使用“X”在后面填充。如 ora11g 自动形成为 ora11gXXX
%s	备份集号，此数字是控制文件中随备份集增加的一个计数器，从 1 开始
%T	指定年、月、日，格式为 YYYYMMDD
%U	指定一个便于使用的、由%u_%p_%c 构成的、确保不会重复的备份文件名称，RMAN 默认使用%U 格式

续表

字 符 串	说 明
%d	指定数据库名
%M	以 MM 格式显示月份
%F	结合数据库标识 DBID、日、月、年及序列，构成唯一的自动产生的字符串名字
%p	文件备份序号，在备份集中的备份文件片编码，从 1 开始每次增加 1
%t	指定备份集的时间戳，是一个 4 字节值的秒数值。%t 与%s 结合构成唯一的备份集名称
%u	指定备份集编码，以及备份集创建的时间构成的 8 个字符的文件名称
%%	指定字符串%，如%%Y 表示为%Y
%d	指定数据库名
%M	以 MM 格式显示月份
%F	结合数据库标识 DBID、日、月、年及序列，构成唯一的自动产生的字符串名字
%p	文件备份序号，在备份集中的备份文件片编码，从 1 开始每次增加 1
%t	指定备份集的时间戳，是一个 4 字节值的秒数值。%t 与%s 结合构成唯一的备份集名称
%u	指定备份集编码，以及备份集创建的时间构成的 8 个字符的文件名称
%%	指定字符串%，如%%Y 表示为%Y

15.3.2 完全备份

完全备份是指对数据库中使用过的所有数据块进行备份，当然，没有使用过的数据块是不做备份的。在进行完全备份时，RMAN 将数据文件中所有的非空白数据块都复制到备份集中。

提示： 在 RMAN 中，可以对数据文件进行完全备份或者增量备份，但是对控制文件和日志文件只能进行完全备份。

在一个完全数据库备份中，将所有的数据库文件复制到闪回恢复区。

【例 15.7】通过 BACKUP FULL 语句，对数据库执行完全备份。使用 TAG 参数和 FORMAT 参数指定备份文件位置以及备份文件的名称格式。具体如下：

```
RMAN> RUN{
2> #BACKUP THE COMPLETE DATABASE
3> ALLOCATE CHANNEL ch1 TYPE DISK;
4> BACKUP FULL
5> TAG full_db_backup FORMAT "E:\backup\db_t%t_s%s_p%p" (database);
6> RELEASE CHANNEL ch1;
7> }

正在启动全部恢复目录的 resync
完成全部 resync
```

```
分配的通道: ch1
通道 ch1: SID=133 设备类型=DISK

启动 backup 于 16-9月 -09
通道 ch1: 正在启动全部数据文件备份集
通道 ch1: 正在指定备份集内的数据文件
输入数据文件: 文件号=00001 名称
=E:\APP\ADMINISTRATOR\ORADATA\ORCL\SYSTEM01.DBF
输入数据文件: 文件号=00002 名称
=E:\APP\ADMINISTRATOR\ORADATA\ORCL\SYSAUX01.DBF
输入数据文件: 文件号=00003 名称
=E:\APP\ADMINISTRATOR\ORADATA\ORCL\UNDOTBS01.DBF
输入数据文件: 文件号=00005 名称
=E:\APP\ADMINISTRATOR\ORADATA\ORCL\EXAMPLE01.DBF
输入数据文件: 文件号=00006 名称
=E:\APP\ADMINISTRATOR\ORADATA\ORCL\BOOKSPACE.DBF
输入数据文件: 文件号=00007 名称=E:\MYTABLESPACE\DATA1.DBF
输入数据文件: 文件号=00008 名称=E:\MYTABLESPACE\DATA2.DBF
输入数据文件: 文件号=00009 名称=E:\MYTABLESPACE\DATA3.DBF
输入数据文件: 文件号=00010 名称=E:\MYRMAN\RECOVERY_TBS.DBF
输入数据文件: 文件号=00004 名称
=E:\APP\ADMINISTRATOR\ORADATA\ORCL\USERS01.DBF
通道 ch1: 正在启动段 1 于 16-9月 -09
通道 ch1: 已完成段 1 于 16-9月 -09
段句柄=E:\BACKUP\ORCL_4 标记=FULL_DB_BACKUP 注释=NONE
通道 ch1: 备份集已完成, 经过时间:00:02:36
完成 backup 于 16-9月 -09

启动 Control File and SPFILE Autobackup 于 16-9月 -09
段 handle = E:\APP\ADMINISTRATOR\FLASH_RECOVERY_AREA\ORCL\
AUTOBACKUP\2009_09_16\O1_MF_S_697733422_5C12PF6T_.BKP comment=NONE
完成 Control File and SPFILE Autobackup 于 16-9月 -09

释放的通道: ch1
```

提示： 在 RMAN 中，可以将需要执行的 SQL 语句放在一个 RUN{}语句中进行执行。其中，使用#标识的语句为注释，将不会被执行。RUN{}语句中的各个执行语句，在结束时都必须带有分号。

上述 RUN 语句中，第 3 行语句表示打开一个 DISK 通道；第 4、5 行表示对数据库执行全备份；第 6 行表示关闭通道，也就是释放通道。

备份完成后，在指定的目录(例如 E:\backup\)下将得到相应的备份文件。

【例 15.8】在 RMAN 中执行 LIST 命令，查看建立的备份集与备份段信息，如下：

```
RMAN> LIST BACKUP OF DATABASE;
```

```
备份集列表
===============================
BS 关键字  类型 LV 大小        设备类型 经过时间 完成时间
------- ---- -- ---------- ----------- ------------ ----------
295     Full   1.22G     DISK       00:03:02     16-9月 -09
        BP 关键字: 297  状态: AVAILABLE  已压缩: NO  标记: FULL_DB_BACKUP
段名:E:\BACKUP\ORCL_4
  备份集 295 中的数据文件列表
  文件 LV 类型 Ckp SCN    Ckp 时间    名称
  ---- -- ---- ---------- ---------- ----
  1       Full 2721664    16-9月 -09
E:\APP\ADMINISTRATOR\ORADATA\ORCL\SYSTEM01.DBF
  2       Full 2721664    16-9月 -09
E:\APP\ADMINISTRATOR\ORADATA\ORCL\SYSAUX01.DBF
  3       Full 2721664    16-9月 -09
E:\APP\ADMINISTRATOR\ORADATA\ORCL\UNDOTBS01.DBF
  4       Full 2721664    16-9月 -09
E:\APP\ADMINISTRATOR\ORADATA\ORCL\USERS01.DBF
  5       Full 2721664    16-9月 -09
E:\APP\ADMINISTRATOR\ORADATA\ORCL\EXAMPLE01.DBF
  6       Full 2721664    16-9月 -09
E:\APP\ADMINISTRATOR\ORADATA\ORCL\BOOKSPACE.DBF
  7       Full 2721664    16-9月 -09 E:\MYTABLESPACE\DATA1.DBF
  8       Full 2721664    16-9月 -09 E:\MYTABLESPACE\DATA2.DBF
  9       Full 2721664    16-9月 -09 E:\MYTABLESPACE\DATA3.DBF
  10      Full 2721664    16-9月 -09 E:\MYRMAN\RECOVERY_TBS.DBF
```

15.3.3 备份表空间

在数据库中创建一个表空间后，或者在对表空间执行修改操作后，立即对这个表空间进行备份，可以在出现介质失效时缩短恢复表空间所花费的时间。

【例 15.9】使用 BACKUP 命令备份 users 表空间。使用 TAG 参数，指定一个标记信息；使用 FORMAT 参数，指定备份文件的保存位置以及备份文件的名称格式，语句如下：

```
RMAN> RUN{
2> ALLOCATE CHANNEL ch1 TYPE disk;
3> BACKUP TAG tbs_users_read_only FORMAT "E:\backup\tbs_users_t%t_s%s"
4> (TABLESPACE users);
5> RELEASE CHANNEL ch1;
6> }
```

执行 LIST BACKUP OF TABLESPACE 命令，查看备份的表空间信息。

执行命令如下：

```
RMAN> LIST BACKUP OF TABLESPACE 'USERS';
```

15.3.4　增量备份

增量备份就是将那些与前一次备份相比发生变化的数据块复制到备份集中。进行增量备份时，RMAN 会读取整个数据文件，通过 RMAN 可以为单独的数据文件、表空间或者整个数据库进行增量备份。

在 RMAN 中建立的增量备份可以具有不同的级别，每个级别都使用一个不小于 0 的整数来标识，也就是在 BACKUP 命令中使用 LEVEL 关键字指定的，例如 LEVEL = 0 表示备份级别为 0，LEVEL = 1 表示备份级别为 1。

技巧： 级别为 0 的增量备份是所有增量备份的基础，因为在进行级别为 0 的备份时，RMAN 会将数据文件中所有已使用的数据块都复制到备份集中，类似于建立完全备份；级别大于 0 的增量备份将只包含与前一次备份相比发生了变化的数据块。

增量备份通过两种方式来实现，如表 15-4 所示。

表 15-4　增量备份的两种方式

方　式	关 键 字	默　认	说　明
1. 差异备份	DIFFERENTIAL	是	将备份上一次进行的同级或者低级备份以来所有变化的数据块
2. 累积备份	CUMULATIVE	否	将备份上次低级备份以来所有的数据块

提示： 当数据库运行在归档模式下时，既可以在数据库关闭状态下进行增量备份，也可以在数据库打开状态下进行增量备份。而当数据库运行在非归档模式下时，只能在关闭数据库后进行增量备份，因为增量备份需要使用 SCN 来识别已经更改的数据块。

【例 15.10】 使用增量备份，执行 0 级增量备份，也就是实现完全数据库备份，具体语句如下：

```
RMAN> RUN{
2> ALLOCATE CHANNEL ch1 TYPE disk;
3> BACKUP INCREMENTAL LEVEL 0 AS COMPRESSED BACKUPSET DATABASE;
4> RELEASE CHANNEL ch1;
5> }
```

提示： 在备份语句中没有指定备份文件的保存路径，默认情况下，保存在 app\Administrator\flash_recovery_area\ORCL 目录下。

在这个 0 级备份完成后的任何时刻，可以执行增量为 1 级的差异备份，语句如下：

```
RMAN> BACKUP INCREMENTAL LEVEL 1
2> AS COMPRESSED BACKUPSET DATABASE;
```

如果仅在 BACKUP 命令中指定 INCREMENTAL 选项，默认创建的增量备份为差异增量备份。如果想要建立累积增量备份，还需要在 BACKUP 命令中指定 CUMULATIVE 选项，如下：

```
RMAN> BACKUP INCREMENTAL LEVEL 1 CUMULATIVE
2> AS COMPRESSED BACKUPSET DATABASE;
```

提示：采用累积备份还是差异备份，在一定程度上取决于 CPU 周期的时间，磁盘的可用空间，以及执行的数据库活动数量。使用累积备份意味着备份文件会变得日益庞大，并花费更长的时间，但是恢复操作比较简单。使用差异备份只记录从上次备份以来的变化，但是执行恢复可能花费更长的时间。在具有大量插入和更新操作的数据环境中，增量备份可能更容易管理。对于变化很少的数据环境，更适合使用差异备份。

15.3.5　镜像复制

RMAN 可以使用 COPY 命令创建数据文件的准确副本，即镜像副本(Image Copies)。通过 COPY 命令可以复制数据文件、归档重做日志文件和控制文件。COPY 命令的基本语法如下：

```
COPY [ FULL | INCREMENTAL LEVEL [ = ] 0 ] input_file TO location_name ;
```

其中，input_file 表示被备份的文件；location_name 表示复制后的文件。

提示：镜像副本可以作为一个完全备份，也可以是增量备份策略中的 0 级增量备份。如果没有指定备份类型，则默认为 FULL。

【例 15.11】使用 COPY 命令备份数据库时，需要管理员指定每个需要备份的数据文件，并且设置镜像副本的名称。具体操作步骤如下。

(1) 在 RMAN 中使用 REPORT 命令获取需要备份的数据文件信息，如下：

```
RMAN> REPORT SCHEMA ;
db_unique_name 为 ORCL 的数据库方案报表
永久数据文件列表
========================
文件大小 (MB) 表空间              回退段数据文件名称
---- -------- -------------------- ------- ------------------------
1    770      SYSTEM               YES
E:\APP\ADMINISTRATOR\ORADATA\ORCL\SYSTEM01.DBF
2    688      SYSAUX               NO
E:\APP\ADMINISTRATOR\ORADATA\ORCL\SYSAUX01.DBF
3    130      UNDOTBS1             YES
E:\APP\ADMINISTRATOR\ORADATA\ORCL\UNDOTBS01.DBF
...
```

(2) 使用 COPY 命令对列出的各个文件进行备份，如下：

```
RMAN> COPY DATAFILE 1 TO 'E:\backup\tbs_1.dbf' ,
2> DATAFILE 2 TO 'E:\backup\tbs_2.dbf';
```

使用 COPY … TO …语句，将数据文件 1 备份为 E:\backup\目录下的 tbs_1.dbf 文件，将数据文件 2 备份为 E:\backup\目录下的 tbs_2.dbf 文件。

提示：在 RMAN 中使用 COPY 命令创建文件的镜像副本时，它将复制所有数据块，包括空闲数据块。这一点与使用操作系统命令复制文件相同。此外，RMAN 还会检查创建的镜像副本是否正确。

15.4　RMAN 恢复

使用 RMAN 实现正确的备份后，如果数据库文件出现介质错误，可以使用 RMAN，通过不同的恢复模式，将系统恢复到某个状态。

15.4.1　数据库非归档恢复

如果数据库是在非归档模式下运行，并且最近所进行的完全数据库备份有效，则可以在故障发生时进行数据库的非归档恢复。使用 RMAN 恢复数据库时，一般情况下需要进行修复和恢复两个过程。

- 修复数据库：指物理上文件的复制。RMAN 将启动一个服务器进程，使用磁盘中的备份集或镜像副本，修复数据文件、控制文件以及归档重做日志文件。执行修复数据库时，需要使用 RESTORE 命令。
- 恢复数据库：恢复数据库主要是指数据文件的介质恢复，即为修复后的数据文件应用联机或归档重做日志，从而将修复的数据库文件更新到当前时刻或指定时刻下的状态。执行恢复数据库时，需要使用 RECOVER 命令。

注意：使用数据库非归档模式恢复，在最后一次备份之后对数据库所做的任何操作都将丢失。

通过 RMAN 执行恢复时，只需要执行 RESTORE 命令，将数据库文件修复到正确的位置，然后就可以打开数据库。也就是说，在 NOARCHIVELOG 模式下的数据库，不需要执行 RECOVER 命令，因为这会导致恢复所有的数据库文件，即使只有一个数据文件不可用。

【例 15.12】在 NOARCHIVELOG 模式下恢复数据库需要进行以下操作。

(1) 使用 DBA 身份登录到 SQL*Plus 后，确定数据库处于 NOARCHIVELOG 模式。如果不是，则将模式切换为 NOARCHIVELOG。

(2) 运行 RMAN，连接到目标数据库。

(3) 备份整个数据库。

(4) 为了演示介质故障，使用 SHUTDOWN 命令关闭数据库后，通过操作系统移动或删除 users01.dbf 数据文件。

(5) 启动数据库。这时，Oracle 无法找到数据文件 users01.dbf，会出现如下错误信息：

```
SQL> STARTUP;
ORACLE 例程已经启动。
ORA-01157: 无法标识/锁定数据文件 4 - 请参阅 DBWR 跟踪文件
ORA-01110: 数据文件 4: 'E:\APP\ADMINISTRATOR\ORADATA\ORCL\USERS01.DBF'
```

(6) 当 RMAN 使用控制文件保存恢复信息时，必须使目标数据库处于 MOUNT 状态才能访问控制文件。关闭数据库后，使用 STARTUP MOUNT 命令启动数据库，然后再打开数据库。语句如下：

```
RMAN> STARTUP MOUNT;
SQL> ALTER DATABASE DATAFILE
'E:\APP\ADMINISTRATOR\ORADATA\ORCL\USERS01.DBF' OFFLINE DROP;
SQL> ALTER DATABASE OPEN;
```

(7) 执行 RESTORE 命令，让 RMAN 确定最新的有效备份集，然后将文件复制到正确的位置，如下：

```
RMAN> RUN{
2> ALLOCATE CHANNEL ch1 TYPE DISK ;
3> RESTORE DATABASE;
4> }
分配的通道: ch1
通道 ch1: SID=136 设备类型=DISK
启动 restore 于 16-9月 -09
通道 ch1: 正在开始还原数据文件备份集
通道 ch1: 正在指定从备份集还原的数据文件
通道 ch1: 将数据文件 00001 还原到
E:\APP\ADMINISTRATOR\ORADATA\ORCL\SYSTEM01.DBF
通道 ch1: 将数据文件 00002 还原到
E:\APP\ADMINISTRATOR\ORADATA\ORCL\SYSAUX01.DBF
通道 ch1: 将数据文件 00003 还原到
E:\APP\ADMINISTRATOR\ORADATA\ORCL\UNDOTBS01.DBF
通道 ch1: 将数据文件 00004 还原到
E:\APP\ADMINISTRATOR\ORADATA\ORCL\USERS01.DBF
...
通道 ch1: 还原完成, 用时: 00:00:05
故障转移到上一个备份
完成 restore 于 16-9月 -09
释放的通道: ch1
```

15.4.2 数据库归档恢复

与非归档模式的数据库恢复相比，使用数据库归档模式恢复的基本特点是归档重做日志文件的内容将应用到数据文件上，在恢复过程中，RMAN 会自动确定恢复数据库需要哪些归档重做日志文件。

【例 15.13】下面在归档模式下，对数据库进行归档恢复。实现步骤如下。

(1) 确认数据库处于 ARCHIVELOG 模式下。如果不是，切换模式为 ARCHIVELOG。

(2) 启动 RMAN，连接到目标数据库。

(3) 备份整个数据库。

(4) 模拟介质故障。关闭目标数据库后，通过操作系统移动或删除表空间 USERS 对应的数据文件 users01.dbf。

(5) 执行下面的命令来恢复数据库，语句如下：

```
RMAN> RUN {
2> ALLOCATE CHANNEL ch1 TYPE DISK;
3> RESTORE DATABASE;
4> SQL "ALTER DATABASE MOUNT";
5> RECOVER DATABASE;
6> SQL "ALTER DATABASE OPEN RESETLOGS";
7> RELEASE CHANNEL ch1;
8> }
```

(6) 恢复数据库后，使用 ALTER DATABASE OPEN 命令打开数据库。

15.4.3 数据块恢复

当数据库中只有少量的块需要恢复时，RMAN 可以执行块介质恢复(Block Media Recovery)。块介质恢复可以最小化重做日志应用程序的时间，并能极大地减少恢复所需要的 I/O 数量。在执行块介质恢复时，受影响的数据文件仍可以联机并供用户使用。

RMAN 将损坏的块信息记录在视图 v$database_block_corruption 中，可以通过该视图查询损坏的数据块。为了实现数据块恢复，RMAN 必须知道数据文件编号和数据文件内的块编号。根据视图中记录的这两个编号值，执行 RECOVER 语句，可以实现数据块恢复。

技巧： 出现数据块损坏后，用户跟踪文件 alert_.log 中会记录损坏块的信息。所以可以查看该文件，查询是否存在数据块损坏。

【例 15.14】查询 v$database_block_corruption 视图，查看已经损坏的数据块的信息，具体如下：

```
SQL> SELECT * FROM V$DATABASE_BLOCK_CORRUPTION ;

 FILE#        BLOCK#  BLOCKS       CORRUPTION_CHANGE#   CORRUPTIO
------        -----   -------      ------------------   -----------
  2           14      1            0                    FRACTURED
```

上述查询结果中，显示文件编号为 2，数据文件内的块编号为 14，根据这两个编号值，执行数据块恢复语句，从备份集中将数据恢复，如下：

```
RMAN> RECOVER DATAFILE 2 BLOCK 14 FROM BACKUPSET ;
```

提示： 在以前的 RMAN 版本中，可以使用 BLOCKRECOVER 命令恢复数据块，在 Oracle Database 11g 中推荐使用 RECOVER 命令。

15.4.4 恢复表空间

如果表空间对应的数据文件被损坏，或文件所在磁盘失效，可以在数据库中执行恢复表空间的操作。在 RMAN 中执行恢复表空间操作时，需要使用 RESTORE 命令和 RECOVER 命令。

【例 15.15】恢复表空间的具体操作步骤如下。

(1) 在数据库启动时发现数据文件损坏，从数据字典视图 v$datafile_header 中查询数据文件所属的表空间，如下：

```
SQL> STARTUP;
ORACLE 例程已经启动。
ORA-01157: 无法标识/锁定数据文件 4 - 请参阅 DBWR 跟踪文件
ORA-01110: 数据文件 4: 'E:\APP\ADMINISTRATOR\ORADATA\ORCL\USERS01.DBF'
SQL> SELECT file# , status , error , tablespace_name
  2  FROM v$datafile_header WHERE file# = 4;

    FILE#  STATUS    ERROR              TABLESPACE_NAME
---------  -------   -----------------  ----------------------
        4  OFFLINE   FILE NOT FOUND     USERS
```

通过检索视图 v$datafile_header 的输出结果，一方面验证文件 4 对应有一个 ERROR 错误；另一方面获得该文件对应的表空间为 users；还有 users 表空间对应的状态为脱机状态，否则，执行恢复操作之前，还需要将该表空间进行脱机。

(2) 使用 RESTORE 命令修复数据文件所在的表空间 users，语句如下：

```
RMAN> RESTORE TABLESPACE users;
启动 RESTORE 于 17-9 月 -09
正在使用目标数据库控制文件替代恢复目录
分配的通道: ORA_DISK_1
通道 ORA_DISK_1: sid=12 devtype=DISK
通道 ORA_DISK_1: 正在开始恢复数据文件备份集
通道 ORA_DISK_1: 正在指定从备份集恢复的数据文件
正将数据文件 00012 恢复到 E:\APP\ADMINISTRATOR\ORADATE\ORCL\USERS01.DBF
通道 ORA_DISK_1: 已恢复备份段 1
段 handle= E:\BACKUP\TBS_USERS_T697734363_S5
 tag=TBS_USERS_READ_ONLY params=NULL
通道 ORA_DISK_1: 恢复完成
完成 RESTORE 于 17-9 月 -09
```

(3) 表空间 users 修复成功后，使用 RECOVER 命令恢复表空间，语句如下：

```
RMAN> RECOVER TABLESPACE users ;
启动 RECOVER 于 17-9 月 -09
使用通道 ORA_DISK_1
正在开始介质的恢复
完成介质的恢复
完成 RECOVER 于 17-9 月 -09
```

使用 RESTORE 命令，将 users 表空间中数据文件最新的映像副本或备份集副本复制到它们的原始位置；使用 RECOVER 命令，应用重做日志文件或增量备份中的重做操作，将表空间中的对象恢复到最近的 SCN。一旦表空间返回到联机状态，用户就可以对表空间执行正常的操作了。

提示： 如果从数据字典视图 v$datafile_header 中发现只有一个数据文件 4 被损坏，也可以在表空间脱机后，执行恢复数据文件的操作。操作语句分别为：RESTORE DATAFILE 4;和 RECOVER DATAFILE 4;。

15.5　备份恢复与导出导入的区别和联系

本章主要介绍了通过 RMAN 应用程序实现数据的备份和恢复。本书第 14 章中，主要介绍了通过数据泵实现数据的导出和导入，本章介绍这两种实现结果之间的区别和联系。

数据库的备份分为物理备份和逻辑备份。

导出是把 Oracle 的数据库结构及数据(有不同的导出模式)导出到一个二进制文件中，不包含日志文件。导出属于逻辑备份，执行导入时，只能恢复到导出点。

所谓物理备份就是在操作系统中复制数据库的相关文件，其中包括日志文件、控制文件和数据文件等。使用 RMAN 工具实现的备份属于物理备份。

提示： EXPDP 导出操作的优点——可以导出单独的用户模式或单独的表。RMAN 备份方式的优点——可以备份单独的数据文件、日志文件或者控制文件等。

15.6　实验指导——备份和恢复 bookspace 表空间

图书管理系统的所有数据都创建在 bookspace 表空间中，对应的数据文件是 bookspace.dbf。对该系统的备份方式，可以不使用备份全数据库的方式，而选择使用备份表空间或者镜像复制的方式进行备份。

实验指导 15-1：备份和恢复 bookspace 表空间

对 bookspace 表空间进行备份和恢复，使用的操作用户是 bookstore。具体实现步骤如下。

(1)　首先使用 DBA 身份连接数据库，确定数据库处于归档模式。

(2)　为 bookstore 用户授予 RECOVERY_CATALOG_OWNER 权限。语句如下：

```
SQL> GRANT RECOVERY_CATALOG_OWNER TO bookstore;
```

(3)　为 RMAN 用户 bookstore 创建恢复目录。语句如下：

```
C:\> RMAN
RMAN> CONNECT CATALOG bookstore/admin;
RMAN> CREATE CATALOG;
```

(4) 连接到恢复目录数据库，并注册数据库，语句如下：

```
C:\> RMAN TARGET sys/admin CATALOG bookstore/admin;
RMAN> REGISTER DATABASE;
```

(5) 执行 BACKUP 命令，备份 bookspace 表空间，备份文件的保存路径为 E:\temp_bookstore，如下：

```
RMAN> BACKUP TAG tbs_bookspace FORMAT
"E:\temp_bookstore\tbs_bookspace_t%t_s%s" (TABLESPACE bookspace);
```

(6) 在 bookspace 表空间中包含有图书管理系统所需要的各个表，这时，对这些表操作将会出现错误，例如对图书类别表 type 进行操作，如下：

```
SQL> SELECT * FROM type;
SELECT * FROM type
              *
第 1 行出现错误:
ORA-00376: 此时无法读取文件 6
ORA-01110: 数据文件 6: 'E:\APP\ADMINISTRATOR\ORADATA\ORCL\BOOKSPACE.DBF'
```

(7) 使用 RESTORE 命令和 RECOVER 命令，对 bookspace 表空间执行恢复操作，语句如下：

```
RMAN> RESTORE TABLESPACE bookspace ;

RMAN> RECOVER TABLESPACE bookspace ;
```

(8) 验证表空间是否恢复成功。如果恢复成功，则可以对 bookspace 表空间中的表进行正常操作，如下：

```
SQL> SELECT * FROM type;

   TYPEID       TYPENAME
----------      --------------------
         1      文学类
         2      历史类
         3      计算机类
```

15.7 习　　题

一、填空题

1. 对创建的 RMAN 用户必须授予__________权限，然后该用户才能够连接到恢复目录数据库。

2. 使用 STARTUP 命令启动数据库时，添加__________选项，可以实现只启动数据库实例，不打开数据库。

3. 在 RMAN 中要备份全部数据库内容，可以通过 BACKUP 命令，带有__________

参数来实现。

4. 在进行增量备份时，可以指定为两种方式，其中，___________方式将备份上一次进行的同级或者低级备份以来所有变化的数据块。

5. 使用 RMAN 恢复数据库时，一般情况下需要进行___________和___________两个过程。

6. 当数据库中只有少量的块需要恢复时，RMAN 可以执行___________。损坏的块信息被记录在视图 v$database_block_corruption 中，可以通过该视图查询是否存在数据块损坏。

二、选择题

1. 在 RMAN 中要连接到目标数据库，可以执行下列哪些语句实现。其中，sys/admin 为系统用户；rman_admin/rman_admin 为 RMAN 用户。___________

   A. RMAN TARGET/

   B. RMAN CATALOG

   C. RMAN TARGET sys/admin NOCATALOG

   D. RMAN TARGET sys/admin CATALOG rman_admin/rman_admin

2. 在 RMAN 的执行命令中，通过 SHOW 命令可以显示所有的或者单个的 RMAN 配置；通过___________命令可以显示有关备份集和映像副本的信息；通过___________命令可以对 RMAN 存储库进行详尽的分析。

   A. LIST、REPORT

   B. CATALOG、REPORT

   C. LIST、VALIDATE

   D. REPORT、LIST

3. 执行___________命令，可以立即关闭数据库，这时，系统将连接到服务器的所有未提交的事务全部回退，并中断连接，然后关闭数据库。

   A. SHUTDOWN

   B. SHUTDOWN NORMAL

   C. SHUTDOWN ABORT

   D. SHUTDOWN IMMEDIATE

4. 在 BACKUP 命令中指定 INCREMENTAL 选项，默认创建差异增量备份。如果想要建立累积增量备份，还需要在 BACKUP 命令中指定___________选项。

   A. INCREMENTAL

   B. LEVEL

   C. DIFFERENTIAL

   D. CUMULATIVE

5. 使用 BACKUP 命令备份时，使用 TAG 参数，可以指定一个标记信息；使用___________参数，可以指定备份文件的保存位置以及备份文件的名称格式。

   A. TAG

   B. FORMAT

   C. FILESPERSET

D. CHANNEL

6. 使用 RMAN 实现表空间恢复时，执行命令的顺序是什么？＿＿＿＿＿＿。

   A. RESTORE、RECOVER

   B. RECOVER、RESTORE

   C. COPY、BACKUP

   D. COPY、RECOVER

三、简答题

1. 简要说明 RMAN 应用程序的特点。
2. 将数据库的非归档模式修改为归档模式。
3. Oracle 数据库启动过程分为哪 3 个阶段？可以使用哪些命令执行数据库启动操作？
4. 在 BACKUP 命令中，可以指定哪几个增量级别？可以指定哪些备份对象？
5. 如何使用 RMAN 对数据库进行备份和恢复？

第 16 章　Oracle Database 11g 闪回技术

Oracle 的闪回技术最早出现于 Oracle Database 9i，为了让用户可以及时获取误操作之前的数据，Oracle Database 9i 提供了闪回查询(Flashback Query)功能。到了 Oracle Database 10g，闪回查询功能被大大增强，并从普通的 Flashback Query 形式发展成了多种形式——闪回表(Flashback Table)、闪回删除(Flashback Drop)、闪回版本查询(Flashback Version Query)、闪回事务查询(Flashback Transaction Query)和闪回数据库(Flashback Database)。

而现在的 Oracle Database 11g 又引入了新的闪回技术——闪回数据归档(Flashback Data Archive)。使用 Oracle 闪回技术，可以实现数据的迅速恢复，而且不依赖于数据备份。本章将介绍 Oracle Database 11g 中的这 6 种闪回技术。

本章要点：

- 了解闪回技术的意义。
- 掌握闪回表的使用。
- 理解闪回删除的原理。
- 掌握闪回删除的使用。
- 掌握闪回版本查询的使用。
- 掌握闪回事务查询的使用。
- 掌握闪回数据库的使用。
- 了解闪回数据归档与其他闪回技术的区别。
- 掌握闪回数据归档区的创建与管理。
- 掌握闪回数据归档的使用。

16.1　闪回表(Flashback Table)

闪回表技术用于恢复表中的数据，可以在线进行闪回表操作。闪回表实质上是将表中的数据恢复到指定的时间点(TIMESTAMP)或系统改变号(SCN)上，并将自动恢复索引、触发器和约束等属性，同时数据库保持联机，从而增加整体的可用性。闪回表需要用到数据库中的撤消表空间，可以通过 SHOW PARAMETER undo 语句查看与撤消表空间相关的信息。

【例 16.1】查看当前数据库中与撤消表空间相关的设置，如下：

```
SQL> SHOW PARAMETER undo ;

NAME                   TYPE          VALUE
-------------------    -----------   -------------------------
undo_management        string        AUTO
```

```
undo_retention           integer          1200
undo_tablespace          string           UNDOTBS1
```

其中，undo_management 表示系统的撤消数据管理方式，其值为 AUTO 则表示系统使用自动撤消管理方式，也就是使用撤消表空间记录撤消数据，其值为 MANUAL 则表示系统使用回退段撤消管理方式；undo_retention 表示撤消数据在撤消表空间中的保留时间；undo_tablespace 表示所使用的撤消表空间的名称。

提示： 与撤消表空间相关的内容已经在本书第 4 章中详细介绍。

进行闪回表操作需要使用 FLASHBACK TABLE 语句，其语法如下：

```
FLASHBACK TABLE [ schema. ] table
  TO { { SCN | TIMESTAMP } expr
      [ { ENABLE | DISABLE } TRIGGERS ]
     } ;
```

语法说明如下。

- schema：模式名。
- table_name：表名。
- SCN：系统改变号。相对时间点而言，系统改变号比较难以理解，用户很难知道应该闪回到哪个 SCN，而时间则显得明了得多。可以使用 SCN_TO_TIMESTAMP 函数将 SCN 转变为对应的时间。
- TIMESTAMP：时间戳，包括年月日时分秒。可以使用 TIMESTAMP_TO_SCN 函数将时间转变为对应的 SCN。
- Expr：指定一个值或表达式，用于表示时间点或 SCN。
- ENABLE TRIGGERS：与表相关的触发器恢复后，默认为启用状态。
- DISABLE TRIGGERS：与表相关的触发器恢复后，默认为禁用状态。默认情况下为此选项。

【例 16.2】下面举例介绍如何使用 FLASHBACK TABLE 语句执行闪回表操作。

(1) 在 system 用户下创建表 mytest，如下：

```
SQL> CREATE TABLE mytest (id NUMBER) ;
```

表已创建。

(2) 向 mytest 表中插入一条记录，并使用 COMMIT 命令提交，如下：

```
SQL> INSERT INTO mytest VALUES (1) ;
已创建 1 行。
SQL> COMMIT ;
提交完成。
```

注意： 如果不使用 COMMIT 命令进行提交，则撤消表空间中不会记录此次操作。

(3) 查询系统当前时间，用于闪回时使用，如下：

```
SQL> SELECT TO_CHAR(SYSDATE , 'YYYY-MM-DD HH24:MI:SS') FROM dual ;
```

```
TO_CHAR(SYSDATE,'YY
-------------------
2009-10-06 10:44:47
```

(4) 再次向 mytest 表中添加一条记录，并使用 COMMIT 命令提交，如下：

```
SQL> INSERT INTO mytest VALUES (2) ;
已创建 1 行。
SQL> COMMIT ;
提交完成。
```

(5) 启用 mytest 表的行移动功能，如下：

```
SQL> ALTER TABLE mytest ENABLE ROW MOVEMENT ;
表已更改。
```

注意： 在执行闪回表操作之前，必须先启用该表的行移动功能。

(6) 使用 FLASHBACK TABLE 命令，将 mytest 表中的数据闪回到第 3 步查询出来的时间点上，如下：

```
SQL> FLASHBACK TABLE mytest TO TIMESTAMP
  2  TO_TIMESTAMP('2009-10-06 10:44:47' , 'YYYY-MM-DD HH24:MI:SS') ;
闪回完成。
```

注意： 使用 FLASHBACK TABLE 命令对表执行闪回操作时，要求用户具有 FLASHBACK ANY TABLE 系统权限或者对该表的 FLASHBACK 对象权限，具有该表的 SELECT、INSERT、DELETE、ALTER 权限。

(7) 查询 mytest 表中的数据，观察其数据是否闪回到了时间点 2009-10-06 10:44:47 上，如下：

```
SQL> SELECT * FROM mytest ;
        ID
----------
         1
```

注意： FLASHBACK TABLE 不可以用于备用数据库上，也不可以闪回对表的 DDL 操作。

16.2 闪回删除(Flashback Drop)

闪回删除技术用于恢复已经被用户删除(Drop)的数据库对象，这需要使用到 Oracle 数据库系统中的回收站机制。

16.2.1　回收站(RecycleBin)

Windows 系统中有个回收站，在删除某个文件时，该文件可以被先保存到回收站中，在需要时可以从回收站中还原该文件，也可以从回收站彻底清除该文件，当然在删除文件时也可以选择直接彻底删除。

与之类似，在 Oracle 数据库系统中，同样也存在一个回收站机制，它用于保存用户删除的数据库对象，方便用户需要时进行还原操作。而当用户删除一个表时，该表的所有相关对象也将被保存到回收站中，例如表上的索引、约束和触发器等。

提示： 在本书第 5 章中讲解表的删除时，曾提到删除表时可以使用 PURGE 关键字，如果不使用该关键字，则表被删除后将保留在回收站中，而如果使用了 PURGE 关键字，则表示直接彻底删除该表。

1. 禁用与启用回收站

Oracle 系统中的回收站在默认情况下是启用状态的，可以通过设置初始化参数 recyclebin 的值来修改回收站的状态，这需要使用 ALTER SESSION 语句，其语法形式如下：

```
ALTER SESSION SET recyclebin = ON | OFF ;
```

如果回收站处于禁用(OFF)状态，则被删除的数据库对象无法保存到回收站中，只能是被彻底删除。

2. 查看回收站中的信息

查看回收站中的信息时，普通用户可以使用 SHOW RECYCLEBIN 命令，也可以使用 user_recyclebin 数据字典，而数据库管理员则可以使用 dba_recyclebin 数据字典。

提示： 使用 SHOW RECYCLEBIN 命令查询的内容只是数据库对象的部分信息，并且不能查询表的相依对象。

下面使用 DESC 命令了解 user_recyclebin 数据字典的结构，如下：

```
SQL> DESC user_recyclebin

 名称                       是否为空？  类型
 -----------------------    --------    ---------------------
 OBJECT_NAME                NOT NULL    VARCHAR2(30)
 ORIGINAL_NAME                          VARCHAR2(32)
 TYPE                                   VARCHAR2(25)
 DROPTIME                               VARCHAR2(19)
 DROPSCN                                NUMBER
 ...
```

上面只列举了 user_recyclebin 数据字典的部分字段，其说明如下。

- object_name：该字段表示数据库对象在回收站中的保存名称。为了保证被删除的数据库对象的名称在回收站中的唯一性，Oracle 自动为每个数据库对象进行重命名，命名格式为 BIN$globalUID$version，其中，globalUID 是一个全局唯一的、24 个字符长的标识对象，该标识与原对象名没有任何关系；$version 指数据库分配的版本号。
- original_name：该字段表示数据库对象的原名。
- type：该字段表示数据库对象的类型。
- droptime：该字段表示数据库对象的删除时间。
- dropscn：该字段表示数据库对象删除时的系统改变号。

【例 16.3】 在 scott 用户下创建表 mytest，然后使用 DROP 命令删除该表，如下：

```
SQL> CREATE TABLE mytest (id NUMBER) ;
表已创建。
SQL> DROP TABLE mytest ;
表已删除。
```

然后查询 user_recyclebin 数据字典，了解回收站中的信息，如下：

```
SQL> SELECT original_name , object_name , type , droptime
  2  FROM user_recyclebin ;

ORIGINAL_NAME  OBJECT_NAME                    TYPE    DROPTIME
-------------  ------------------------------ -----   -  -----------
MYTEST         BIN$eysWQFUDS2WmFHwDBcVzyA==$0 TABLE   2009-10-06:14:22:23
```

3. 清除回收站中的对象

清除回收站中的对象需要使用 PURGE 命令，其语法形式如下：

```
PURGE { [ TABLESPACE tablespace_name [ USER user_name ] ]
    | [ TABLE table_name | INDEX index_name ]
    | [ RECYCLEBIN | DBA_RECYCLEBIN ]
} ;
```

语法说明如下。

- TABLESPACE：指定需要清除的表空间。
- USER：指定需要清除的用户。
- TABLE：指定需要删除的表。
- INDEX：指定需要删除的索引。
- RECYCLEBIN：普通用户所使用的回收站。使用此选项，可以清除当前用户下的回收站中的所有对象。
- DBA_RECYCLEBIN：拥有 SYSDBA 系统权限的用户才可以使用此选项，用于清除回收站中的所有对象。

【例 16.4】 使用 scott 用户清除回收站中的 mytest 表对象，如下：

```
SQL> PURGE TABLE mytest ;
表已清除。
```

```
SQL> SELECT original_name , object_name , type , droptime
  2 FROM user_recyclebin ;
未选定行
```

清除时也可以使用数据对象在回收站中的名称，例如清除 mytest 表对象还可以使用如下语句：

```
PURGE TABLE "BIN$eysWQFUDS2WmFHwDBcVzyA==$0" ;
```

注意： 使用回收站中的名称时需要使用双引号("")。

16.2.2 使用闪回删除

前面介绍了 Oracle 系统的回收站机制，本节介绍如何对删除的表进行闪回操作。闪回删除的语法形式如下：

```
FLASHBACK TABLE table_name TO BEFORE DROP [ RENAME TO new_table_name ] ;
```

其中，table_name 可以使用表的原名，也可以使用表在回收站中的名称。如果表的原名相同，则在使用原名进行闪回删除操作时，默认还原最近一次删除的表。表被还原后，默认情况下使用其原名，而如果该名称已经存在，则需要在还原该表时对其重命名，这时需要使用 RENAME TO 子句。

【例 16.5】 在 scott 用户下创建表 mytest2 并删除该表后，查询该表在回收站中的信息，如下：

```
SQL> CREATE TABLE mytest2 (id NUMBER) ;
表已创建。
SQL> INSERT INTO mytest2 VALUES (1) ;
已创建 1 行。
SQL> DROP TABLE mytest2 ;
表已删除。
SQL> SELECT original_name , object_name , type , droptime
  2 FROM user_recyclebin ;

ORIGINAL_NAME   OBJECT_NAME                    TYPE    DROPTIME
-------------  ------------------------------ -----    -  --------------
MYTEST2         BIN$4VMKTgAvRVG84DxR7n+cFg==$0 TABLE   2009-10-06:15:15:45
```

再使用 FLASHBACK 语句还原该表，并对其重命名，如下：

```
SQL> FLASHBACK TABLE "BIN$4VMKTgAvRVG84DxR7n+cFg==$0"
  2 TO BEFORE DROP
  3 RENAME TO mytest2_new ;
闪回完成。
```

使用 SELECT 语句查询 mytest2_new 表，检查是否成功还原，如下：

```
SQL> SELECT * FROM mytest2_new ;
```

```
        ID
----------
         1
```

16.3 闪回版本查询(Flashback Version Query)

闪回版本查询技术用于查询某段时间内对表的操作记录，主要针对 INSERT、UPDATE 和 DELETE 操作。闪回版本查询的语法形式如下：

```
SELECT column_name [ , ... ] FROM table_name
VERSIONS
{
    BETWEEN SCN | TIMESTAMP expr | MINVALUE AND expr | MAXVALUE
    |
    AS OF SCN | TIMESTAMP expr
} ;
```

语法说明如下。

- column_name：列名。
- table_name：表名。
- BETWEEN ... AND：时间段，或系统改变号段。
- SCN：系统改变号。
- TIMESTAMP：时间戳。
- MAXVALUE：最大值。
- MINVALUE：最小值。
- Expr：指定一个值或表达式，表示某个时间点或系统改变号。
- AS OF：表示恢复单个版本。

【例 16.6】在 scott 用户下创建表 myversion，并对该表进行一系列增删改操作，如下：

```
SQL> CREATE TABLE myversion (id NUMBER , text VARCHAR2(20)) ;
表已创建。
SQL> INSERT INTO myversion VALUES (1 , '记录1') ;
已创建 1 行。
SQL> COMMIT ;
提交完成。
SQL> INSERT INTO myversion VALUES (2 , '记录2') ;
...
SQL> INSERT INTO myversion VALUES (3 , '记录3') ;
...
SQL> UPDATE myversion SET text = '新记录2' WHERE id = 2 ;
...
SQL> DELETE FROM myversion WHERE id = 3 ;
...
```

上述操作在每次 DML 操作后都使用 COMMIT 命令进行提交。接下来使用闪回版本查询获取 myversion 表上的所有操作记录。如下：

```
SQL> SELECT id , text , versions_operation ,
  2  versions_starttime , versions_endtime
  3  FROM myversion
  4  VERSIONS BETWEEN TIMESTAMP MINVALUE AND MAXVALUE ;

 ID TEXT       V  VERSIONS_STARTTIME        VERSIONS_ENDTIME
--- ---------- -  ------------------------- -------------------------
 3  记录 3     D  06-10 月-09 04.35.18 下午
 2  新记录 2   U  06-10 月-09 04.35.00 下午
 3  记录 3     I  06-10 月-09 04.34.51 下午  06-10 月-09 04.35.18 下午
 2  记录 2     I  06-10 月-09 04.34.51 下午  06-10 月-09 04.35.00 下午
 1  记录 1     I  06-10 月-09 04.34.51 下午
```

在上述查询中使用了 Flashback Version Query 的部分伪列，其中，versions_operation 表示对该行执行的操作，其值可为 I、U 和 D，分别对应 INSERT、UPDATE 和 DELETE；versions_starttime 表示对该行进行改动时的起始时间戳(versions_startscn 表示起始 SCN)；versions_endtime 表示此次改动不再有效时的结束时间戳(versions_endscn 表示结束 SCN)。

16.4 闪回事务查询(Flashback Transaction Query)

使用闪回版本查询可以了解某个表上的修改操作，实际上就是对表进行审计，但是此功能无法对操作进行回滚。如果需要撤消已提交的事务，可以使用闪回事务查询。闪回事务查询是对闪回版本查询的扩充，通过它可以审计事务甚至撤消一个已提交的事务。

在使用闪回版本查询时，闪回操作针对的是表，而使用闪回事务查询则针对 flashback_transaction_query 视图，该视图的结构如下：

```
SQL> DESC flashback_transaction_query ;

 名称                          是否为空?  类型
 ----------------------------- --------- ----------------------------
 XID                                      RAW(8)
 START_SCN                                NUMBER
 START_TIMESTAMP                          DATE
 COMMIT_SCN                               NUMBER
 COMMIT_TIMESTAMP                         DATE
 LOGON_USER                               VARCHAR2(30)
 UNDO_CHANGE#                             NUMBER
 OPERATION                                VARCHAR2(32)
 TABLE_NAME                               VARCHAR2(256)
 TABLE_OWNER                              VARCHAR2(32)
 ROW_ID                                   VARCHAR2(19)
 UNDO_SQL                                 VARCHAR2(4000)
```

字段说明如下。

- Xid：事务标识。

- start_scn：事务起始时的系统改变号。
- start_timestamp：事务起始时的时间戳。
- commit_scn：事务提交时的系统改变号。
- commit_timestamp：事务提交时的时间戳。
- logon_user：提交该事务的登录用户。
- undo_change#：撤消改变号。
- operation：该事务所对应的操作。
- table_name：表名。
- table_owner：表的拥有者。
- row_id：唯一的行标识。
- undo_sql：用于撤消的 SQL 语句。

【例 16.7】上一节介绍了闪回版本查询的使用，通过闪回版本查询可以了解表的操作记录，这些操作记录都是已提交的事务。如果需要撤消某个事务，可以使用如下步骤。

(1) 使用闪回版本查询获取事务 ID，这需要用到 Flashback Version Query 的另外一个伪列——versions_xid，例如获取 myversion 表上的事务 ID，如下：

```
SQL> SELECT id , text , versions_xid
  2  FROM myversion
  3  VERSIONS BETWEEN TIMESTAMP MINVALUE AND MAXVALUE ;

        ID  TEXT                VERSIONS_XID
----------  ------------------  ----------------
         3  记录 3               010018003F050000
         2  新记录 2             0400180059050000
         3  记录 3               080015005B050000
         2  记录 2               040002005A050000
         1  记录 1               060003005B050000
```

假设现在需要撤消删除“记录 3”的事务，就可以在闪回事务查询中使用该事务对应的事务 ID：010018003F050000。

(2) 使用闪回事务查询需要用户具有 SELECT ANY TRANSACTION 权限，下面使用 system 用户为 scott 用户授予该权限：

```
SQL> CONNECT system/admin
已连接。
SQL> GRANT SELECT ANY TRANSACTION TO scott ;
授权成功。
```

(3) 在 scott 用户下使用闪回事务查询获取 010018003F050000 对应的事务信息，如下：

```
SQL> CONNECT scott/tiger
已连接。
SQL> SELECT table_name , operation , undo_sql
  2  FROM flashback_transaction_query
  3  WHERE xid = '010018003F050000' ;
```

```
TABLE_NAME        OPERATION    UNDO_SQL
--------------    ----------   ----------------------------------------
MYVERSION         DELETE       insert into "SCOTT"."MYVERSION"("ID","TE
                               XT") values ('3','记录3');
```

查询结果中的 undo_sql 字段很明确地给出了撤消事务的语句，也就是说如果想要撤消删除“记录 3”的事务，只需要执行如下语句即可：

```
insert into "SCOTT"."MYVERSION"("ID","TEXT") values ('3','记录3');
```

16.5 闪回数据库(Flashback Database)

前面介绍的几种闪回技术针对的是单个表、单个事务等，如果需要对数据库中的大量改动进行恢复，就需要使用闪回数据库技术。闪回数据库，实际上就是将数据库回退到过去的一个时间点或 SCN 上，从而实现整个数据库的恢复，这种恢复不需要通过备份，所以应用起来更方便、更快速。

16.5.1 闪回数据库设置

要想使用闪回数据库技术，需要对 Oracle 数据库进行一系列设置。闪回数据库是依赖于闪回日志的，Oracle 系统提供了一组闪回日志，记录了数据库的前滚操作。

首先需要了解如下几个参数。

- db_recovery_filc_dest：闪回日志的存放位置。
- db_recovery_file_dest_size：存放闪回日志的空间(即恢复区)的大小。
- db_flashback_retention_target：闪回数据的保留时间，其单位为分，默认值为 1440，即一天。

使用 SHOW PARAMETER 语句可以查看上述几个参数的值。

虽然 Oracle 系统默认创建了闪回恢复区，但并没有默认启用闪回数据库功能。启用闪回数据库功能需要使用如下语法形式：

```
ALTER DATABSE FLASHBACK ON | OFF ;
```

查询数据字典 v$database 中的 flashback_on 字段，可以了解闪回数据库功能是否已经启用，查询该数据字典需要使用数据库管理员身份。具体如下：

```
SQL> CONNECT sys/admin AS SYSDBA
已连接。
SQL> SELECT flashback_on FROM v$database ;

FLASHBACK_ON
------------------
NO
```

flashback_on 字段的值为 YES，则表示已启用闪回数据库功能，为 NO 则表示未启用。启用闪回数据库功能的步骤如下。

(1) 确定当前数据库的日志模式是否为归档模式，如下：

```
SQL> ARCHIVE LOG LIST ;
数据库日志模式              存档模式
自动存档                    启用
存档终点                    E:\app\Administrator\myachive
最早的联机日志序列          11
下一个存档日志序列          14
当前日志序列                14
```

从查询结果可以看出当前数据库是运行在归档模式下。如果不是，则需要将其修改为归档模式，具体操作已在本书第 6 章介绍，这里不再赘述。

(2) 设置闪回数据库功能为启用状态，如下：

```
SQL> SHUTDOWN IMMEDIATE
数据库已经关闭。
已经卸载数据库。
ORACLE 例程已经关闭。
SQL> STARTUP MOUNT
ORACLE 例程已经启动。
Total System Global Area  535662592 bytes
Fixed Size                 1334380 bytes
Variable Size            234881940 bytes
Database Buffers         293601280 bytes
Redo Buffers               5844992 bytes
数据库装载完毕。
SQL> ALTER DATABASE FLASHBACK ON ;
数据库已更改。
SQL> ALTER DATABASE OPEN ;
数据库已更改。
```

(3) 检查闪回数据库功能是否已经启用，如下：

```
SQL> SELECT flashback_on FROM v$database ;

FLASHBACK_ON
------------------
YES
```

从查询结果可以看出，闪回数据库功能已经成功启用。

16.5.2 使用闪回数据库

启用闪回数据库功能后，就可以对数据库进行闪回操作了。使用闪回数据库，需要用户具有 SYSDBA 权限。闪回数据库的语法形式如下：

```
FLASHBACK [ STANDBY ] DATABASE [ database_name ]
[ TO [ BEFORE ] SCN | TIMESTAMP expr ] ;
```

语法说明如下。

- STANDBY：表示恢复一个备用数据库，如果没有相应的备用数据库，则系统返回一个错误。如果不指定该选项，则所恢复的数据库可以是主数据库，也可以是备用数据库。
- database_name：数据库名称。默认为当前数据库。
- SCN：指定一个 SCN。
- TIMESTAMP：指定一个时间戳。
- Expr：指定一个值或表达式。
- BEFORE：恢复到指定 SCN 或时间戳之前。

【例 16.8】 Oracle 数据库闪回的示例如下。

(1) 在 scott 用户下创建两个表 student1 与 student2，并向这两个表添加数据(注意使用 COMMIT 命令进行提交)。具体如下：

```
SQL> CONNECT scott/tiger
已连接。
SQL> CREATE TABLE student1 (sid NUMBER , sname VARCHAR2(10)) ;
表已创建。
SQL> INSERT INTO student1 VALUES (1001 , 'CANDY') ;
已创建 1 行。
SQL> COMMIT ;
提交完成。
SQL> CREATE TABLE student2 (sid NUMBER , sname VARCHAR2(10)) ;
表已创建。
SQL> INSERT INTO student2 VALUES (2001 , 'TRACY') ;
已创建 1 行。
SQL> COMMIT ;
提交完成。
```

(2) 获取系统当前的时间，供闪回数据库时使用。具体如下：

```
SQL> SELECT TO_CHAR(SYSDATE , 'YYYY-MM-DD HH24:MI:SS') FROM dual ;

TO_CHAR(SYSDATE,'YY
-------------------
2009-10-07 10:45:21
```

(3) 删除 student1 表，并修改 student2 表中的数据。具体如下：

```
SQL> DROP TABLE student1 ;
表已删除。
SQL> UPDATE student2 SET sname = 'PETTER' WHERE sid = 2001 ;
已更新 1 行。
SQL> COMMIT ;
提交完成。
```

执行这一步操作后，当前数据库的 scott 用户下不再存在 student1 表，而 student2 表中记录的 sname 也由 TRACY 变成了 PETTER。

(4) 下面使用 sys 用户闪回当前数据库：

```
SQL> CONNECT sys/admin AS SYSDBA
已连接。
SQL> SHUTDOWN IMMEDIATE
数据库已经关闭。
已经卸载数据库。
ORACLE 例程已经关闭。
SQL> STARTUP MOUNT EXCLUSIVE
ORACLE 例程已经启动。

Total System Global Area  535662592 bytes
Fixed Size                  1334380 bytes
Variable Size             234881940 bytes
Database Buffers          293601280 bytes
Redo Buffers                5844992 bytes
数据库装载完毕。
SQL> FLASHBACK DATABASE TO TIMESTAMP
  2  TO_TIMESTAMP('2009-10-07 10:45:21' , 'YYYY-MM-DD HH24:MI:SS') ;

闪回完成。

SQL> ALTER DATABASE OPEN RESETLOGS ;

数据库已更改。
```

注意： 打开数据库时必须使用 RESETLOGS 关键字。

(5) 使用 scott 用户连接数据库，查询 student1 表和 student2 表。具体如下：

```
SQL> CONNECT scott/tiger
已连接。
SQL> SELECT * FROM student1 ;

       SID  SNAME
----------  ----------
      1001  CANDY

SQL> SELECT * FROM student2 ;

       SID  SNAME
----------  ----------
      2001  TRACY
```

从查询结果可以看出，scott 用户下存在 student1 表，并且 student2 表中记录的 sname 值依然为 TRACY，这就说明当前数据库中的数据已经恢复到了指定的时间点。

16.6 闪回数据归档(Flashback Data Archive)

本节介绍 Oracle Database 11g 新引入的闪回技术：闪回数据归档。在前面介绍的 5 种闪回技术中，除闪回数据库是依赖于闪回日志以外，另外几种都是依赖于撤消表空间中的撤消数据，而从本书第 4 章关于撤消表空间的知识可以了解到，撤消表空间是循环使用的，新的数据会不断地替换旧的数据，而且撤消数据的保留时间也一般很短，这就导致闪回操作只能在很短的时间段内能够被成功执行。

闪回数据归档的实现机制与前面几种闪回不同，它将改变的数据另外存储到特定的闪回数据归档区中，从而让闪回不再受撤消数据的限制，大大提高了数据的保留时间，闪回数据归档中的数据行可以保留几年甚至几十年。闪回数据归档并不针对所有的数据改变，它只记录 UPDATE 和 DELETE 语句，而不记录 INSERT 语句。

16.6.1 创建与管理闪回数据归档区

闪回数据归档区，是指存储闪回数据归档的历史数据的区域，它是一个逻辑概念，其实质是从一个或多个表空间中分出来的一定的空间。

1．创建闪回数据归档区

一个 Oracle 数据库中可以有多个闪回数据归档区，但最多只允许存在一个默认闪回数据归档区，各个闪回数据归档区都可以有自己的数据管理策略，例如都可以设置自己的数据保留时间等，互不影响。

虽然闪回数据归档区可以基于多个表空间，但是在创建时只能为其指定一个表空间，如果需要指定多个，可以在创建之后使用 ALTER 语句进行添加。创建与修改闪回数据归档区需要用户具有 FLASHBACK ARCHIVE ADMINISTER 系统权限。

创建闪回数据归档区的语法形式如下：

```
CREATE FLASHBACK ARCHIVE [ DEFAULT ] archive_name
TABLESPACE tablespace_name [ QUOTA size K | M ]
RETENTION retention_time ;
```

语法说明如下。

- DEFAULT：指定创建默认的闪回数据归档区。要求用户具有 SYSDBA 系统权限。
- archive_name：闪回数据归档区的名称。
- TABLESPACE：为闪回数据归档区指定表空间。
- QUOTA：为闪回数据归档区分配最大的磁盘限额。如果不使用此选项，则闪回数据归档区的磁盘限额将受表空间中的磁盘限额限制。
- RETENTION：为数据指定保留期限。单位可以为 day、month 和 year 等。

【例 16.9】在 system 用户下创建非默认闪回数据归档区 archive01，如下：

```
SQL> CONNECT system/admin
已连接。
```

```
SQL> CREATE FLASHBACK ARCHIVE archive01
  2  TABLESPACE myspace RETENTION 10 day ;
闪回档案已创建。
```

【例 16.10】 在 sys 用户下创建默认闪回数据归档区 archive_default，如下：

```
SQL> CONNECT sys/admin AS SYSDBA
已连接。
SQL> CREATE FLASHBACK ARCHIVE DEFAULT archive_default
  2  TABLESPACE myspace RETENTION 1 month ;
闪回档案已创建。
```

2. 管理闪回数据归档区

对已创建的闪回数据归档区，可以进行如下形式的管理——添加表空间、删除表空间、修改数据保留期限、修改磁盘限额大小、清除闪回数据归档区中的数据和删除闪回数据归档区。

【例 16.11】 为闪回数据归档区 archive01 添加表空间 newspace，如下：

```
SQL> ALTER FLASHBACK ARCHIVE archive01
  2  ADD TABLESPACE newspace
  3  QUOTA 10M ;
闪回档案已变更。
```

【例 16.12】 删除闪回数据归档区 archive01 中的表空间 newspace，如下：

```
SQL> ALTER FLASHBACK ARCHIVE archive01 REMOVE TABLESPACE newspace ;
闪回档案已变更。
```

【例 16.13】 修改闪回数据归档区 archive01 中的数据保留期限为 20 天，如下：

```
SQL> ALTER FLASHBACK ARCHIVE archive01
  2  MODIFY RETENTION 20 day ;
闪回档案已变更。
```

【例 16.14】 修改闪回数据归档区 archive01 在表空间 myspace 中的磁盘限额大小为 20MB，如下：

```
SQL> ALTER FLASHBACK ARCHIVE archive01
  2  MODIFY TABLESPACE myspace QUOTA 20M ;
闪回档案已变更。
```

【例 16.15】 清除闪回数据归档区中数据的语法形式如下：

```
ALTER FLASHBACK ARCHIVE archive_name
PURGE { ALL | BEFORE { TIMESTAMP | SCN } expr } ;
```

其中，BEFORE TIMESTAMP 和 BEFORE SCN 用于删除指定时间点或 SCN 之前的数据，而 ALL 则用于删除所有数据。

例如删除闪回数据归档区 archive01 在 2009-10-7 15:10:22 之前的数据，语句如下：

```
ALTER FLASHBACK ARCHIVE archive01
```

```
PURGE BEFORE TIMESTAMP
TO_TIMESTAMP('2009-10-7 15:10:22' , 'YYYY-MM-DD HH24:MI:SS') ;
```

【例 16.16】删除闪回数据归档区 archive01，如下：

```
SQL> DROP FLASHBACK ARCHIVE archive01 ;
闪回档案已删除。
```

16.6.2 为表指定闪回数据归档区

为表指定闪回数据归档区，实际上就是对表进行跟踪。为表指定闪回数据归档区有两种形式，一种是在创建表时指定，一种是在创建表之后指定。这需要用户具有 FLASHBACK ARCHIVE 对象权限。

在不需要时也可以使用 ALTER TABLE 语句取消表的闪回数据归档区。

注意：为表指定闪回数据归档区后，将不允许对该表执行 DDL 操作，例如删除表、增加或删除列、重命名等。

1. 在创建表时为表指定闪回数据归档区

在创建表时为表指定闪回数据归档区，需要使用 FLASHBACK ARCHIVE 子句。

【例 16.17】在 system 用户下创建表 table01，并为其指定闪回数据归档区为 archive01。具体如下：

```
SQL> CONNECT system/admin
已连接。
SQL> CREATE TABLE table01 (id NUMBER , text VARCHAR2(10))
  2  FLASHBACK ARCHIVE archive01 ;
表已创建。
```

2. 为已存在的表指定闪回数据归档区

为已存在的表指定闪回数据归档区，需要使用带有 FLASHBACK ARCHIVE 子句的 ALTER TABLE 语句。

【例 16.18】先创建表 table02，然后为其指定闪回归档区为 archive01。具体如下：

```
SQL> CREATE TABLE table02 (id NUMBER , text VARCHAR2(10)) ;
表已创建。
SQL> ALTER TABLE table02 FLASHBACK ARCHIVE archive01 ;
表已更改。
```

注意：在使用 FLASHBACK ARCHIVE 子句为表指定闪回数据归档区时，如果不明确指定闪回数据归档区的名称，则表示使用默认闪回数据归档区，而如果数据库中没有默认闪回数据归档区，则 Oracle 返回错误。

3. 取消表的闪回数据归档区

为表指定闪回数据归档区后，对表的操作将受到限制，例如不允许删除表等。使用 ALTER TABLE 语句可以取消表的闪回数据归档区，其语法形式如下：

```
ALTER TABLE table_name NO FLASHBACK ARCHIVE ;
```

【例 16.19】上面为 table01 指定了闪回数据归档区，如果现在删除该表，Oracle 将返回错误，如下：

```
SQL> DROP TABLE table01 ;
DROP TABLE table01
                 *
第 1 行出现错误:
ORA-55610: 针对历史记录跟踪表的 DDL 语句无效
```

使用 ALTER TABLE 语句取消 table01 表的闪回数据归档区，如下：

```
SQL> ALTER TABLE table01 NO FLASHBACK ARCHIVE ;
表已更改。
```

16.6.3 使用闪回数据归档

为表指定闪回数据归档区后，就可以借助于闪回数据归档区中的数据检索表中的历史信息。事实上，借助撤消表空间中的数据同样可以查询表中的历史信息，用户并不知道所检索的历史数据是由谁提供的，也就说 Oracle 对包含 AS OF 子句的查询使用撤消表空间还是闪回数据归档，对用户来说是完全透明的。

【例 16.20】使用闪回数据归档查询 table02 表中的历史信息的示例语句如下：

```
SELECT * FROM table02 AS OF TIMESTAMP (SYSTIMESTAMP - INTERVAL '10' DAY) ;
```

上述示例查询的是 table02 表 10 天前的历史信息。

16.7 习 题

一、填空题

1. Oracle Database 11g 提供了 6 种闪回技术，它们分别是闪回表(Flashback Table)、___________、___________、___________、闪回数据库(Flashback Database)、___________。

2. 清除回收站的对象需要使用___________命令。

3. 闪回版本查询主要针对表的 INSERT、___________和___________操作。

4. 使用闪回版本查询时需要用到 Flashback Version Query 的伪列，其中___________表示对该行执行的操作；versions_starttime 表示对该行进行改动时的起始时间戳；___________表示此次改动不再有效时的结束时间戳。

5. 在使用闪回事务查询时，可通过___________视图的 xid 字段查看单独的事务信息，该字段的值对应闪回版本查询的 versions_xid 伪列。

6. Oracle 系统在默认情况下没有启用闪回数据库功能，系统管理员可以使用__________语句启用该功能。

二、选择题

1. 下面对闪回表操作叙述正确的是__________。
   A. 使用闪回表技术，可以还原被删除的列
   B. 使用闪回表技术，可以恢复指定的记录行
   C. 使用闪回表技术，可以将表中的数据恢复到指定时间点或 SCN 上
   D. 使用闪回表技术，可以闪回被删除的表
2. 如果需要对已删除的表 mytest 执行闪回删除操作，应注意下列哪些事项？__________
   A. 确保当前数据库的回收站功能处于启用状态
   B. 如果回收站中有多个 mytest 表，则需要知道希望恢复的 mytest 表在回收站中的名称
   C. 如果该表所在用户下已经存在对象名 mytest，则在还原该表时应该为该表重新命名
   D. 需要知道删除该表的时间
3. 启用闪回数据库功能的语句是__________。
   A. ALTER SYSTEM FLASHBACK ON ;
   B. ALTER SYSTEM FLASHBACK DATABASE ON ;
   C. ALTER DATABASE FLASHBACK ON ;
   D. ALTER DATABASE FLASHBACK DATABASE ON ;
4. 如果对表的结构进行了修改，则应该使用哪种闪回技术还原该表？__________
   A. 闪回数据库
   B. 闪回删除
   C. 闪回表
   D. 闪回数据归档
5. 使用如下语句创建表 mytest:

```
CREATE TABLE mytest (id NUMBER)
FLASHBACK ARCHIVE ;
```

下列说法正确的是__________。
   A. 无法创建成功，因为 FLASHBACK ARCHIVE 子句没有指明闪回数据归档区
   B. 一定可以创建成功，因为 Oracle 系统将为该表指定默认闪回数据归档区
   C. 可以创建成功，但要求数据库中存在默认闪回数据归档区
   D. 如果创建成功，可以使用 DROP 语句删除该表

三、简答题

1. 简述闪回技术的作用，并分别介绍 Oracle Database 11g 中各种闪回技术的作用。
2. 简述使用闪回删除还原被删除的表时，需要注意哪些问题。

3. 简述闪回版本查询与闪回事务查询的区别与联系。

4. 简述使用闪回数据库还原数据库的步骤，以及注意事项。

5. Oracle对包含AS OF子句的查询使用撤消表空间还是闪回数据归档，对用户来说是完全透明的，思考一下使用什么方式可以证明表的历史数据是由闪回归档区提供的，并加以验证。

6. 谈谈你对数据备份与恢复、数据导入导出、闪回技术的理解。

第 17 章　宠物商店管理系统

随着社会的发展，越来越多的人接受并使用网络方式进行购物，同时更加丰富的网上商店也就应运而生。网上宠物商店根据人们的需求，以网上购物的方式，对宠物进行展示和买卖。本章将对宠物商店的管理进行说明，管理的内容包括添加宠物资料、修改宠物资料、删除不需要的宠物信息等。

本章将对宠物管理系统需求和功能进行分析、对系统总体结构进行介绍，还将介绍在 Oracle 数据库中如何设计宠物商店管理系统的数据库，以及在 JSP 应用中实现宠物商店管理系统中的重要和难点模块。

本章要点：

- 掌握软件开发流程。
- 掌握宠物商店管理系统的需求分析。
- 熟练掌握规划总体结构和模块分析。
- 熟练掌握在 Oracle 数据库中进行数据库设计。
- 了解通用模块设计。
- 掌握如何使用 JSP 技术开发管理系统。

17.1　系 统 分 析

在实际的项目中，系统分析和数据库的设计是很重要的一个环节，这个环节会直接影响项目的开发过程和质量。本节将对所要实现的宠物商店管理系统进行系统分析，系统分析的实现过程可以分为需求分析和系统设计。

17.1.1　需求分析

需求分析所要做的工作是深入描述软件的功能和性能，确定软件设计的技术限制，确定软件实现的硬件和时间要求，定义软件的其他有效性需求。

在开发宠物商店管理系统时，需要考虑很多问题，确定系统所要实现的功能，并且将这些功能划分为相应的模块。宠物商店管理系统是以构建网上商城宠物购物网站、电子商务网站为目标，该系统主要包括以下方面——添加宠物类别、宠物资料、修改宠物资料和删除宠物资料等功能。

17.1.2　系统设计

对系统整体进行设计时，需要考虑系统功能的实现技术、时间、硬件等各个方面的要求。然后对满足条件的模块进行具体设计，如何在系统页面中实现每个功能。上述功能与系统页面的关联如下。

- 主页：作为系统首页，主要用来定义一些链接，通过这些链接可以进行相应的操作。例如“宠物列表”链接、“添加宠物类别”链接、“添加宠物”链接等。
- 查看宠物资料页面：显示选中宠物的详细资料。在该页面中可以对该宠物的图像进行设置。还可以通过该页面中的链接进入到修改宠物资料页面，也可以在该页面中执行删除该宠物资料的操作。
- 修改宠物资料页面：通过查看宠物资料页面进入到该页面，在该页面中可以对相应的宠物资料进行修改，但是宠物 ID 和宠物名称是不允许修改的。
- 添加宠物信息页面：通过“添加宠物”链接进入到该页面，在该页面中让用户输入新宠物的详细资料信息。
- 所有宠物资料列表页面：通过“宠物列表”链接进入到该页面，在该页面中，通过分页的效果，将数据库中保存的所有宠物的名称和图像信息进行显示。

这些页面所实现的功能如图 17-1 所示。

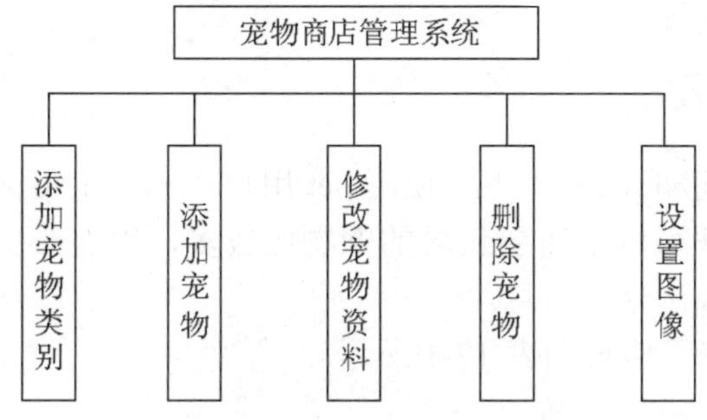

图 17-1　功能模块

17.2　创建系统数据库

前面对本系统进行了需求分析和系统设计，在具体进行系统实现之前，还需要进行数据库设计，也就是确定系统需要使用哪几个表来完成，另外还涉及到创建表空间、用户、表、序列和触发器等。

17.2.1　创建表空间和用户

本章所要实现的宠物商店管理系统使用 Oracle 数据库的默认数据库 orcl。在 orcl 数据库中，创建一个表空间和用户，以便于对表空间中的表和数据文件进行管理。

使用 system 用户连接数据库后，创建表空间 pet_shop，指定数据文件为 pet.dbf，存放路径为 E:\PetShop\pet.dbf，如下：

```
SQL> CREATE TABLESPACE pet_shop
  2  DATAFILE 'E:\PetShop\pet.dbf' SIZE 50M
  3  AUTOEXTEND ON NEXT 5M MAXSIZE UNLIMITED;
```

表空间已创建。

创建用户 pet，指定该用户的密码为 admin，如下：

```
SQL> CREATE USER pet IDENTIFIED BY admin
  2  DEFAULT TABLESPACE pet_shop
  3  TEMPORARY TABLESPACE temp
  4  QUOTA 20M ON pet_shop;
用户已创建。
```

创建用户成功后，为 pet 用户授予 DBA 权限，让该用户对 pet_shop 表空间可以进行 DBA 权限操作。具体如下：

```
SQL> GRANT DBA TO pet;
授权成功。
```

授权成功后，使用 pet 用户连接数据库，如下：

```
SQL> CONNECT pet/admin
已连接。
```

17.2.2 创建类别表

创建 pet_shop 表空间和 pet 用户后，使用 pet 用户在 pet_shop 表空间中创建系统所需要的表。由于宠物商店管理系统中所要包含的宠物比较多，很有必要对它们进行分类，这时需要创建一个类别表来保存分类信息。

类别表 pet_type 的字段信息如表 17-1 所示。

表 17-1 类别表

字 段	含 义	数据类型	约 束
Typeid	类别 ID	NUMBER(4)	主键
typename	类别名称	VARCHAR2(12)	非空、唯一
typeinfo	类别说明	VARCHAR2(100)	无

创建类别表 pet_type 的内容如下：

```
SQL> CREATE TABLE pet_type(
  2  typeid NUMBER(4) PRIMARY KEY,
  3  typename VARCHAR2(12) NOT NULL UNIQUE,
  4  typeinfo VARCHAR2(100)
  5  )TABLESPACE pet_shop;

表已创建。
```

17.2.3 创建宠物表

在宠物商店管理系统中，最不可缺少的内容就是宠物信息，与该信息相对应的就是宠物表。对于一个宠物对象，其包含的属性可以有很多，例如宠物年龄、身高、身长、健康状况等，另外，还可以为该宠物对象赋予一些信息，例如宠物名称、宠物图像等，这些属性和信息都需要在宠物表中进行体现。宠物表 pet 的字段信息如表 17-2 所示。

表 17-2　宠物表

字　段	含　义	数据类型	约　束
pid	宠物 ID	NUMBER(4)	主键
pname	宠物名称	VARCHAR2(12)	非空
pic	宠物图像的文件名称	VARCHAR2(100)	无
year	宠物年龄中的岁信息	NUMBER(2)	无
month	宠物年龄中的月信息	NUMBER(2)	无
day	宠物年龄中的天信息	NUMBER(3)	无
sex	宠物性别	VARCHAR2(4)	无
pheight	宠物身高	NUMBER(6,2)	无
pwidth	宠物身长	NUMBER(6,2)	无
health	宠物身体健康情况	VARCHAR2(30)	无
typeid	所属类别 ID	NUMBER(4)	外键，指向 pet_type 表中的 typeid 列
money	宠物价格	NUMBER(6,2)	无
pinfo	宠物说明	VARCHAR2(200)	无

创建宠物表 pet 的内容如下：

```
SQL> CREATE TABLE pet(
  pid NUMBER(4) PRIMARY KEY,
  pname VARCHAR2(12) NOT NULL,
  pic VARCHAR2(100),
  year NUMBER(2),
  month NUMBER(2),
  day NUMBER(3),
  sex VARCHAR2(4),
  pheight NUMBER(6,2),
  pwidth NUMBER(6,2),
  health VARCHAR2(30),
  typeid NUMBER(4) REFERENCES pet_type(typeid),
  money NUMBER(6,2),
  pinfo VARCHAR2(200)
  )TABLESPACE pet_shop;
```

表已创建。

17.2.4　主键自增设计

对数据库中的表添加数据时，自动递增的实现可以减轻程序的压力。而 Oracle 数据库提供的主键不能实现自动递增的功能，需要开发者借助于序列和触发器进行实现。

首先为包含主键列的表创建序列。创建序列 type_seq，如下：

```
SQL> CREATE SEQUENCE type_seq
MINVALUE 1 MAXVALUE 99999
INCREMENT BY 1
START WITH 1
NOCYCLE NOORDER NOCACHE;

序列已创建。
```

创建 INSERT 触发器 tr_type，使用前面创建的序列 type_seq 以及表 pet_type 中的 typeid 列，如下：

```
SQL> CREATE TRIGGER tr_type
BEFORE INSERT ON pet_type
FOR EACH ROW
BEGIN
SELECT type_seq.nextval INTO :NEW.typeid FROM dual;
END;
/

触发器已创建
```

使用同样的方式为 pet 表创建序列和触发器，这里不再进行说明。

17.3 系统实现

前面介绍了该宠物商店管理系统需要实现多个功能，这里由于篇幅有限，将只对系统中比较重要的功能模块进行具体介绍，系统的其他实现部分可以参考本书的随带光盘文件。

17.3.1 数据库连接类

宠物商店管理系统的实现，使用 Oracle 数据库、JSP 技术和 Servlet 技术，系统开发工具为 MyEclipse，运行环境为 JDK 1.6 + Tomcat 6.0。其运行平台为 Windows XP 操作系统和 IE 7.0 浏览器。

在 MyEclipse 开发工具中，创建 Web 应用 PetShop，该应用程序的目录结构如图 17-2 所示。

另外，还需要在应用程序的 WEB-INF/lib 目录下，添加 Oracle 连接数据库的 JAR 文件包，这里使用 ojdbc6.jar 文件。该 JAR 文件包可以在 Oracle 安装路径的 product\11.1.0\db_1\jdbc\lib 目录下找到。

首先在应用程序的 src/util 目录下，创建一个数据库连接类 DbConn.java，该类文件的内容如代码 17.1 所示。

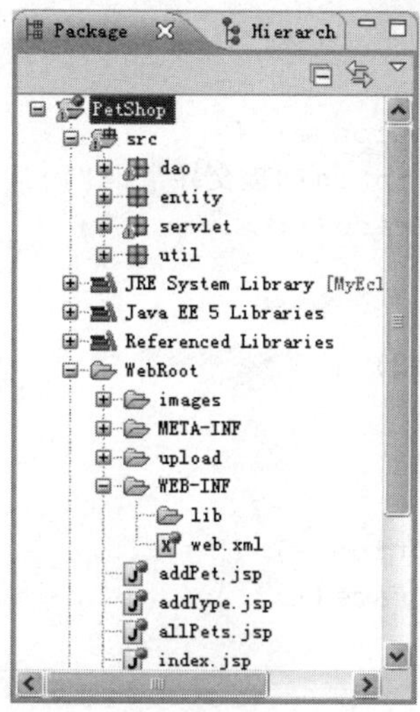

图 17-2　程序目录结构图

代码 17.1　数据库连接类：DbConn.java

```
package util;
import java.sql.*;
public class DbConn {
    private Connection conn = null;
    private void createConn() {
        String driver = "oracle.jdbc.OracleDriver";
        String url = "jdbc:oracle:thin:@//localhost:1521/orcl";
        String uid = "pet";
        String pwd = "admin";
        if (conn == null) {
            try {
                Class.forName(driver);
                conn = DriverManager.getConnection(url, uid, pwd);
                System.out.println("数据库连接成功!!");
            } catch (ClassNotFoundException e) {
                e.printStackTrace();
            } catch (SQLException e) {
                System.out.println("数据库连接失败!!");
                e.printStackTrace();
            }
        }
    }
    public Connection getConn() {
        if (conn == null) {
            createConn();
        }
        return conn;
    }
    public void commitConn() {
```

```
        try {
            conn.commit();
        } catch (SQLException e) {
            System.out.println("提交异常!!");
            e.printStackTrace();
        }
    }
    public void closeConn() {
        try {
            conn.close();
            conn = null;
        } catch (SQLException e) {
            e.printStackTrace();
        }
    }
}
```

上述 DbConn 类中，定义了 4 个方法——createConn()、getConn()、commitConn()和closeConn()。其中 createConn()方法实现连接 orcl 数据库；getConn()实现获得 Connection 连接对象；commitConn()实现提交数据库 DML 操作；closeConn()实现关闭连接对象，以释放数据库资源。

17.3.2 添加宠物

本宠物商店管理系统中，添加功能的实现有两个，一个是添加宠物类别，另一个是添加宠物信息。下面以添加宠物为例进行讲述，添加宠物类别的实现过程和方式与添加宠物的实现大致相同，也就不再专门进行说明。

1. 实体类

添加宠物主要是对表 pet 进行操作，与该表相对应的实体类是 Pet，该类文件创建在应用程序的 src/entity 目录下。类的内容如代码 17.2 所示。

代码 17.2　实体类：Pet.java

```
package entity;
public class Pet {
    private int pid;
    public int getPid() {
        return pid;
    }
    public void setPid(int pid) {
        this.pid = pid;
    }
    //省略其他属性和属性对应的 setXXX()方法和 getXXX()方法
}
```

上述实体类 Pet 中封装了多个属性，属性名称和属性的数据类型与 pet 表中的字段一一对应。

2. JSP 文件

在应用程序的 WebRoot 文件夹下创建一个 JSP 文件 addPet.jsp，作为添加宠物的页面，该文件的主要内容如代码 17.3 所示。

代码 17.3　JSP 文件：addPet.jsp

```
<%@ page language="java" import="java.util.*" pageEncoding="gb2312"%>
<%@ page import="java.sql.ResultSet"%>
<%@ page import="util.DbConn,dao.*,entity.*"%>
<jsp:useBean id="td" class="dao.TypeDao" scope="page"/>

<form action="servlet/AddPet" method="post" name="addForm">
    <ul>
        <li>昵称：</li>
        <li><input type="text" name="pname" /></li>
    <ul>
    <ul>
        <li>所属类别：</li>
        <li>
            <select>
                <%
                    PetType pt = new PetType();
                    List<PetType> list = new ArrayList<PetType>();
                    list = td.allTypes();
                    Iterator<PetType> iter = list.iterator();
                    while (iter.hasNext()) {
                        pt = (PetType) iter.next();
                        int typeid = pt.getTypeid();
                        String typename = pt.getTypename();
                %>
                    <option value="<%=typeid%>"><%=typename%></option>
                <%
                    }
                %>
            </select>
        </li>
    </ul>
    <!-- 省略其他输入信息的设置 -->
    <div class="clear">
        <input type="submit" value="添加" style="width: 60px;" />
        <input type="reset" value="清空" style="width: 60px;" />
    </div>
</form>
```

在添加宠物页面的 form 表单中，有多个文本框或文本域，用来让用户输入相应的宠物资料信息。其中通过下拉列表的方式，将数据库中已经存在的宠物类别全部显示出来，以便于用户选择已经存在的类别名称。获取全部类别名称，需要使用 TypeDao 类中的 allTypes() 方法。最后该表单将提交到 src/servlet 目录下的 AddPet 类进行处理。

3. Servlet 文件

在应用程序 src/servlet 目录下，创建一个 Servlet 文件 AddPet.java，用来接收用户提交的宠物信息，然后对这些信息进行处理并返回。

AddPet.java 文件的主要内容如代码 17.4 所示。

代码 17.4　Servlet 文件：AddPet.java

```
package servlet;
import java.io.*;
import javax.servlet.*;
import javax.servlet.http.*;
import dao.TypeDao;
import entity.PetType;
public class AddType extends HttpServlet {
    public void doPost(HttpServletRequest request, HttpServletResponse
response)throws ServletException, IOException {
        response.setContentType("text/html");
        PrintWriter out = response.getWriter();
        request.setCharacterEncoding("gb2312");
        response.setCharacterEncoding("gb2312");
        String pname = request.getParameter("pname");
        String typename = request.getParameter("typename");
        int tid = Integer.parseInt(typename);
        int year = 0;
        String petyear = request.getParameter("year");
        if(!(petyear == null && "".equals(petyear))){
            year = Integer.parseInt(petyear);
        }
        //省略其他属性的设置
        Pet pet = new Pet();
        pet.setPname(pname);
        pet.setTypeid(tid);
        pet.setYear(year);
        //省略其他属性的设置
        PetDao pd = new PetDao();
        int id = pd.addPet(pet);
        if(id == 0){
            out.print(
    "<script>location.href='../addPet.jsp';alert('添加失败！');</script>");
        }else{
            out.print("<script>location.href='../thePet.jsp?pid="
    + id + "';alert('添加成功！新宠物名称为：" + pname + "');</script>");
        }
    }
}
```

上述 Servlet 类中，将用户请求信息放在 doPost()方法中进行处理。在 doPost()方法中，首先设置请求和响应的字符编码集都是gb2312；然后接收传递过来的各个参数，例如pname、typename、year 等；这些参数被处理之后，都设置到一个 Pet 对象 pet 中；然后使用 PetDao 类中的 addPet()方法，将 pet 对象添加到数据库中；最后提示添加成功或失败的信息，并且跳转到相应的 JSP 文件中。

4. DAO 类

在应用程序的 src/dao 目录下，创建一个 DAO 类 PetDao.java，用来定义对 pet 表的所有数据库操作方法。其中，addPet()方法在 PetDao 类中的定义如代码 17.5 所示。

代码 17.5　DAO 类：PetDao.java

```
package dao;
import java.sql.*;
import java.util.*;
import util.DbConn;
import entity.PetType;
public class PetDao{
    private ResultSet rs = null;              //用户保存查询结果集
    DbConn dbc = new DbConn();                //定义数据库连接类对象
    PreparedStatement psmt = null;            //用于执行 SQL 语句
    //添加新宠物
    public int addPet(Pet pet){
        int id = 0;
        String sql = "INSERT INTO pet VALUES(NULL,?,?,?,?,?,?,?,?,?,?,?,?)";
        PreparedStatement psmt = null;
        try {
            psmt = dbc.getConn().prepareStatement(sql);
            psmt.setString(1,pet.getPname());
            psmt.setString(2,pet.getPic());
            //省略其他参数的设置
            int i = psmt.executeUpdate();
            if(i == 1){
                String sql2 = "SELECT pet_seq.currval FROM dual";
                try {
                    PreparedStatement psmt2 =
                      dbc.getConn().prepareStatement(sql2);
                    ResultSet rs2 = psmt2.executeQuery();
                    if(rs2.next()){id = rs2.getInt(1); }
                    rs2.close();
                    psmt2.close();
                } catch (Exception e) {e.printStackTrace();}
            }
```

```
            psmt.close();
        } catch (Exception e) {e.printStackTrace();
        }finally{
            dbc.commitConn();
            dbc.closeConn();
        }
        return id;
    }
}
```

上述 DAO 类中，定义 addPet()方法，用来向 pet 表中添加一条记录信息。在该方法中，如果添加记录成功，则获得该记录的 pid 值，并将该值返回，该值需要在 AddPet.java 文件中使用。

5．实现效果

运行程序，在浏览器地址栏中请求 http://localhost:8080/PetShop/addPet.jsp，将显示如图 17-3 所示的添加宠物页面。

图 17-3　添加宠物页面

在添加宠物页面中输入相应的信息，添加成功后，将跳转到 thePet.jsp 页面，在该页面中显示添加的信息。

另外，在 thePet.jsp 页面可以通过单击“浏览...”按钮为该宠物选择头像，然后单击“更换图像”按钮，所选择的图像也将显示在该页面中，如图 17-4 所示。

图 17-4　宠物详细信息页面

17.3.3　宠物列表

通过添加宠物功能向数据库中添加一些宠物信息后，可以单击页面中的“宠物列表”链接，进入到宠物列表页面，在该页面中，将通过分页技术显示数据库中的所有宠物的部分信息，例如宠物名称和宠物图像。

1．JSP 文件

在应用程序的 WebRoot 文件夹下创建一个 JSP 文件 allPets.jsp，作为宠物列表的显示页面。该 JSP 文件的主要内容如代码 17.6 所示。

代码 17.6　JSP 文件：allPets.jsp

```
<%@ page language="java" import="java.util.*" pageEncoding="gb2312"%>
<%@ page import="util.*,entity.*,dao.*"%>
<jsp:useBean id="pd" class="dao.PetDao" scope="page"/>

<div class="new_products">
    <%
        String pageNumber = request.getParameter("pageNumber");
        int pageInt = 1;
        if (pageNumber == null || "".equals(pageNumber.trim())) {
            pageInt = 1;
        } else {
            try {
                pageInt = Integer.parseInt(pageNumber);
            } catch (Exception e) {pageInt = 1; }
```

```
            if (pageInt < 1) {pageInt = 1; }
        }
        int pageSize = 6;
        int petsAmount = 0;
        petsAmount = pd.getPetsAmount();
        int totalPage = 1;
        totalPage = (petsAmount % pageSize == 0) ?
          (petsAmount / pageSize) : ((petsAmount / pageSize) + 1);
        if (pageInt > totalPage) {
            pageInt = totalPage;
        }
        List<Pet> list = new ArrayList<Pet>();
        list = pd.allPetsFen(pageInt, pageSize);
        Iterator<Pet> iter = list.iterator();
        while (iter.hasNext()) {
            Pet pet = new Pet();
            pet = (Pet) iter.next();
            int pid = pet.getPid();
            String pname = pet.getPname();
            String pic = pet.getPic();
    %>
        <div class="new_prod_box">
            <a href="thePet.jsp?pid=<%=pid%>"><%=pname%></a>
            <a href="thePet.jsp?pid=<%=pid%>">
              <img src="<%=pic%>" class="thumb" border="0"/></a>
        </div>
    <%
        }
    %>
    <div class="pagination">
        【<%=pageInt%>/<%=totalPage%>】
        <a href="allPets.jsp?pageNumber=1">首页</a>
        <%
            if (pageInt == 1) {out.print("上页");
            } else {
        %>
            <a href="allPets.jsp?pageNumber=<%=pageInt - 1%>">上页</a>
        <%  }    %>
        <%
            if (pageInt == totalPage) {out.print("下页");
            } else {
        %>
            <a href="allPets.jsp?pageNumber=<%=pageInt + 1%>">下页</a>
        <%  }    %>
            <a href="allPets.jsp?pageNumber=<%=totalPage%>">末页</a>
    </div>
</div>
```

上述内容中，首先对 pageNumber 参数进行判断，如果该参数值为 NULL，将 pageInt

变量赋值为 1，也就是默认显示分页中的第一页数据；否则显示用户请求的 pageNumber 页。在每一页中，显示 6 条记录数，每个记录显示的内容包括 pname 和 pic，也就是宠物名称和宠物图片。最后定义几个链接，以便于用户进行页数选择。

2. DAO 类

上述 allPets.jsp 文件中，使用了 PetDao 类中的 getPetsAmount()方法和 allPetsFen()方法，这两个方法的内容如代码 17.7 所示。

代码 17.7 DAO 类中的方法：getPetsAmount()和 allPetsFen()

```
//获取总记录数
public int getPetsAmount(){
    int petsAmount = 0;
    String sql = "SELECT COUNT(*) FROM pet";
    try {
        psmt = dbc.getConn().prepareStatement(sql);
        ResultSet rs = psmt.executeQuery();
        if(rs.next()){
            petsAmount = rs.getInt(1);
        }
        psmt.close();
    } catch (Exception e) {e.printStackTrace();
        }finally{
            dbc.commitConn();
            dbc.closeConn();
        }
        return petsAmount;
}
//查询所有宠物记录信息
public List<Pet> allPetsFen(int page,int pageSize){
    List<Pet> list = new ArrayList<Pet>();
    int rowBegin = 0;
    if (page > 1) {
        rowBegin = pageSize * (page - 1);
    }
    String sql = "SELECT * FROM (SELECT rownum r,pet.* FROM pet WHERE rownum
<= " + (rowBegin + pageSize) + ") WHERE r >" + rowBegin ;
    try {
        psmt = dbc.getConn().prepareStatement(sql);
        rs = psmt.executeQuery();
        while(rs.next()){
            Pet pet = new Pet();
            pet.setPid(rs.getInt("pid"));
            pet.setPname(rs.getString("pname"));
            pet.setPic(rs.getString("pic"));
            pet.setSex(rs.getString("sex"));
            pet.setPheight(rs.getDouble("pheight"));
            pet.setPwidth(rs.getDouble("pwidth"));
```

```
                pet.setHealth(rs.getString("health"));
                pet.setTypeid(rs.getInt("typeid"));
                pet.setMoney(rs.getDouble("money"));
                pet.setPinfo(rs.getString("pinfo"));
                pet.setYear(rs.getInt("year"));
                pet.setMonth(rs.getInt("month"));
                pet.setDay(rs.getInt("day"));
                list.add(pet);
            }
            psmt.close();
        } catch (Exception e) {e.printStackTrace();
        }finally{
            dbc.commitConn();
            dbc.closeConn();
        }
        return list;
    }
```

上述两个方法中，getPetsAmount()方法用于获得 pet 表中的记录数；allPetsFen()方法用于进行分页的具体实现，其中在 SQL 语句中使用了 FROM 子查询和 Oracle 中的 rownum 伪列。

3. 实现效果

在运行程序时要进入宠物列表页面，可以单击页面中的“宠物列表”链接，也可以在浏览器地址栏中请求 http://localhost:8080/PetShop/allPets.jsp。默认情况下，显示列表中的第一页，如图 17-5 所示。

图 17-5 宠物列表页面

17.3.4　修改宠物信息

添加宠物资料成功后，可以在宠物列表中，单击该宠物图像进入到宠物信息显示页面。如果需要对宠物的资料进行修改，例如年龄、身高等信息需要经常更新，这时，可以通过单击图 17-4 中的“修改资料”链接，进入到宠物信息的修改页面。下面将对修改功能的实现进行说明。

1. JSP 文件

在应用程序的 WebRoot 文件夹下创建 updatePet.jsp 文件，作为修改宠物信息的 JSP 文件。该文件的主要内容如代码 17.8 所示。

代码 17.8　JSP 文件：updatePet.jsp

```
<form action="servlet/UpdatePet?pid=<%=pid%>" method="post"
name="updatePet">
<%
    String petid = request.getParameter("pid");
    int pid = 1;
    if (!(petid == null || "".equals(petid.trim()))) {
        pid = Integer.parseInt(petid);
        Pet pet = new Pet();
        pet = pd.getPetById(pid);
        String pname = pet.getPname();
        int typeid = pet.getTypeid();
        PetType pt = new PetType();
        pt = td.getTypeById(typeid);
        String typename = pt.getTypename();
        //省略其他信息的获取
%>
    <ul>
        <li style="width: 73px; float: left;">昵称</li>
        <li>
        <input type="hidden" name="pname" value="<%=pname%>" /><%=pname%>
        </li>
    </ul>
    <ul>
        <li>宠物说明：</li>
        <li>
        <textarea rows="3" cols="19" name="pinfo"><%=pinfo%></textarea>
        </li>
    </ul>
</form>
```

上述代码表示首先获取传递的 pid 参数，然后根据 pid 值调用 PetDao 类中的 getPetById() 方法，获得 pid 值对应的记录，然后将该记录中的字段分别赋值给一个变量，例如，通过 getTypename()方法获得 typename 字段，将该字段值赋值给 typename 变量。在输出标签中，将变量值显示在对应标签中。最后，将修改表单提交到 servlet 包下的 UpdatePet.java 文件进行处理。在 UpdatePet.java 文件中的请求信息处理可以参考 AddPet.java 文件。

2. DAO 类

上述 JSP 文件中使用了 PetDao 类中的 getPetById()方法，用来根据 pid 值获得 Pet 类对象；使用了 TypeDao 类中的 getTypeById()方法，用来根据 tid 值获得 PetType 类对象。这两个方法的实现原理和方式是一样的。下面将介绍其中的 getPetById()方法，如代码 17.9 所示。

代码 17.9　DAO 类中的方法：getPetById()

```
public Pet getPetById(int pid){
    Pet pet = null;
    String sql = "SELECT * FROM pet WHERE pid = ?";
    try {
        psmt = dbc.getConn().prepareStatement(sql);
        psmt.setInt(1,pid);
        rs = psmt.executeQuery();
        if(rs.next()){
            pet =  new Pet();
            pet.setPid(rs.getInt("pid"));
            pet.setPname(rs.getString("pname"));
            pet.setPic(rs.getString("pic"));
            //省略其他字段的设置
        }
        psmt.close();
    }catch (Exception e) {e.printStackTrace();
    }finally{
        dbc.commitConn();
        dbc.closeConn();
    }
    return pet;
}
```

对于更新宠物资料信息的实现，还需要在 PetDao 类中定义更新方法 updatePet()，该方法在 Servlet 中进行调用。updatePet()方法的内容如代码 17.10 所示。

代码 17.10　DAO 类中的方法：updatePet()

```
public int updatePet(Pet pet){
    int i = 0;
    String sql = "UPDATE pet SET sex=?,pheight=?,pwidth=?,health=?,typeid=?,
money=?,pinfo=?,year=?,month=?,day=? WHERE pid = ?";
    try {
        psmt = dbc.getConn().prepareStatement(sql);
        psmt.setString(1,pet.getSex());
        psmt.setDouble(2, pet.getPheight());
        psmt.setDouble(3, pet.getPwidth());
        //省略其他参数的设置
        psmt.setInt(11, pet.getPid());
```

```
            i = psmt.executeUpdate();
            psmt.close();
        } catch (Exception e) {e.printStackTrace();
        }finally{dbc.commitConn();dbc.closeConn();}
        return i;
    }
```

在上述 updatePet()方法中，对接收的 pet 对象进行更新，在 SQL 语句中使用 UPDATE 语句进行操作，对 pid 参数对应的其他字段重新赋值。

3. 实现效果

在图 17-4 中单击“修改资料”链接，将进入到该宠物的修改页面，如图 17-6 所示。

图 17-6　修改页面

第 18 章　通　讯　录

通讯录是用来保存、查阅联系人资料的一个工具。通过通讯录可以快速、有效地获取联系人资料。通讯录系统主要由添加联系人模块、查询联系人模块、修改联系人资料模块和删除联系人模块组成。

本章将从通讯录系统的需求分析开始，逐步介绍通讯录系统相应模块的实现。其中还介绍开发通讯录的数据库设计，以及通讯录的 JSP 技术的实现，并在每个模块分别演示了通讯录系统的运行界面。

本章要点：

- 了解通讯录系统的需求分析。
- 熟练掌握系统数据库的实现。
- 熟练掌握添加功能的实现方式。
- 熟练掌握查询模块的实现方式。
- 掌握修改模块的实现。
- 掌握删除模块的实现。

18.1　通讯录系统分析

通讯录是个人关系管理的基础，也是客户关系管理的基础。本节将对实现通讯录的各方面需求和对通讯录系统的技术实现进行分析。

18.1.1　需求分析

随着社会的发展，个人或社会机构与外界联系更为广泛和密切，传统的手工通讯录、地址簿已经难以满足快节奏、高效率的现代生活的需求。经常发生要在几十甚至上百张名片中找出某一张名片的情况，手工完成检索的效率十分低。当业务扩大后，传统的手工通讯录不易查询、修改、存放，也不易保密，容易遗失。

由计算机来管理庞大而繁杂的通讯录是非常合适的，不仅查询和修改方便，并且效率高，速度快，完全能够满足现代化活动的要求，同时也更利于实现办公全面自动化。

本章所实现的通讯录是一个小信息系统，记录联系人的各种通讯信息，包括电话号码、E-mail、通讯地址等。另外还包括联系人通讯信息的检索、增加、修改和删除功能。

18.1.2　技术实现

本通讯录系统采用 JSP 技术和 Servlet 技术实现，具有 4 个主要操作界面，分别为录入信息、显示信息、修改信息和一般查询。系统实现时，JSP 文件用来向用户输出页面信息；Servlet 用来接收用户请求信息，对请求信息进行处理并且返回处理结果；JSP 文件和 Servlet 文件对数据库进行操作时，需要调用 DAO 类中的方法。

页面实现、Servlet 文件以及 DAO 类中的方法之间的对应关系如图 18-1 所示。

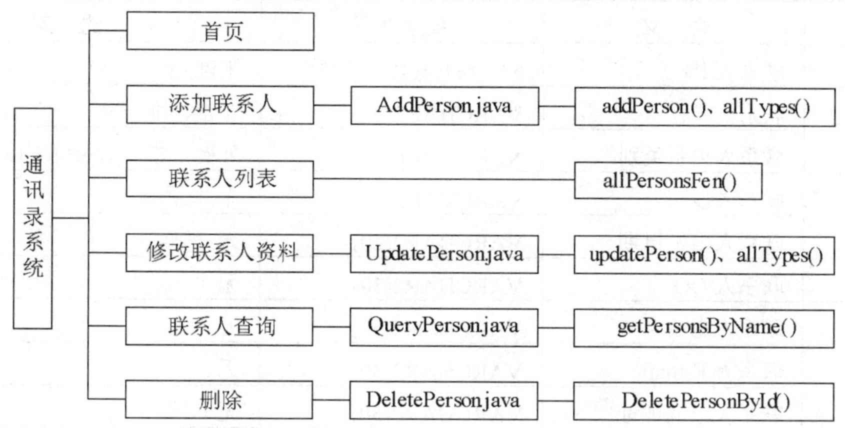

图 18-1 系统实现

18.2 系统数据库设计

根据通讯录系统的特点，设计该系统所需要的表空间、用户和表信息。其中表空间和用户的创建语句可以参考本书前一章节。本系统所创建的表空间是 callup_tbs，创建的用户是 callup。

使用 callup 用户连接数据库，如下：

```
SQL> CONNECT callup/admin
已连接。
```

本通讯录系统需要两个表来实现，其中类别表用来保存联系人所属类别；联系人表用来保存联系人的有关信息。这两个表的具体内容如下：

类别表 type 的字段信息如表 18-1 所示。

表 18-1 类别表

字 段	含 义	数据类型	约 束
tid	类别 ID	NUMBER(4)	主键
tname	类别名称	VARCHAR2(12)	非空、唯一

创建 type 表的语句如下：

```
SQL> CREATE TABLE type(
  2  tid NUMBER(4) PRIMARY KEY ,
  3  tname VARCHAR2(10) NOT NULL
  4  )TABLESPACE callup_tbs;
```

表已创建。

联系人表 person 的字段信息如表 18-2 所示。

表 18-2　联系人表

字　段	含　义	数据类型	约　束
pid	联系人 ID	NUMBER(4)	主键
pname	联系人名称	VARCHAR2(30)	非空、唯一
tid	联系人关系类别	NUMBER(4)	外键，指向 type 表中的 tid 列
sex	联系人性别	VARCHAR2(4)	无
birthday	联系人出生日期	VARCHAR2(20)	无
qq	联系人 QQ	VARCHAR2(30)	无
phone	联系人电话	VARCHAR2(50)	无
email	联系人 E-mail	VARCHAR2(30)	无
address	联系人家庭地址	VARCHAR2(50)	无
remark	联系人备注	VARCHAR2(200)	无

创建联系人表 person 的语句如下：

```
SQL> CREATE TABLE person (
  2  pid NUMBER(4) PRIMARY KEY,
  3  pname VARCHAR2(30) NOT NULL,
  4  tid NUMBER(4) REFERENCES type(tid),
  5  sex VARCHAR2(4),
  6  birthday VARCHAR2(20),
  7  qq VARCHAR2(30),
  8  phone VARCHAR2(50),
  9  email VARCHAR2(30),
 10  address VARCHAR2(50),
 11  remark VARCHAR2(200)
 12  )TABLESPACE callup_tbs;
```

表已创建。

为 type 表和 person 表分别创建序列和触发器来实现主键自增。其中创建序列 type_seq 和触发器 tr_type 实现 type 表的主键自增，内容如下：

```
SQL> CREATE SEQUENCE type_seq
  2  MINVALUE 1 MAXVALUE 99999
  3  INCREMENT BY 1
  4  START WITH 1
  5  NOCYCLE NOORDER NOCACHE;
```

序列已创建。

```
SQL> CREATE TRIGGER tr_type
```

```
BEFORE INSERT ON type
FOR EACH ROW
BEGIN
SELECT type_seq.nextval INTO :NEW.tid FROM dual;
END;
/
```

触发器已创建

18.3 功能实现

通讯录系统的实现，使用 Oracle 数据库、JSP 技术和 Servlet 技术，系统开发工具为 MyEclipse，软件运行环境为 JDK 1.6 + Tomcat 6.0。其运行平台为 Windows XP 操作系统和 IE 7.0 浏览器。

在 MyEclispe 开发工具中创建 Web 应用 callup，在该应用的 WEB-INF/lib 文件夹下，添加 Oracle 的 JAR 文件包；在 src 目录下新建 util 包、entity 包、dao 包和 servlet 包，分别用来存放连接数据库的类、实体类、数据库操作类和 Servlet 类。

18.3.1 添加联系人

作为通讯录系统，添加联系人功能是必不可少的。下面将介绍具体的实现过程。

1. JSP 文件

在应用程序的 WebRoot 文件夹下，创建一个 JSP 文件 index.jsp，用来接收用户输入的联系人资料。该 JSP 文件的主要内容如代码 18.1 所示。

代码 18.1　JSP 文件：index.jsp

```
<%@ page language="java" import="java.util.*" pageEncoding="gb2312"%>
<%@ page import="java.sql.ResultSet"%>
<%@ page import="util.DbConn,dao.*,entity.*"%>
<jsp:useBean id="td" class="dao.TypeDao" scope="page"/>

<form action="servlet/AddPerson" name="addPerson" method="post">
    <ul class="myul">
        <li class="myli1">
        <label class="contact_form">姓名:</label></li>
        <li class="myli2">
            <input type="text" name="pname" class="contact_input" /></li>
    </ul>
    <ul class="myul">
        <li class="myli1">
            <label class="contact_form">性别:</label></li>
        <li class="myli2">
        <input type="radio" name="sex" value="男" checked="checked" />男
```

```
        <input type="radio" name="sex" value="女" />女</li>
    </ul>
    <!-- 省略其他内容 -->
</form>
```

2. Servlet 文件

在 src/servlet 目录下创建 Servlet 文件 AddPerson.java，并且将用户请求信息放在 doPost()方法中进行处理，该方法的内容如代码 18.2 所示。

代码 18.2　Servlet 文件：AddPerson.java

```
String pname = request.getParameter("pname");
String typeid = request.getParameter("tname");
int tid = Integer.parseInt(typeid);
Person person = new Person();
person.setPname(pname);
person.setTid(tid);
//省略其他参数的获取和设置
PersonDao pd = new PersonDao();
int i = pd.addPerson(person);
if(i == 0){
    out.print(
  "<script>location.href='../index.jsp';alert('添加失败！');</script>");
}else{
    out.print("<script>location.href='../index.jsp';alert('添加联系人【"
      + pname + "】成功！');</script>");
}
```

上述代码中，首先获得 person 表中的各个参数值，然后将这些值设置到一个 Person 类对象 person 中，调用 PersonDao 类中的 addPerson()方法，将 person 对象添加到数据库。

3. DAO 类

在 src/dao 目录下创建 PersonDao 类，在该类中定义 addPerson()方法，该方法将实现向数据库的 person 表中添加一条记录，方法的内容如代码 18.3 所示。

代码 18.3　DAO 类中的方法：addPerson()

```
public int addPerson(Person person){
    int i = 0;
    String sql = "INSERT INTO person VALUES(NULL,?,?,?,?,?,?,?,?,?)";
    Try {
        psmt = dbc.getConn().prepareStatement(sql);
        psmt.setString(1,person.getPname());
        //省略其他参数的设置
        i = psmt.executeUpdate();
    } catch (Exception e) {e.printStackTrace();
    } finally {
        dbc.commitConn();
```

```
        dbc.closeConn();
    }
    return i ;
}
```

4．实现效果

运行程序，在浏览器地址栏中请求 http://localhost:8080/callup/index.jsp，或者在已经运行的系统页面中单击“添加联系人”链接，将显示添加联系人页面，如图 18-2 所示。

图 18-2　添加联系人页面

18.3.2　联系人列表

向通讯录系统中添加多条记录数据后，可以单击页面中的“所有联系人”链接进入到联系人列表页面。在实现联系人列表时，需要使用分页技术，将所有信息分页显示。

1．JSP 文件

在应用程序的 WebRoot 文件夹下创建 allPersons.jsp 文件，用来显示所有联系人列表的页面，该 JSP 文件的主要内容如代码 18.4 所示。

代码 18.4　JSP 文件：allPersons.jsp

```
<ul class="myul">
    <li><label>姓名</label></li>
    <li><label>分类</label></li>
    <li><label>性别</label></li>
    <li><label>修改</label></li>
    <li><label>删除</label></li>
 </ul>
<%
    String pageNumber = request.getParameter("pageNumber");
    int pageInt = 1;
```

```
        if (pageNumber == null || "".equals(pageNumber.trim())) {
            pageInt = 1;
        } else {
            try {
                pageInt = Integer.parseInt(pageNumber);
            } catch (Exception e) {pageInt = 1; }
            if (pageInt < 1) {pageInt = 1; }
        }
        int pageSize = 10;
        List<Person> list = new ArrayList<Person>();
        list = pd.allPersonsFen(pageInt, pageSize);
        Iterator<Person> iter = list.iterator();
        while (iter.hasNext()) {
            Person person = new Person();
            person = (Person)iter.next();
            int pid = person.getPid();
            String pname = person.getPname();
            int tid = person.getTid();
            Type type = new Type();
            type = td.getTypeById(tid);
            String tname = type.getTname();
            String sex = person.getSex();
    %>
    <ul class="myul">
        <li><label><%=pname %></label></li>
        <li><label><%=tname %></label></li>
        <li><label><%=sex %></label></li>
        <li><label><a href="updatePerson.jsp?pid=<%=pid %>">修改
    </a></label></li>
        <li><label><a href="servlet/DeletePerson?pid=<%=pid %>"
    onclick="return checkDelete()">删除</a></label></li>
    </ul>
    <%}%>
```

2. DAO 类

在实现所有联系人列表时，不需要 Servlet 文件，而是在 JSP 文件中直接调用 DAO 类中的方法 allPersonsFen()，该方法是在 PersonDao 类中定义的，方法的内容如代码 18.5 所示。

代码 18.5　DAO 类中的方法：allPersonsFen()

```
    public List<Person> allPersonsFen(int page,int pageSize){
        List<Person> list = new ArrayList<Person>();
        int rowBegin = 0;
        if (page > 1) {rowBegin = pageSize * (page - 1);}
        String sql =
       "SELECT * FROM (SELECT rownum r,person.* FROM person WHERE rownum <= "
        + (rowBegin + pageSize) + ") WHERE r >" + rowBegin ;
        try {
```

```
            psmt = dbc.getConn().prepareStatement(sql);
            rs = psmt.executeQuery();
            while(rs.next()){
                Person person = new Person();
                person.setPid(rs.getInt("pid"));
                //省略其他参数的设置
                list.add(person);
            }
            psmt.close();
        } catch (Exception e) {e.printStackTrace();
        }finally{
            dbc.commitConn();
            dbc.closeConn();
        }
        return list;
    }
```

3．实现效果

运行程序，在浏览器地址栏中请求 http://localhost:8080/callup/allPersons.jsp，或者在已经运行的系统页面中单击“所有联系人”链接，将显示所有联系人页面，如图 18-3 所示。

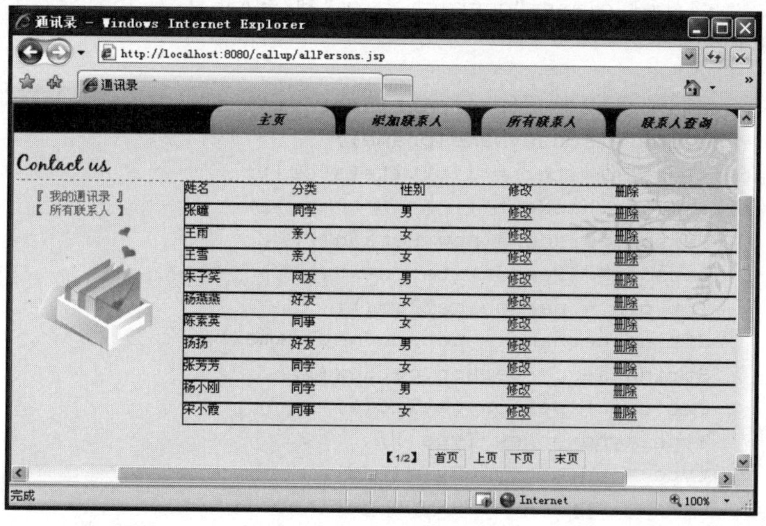

图 18-3　所有联系人页面

18.3.3　查询联系人

本通讯录系统可以实现简单的查询功能，根据用户输入的内容，对联系人姓名进行模糊查询。具体实现过程如下。

1．JSP 文件

在应用程序的 WebRoot 文件夹下创建 JSP 文件 queryPerson.jsp，用来接收用户的检索信息，并且输出检索结果。该 JSP 文件的主要内容如代码 18.6 所示。

代码 18.6　JSP 文件：queryPerson.jsp

```
<%@ page language="java" import="java.util.*" pageEncoding="gb2312"%>
<%@ page import="java.sql.ResultSet"%>
<%@ page import="util.DbConn,dao.*,entity.*"%>
<jsp:useBean id="td" class="dao.TypeDao" scope="page"></jsp:useBean>

<form action="queryPerson.jsp" name="queryForm" method="post">
    <input type="text" name="pname"/>
    <input type="submit" name="querySubmit" value="查询"/>
</form>
<%
    request.setCharacterEncoding("gbk");
    response.setCharacterEncoding("gbk");
    String pname = request.getParameter("pname");
    if(!(pname == null || "".equals(pname))){
%>
    <ul class="myul">
        <li class="myli1" style="padding: 0 0 8px 0;">
            <label class="contact_form" >姓名</label></li>
        <li class="myli1" style="padding: 0 0 8px 0;">
            <label class="contact_form">联系人信息</label></li>
    </ul>
<%
    List<Person> list = new ArrayList<Person>();
    list = pd.getPersonsByName(pname);
    Iterator<Person> iter = list.iterator();
        while (iter.hasNext()) {
            Person person = new Person();
            person = (Person)iter.next();
            int pid = person.getPid();
            String pername = person.getPname();
            String sex = person.getSex();
            int tid = person.getTid();
            Type type = new Type();
            type = td.getTypeById(tid);
            String typename = type.getTname();
            //省略其他参数的获得
%>
    <ul class="myul">
        <li class="myli1">
            <label class="contact_form"><%=pername %></label></li>
        <li class="myli1">
            <label class="contact_form"><%=typename %></label></li>
        <li class="myli1">
            <label class="contact_form"><%=sex %></label></li>
        <li class="myli1">
            <label class="contact_form"><%=birthday %></label></li>
    </ul>
```

```
    <ul class="myul">
        <li class="myli1">
            <label class="contact_form"></label></li>
        <li class="myli1">
            <label class="contact_form"><%=phone %></label></li>
        <li class="myli1">
            <label class="contact_form"><%=email %></label></li>
        <li class="myli1">
            <label class="contact_form"><%=address %></label></li>
    </ul>
    <ul class="myul">
        <li class="myli1">
            <label class="contact_form"></label></li>
        <li class="myli1">
            <label class="contact_form"></label></li>
        <li class="myli1">
            <label class="contact_form"></label></li>
        <li class="myli1">
            <label class="contact_form"><%=remark %></label></li>
    </ul>
<% } }%>
```

上述内容表示，当用户请求 queryPerson.jsp 文件，还没有发送查询内容时，页面显示查询表单，不显示查询结果。当用户发送请求内容后，根据用户输入的内容执行查询，将从数据库中获得的数据显示在页面上。

2．Servlet 文件

查询表单将提交到 QueryPerson.java 这个 Servlet 文件进行处理。在 src/servlet 目录下创建 QueryPerson 类，该文件的 doPost()方法的主要内容如代码 18.7 所示。

代码 18.7　Servlet 文件：QueryPerson.java

```
String pname = request.getParameter("pname");
PersonDao pd = new PersonDao();
List list = new ArrayList();
list = pd.getPersonsByName(pname);
if(list.size() == 0){
    out.print("<script>location.href='../queryPerson.jsp';alert('未找到符合条件的联系人！');</script>");
}else{
    out.print("<script>location.href='../queryPerson.jsp');</script>");
}
```

上述代码表示接收 pname 参数信息，将参数值赋值给字符串类型的变量 pname，然后调用 PersonDao 类中的 getPersonsByName()方法，根据 pname 值执行查询操作。

3．DAO 类

在应用程序的 src/dao 目录下创建 PersonDao 类，用来定义操作 person 表的数据库方法。

在实现查询操作时，需要使用 DAO 类中的 getPersonsByName()方法，该方法的内容如代码 18.8 所示。

代码 18.8　DAO 类中的方法：getPersonsByName()

```
public List<Person> getPersonsByName(String pname){
    List<Person> list = new ArrayList<Person>();
    String sql = "SELECT * FROM person WHERE pname like '%"+pname+"%'";
    try {
        psmt = dbc.getConn().prepareStatement(sql);
        rs = psmt.executeQuery();
        while(rs.next()){
            Person person = new Person();
            person.setPid(rs.getInt("pid"));
            person.setPname(rs.getString("pname"));
            person.setTid(rs.getInt("tid"));
            person.setSex(rs.getString("sex"));
            person.setQq(rs.getString("qq"));
            //省略其他字段的设置
            list.add(person);
        }
        psmt.close();
    } catch (Exception e) {e.printStackTrace();
    }finally{dbc.closeConn();}
    return list;
}
```

上述方法中，模糊查询效果的实现主要体现在 SQL 语句中，在 SELECT 语句的 WHERE 子句中，指定 LIKE 关键字，根据 pname 参数执行对 person 表的模糊查询操作。

4．实现效果

运行程序，在浏览器地址栏中请求 http://localhost:8080/callup/queryPerson.jsp，或者在已经运行的页面中单击“联系人查询”链接，都将进入联系人查询页面。在页面中输入查询内容，然后单击“查询”按钮，将显示查询结果，如图 18-4 所示。

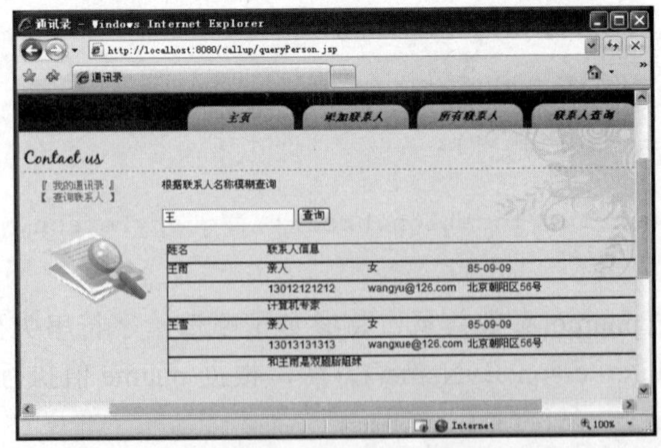

图 18-4　联系人查询

18.3.4　删除联系人

在联系人列表的显示页面，对每个联系人除了可以执行修改操作外，还可以执行删除操作，这时，需要单击每个联系人对应的“删除”链接。

1．JSP 文件

在 allPersons.jsp 文件中，循环输出每个用户的信息时，使用如下代码输出对应的删除链接：

```
<li class="myli1">
    <label class="contact_form">
        <a href="servlet/DeletePerson?pid=<%=pid %>"
          onclick="return checkDelete()">删除</a>
    </label>
</li>
```

当用户单击“删除”链接时，通过 onclick 事件调用 JavaScript 函数 checkDelete()，用来弹出一个对话框，询问用户是否执行删除操作。checkDelete()函数的内容如下：

```
<SCRIPT type="text/javascript">
function checkDelete(){
    if(!confirm('您确定要删除该联系人吗？')){
        return false;
    }
}
</SCRIPT>
```

2．Servlet 文件

如果用户确定执行删除操作，那么将请求信息提交到 Servlet 文件 DeletePerson.java 进行处理。在 src/servlet 目录下创建 DeletePerson 类，其 doPost()方法的主要内容如代码 18.9 所示。

代码 18.9　Servlet 文件：DeletePerson.java

```
String personid = request.getParameter("pid");
int pid = Integer.parseInt(personid);
PersonDao pd = new PersonDao();
int i = pd.DeletePersonById(pid);
if(i == 0){
    out.print(
"<script>location.href='../allPersons.jsp';alert('删除失败!');</script>");
}else{
    out.print(
"<script>location.href='../allPersons.jsp';alert('删除成功!');</script>");
}
```

上述代码中，首先接收传递的 pid 参数，将参数值赋值给 personid 变量，将 personid 转换为整型后赋值给 pid 变量，然后调用 PersonDao 类中的 DeletePersonById()方法，执行删除操作。

3. DAO 类

在 PersonDao 类中，定义 DeletePersonById()方法，实现根据联系人 ID 从数据库中删除该联系人。DeletePersonById()方法的内容如代码 18.10 所示。

代码 18.10　DAO 类中的方法：DeletePersonById()

```
public int DeletePersonById(int pid){
    int i = 0;
    String sql = "DELETE FROM person WHERE pid = ?";
    try {
        psmt = dbc.getConn().prepareStatement(sql);
        psmt.setInt(1, pid);
        i = psmt.executeUpdate();
        psmt.close();
    } catch (Exception e) {e.printStackTrace();
    }finally{
        dbc.commitConn();
        dbc.closeConn();
    }
    return i ;
}
```

上述方法的内容比较简单，只需要接收一个 pid 参数，就可以对 person 表执行删除记录操作，然后对 person 表执行更新操作就可以了。

4. 实现效果

运行程序，进入到所有联系人的列表页面，指定一个联系人，单击其对应的“删除”链接，将弹出一个对话框，如图 18-5 所示。如果单击对话框中的“确定”按钮，将执行删除操作，该联系人的资料信息将从数据库中删除。

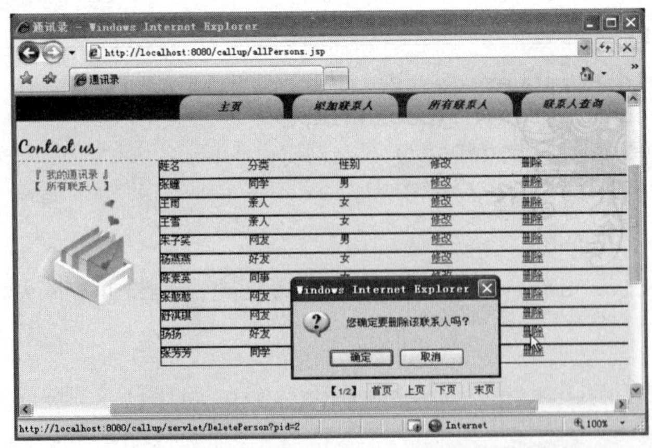

图 18-5　单击“删除”链接

参考答案

第2章

一、填空题

1．物理存储结构、逻辑存储结构
2．数据文件
3．段、块、段、段、块
4．LGWR、ARCn
5．控制文件、日志文件
6．PMON
7．索引段、临时段、回退段

二、选择题

1．C　　2．AB　　3．B　　4．ACD　　5．C

三、简答题

略。

第3章

一、填空题

1．DESCRIBE、DESC
2．CHANGE、INPUT、LIST
3．GET、START、EDIT
4．DEFINE
5．设置一页显示多少行数据、设置一行显示多少个字符
6．TTITLE、BTITLE

二、选择题

1．ACD　　2．C　　3．B　　4．AC　　5．D

三、简答题

略。

第 4 章

一、填空题

1．TEMPFILE
2．OFFLINE、READ ONLY、READ WRITE
3．OFFLINE、OFFLINE DROP
4．BIGFILE、UNDO
5．users
6．自动撤销管理

二、选择题

1．CD　　2．ABD　　3．C　　4．C　　5．B　　6．BD

三、简答题

略。

第 5 章

一、填空题

1．UNIQUE 约束、PRIMARY KEY 约束、CHECK 约束、FOREIGN KEY 约束
2．TRUNCATE
3．NOT NULL、UNIQUE
4．重建
5．user_updatable_columns
6．currval、nextval

二、选择题

1．AD　　2．AD　　3．A　　4．A　　5．D　　6．C

三、简答题

略。

第 6 章

一、填空题

1．备份为二进制文件
2．v$controlfile、v$logfile

3．ALTER DATABASE ARCHIVELOG
4．ALTER DATABASE OPEN RESETLOGS
5．SPFILE、BOTH

二、选择题

1．B　　2．C　　3．B　　4．C　　5．A

三、简答题

略。

第 7 章

一、填空题

1．*
2．WHERE、ORDER BY
3．GROUP BY、ORDER BY
4．UPDATE、DELETE、TRUNCATE
5．CHR、ASCII
6．TO_CHAR、字符串转、日期数据、DD-MON-YY

二、选择题

1．BD　　2．B　　3．B　　4．D　　5．C

三、简答题

略。

第 8 章

一、填空题

1．子查询返回的结果
2．WHERE、GROUP BY、ORDER BY
3．ANY、ALL
4．EXISTS、NOT EXISTS
5．INNER JOIN 、OUTER JOIN、CROSS JOIN
6．UNION、MINUS

二、选择题

1．BD　　2．D　　3．D　　4．C　　5．AB

三、简答题

略。

第 9 章

一、填空题

1．EXCEPTION
2．:=
3．CONSTANT
4．打开游标、检索游标
5．EXCEPTION

二、选择题

1．B　2．D　3．B　4．D　5．D　6．ABC

三、简答题

略。

第 10 章

一、填空题

1．CALL
2．OUT、IN OUT
3．stu_name、stu_id、:stu_name、:stu_name
4．DML 触发器、INSTEAD OF 触发器、DDL 触发器
5．FOR EACH ROW
6．CREATE PACKAGE BODY

二、选择题

1．ACD　2．BC　3．AC　4．D　5．BD

三、简答题

略。

第 11 章

一、填空题

1．事务级别临时表、会话级别临时表

2．DEFAULT DIRECTORY
3．REJECT LIMIT
4．范围分区、散列分区、列表分区
5．ADD PARTITION、SPLIT PARTITION
6．MAXVALUE、DEFAULT

二、选择题

1．A　　2．B　　3．D　　4．D　　5．C

三、简答题

略。

第 12 章

一、填空题

1．CREATE USER
2．WITH ADMIN OPTION、WITH GRANT OPTION
3．系统权限、对象权限
4．角色
5．CREATE ANY TABLE
6．SET ROLE

二、选择题

1．D　　2．D　　3．D　　4．B　　5．B　　6．A

三、简答题

略。

第 13 章

一、填空题

1．*
2．WHERE 子句
3．EXISTS 操作符
4．复合索引
5．MONITORING USAGE

二、选择题

1．B　　2．C　　3．A　　4．ABCD　　5．D

三、简答题

略。

第 14 章

一、填空题

1．目录对象
2．Data Pump Import
3．EXPDP、IMPDP
4．Full、Table、Tablespace
5．QUERY
6．data_only、metadata_only

二、选择题

1．A　　2．C　　3．B　　4．D　　5．B

三、简答题

略。

第 15 章

一、填空题

1．RECOVERY_CATALOG_OWNER
2．MOUNT
3．FULL
4．差异备份
5．修复、恢复
6．块介质恢复

二、选择题

1．ACD　　2．A　　3．D　　4．D　　5．B　　6．A

三、简答题

略。

第 16 章

一、填空题

1．闪回删除(Flashback Drop)、闪回版本查询(Flashback Version Query)、闪回事务查询(Flashback Transaction Query)、闪回数据归档(Flashback Data Archive)

2．PURGE

3．UPDATE、DELETE

4．versions_operation、versions_endtime

5．flashback_transaction_query

6．ALTER DATABSE FLASHBACK ON ;

二、选择题

1．C　　2．ABC　　3．C　　4．A　　5．C

三、简答题

略。